国家电网
STATE GRID

U0662138

电网企业专业技能考核题库

继电保护员

国网宁夏电力有限公司　编

中国电力出版社
CHINA ELECTRIC POWER PRESS

内 容 提 要

本书编写依据国家职业技能鉴定、电力行业职业技能鉴定与国家电网有限公司技能等级评价（认定）相关制度、规范、标准，立足宁夏电网生产实际，融合新型电力系统构建及新时代技能人才发展目标要求。本书主要内容为电网企业技能人员技能等级认定与评价实操试题，包含技能笔答及技能操作两大部分，其中技能笔答主要以问答题形式命题，技能操作以任务书形式命题，均明确了各个环节的考核知识点、标准答案和评分标准。

本书为电网企业生产技能人员的培训教学用书，可供从事相应职业（工种）技能人员学习参考，也可作为电力职业院校教学参考书。

图书在版编目（CIP）数据

继电保护员 / 国网宁夏电力有限公司编. —北京：中国电力出版社，2022.9
电网企业专业技能考核题库
ISBN 978-7-5198-7055-3

Ⅰ. ①继…　Ⅱ. ①国…　Ⅲ. ①继电保护–职业技能–鉴定–习题集　Ⅳ. ①TM77-44

中国版本图书馆 CIP 数据核字（2022）第 175544 号

出版发行：中国电力出版社
地　　址：北京市东城区北京站西街 19 号（邮政编码 100005）
网　　址：http://www.cepp.sgcc.com.cn
责任编辑：马　丹（010-63412725）代　旭
责任校对：黄　蓓　常燕昆　于　维
装帧设计：郝晓燕
责任印制：钱兴根

印　　刷：望都天宇星书刊印刷有限公司
版　　次：2022 年 9 月第一版
印　　次：2022 年 9 月北京第一次印刷
开　　本：889 毫米×1194 毫米　16 开本
印　　张：26.25
字　　数：750 千字
定　　价：102.00 元

《电网企业专业技能考核题库　继电保护员》

编　委　会

《电网企业专业技能考核题库　继电保护员》

编　写　组

主　　编　李志刚

副 主 编　于晓军　张　雷　王飞鹏　马欣明　王世雄

编写人员　刘庆伟　卢刚刚　张党强　王振锋　李　洋

　　　　　李晨程　马　杰　王　龙　刘　炜　陈　远

　　　　　刘子博　赫嘉楠　尹相国　李志远　付　强

　　　　　马建文　邓　拓

审稿人员　吴建云　罗美玲　黄伟兵　寿海宁　温靖华

前　言

国网宁夏电力有限公司以国家职业技能鉴定、电力行业职业技能鉴定与国家电网有限公司技能等级评价（认定）相关制度、规范、标准为依据，主要针对电网企业各类技能工种的初级工、中级工、高级工、技师、高级技师等人员，以专业操作技能为主线，立足宁夏电网生产实际，结合新型电力系统构建要求，编写了《电网企业专业技能考核题库》丛书。丛书在编写原则上，以职业能力建设为核心；在内容定位上，突出针对性和实用性，涵盖了国家电网有限公司相关政策、标准、规程、规定及现代电力系统新设备、新技术、新知识、新工艺等内容。

丛书的深度、广度遵循了“适应发展需求、立足实践应用”的工作思路，全面涵盖了国家电网有限公司技能等级评价（认定）内容，能够为国网宁夏电力有限公司实施技能等级评价（认定）专业技能考核命题提供依据，也可服务于同类电网企业技能人员能力水平的考核与认定。本套丛书可供电网企业技能人员学习参考，可作为电网企业生产技能人员的培训教学用书，也可作为电力职业院校教学参考用书。

由于时间和水平有限，难免存在疏漏之处，恳请各位专家和读者提出宝贵意见。

目　录

第一部分
初级工

第一章 继电保护员初级工技能笔答

Jb0001511001 求图 Jb0001511001 中电路 AB 的等效电阻值。（5 分）

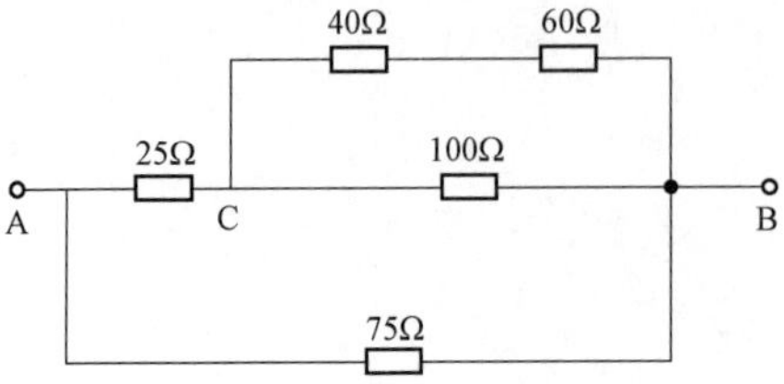

图 Jb0001511001

考核知识点：基本技能

难易度：易

标准答案：

解：

电路 CB 的等效电阻值 R_{CB}：$R_{CB}=(40+60)\times100/(40+60+100)=50$（Ω）

电路 AB 的等效电阻值R_{AB}：$R_{AB}=(50+25)\times75/(50+25+75)=37.5$（Ω）

答：电路 AB 的等效电阻值为 37.5Ω。

Jb0001512002 有一组三相不对称的量：$U_A=58$V，$U_B=33e^{-j150^\circ}$V，$U_C=33e^{j150^\circ}$V。试计算其负序电压分量 U_2。（5 分）

考核知识点：基本技能

难易度：中

标准答案：

解：设α为运算子，$\alpha=e^{j120^\circ}$，根据对称分量法

$$\begin{aligned}U_2&=\frac{1}{3}(U_A+\alpha^2U_B+\alpha U_C)\\&=\frac{1}{3}(58+33e^{j90^\circ}+33e^{-j90^\circ})\\&=\frac{1}{3}(58+j33-j33)\\&=19.3\text{（V）}\end{aligned}$$

答：该组三相不对称分量的负序电压分量 U_2 为 19.3V。

Jb0001512003 在大接地电流系统中，电压三相对称，当 B、C 相各自短路接地时，B 相短路电流 $\dot{I}_B=800e^{j45^\circ}$A，C 相短路电流 $\dot{I}_C=850e^{j165^\circ}$A，试求接地电流是多少？（5 分）

考核知识点：基本技能

难易度：中

标准答案：

解：B、C 相短路接地时，A 相故障电流 $\dot{I}_A=0$（忽略负荷电流）。根据故障分量法，故障点零序

电流 $3\dot{I}_0$ 为

$$\begin{aligned}3\dot{I}_0 &= \dot{I}_A + \dot{I}_B + \dot{I}_C \\ &= 800^{ej45^\circ} + 850^{ej165^\circ} \\ &= 800\times(0.707 + j0.707) + 850\times(-0.966 + j0.259) \\ &= -255.5 + j785.75 \\ &= 826.25e^{j108^\circ}（A）\end{aligned}$$

答：接地电流为 $826.25e^{j108^\circ}$A 。

Jb0001512004　某一正弦交流电的表达式为 i=sin（1000t+30°）A，试求其最大值 I_m、有效值 I、角频率 ω、频率 f 和初相角 φ 各为多少？（5 分）

考核知识点：基本技能

难易度：中

标准答案：

解：由表达式 $i=\sin(1000t+30^\circ)$A 可知：

最大值 $I_m=1$ A

有效值 $I=\dfrac{I_m}{\sqrt{2}}=0.707$（A）

角频率 $\omega=1000$rad / s

频率 $f=\dfrac{\omega}{2\pi}=\dfrac{1000}{2\pi}=159$（Hz）

初相角 $\varphi=30^\circ$

答：最大值为 1A，有效值为 0.707A，角频率为 1000rad/s，频率为 159Hz，初相角为 30°。

Jb0001522005　根据图 Jb0001522005（1）中所示电路，画出电压 U 和电流 I 的相量图。（5 分）

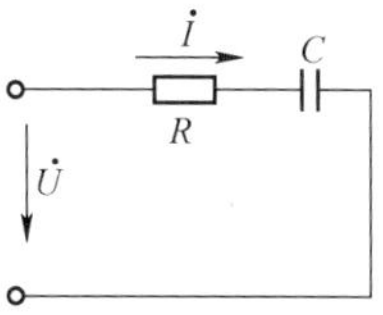

图 Jb0001522005（1）

考核知识点：基本技能

难易度：中

标准答案：

相量图如图 Jb0001522005（2）所示。

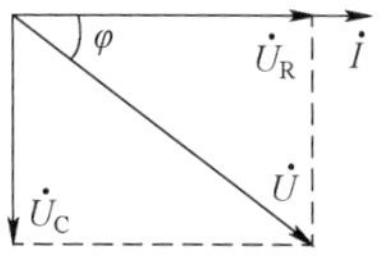

图 Jb0001522005（2）

Jb0001522006　根据图 Jb0001522006（1）所示电路，画出电压 U 和电流 I 的相量图。（5 分）

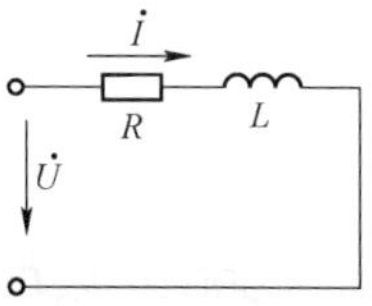

图 Jb0001522006（1）

考核知识点：基本技能

难易度：中

标准答案：

相量图如图 Jb0001522006（2）所示。

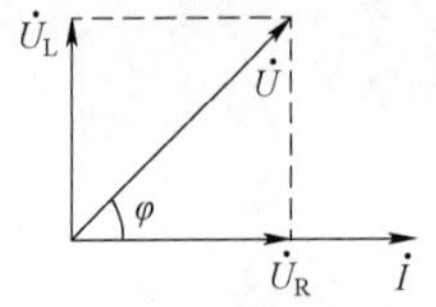

图 Jb0001522006（2）

Jb0001522007　画出电流互感器零序电流接线。（5 分）

考核知识点：基本技能

难易度：中

标准答案：

电流互感器零序电流接线如图 Jb0001522007 所示。

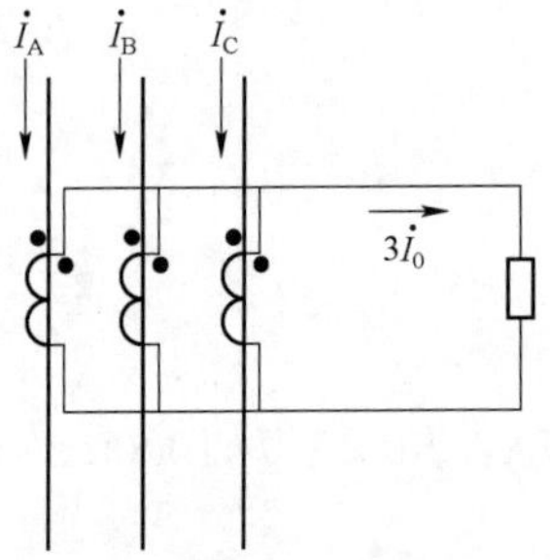

图 Jb0001522007

Jb0001512008　对大接地电流系统，如果电压互感器开口三角绕组中 B 相绕组的极性接反，那么正常运行时该电压互感器开口三角电压 $3\dot{U}_0$ 为多少？试计算并用相量图表示。（5 分）

考核知识点：基本技能

难易度：中

标准答案：

开口三角电压 $3\dot{U}_0$ 为

$$3\dot{U}_0=\dot{U}_A+\dot{U}_B+\dot{U}_C=2\dot{U}_B=200\text{V}$$

相量图如图 Jb0001512008 所示。

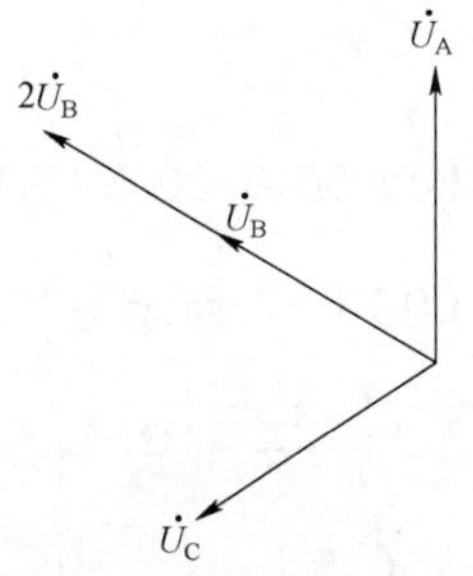

图 Jb0001512008

Jb0001532009 何谓继电保护选择性？（5分）

考核知识点：基本技能

难易度：中

标准答案：

继电保护选择性是指当系统发生故障时，继电保护装置应有选择地切除故障，以保证非故障部分继续运行，使停电范围尽量缩小。

Jb0001532010 何谓继电保护快速性？（5分）

考核知识点：基本技能

难易度：中

标准答案：

继电保护快速性是指继电保护应以允许的可能最快速度动作于断路器跳闸，以断开故障或中止异常状态的发展。快速切除故障，可以提高电力系统并列运行的稳定性，减少电压降低的工作时间。

Jb0001532011 何谓继电保护灵敏性？（5分）

考核知识点：基本技能

难易度：中

标准答案：

继电保护灵敏性是指继电保护装置对其保护范围内故障的反应能力，即继电保护装置对被保护设备可能发生的故障和不正常运行方式应能灵敏地感受并反应。上、下级保护之间灵敏性必须配合，这也是保护选择性的条件之一。

Jb0001532012 何谓继电保护可靠性？（5分）

考核知识点：基本技能

难易度：中

标准答案：

继电保护可靠性是指发生了属于它应该动作的故障时，它能可靠动作，即不发生拒绝动作；而在任何其他不属于它动作的情况下，可靠不动作，即不发生误动。

Jb0001532013 什么叫重合闸后加速？（5分）

考核知识点：基本技能

难易度：中

标准答案：

当线路发生故障后，保护装置有选择性地动作切除故障，重合闸进行一次重合以恢复供电。若重合于永久性故障时，保护装置不带时限、无选择性地动作跳开断路器。这种方式称为重合闸后加速。

Jb0001532014 继电保护现场工作中习惯性违章的主要表现有哪些？（5分）

考核知识点：基本技能

难易度：中

标准答案：

（1）不履行工作票手续即开始工作。

（2）不认真履行现场继电保护工作安全措施票。

（3）监护人不到位或失去监护。

（4）现场标示牌不全，走错间隔（屏位）。

Jb0001531015 《国家电网公司电力安全工作规程　变电部分》规定，在电气设备上工作，保证安全的技术措施有哪些？这些措施由何人进行操作？（5分）

考核知识点：基本技能

难易度：易

标准答案：

保证安全的技术措施有：

（1）停电。

（2）验电。

（3）接地。

（4）悬挂标示牌和装设遮栏（围栏）。

上述措施由运维人员或有权执行操作的人员执行。

Jb0001531016　在工作现场，工作班成员的安全责任有哪些？（5分）

考核知识点：基本技能

难易度：易

标准答案：

（1）熟悉工作内容、工作流程，掌握安全措施，明确工作中的危险点，并在工作票上履行交底签名确认手续。

（2）服从工作负责人（监护人）、专责监护人的指挥，严格遵守电力安全工作规程和劳动纪律，在确定的作业范围内工作，对自己在工作中的行为负责，互相关心工作安全。

（3）正确使用施工器具、安全工器具和安全防护用品。

Jb0001531017　紧急救护时，现场工作人员应掌握哪些救护方法？（5分）

考核知识点：基本技能

难易度：易

标准答案：

现场工作人员都应定期接受培训，学会紧急救护法，会正确解脱电源，会心肺复苏法，会止血、会包扎、会固定，会转移搬运伤员，会处理急救外伤或中毒等。

Jb0001533018　现场工作过程中遇到异常情况或断路器跳闸时，应如何处理？（5分）

考核知识点：基本技能

难易度：难

标准答案：

在现场工作过程中，凡遇到异常（如直流系统接地）或断路器跳闸时，不论与本身工作是否有关，应立即停止工作，保持现状，待找出原因或确定与本工作无关后，方可继续工作。上述异常若为从事现场继电保护工作的人员造成，应立即通知运行人员，以便及时处理。

Jb0002533019　某变电站有两套相互独立的直流系统，当第一组直流的正极与第二组直流的负极之间发生短路时，站内的直流接地监视系统会出现什么现象？（5分）

考核知识点：相关技能

难易度：难

标准答案：

会出现两组直流系统同时发出接地告警信号。断开任意一组直流电源接地现象就会消失。第一组直流系统的正极与第二组直流系统的负极短接，两组直流短接后形成一个端电压为440V的电池组，中点对地电压为零；每一组直流系统的绝缘监察装置均有一个接地点，短接后直流系统中存在两个接地点；故一组直流系统的绝缘监察装置判断为正极接地；另一组直流系统的绝缘监察装置判断为负极接地。

Jb0002533020 简述站用直流系统接地的危害。（5分）

考核知识点：相关技能

难易度：难

标准答案：

（1）直流系统两点接地有可能造成保护装置及二次设备误动。

（2）直流系统两点接地有可能使保护装置及二次设备在系统发生故障时拒动。

（3）直流系统正、负极间短路有可能使直流熔断器熔断。

（4）由于近年生产的保护装置灵敏度较高，当控制电缆较长时，若直流系统一点接地，也可能造成保护装置的不正确动作，特别是当交流系统也发生接地故障，则可能对保护装置形成干扰，严重时会导致保护装置误动作。

（5）对于某些动作电压较低的断路器，当其跳（合）闸线圈前一点接地时，有可能造成断路器误跳（合）闸。

Jb0002532021 《国家电网有限公司十八项电网重大反事故措施（2018年修订版）及编制说明》中，对 继电保护使用直流系统电压有何规定？如何选取直流回路空气开关额定电流？（5分）

考核知识点：相关技能

难易度：中

标准答案：

（1）继电保护使用直流系统在运行中的最低电压不低于额定电压的85%，最高电压不高于额定电压的110%。

（2）直流空气开关的额定工作电流应按最大动态负荷电流（即保护三相同时动作、跳闸和收发信机在满功率发信的状态下）的2.0倍选用。

Jb0002512022 有一台额定容量 S=120MVA 的电力变压器，该变压器的额定电压为220kV/121kV/11kV，连接组别为YNynd-11，试求该电力变压器在额定运行工况下，各侧的额定电流是多少？各侧相电流是多少？（5分）

考核知识点：相关技能

难易度：中

标准答案：

解：高压侧为星形连接方式，线电流 I_{l1}、相电流 I_{ph1} 相等，即

$$I_{l1}=I_{ph1}=\frac{S}{\sqrt{3}\times U_1}=\frac{120\,000}{\sqrt{3}\times 220}=315(\text{A})$$

中压侧为星形连接方式，线电流I_{l2}、相电流I_{ph2}相等，即

$$I_{l2}=I_{ph2}=\frac{S}{\sqrt{3}\times U_2}=\frac{120\ 000}{\sqrt{3}\times 121}=573\text{（A）}$$

低压侧为三角形连接方式，线电流I_{l3}等于相电流I_{ph3}的$\sqrt{3}$倍，先计算额定电流，即线电流

$$I_{l3}=\frac{S}{\sqrt{3}\times U_3}=\frac{120\ 000}{\sqrt{3}\times 11}=6298\text{（A）}$$

相电流为

$$I_{ph3}=\frac{I_{l3}}{\sqrt{3}}=\frac{6298}{\sqrt{3}}=3636\text{（A）}$$

答：高压侧额定电流为315A、相电流为315A；中压侧额定电流为573A、相电流为573A；低压侧额定电流为6298A、相电流为3636A。

Jb0002533023　电力系统中的消弧线圈按工作原理可分为谐振补偿、过补偿、欠补偿三种方式，它们各自的条件是什么？（5分）

考核知识点：相关技能

难易度：难

标准答案：

在接有消弧线圈的电网中发生一相接地后，当整个电网的$3\omega L=1/\omega C_0$时，流过接地点的电流将等于零，称为谐振补偿。

当$3\omega L<1/\omega C_0$时，流过接地点的电流为感性电流，称为过补偿。

当$3\omega L>1/\omega C_0$时，流过接地点的电流为容性电流，称为欠补偿。

Jb0002532024　何谓系统的最大、最小运行方式？（5分）

考核知识点：相关技能

难易度：中

标准答案：

在继电保护的整定计算中，一般都要考虑电力系统的最大与最小运行方式。

最大运行方式是指在被保护对象末端短路时，系统的等值阻抗最小，通过保护装置的短路电流为最大的运行方式。

最小的运行方式是指在上述同样的短路情况下，系统等值阻抗最大，通过保护装置的短路电流为最小的运行方式。

Jb0002532025　电压互感器、电流互感器的二次侧接地是工作接地还是保护接地，为什么要接地？（5分）

考核知识点：相关技能

难易度：中

标准答案：

电压互感器、电流互感器二次侧的接地是保护接地。其作用是保护人身和设备安全，防止一次高压窜入二次绕组而造成的人身和设备伤害。

Jb0002532026　什么叫按频率自动减负荷装置？其作用是什么？（5分）

考核知识点：相关技能

难易度：中

标准答案：

为了提高电能质量，保证重要用户供电的可靠性，当系统中出现有功功率缺额引起频率下降时，根据频率下降的程度，自动断开一部分不重要的用户，阻止频率下降，以便使频率迅速恢复到正常值，这种装置叫按频率自动减负荷装置。它不仅可以保证重要用户的供电，而且可以避免频率下降引起的系统瓦解事故。

Jb0002531027　什么叫电力系统中的远动装置？主要作用是什么？（5分）

考核知识点：相关技能

难易度：易

标准答案：

在电力系统中，为将各厂、站端的电力信息传递给调度中心，在厂、站端负责采集远方信号的装置叫远动装置。

远动装置的主要作用是采集运行现场的实时数据，并进行相应的数据转换处理后经远程通道送往电网调度中心，同时接收调度中心发来的遥控、遥调命令，驱动现场设备已达到控制和调节的目的。

Jb0002533028　变压器的不正常运行状态有哪些？（5分）

考核知识点：相关技能

难易度：难

标准答案：

（1）由外部相间、接地短路引起的过电流。

（2）过电压。

（3）超过额定容量引起的过负荷。

（4）漏油引起的油面降低。

（5）冷却系统故障及由此而引起的温度过高。

（6）大容量变压器的过励磁和过电压问题等。

Jb0003533029　在带电的电流互感器二次回路上工作时，应采取哪些安全措施？（5分）

考核知识点：二次回路工作

难易度：难

标准答案：

（1）严禁将电流互感器二次侧开路。

（2）短路电流互感器二次绕组必须使用短路片或短路线，短路应妥善可靠，严禁用导线缠绕。

（3）严禁在电流互感器与短路端子之间的回路和导线上进行任何工作。

（4）工作必须认真、谨慎，不得将回路的永久接地点断开。

（5）工作时，必须有专人监护，使用绝缘工具，并站在绝缘垫上。

Jb0003533030　在带电的电压互感器二次回路上工作时应采取哪些安全措施？（5分）

考核知识点：二次回路工作

难易度：难

标准答案：

在带电的电压互感器二次回路上工作时应采取下列安全措施：

（1）严格防止短路或接地。工作时应使用绝缘工具，戴绝缘手套。

（2）接临时负载，必须装有专用的刀闸和熔断器。

（3）工作时应有专人监护，严禁将回路的安全接地点断开。

（4）必要时在工作前停用有关保护装置、安全自动装置或自动化监控系统。

Jb0003533031　通常对断路器控制回路有哪些基本要求？（5分）

考核知识点：二次回路工作

难易度：难

标准答案：

（1）应有对断路器控制电源的监视回路，当断路器控制电源消失时，应发出相应告警信号，提示运维检修人员及时进行处理。

（2）断路器控制回路应具备监视其跳、合闸回路完好性的功能，当跳闸或合闸回路故障时，应发出断路器控制回路断线信号。

（3）应具有防止断路器“跳跃”的二次回路设计，“防跳”回路的设计应使断路器出现“跳跃”时，将断路器闭锁到跳闸位置。

（4）跳闸、合闸命令应保持足够长的时间，并且当跳闸或合闸完成后，命令脉冲应能自动解除，通常由断路器的辅助触点自动断开跳合闸回路。

（5）对于断路器的合闸、分闸状态，应有明显的位置指示信号，保护跳闸、自动重合闸时，应有明显的动作信号。

（6）断路器的操作动力消失或不足时，如弹簧机构的弹簧未拉紧、液压或气压机构的压力降低等，应闭锁断路器的操作，并发出相应信号；SF_6 气体绝缘的断路器，当 SF_6 气体压力降低而导致断路器不能可靠运行时，也应闭锁断路器的动作并发出信号。

（7）在满足上述要求的条件下，力求控制回路接线简单，采用的设备和使用的电缆最少。

Jb0003532032　来自电压互感器二次的四根引入线和电压互感器开口三角绕组的两根引入线均应使用各自独立的电缆，请简述原因。（5分）

考核知识点：二次回路工作

难易度：中

标准答案：

因为当系统发生接地故障时，星形绕组与开口三角绕组侧都将出现零序电压，其电流流过各自的负载。如果星形绕组与开口三角绕组的N600回路共用一根电缆，则这两个电流均在公用的N600电缆上产生压降，使接入保护装置的 $3U_0$ 零序电压在数值和相位上产生失真，影响保护装置动作行为正确性。

Jb0003532033《国家电网有限公司十八项电网重大反事故措施（2018年修订版）及编制说明》中对交、直流及控制等二次回路电缆敷设及设计有哪些要求？（5分）

考核知识点：二次回路工作

难易度：中

标准答案：

（1）交流电流和交流电压回路、不同交流电压回路、交流和直流回路、强电和弱电回路、来自电压互感器二次的四根引入线和电压互感器开口三角绕组的两根引入线均应使用各自独立的电缆。

（2）保护装置的跳闸回路和启动失灵回路均应使用各自独立的电缆。

Jb0003532034 为什么交、直流回路不能共用一根电缆？（5分）

考核知识点：二次回路工作

难易度：中

标准答案：

交、直流回路都是各自独立的系统。直流回路是绝缘系统而交流回路是接地系统，若共用一条电缆，两者之间一旦发生短路就造成直流接地，同时影响了交、直流两个系统。平常也容易互相干扰，还有可能降低对直流回路的对地绝缘电阻。所以交、直流回路不能共用一根电缆。

Jb0003532035 《国家电网有限公司十八项电网重大反事故措施（2018年修订版）及编制说明》中对电流互感器、电压互感器二次回路接地点有哪些要求？（5分）

考核知识点：二次回路工作

难易度：中

标准答案：

（1）电流互感器或电压互感器的二次回路，均必须且只能有一个接地点。

（2）未在开关场接地的电压互感器二次回路，宜在电压互感器端子箱处将每组二次回路中性点分别经放电间隙或氧化锌阀片接地，其击穿电压峰值应大于$30I_{max}$ V（I_{max}为电网接地故障时通过变电站的可能最大接地电流有效值，单位为kA）。应定期检查放电间隙或氧化锌阀片，防止造成电压二次回路出现多点接地。为保证接地可靠，各电压互感器的中性线不得接有可能断开的开关或熔断器等。

（3）独立的、与其他互感器二次回路没有电气联系的电流互感器二次回路可在开关场一点接地，但应考虑将开关场不同点地电位引至同一保护柜时对二次回路绝缘的影响。

Jb0003531036 保护装置工频试验电压1000V的回路有哪些？（5分）

考核知识点：二次回路工作

难易度：易

标准答案：

工作在110V或220V直流电路的各对触点对地回路，各对触点相互之间，触点的动、静两端之间。

Jb0003533037 简述电力系统振荡和短路的区别。（5分）

考核知识点：保护安自装置的安装、调试及维护

难易度：难

标准答案：

（1）当系统发生振荡时，系统各点电压和电流的幅值均作往复性摆动，变化速度慢；而短路时电压、电流幅值是突变的，变化的量很大。

（2）振荡时，系统任何一点电压和电流之间的相位角都随功角θ的变化而变化；而短路时电压和电流之间的相位角是基本不变的。

Jb0003532038 大接地电流系统、小接地电流系统的划分标准是什么？（5分）

考核知识点：保护安自装置的安装、调试及维护

难易度：中

标准答案：

大接地电流系统、小接地电流系统的划分标准是依据系统的零序电抗 X_0 与正序电抗 X_1 的比值：$X_0/X_1 \leqslant 3$，且 $R_0/X_1 \leqslant 1$ 的系统属于大接地电流系统；$X_0/X_1 > 3$，且 $R_0/X_1 > 1$ 的系统属于小接地电流系统。

Jb0003532039 微机继电保护装置的现场检验应包括哪些内容？（5分）

考核知识点：保护安自装置的安装、调试及维护

难易度：中

标准答案：

（1）测量绝缘。

（2）检验逆变电源（拉合直流电源，直流电压缓慢上升、缓慢下降时逆变电源和微机继电保护装置应能正常工作）。

（3）检验固化的程序是否正确。

（4）检验数据采集系统的精度和平衡度。

（5）检验开关量输入和输出回路。

（6）检验定值单。

（7）整组试验。

（8）用一次电流及工作电压检验。

Jb0003533040 新设备验收时，二次部分应具备哪些图纸、资料？（5分）

考核知识点：保护安自装置的安装、调试及维护

难易度：难

标准答案：

应具备装置的原理图及与之相符合的二次回路安装图，电缆敷设图、电缆编号图，断路器操动机构二次回路图，电流、电压互感器端子箱图及二次回路部分线箱图等。同时还要有完整的成套保护、自动装置的技术说明书，断路器操作机构说明书，电流、电压互感器的出厂试验书等。

Jb0003533041 根据录波图怎样简单判别系统接地故障？（5分）

考核知识点：保护安自装置的安装、调试及维护

难易度：难

标准答案：

（1）配合观察相电压、相电流量及零序电流、零序电压的波形变化来综合分析。

（2）零序电流、零序电压与某相电流骤升，同名相电压下降，则可能是该相发生单相接地故障。

（3）零序电流、零序电压出现时，某两相电流骤增，且同名相电压减小，则可能发生两相接地故障。

Jb0003533042 在大接地电流系统中发生单相接地故障，从录波图看，该故障相电流有畸变，试问是否可以直接利用对称分量法进行故障分析，为什么？（5分）

考核知识点：保护安自装置的安装、调试及维护

难易度：难

标准答案：

不行。因为对称分量法仅适用于同频率的矢量。因故障相电流有畸变，说明电流含高次谐波分量，

不同频率的合成波是不能分解的，只有将畸变电流用付氏级数分解后，将各次谐波分别分解成正、负、零序分量，然后将各次谐波叠加。

Jb0003532043　小接地电流系统发生单相接地故障时其电流、电压有何特点？（5分）

考核知识点：保护安自装置的安装、调试及维护

难易度：中

标准答案：

（1）电压：在接地故障点，故障相对地电压为零；非故障相对地电压升高至线电压；三个相间电压的大小与相位不变；零序电压大小等于相电压。

（2）电流：非故障线路 $3I_0$ 值等于本线路电容电流；故障线路 $3I_0$ 等于所有非故障线路电容电流之和；接地故障点的 $3I_0$ 等于全系统电容电流之总和。

（3）相位：接地故障点的 $3I_0$ 超前零序电压 $3U_0$ 约 $90°$。

Jb0003531044　电力系统在什么情况下将出现零序电流？（5分）

考核知识点：保护安自装置的安装、调试及维护

难易度：易

标准答案：

（1）电力变压器三相运行参数不同。

（2）电力系统中有接地故障。

（3）单相重合闸过程中的两相运行。

（4）三相重合闸和手动合闸时断路器三相不同期投入。

（5）空载投入变压器时三相的励磁涌流不相等。

Jb0003532045　目前差动保护中防止励磁涌流影响的方法有哪些？（5分）

考核知识点：保护安自装置的安装、调试

难易度：中

标准答案：

防止励磁涌流影响的方法有：

（1）采用具有速饱和铁芯的差动继电器。

（2）采用间断角原理鉴别短路电流和励磁涌流波形的区别。

（3）利用二次谐波制动原理。

（4）利用波形对称原理的差动继电器。

Jb0003532046　电压互感器和电流互感器在作用原理上有什么区别？（5分）

考核知识点：保护安自装置的安装、调试及维护

难易度：中

标准答案：

主要区别是正常运行时工作状态很不相同，具体表现为：

（1）电流互感器二次可以短路，但不得开路；电压互感器二次可以开路，但不得短路。

（2）相对于二次侧的负载来说，电压互感器的一次内阻较小以至可以忽略，可以认为电压互感器是一个电压源；而电流互感器的一次内阻很大，可以认为是一个内阻无穷大的电流源。

（3）电压互感器在正常工作时的磁通密度接近饱和值，故障时磁通密度下降；电流互感器正常工

作时磁通密度很低，而短路时由于一次侧短路电流变得很大，使磁通密度大大增加，有时甚至远远超过饱和值。

Jb0003531047　继电保护装置的检验一般分哪几种？（5分）

考核知识点：保护安自装置的安装、调试及维护

难易度：易

标准答案：

（1）新安装装置的验收检验。

（2）运行中装置的定期检验。

（3）运行中装置的补充检验。

Jb0003531048　运行中继电保护装置的补充检验分哪几种？（5分）

考核知识点：保护安自装置的安装、调试及维护

难易度：易

标准答案：

（1）装置改造后的检验。

（2）检修或更换一次设备后的检验。

（3）运行中发现异常情况后的检验。

（4）事故后检验。

Jb0003532049　什么是主保护、后备保护、辅助保护和异常运行保护？（5分）

考核知识点：保护安自装置的安装、调试及维护

难易度：中

标准答案：

（1）主保护是指满足系统稳定和设备安全要求，能以最快速度有选择地切除被保护设备和线路故障的保护。

（2）后备保护是指主保护或断路器拒动时，用来切除故障的保护。后备保护可分为远后备保护和近后备保护两种：远后备保护是当主保护或断路器拒动时，由相邻电力设备或线路的保护来实现的后备保护。近后备保护是当主保护拒动时，由本电力设备或线路的另一套保护来实现后备的保护；当断路器拒动时，由断路器失灵保护来实现后备保护。

（3）辅助保护是为补充主保护和后备保护的性能或当主保护和后备保护退出运行而增设的简单保护。

（4）异常运行保护是反应被保护电力设备或线路异常运行状态的保护。

Jb0003532050　变压器励磁涌流有哪些特点？（5分）

考核知识点：保护安自装置的安装、调试及维护

难易度：中

标准答案：

变压器励磁涌流的特点如下：

（1）包含有很大成分的非周期分量，往往使涌流偏于时间轴的一侧。

（2）包含有大量的高次谐波分量，并以二次谐波为主。

（3）励磁涌流波形出现间断。

Jb0003532051 用一次电流及工作电压进行检验的目的是什么？（5分）

考核知识点：保护安自装置的安装、调试及维护

难易度：中

标准答案：

对新安装或设备回路经较大变动的装置，在投入运行以前，必须用一次电流和工作电压加以检验，目的是：

（1）对接入电流、电压的相互相位、极性有严格要求的装置（如带方向的电流保护、距离保护等），判定其相别、相位关系及所保护的方向是否正确。

（2）判定电流差动保护（母线、发电机、变压器的差动保护、线路纵差保护及横差保护等）接到保护回路中的各组电流回路的相对极性关系及变比是否正确。

（3）判定利用相序滤过器构成的保护所接入的电流（电压）的相序是否正确，滤过器的调整是否合适。

（4）判定每组电流互感器的接线是否正确，回路连线是否牢靠。定期检验时，如果设备回路没有变动（未更换一次设备电缆、辅助变流器等），只需用简单的方法判明曾被拆动的二次回路接线确实恢复正常（如对差动保护测量其差电流，用电压表测量继电器电压端子上的电压等）即可。

Jb0003531052 简述什么是后备保护？什么是近后备、远后备？（5分）

考核知识点：保护安自装置的安装、调试及维护

难易度：易

标准答案：

当某一电气元件的主保护或断路器拒绝动作时，能够以较长的时限切除故障的保护叫后备保护。后备保护分为近后备和远后备两种：

近后备：主保护拒动作时，由本元件的另一套保护实现后备来切除故障，该保护称为近后备。

远后备：当主保护或其断路器拒动时，由相邻元件或线路的保护实现后备的，称为远后备。

Jb0003513053 根据图 Jb0003513053 所示系统阻抗图，计算 k 点短路时流过保护安装点的两相短路电流 $I_k^{(2)}$（$S_B=100MVA$，$U_B=66kV$）。（5分）

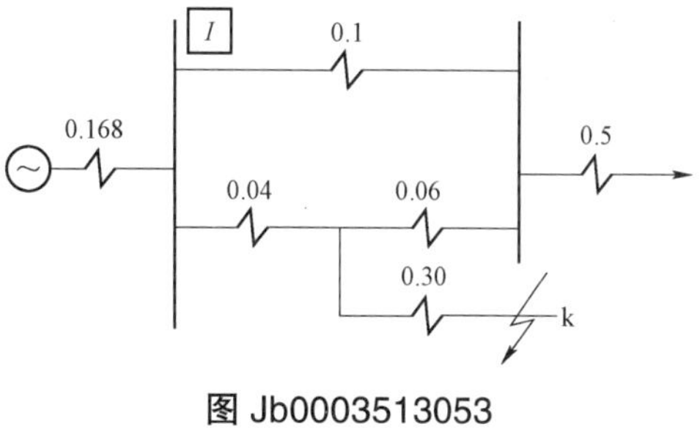

图 Jb0003513053

考核知识点：保护安自装置的安装、调试及维护

难易度：难

标准答案：

系统阻抗标幺值 $X^*=0.168+\dfrac{(0.1+0.06)\times 0.04}{(0.1+0.06)+0.04}+0.3=0.168+0.032+0.3=0.5$

系统电流标幺值 $I^*=\dfrac{1}{X^*}=\dfrac{1}{0.5}=2$

$$I_k^{(2)} = I_* \times \frac{S_B}{U_B \times \sqrt{3}} \times \frac{0.04}{0.04+0.16} \times \frac{\sqrt{3}}{2} = 2 \times \frac{100\,000}{66 \times \sqrt{3}} \times \frac{0.04}{0.04+0.16} \times \frac{\sqrt{3}}{2} = 303.03\text{（A）}$$

k 点短路时流过保护安装点的两相短路电流为 303.03A。

Jb0003532054　方向过电流保护为什么必须采用按相启动方式？试举例说明。（5 分）

考核知识点：保护安自装置的安装、调试及维护

难易度：中

标准答案：

方向过电流保护采取“按相启动”的接线方式，是为了躲开反方向发生两相短路时造成装置误动，如当反方向发生 BC 相短路时，在线路 A 相方向元件因负荷电流为正方向将动作，此时如果不按相启动，当 C 相电流元件动作时，将引起装置误动；采用了按相启动接线，尽管 A 相方向元件动作，但 A 相的电流元件不动，而 C 相电流元件动作，但 C 相方向继电器不动作，所以装置不会误动作。

Jb0003533055　相间方向过电流保护中，功率方向元件采用 90° 接线方式有什么优点？（5 分）

考核知识点：保护安自装置的安装、调试及维护

难易度：难

标准答案：

功率方向元件采用 90° 接线方式有以下优点：

（1）在被保护线路发生各种相间短路故障时，保护均能正确动作。

（2）在短路阻抗角 φ_k 可能变化的范围内，功率方向元件都能工作在最大灵敏角附近，灵敏度比较高。

（3）在保护安装处附近发生两相短路时，由于引入了非故障相电压，保护没有电压死区。

Jb0003532056　变压器瓦斯保护的保护范围是什么？（5 分）

考核知识点：保护安自装置的安装、调试及维护

难易度：中

标准答案：

（1）变压器内部的多相短路。

（2）匝间短路，绕组与铁芯或与外壳间的短路。

（3）铁芯故障。

（4）油面下降或漏油。

（5）分接开关接触不良或导线焊接不良。

Jb0003533057　某一新建变电站需要进行竣工调试验收，需要基建单位提供哪些资料？（5 分）

考核知识点：保护安自装置的安装、调试及维护

难易度：难

标准答案：

（1）一次设备实测参数；通道设备（包括接口设备、高频电缆、阻波器、结合滤波器、耦合电容器等）的参数和试验数据、通道时延等。

（2）电流、电压互感器的试验数据（如变比、伏安特性、极性、直流电阻及 10%误差计算等）；保护装置及相关二次交、直流和信号回路的绝缘电阻的实测数据；气体继电器试验报告。

（3）全部保护纸质及电子版竣工图纸（含设计变更）、保护装置及自动化监控系统使用及技术说明书、智能站配置文件和资料性文件［包括智能电子设备能力描述（ICD）文件、变电站配置描述（SCD）文件、已配置的智能电子设备描述（CID）文件、回路实例配置（CCD）文件、虚拟局域网（VLAN）划分表、虚端子配置表、竣工图纸和调试报告等］。

（4）保护调试报告、二次回路（含光纤回路）检测报告以及调控机构整定计算所必需的其他资料。

Jb0003531058 简述 110kV 线路光纤差动保护装置一般包括哪些功能配置。（5 分）

考核知识点：保护安自装置的安装、调试及维护

难易度：易

标准答案：

主要包括以分相电流差动或零序电流差动为主体的快速主保护，由三段式相间和接地距离保护、四段式零序方向过电流保护等构成的全套后备保护，三相一次重合闸功能及过负荷告警功能等。

Jb0003532059 当 TV 断线后，微机保护中的哪些保护功能被闭锁？（5 分）

考核知识点：保护安自装置的安装、调试及维护

难易度：中

标准答案：

TV 断线后报“TV 断线告警”，在 TV 断线条件下所有距离元件、负序方向元件、突变量方向元件退出工作，带方向的零序保护也退出工作，装置将继续监视 TV 电压，一旦电压恢复正常，各元件将自动重新投入运行。

Jb0003532060 智能变电站的继电保护设计时，应遵循什么原则？（5 分）

考核知识点：智能变电站二次系统调试

难易度：中

标准答案：

智能变电站的保护设计应坚持继电保护“四性”，遵循“直接采样、直接跳闸”“独立分散”“就地化布置”原则，应避免合并单元、智能终端、交换机等任一设备故障时，同时失去多套主保护。

第二章　继电保护员初级工技能操作

Jc0001541001－1　RCS－931 线路保护调试及检验。（100 分）

考核知识点： 线路保护

难易度： 易

技能等级评价专业技能考核操作工作任务书

一、任务名称

RCS－931 线路保护调试及检验。

二、适用工种

继电保护员初级工。

三、具体任务

（1）工作状态为模拟 220kV 线路停电，工作内容为线路保护定检。

（2）工作任务：

1）模拟 A 相瞬时性接地故障，校验接地距离 I 段的定值，保护动作行为正确。

2）模拟现场工作，实施安全措施（按照保护定检完成），根据定值单完成定值修改、核对，完成现场检验任务。

3）完成保护装置开入量检查、核对。

4）附试验定值清单，按照定值清单修改、核对装置定值。

5）接线方式为双母接线，保护配置为光纤差动保护、三段距离保护、两段零序保护。

四、工作规范及要求

（1）工器具使用及安全措施。

（2）按要求进行保护校验。

（3）填写保护校验报告。

五、考核及时间要求

（1）本考核操作时间为 60 分钟，时间到停止考评，包括试验接线、保护校验和报告整理时间。

（2）装置调试过程中，要求正确使用安全工器具、继电保护校验仪。

（3）按照技能操作记录单的操作要求进行操作，正确记录操作结果，试验记录项目包括动作元件、相别、动作出口时间。

技能等级评价专业技能考核操作评分标准

<table>
<tr><td>工种</td><td colspan="6">继电保护员</td><td>评价等级</td><td>初级工</td></tr>
<tr><td>项目模块</td><td colspan="5">继电保护及安全自动装置校验—保护调试—线路保护装置</td><td>编号</td><td colspan="2">Jc0001541001－1</td></tr>
<tr><td>单位</td><td colspan="3"></td><td>准考证号</td><td colspan="2"></td><td>姓名</td><td></td></tr>
<tr><td>考试时限</td><td colspan="2">60 分钟</td><td>题型</td><td colspan="3">单项操作</td><td>题分</td><td>100 分</td></tr>
<tr><td>成绩</td><td></td><td>考评员</td><td></td><td>考评组长</td><td colspan="2"></td><td>日期</td><td></td></tr>
<tr><td>试题正文</td><td colspan="8">RCS－931 线路保护调试及检验</td></tr>
</table>

续表

需要说明的问题和要求	（1）要求调试单人操作。 （2）操作应注意安全，按照标准化作业书的技术安全说明做好安全措施。 （3）装置调试检验在保护屏上完成操作。 （4）测试仪的选择可选考场提供的测试仪或自带测试仪

序号	项目名称	质量要求	满分	扣分标准	扣分原因	得分
1	工具使用及安全措施					
1.1	各种工器具正确使用	熟练正确使用各种工器具	5	未正确使用一次扣1分，扣完为止		
1.2	相关安全措施的准备	试验仪器正确接地	2	试验仪器未正确接地扣2分		
		短接母线保护电流	3	未进行短接母线保护电流扣3分		
		断开交流电压	2	未断开交流电压扣2分		
		在母线保护屏拆除启动失灵二次线，并做好绝缘	3	未在母线保护屏拆除启动失灵二次线，未做好绝缘扣3分（可口述）		
2	保护调试检验					
2.1	保护装置试验	能按要求正确进行接地距离Ⅰ段保护测试，试验仪故障量设置正确，接线及压板等设置正确，测试正确并说明结果	30	试验接线错误或采样不正确扣5分； 压板等设置错误扣5分； 试验仪故障设置不正确扣5分； 试验项目不全，每缺少一项扣5分（0.95倍、1.05倍、反方向）		
3	保护装置定值修改、核对及装置检查					
3.1	保护装置定值修改及核对	能按定值单正确修改装置定值，并在相邻区复制定值	10	未按定值单修改定值，扣8分； 未在相邻区复制定值，扣2分		
3.2	保护装置开入量检查	检查装置内硬压板等开入量显示正常	10	未检查开入量，扣10分； 硬压板开入检查，每少检查一项扣1分，扣完为止		
4	填写试验报告					
4.1	试验记录	正确填写试验结果	10	每少填写一项扣3分，扣完为止		
		保护装置动作行为记录	10	动作行为记录与实际不符，每处扣2分，扣完为止		
5	保护动作行为分析及判断					
5.1	保护录波报告分析及判断	查看故障录波报告进行动作行为分析及综合判断	10	录波图查看不正确或漏项，每项扣2分（不超过5分）； 结果分析不正确扣5分		
6	现场恢复	恢复现场	5	未进行现场恢复扣5分		
合计			100			

Jc0001542001－2 RCS－931线路保护调试及检验。（100分）

考核知识点：线路保护

难易度：中

技能等级评价专业技能考核操作工作任务书

一、任务名称

RCS－931线路保护调试及检验。

二、适用工种

继电保护员初级工。

三、具体任务

（1）工作状态为模拟 220kV 线路停电，工作内容为线路保护定检。

（2）工作任务：

1）模拟 BC 相间瞬时性接地故障，校验相间距离Ⅰ段的定值，保护动作行为正确。

2）模拟现场工作，实施安全措施（按照保护定检完成），根据定值单完成定值修改、核对，完成现场检验任务。

3）完成保护装置开入量检查、核对。

4）附试验定值清单，按照定值清单修改、核对装置定值。

5）接线方式为双母接线，保护配置为光纤差动保护、三段距离保护、两段零序保护。

四、工作规范及要求

（1）工器具使用及安全措施。

（2）按要求进行保护校验。

（3）填写保护校验报告。

五、考核及时间要求

（1）本考核操作时间为 60 分钟，时间到停止考评，包括试验接线、保护校验和报告整理时间。

（2）装置调试过程中，要求正确使用安全工器具、继电保护校验仪。

（3）按照技能操作记录单的操作要求进行操作，正确记录操作结果，试验记录项目包括动作元件、相别、动作出口时间等。

技能等级评价专业技能考核操作评分标准

工种	继电保护员					评价等级	初级工
项目模块	继电保护及安全自动装置校验—保护调试—线路保护装置				编号	Jc0001542001－2	
单位			准考证号			姓名	
考试时限	60 分钟		题型	单项操作		题分	100 分
成绩		考评员		考评组长		日期	
试题正文	RCS－931 线路保护调试及检验						
需要说明的问题和要求	（1）要求调试单人操作。 （2）操作应注意安全，按照标准化作业书的技术安全说明做好安全措施。 （3）装置调试检验在保护屏上完成操作。 （4）测试仪的选择可选考场提供的测试仪或自带测试仪						

序号	项目名称	质量要求	满分	扣分标准	扣分原因	得分
1	工具使用及安全措施					
1.1	各种工器具正确使用	熟练正确使用各种工器具	5	未正确使用一次扣 1 分，扣完为止		
1.2	相关安全措施的准备	试验仪器正确接地	2	试验仪器未正确接地扣 2 分		
		短接母线保护电流	3	未进行短接母线保护电流扣 3 分		
		断开交流电压	2	未断开交流电压扣 2 分		
		在母线保护屏拆除启动失灵二次线，并做好绝缘	3	未在母线保护屏拆除启动失灵二次线，未做好绝缘扣 3 分（可口述）		
2	保护调试检验					

续表

序号	项目名称	质量要求	满分	扣分标准	扣分原因	得分
2.1	保护装置试验	能按要求正确进行相间距离Ⅰ段保护测试，试验仪故障量设置正确，接线及压板等设置正确，测试正确并说明结果	30	试验接线错误或采样不正确扣5分； 压板等设置错误扣5分； 试验仪故障设置不正确扣5分； 试验项目不全，每缺少一项扣5分（0.95倍、1.05倍、反方向）		
3	保护装置定值修改、核对及装置检查					
3.1	保护装置定值修改及核对	能按定值单正确修改装置定值，并在相邻区复制定值	10	未按定值单修改定值，扣8分； 未在相邻区复制定值，扣2分		
3.2	保护装置开入量检查	检查装置内硬压板等开入量显示正常	10	未检查开入量，扣10分； 硬压板开入检查，每少检查一项扣1分，扣完为止		
4	填写试验报告					
4.1	试验记录	正确填写试验结果	10	每少填写一项扣3分，扣完为止		
		保护装置动作行为记录	10	动作行为记录与实际不符，每处扣2分，扣完为止		
5	保护动作行为分析及判断					
5.1	保护录波报告分析及判断	查看故障录波报告进行动作行为分析及综合判断	10	录波图查看不正确或漏项，每项扣2分（不超过5分）； 结果分析不正确扣5分		
6	现场恢复	恢复现场	5	未进行现场恢复扣5分		
合计			100			

Jc0001543001－3　RCS－931线路保护调试及检验。（100分）

考核知识点：线路保护

难易度：难

技能等级评价专业技能考核操作工作任务书

一、任务名称

RCS－931线路保护调试及检验。

二、适用工种

继电保护员初级工。

三、具体任务

（1）工作状态为模拟220kV线路停电，工作内容为线路保护定检。

（2）工作任务：

1）模拟B相永久性接地故障，校验接地距离Ⅰ段的定值，保护动作行为正确。

2）模拟现场工作，实施安全措施（按照保护定检完成），根据定值单完成定值修改、核对，完成现场检验任务。

3）完成保护装置开入量检查、核对。

4）附试验定值清单，按照定值清单修改、核对装置定值。

5）接线方式为双母接线，保护配置为光纤差动保护、三段距离保护、两段零序保护。

四、工作规范及要求

（1）工器具使用及安全措施。

（2）按要求进行保护校验。

（3）填写保护校验报告。

五、考核及时间要求

（1）本考核操作时间为60分钟，时间到停止考评，包括试验接线、保护校验和报告整理时间。

（2）装置调试过程中，要求正确使用安全工器具、继电保护校验仪。

（3）按照技能操作记录单的操作要求进行操作，正确记录操作结果，试验记录项目包括动作元件、相别、动作出口时间等。

技能等级评价专业技能考核操作评分标准

工种	继电保护员					评价等级	初级工
项目模块	继电保护及安全自动装置校验—保护调试—线路保护装置				编号	Jc0001543001－3	
单位			准考证号			姓名	
考试时限	60分钟		题型	单项操作		题分	100分
成绩		考评员		考评组长		日期	
试题正文	RCS－931线路保护调试及检验						
需要说明的问题和要求	（1）要求调试单人操作。 （2）操作应注意安全，按照标准化作业书的技术安全说明做好安全措施。 （3）装置调试检验在保护屏上完成操作。 （4）测试仪的选择可选考场提供的测试仪或自带测试仪						

序号	项目名称	质量要求	满分	扣分标准	扣分原因	得分
1	工具使用及安全措施					
1.1	各种工器具正确使用	熟练正确使用各种工器具	5	未正确使用一次扣1分，扣完为止		
1.2	相关安全措施的准备	试验仪器正确接地	2	试验仪器未正确接地扣2分		
		短接母线保护电流	3	未进行短接母线保护电流扣3分		
		断开交流电压	2	未断开交流电压扣2分		
		在母线保护屏拆除启动失灵二次线，并做好绝缘	3	未在母线保护屏拆除启动失灵二次线，未做好绝缘扣3分（可口述）		
2	保护调试检验					
2.1	保护装置试验	能按要求正确进行接地距离Ⅰ段保护测试，试验仪故障量设置正确，接线及压板等设置正确，测试正确并说明结果	30	试验接线错误或采样不正确扣5分； 压板等设置错误扣5分； 试验仪故障设置不正确扣5分； 试验项目不全，每缺少一项扣5分（0.95倍、1.05倍、反方向）		
3	保护装置定值修改、核对及装置检查					
3.1	保护装置定值修改及核对	能按定值单正确修改装置定值，并在相邻区复制定值	10	未按定值单修改定值，扣8分； 未在相邻区复制定值，扣2分		
3.2	保护装置开入量检查	检查装置内硬压板等开入量显示正常	10	未检查开入量，扣10分； 硬压板开入检查，每少检查一项扣1分，扣完为止		
4	填写试验报告					

续表

序号	项目名称	质量要求	满分	扣分标准	扣分原因	得分
4.1	试验记录	正确填写试验结果	10	每少填写一项扣3分，扣完为止		
		保护装置动作行为记录	10	动作行为记录与实际不符，每处扣2分，扣完为止		
5	保护动作行为分析及判断					
5.1	保护录波报告分析及判断	查看故障录波报告进行动作行为分析及综合判断	10	录波图查看不正确或漏项，每项扣2分（不超过5分）； 结果分析不正确扣5分		
6	现场恢复	恢复现场	5	未进行现场恢复扣5分		
合计			100			

Jc0001541001－4 RCS－931线路保护调试及检验。（100分）

考核知识点：线路保护

难易度：易

技能等级评价专业技能考核操作工作任务书

一、任务名称

RCS－931线路保护调试及检验。

二、适用工种

继电保护员初级工。

三、具体任务

（1）工作状态为模拟220kV线路停电，工作内容为线路保护定检。

（2）工作任务：

1）模拟A相瞬时性接地故障，校验零序过电流Ⅰ段的定值，保护动作行为正确。

2）模拟现场工作，实施安全措施（按照保护定检完成），根据定值单完成定值修改、核对，完成现场检验任务。

3）完成保护装置开入量检查、核对。

4）附试验定值清单，按照定值清单修改、核对装置定值。

5）接线方式为双母接线，保护配置为光纤差动保护、三段距离保护、两段零序保护。

四、工作规范及要求

（1）工器具使用及安全措施。

（2）按要求进行保护校验。

（3）填写保护校验报告。

五、考核及时间要求

（1）本考核操作时间为60分钟，时间到停止考评，包括试验接线、保护校验和报告整理时间。

（2）装置调试过程中，要求正确使用安全工器具、继电保护校验仪。

（3）按照技能操作记录单的操作要求进行操作，正确记录操作结果，试验记录项目包括动作元件、相别、动作出口时间等。

技能等级评价专业技能考核操作评分标准

工种	继电保护员					评价等级	初级工
项目模块	继电保护及安全自动装置校验—保护调试—线路保护装置				编号	Jc0001541001－4	
单位		准考证号				姓名	
考试时限	60 分钟	题型	单项操作			题分	100 分
成绩		考评员		考评组长		日期	
试题正文	RCS－931 线路保护调试及检验						
需要说明的问题和要求	（1）要求调试单人操作。 （2）操作应注意安全，按照标准化作业书的技术安全说明做好安全措施。 （3）装置调试检验在保护屏上完成操作。 （4）测试仪的选择可选考场提供的测试仪或自带测试仪						

序号	项目名称	质量要求	满分	扣分标准	扣分原因	得分
1	工具使用及安全措施					
1.1	各种工器具正确使用	熟练正确使用各种工器具	5	未正确使用一次扣 1 分，扣完为止		
1.2	相关安全措施的准备	试验仪器正确接地	2	试验仪器未正确接地扣 2 分		
		短接母线保护电流	3	未进行短接母线保护电流扣 3 分		
		断开交流电压	2	未断开交流电压扣 2 分		
		在母线保护屏拆除启动失灵二次线，并做好绝缘	3	未在母线保护屏拆除启动失灵二次线，未做好绝缘扣 3 分（可口述）		
2	保护调试检验					
2.1	保护装置试验	能按要求正确进行零序过电流Ⅰ段保护测试，试验仪故障量设置正确，接线及压板等设置正确，测试正确并说明结果	30	试验接线错误或采样不正确扣 5 分； 压板等设置错误扣 5 分； 试验仪故障设置不正确扣 5 分； 试验项目不全，每缺少一项扣 5 分（0.95 倍、1.05 倍、反方向）		
3	保护装置定值修改、核对及装置检查					
3.1	保护装置定值修改及核对	能按定值单正确修改装置定值，并在相邻区复制定值	10	未按定值单修改定值，扣 8 分； 未在相邻区复制定值，扣 2 分		
3.2	保护装置开入量检查	检查装置内硬压板等开入量显示正常	10	未检查开入量，扣 10 分； 硬压板开入检查，每少检查一项扣 1 分，扣完为止		
4	填写试验报告					
4.1	试验记录	正确填写试验结果	10	每少填写一项扣 3 分，扣完为止		
		保护装置动作行为记录	10	动作行为记录与实际不符，每处扣 2 分，扣完为止		
5	保护动作行为分析及判断					
5.1	保护录波报告分析及判断	查看故障录波报告进行动作行为分析及综合判断	10	录波图查看不正确或漏项，每项扣 2 分（不超过 5 分）； 结果分析不正确扣 5 分		
6	现场恢复	恢复现场	5	未进行现场恢复扣 5 分		
合计			100			

Jc0001543001－5　RCS－931 线路保护调试及检验。（100 分）

考核知识点：线路保护

难易度：难

技能等级评价专业技能考核操作工作任务书

一、任务名称

RCS－931 线路保护调试及检验。

二、适用工种

继电保护员初级工。

三、具体任务

（1）工作状态为模拟 220kV 线路停电，工作内容为线路保护定检。

（2）工作任务：

1）模拟 A 相永久性接地故障，校验零序过电流 I 段的定值，保护动作行为正确。

2）模拟现场工作，实施安全措施（按照保护定检完成），根据定值单完成定值修改、核对，完成现场检验任务。

3）完成保护装置开入量检查、核对。

4）附试验定值清单，按照定值清单修改、核对装置定值。

5）接线方式为双母接线，保护配置为光纤差动保护、三段距离保护、两段零序保护。

四、工作规范及要求

（1）工器具使用及安全措施。

（2）按要求进行保护校验。

（3）填写保护校验报告。

五、考核及时间要求

（1）本考核操作时间为 60 分钟，时间到停止考评，包括试验接线、保护校验和报告整理时间。

（2）装置调试过程中，要求正确使用安全工器具、继电保护校验仪。

（3）按照技能操作记录单的操作要求进行操作，正确记录操作结果，试验记录项目包括动作元件、相别、动作出口时间等。

技能等级评价专业技能考核操作评分标准

<table>
<tr><td>工种</td><td colspan="5">继电保护员</td><td>评价等级</td><td>初级工</td></tr>
<tr><td>项目模块</td><td colspan="3">继电保护及安全自动装置校验—保护调试—线路保护装置</td><td colspan="2">编号</td><td colspan="2">Jc0001543001－5</td></tr>
<tr><td>单位</td><td colspan="2"></td><td>准考证号</td><td colspan="2"></td><td>姓名</td><td></td></tr>
<tr><td>考试时限</td><td colspan="2">60 分钟</td><td>题型</td><td colspan="2">单项操作</td><td>题分</td><td>100 分</td></tr>
<tr><td>成绩</td><td></td><td>考评员</td><td></td><td>考评组长</td><td></td><td>日期</td><td></td></tr>
<tr><td>试题正文</td><td colspan="7">RCS－931 线路保护调试及检验</td></tr>
<tr><td>需要说明的问题和要求</td><td colspan="7">（1）要求调试单人操作。
（2）操作应注意安全，按照标准化作业书的技术安全说明做好安全措施。
（3）装置调试检验在保护屏上完成操作。
（4）测试仪的选择可选考场提供的测试仪或自带测试仪</td></tr>
<tr><td>序号</td><td>项目名称</td><td>质量要求</td><td>满分</td><td colspan="2">扣分标准</td><td>扣分原因</td><td>得分</td></tr>
<tr><td>1</td><td>工具使用及安全措施</td><td></td><td></td><td colspan="2"></td><td></td><td></td></tr>
</table>

续表

序号	项目名称	质量要求	满分	扣分标准	扣分原因	得分
1.1	各种工器具正确使用	熟练正确使用各种工器具	5	未正确使用一次扣1分，扣完为止		
1.2	相关安全措施的准备	试验仪器正确接地	2	试验仪器未正确接地扣2分		
		短接母线保护电流	3	未进行短接母线保护电流扣3分		
		断开交流电压	2	未断开交流电压扣2分		
		在母线保护屏拆除启动失灵二次线，并做好绝缘	3	未在母线保护屏拆除启动失灵二次线，未做好绝缘扣3分（可口述）		
2	保护调试检验					
2.1	保护装置试验	能按要求正确进行零序过电流Ⅰ段保护测试，试验仪故障量设置正确，接线及压板等设置正确，测试正确并说明结果	30	试验接线错误或采样不正确扣5分； 压板等设置错误扣5分； 试验仪故障设置不正确扣5分； 试验项目不全，每缺少一项扣5分（0.95倍、1.05倍、反方向）		
3	保护装置定值修改、核对及装置检查					
3.1	保护装置定值修改及核对	能按定值单正确修改装置定值，并在相邻区复制定值	10	未按定值单修改定值，扣8分； 未在相邻区复制定值，扣2分		
3.2	保护装置开入量检查	检查装置内硬压板等开入量显示正常	10	未检查开入量，扣10分； 硬压板开入检查，每少检查一项扣1分，扣完为止		
4	填写试验报告					
4.1	试验记录	正确填写试验结果	10	每少填写一项扣3分，扣完为止		
		保护装置动作行为记录	10	动作行为记录与实际不符，每处扣2分，扣完为止		
5	保护动作行为分析及判断					
5.1	保护录波报告分析及判断	查看故障录波报告进行动作行为分析及综合判断	10	录波图查看不正确或漏项，每项扣2分（不超过5分）； 结果分析不正确扣5分		
6	现场恢复	恢复现场	5	未进行现场恢复扣5分		
合计			100			

Jc0001542001-6　RCS-931线路保护调试及检验。(100分)

考核知识点：线路保护

难易度：中

技能等级评价专业技能考核操作工作任务书

一、任务名称

RCS-931线路保护调试及检验。

二、适用工种

继电保护员初级工。

三、具体任务

（1）工作状态为模拟220kV线路停电，工作内容为线路保护定检。

（2）工作任务：

1）模拟 A 相瞬时性接地故障，校验光纤电流差动保护的定值，保护动作行为正确。

2）模拟现场工作，实施安全措施（按照保护定检完成），根据定值单完成定值修改、核对，完成现场检验任务。

3）完成保护装置开入量检查、核对。

4）附试验定值清单，按照定值清单修改、核对装置定值。

5）接线方式为双母接线，保护配置为光纤差动保护、三段距离保护、两段零序保护。

四、工作规范及要求

（1）工器具使用及安全措施。

（2）按要求进行保护校验。

（3）填写保护校验报告。

五、考核及时间要求

（1）本考核操作时间为 60 分钟，时间到停止考评，包括试验接线、保护校验和报告整理时间。

（2）装置调试过程中，要求正确使用安全工器具、继电保护校验仪。

（3）按照技能操作记录单的操作要求进行操作，正确记录操作结果，试验记录项目包括动作元件、相别、动作出口时间等。

技能等级评价专业技能考核操作评分标准

<table>
<tr><td>工种</td><td colspan="5">继电保护员</td><td>评价等级</td><td>初级工</td></tr>
<tr><td>项目模块</td><td colspan="4">继电保护及安全自动装置校验—保护调试—线路保护装置</td><td>编号</td><td colspan="2">Jc0001542001－6</td></tr>
<tr><td>单位</td><td colspan="2"></td><td>准考证号</td><td colspan="2"></td><td>姓名</td><td></td></tr>
<tr><td>考试时限</td><td colspan="2">60 分钟</td><td>题型</td><td colspan="2">单项操作</td><td>题分</td><td>100 分</td></tr>
<tr><td>成绩</td><td></td><td>考评员</td><td></td><td>考评组长</td><td></td><td>日期</td><td></td></tr>
<tr><td>试题正文</td><td colspan="7">RCS－931 线路保护调试及检验</td></tr>
<tr><td>需要说明的问题和要求</td><td colspan="7">（1）要求调试单人操作。
（2）操作应注意安全，按照标准化作业书的技术安全说明做好安全措施。
（3）装置调试检验在保护屏上完成操作。
（4）测试仪的选择可选考场提供的测试仪或自带测试仪</td></tr>
</table>

序号	项目名称	质量要求	满分	扣分标准	扣分原因	得分
1	工具使用及安全措施					
1.1	各种工器具正确使用	熟练正确使用各种工器具	5	未正确使用一次扣 1 分，扣完为止		
1.2	相关安全措施的准备	试验仪器正确接地	2	试验仪器未正确接地扣 2 分		
		短接母线保护电流	3	未进行短接母线保护电流扣 3 分		
		断开交流电压	2	未断开交流电压扣 2 分		
		在母线保护屏拆除启动失灵二次线，并做好绝缘	3	未在母线保护屏拆除启动失灵二次线，未做好绝缘扣 3 分（可口述）		
2	保护调试检验					
2.1	保护装置试验	能按要求正确进行光纤电流差动保护测试，试验仪故障量设置正确，接线及压板等设置正确，测试正确并说明结果	30	试验接线错误或采样不正确扣 5 分； 压板等设置错误扣 5 分； 试验仪故障设置不正确扣 5 分； 试验项目不全，每缺少一项扣 5 分（0.95 倍、1.05 倍、反方向）		
3	保护装置定值修改、核对及装置检查					

续表

序号	项目名称	质量要求	满分	扣分标准	扣分原因	得分
3.1	保护装置定值修改及核对	能按定值单正确修改装置定值，并在相邻区复制定值	10	未按定值单修改定值，扣8分； 未在相邻区复制定值，扣2分		
3.2	保护装置开入量检查	检查装置内硬压板等开入量显示正常	10	未检查开入量，扣10分； 硬压板开入检查，每少检查一项扣1分，扣完为止		
4	填写试验报告					
4.1	试验记录	正确填写试验结果	10	每少填写一项扣3分，扣完为止		
		保护装置动作行为记录	10	动作行为记录与实际不符，每处扣2分，扣完为止		
5	保护动作行为分析及判断					
5.1	保护录波报告分析及判断	查看故障录波报告进行动作行为分析及综合判断	10	录波图查看不正确或漏项，每项扣2分（不超过5分）； 结果分析不正确扣5分		
6	现场恢复	恢复现场	5	未进行现场恢复扣5分		
合计			100			

Jc0001542001－7　RCS－931 线路保护调试及检验。（100 分）

考核知识点：线路保护

难易度：中

技能等级评价专业技能考核操作工作任务书

一、任务名称

RCS－931 线路保护调试及检验。

二、适用工种

继电保护员初级工。

三、具体任务

（1）工作状态为模拟 220kV 线路停电，工作内容为线路保护定检。

（2）工作任务：

1）模拟 A 相永久性接地故障，校验光纤电流差动保护的定值，保护动作行为正确。

2）模拟现场工作，实施安全措施（按照保护定检完成），根据定值单完成定值修改、核对，完成现场检验任务。

3）完成保护装置开入量检查、核对。

4）附试验定值清单，按照定值清单修改、核对装置定值。

5）接线方式为双母接线，保护配置为光纤差动保护、三段距离保护、两段零序保护。

四、工作规范及要求

（1）工器具使用及安全措施。

（2）按要求进行保护校验。

（3）填写保护校验报告。

五、考核及时间要求

（1）本考核操作时间为 60 分钟，时间到停止考评，包括试验接线、保护校验和报告整理时间。

（2）装置调试过程中，要求正确使用安全工器具、继电保护校验仪。

（3）按照技能操作记录单的操作要求进行操作，正确记录操作结果，试验记录项目包括动作元件、相别、动作出口时间等。

技能等级评价专业技能考核操作评分标准

工种	继电保护员					评价等级	初级工
项目模块	继电保护及安全自动装置校验—保护调试—线路保护装置				编号	Jc0001542001－7	
单位			准考证号			姓名	
考试时限	60 分钟		题型	单项操作		题分	100 分
成绩		考评员		考评组长		日期	
试题正文	RCS－931 线路保护调试及检验						
需要说明的问题和要求	（1）要求调试单人操作。 （2）操作应注意安全，按照标准化作业书的技术安全说明做好安全措施。 （3）装置调试检验在保护屏上完成操作。 （4）测试仪的选择可选考场提供的测试仪或自带测试仪						

序号	项目名称	质量要求	满分	扣分标准	扣分原因	得分
1	工具使用及安全措施					
1.1	各种工器具正确使用	熟练正确使用各种工器具	5	未正确使用一次扣 1 分，扣完为止		
1.2	相关安全措施的准备	试验仪器正确接地	2	试验仪器未正确接地扣 2 分		
		短接母线保护电流	3	未进行短接母线保护电流扣 3 分		
		断开交流电压	2	未断开交流电压扣 2 分		
		在母线保护屏拆除启动失灵二次线，并做好绝缘	3	未在母线保护屏拆除启动失灵二次线，未做好绝缘扣 3 分（可口述）		
2	保护调试检验					
2.1	保护装置试验	能按要求正确进行光纤电流差动保护测试，试验仪故障量设置正确，接线及压板等设置正确，测试正确并说明结果	30	试验接线错误或采样不正确扣 5 分； 压板等设置错误扣 5 分； 试验仪故障设置不正确扣 5 分； 试验项目不全，每缺少一项扣 5 分（0.95 倍、1.05 倍、反方向）		
3	保护装置定值修改、核对及装置检查					
3.1	保护装置定值修改及核对	能按定值单正确修改装置定值，并在相邻区复制定值	10	未按定值单修改定值，扣 8 分； 未在相邻区复制定值，扣 2 分		
3.2	保护装置开入量检查	检查装置内硬压板等开入量显示正常	10	未检查开入量，扣 10 分； 硬压板开入检查，每少检查一项扣 1 分，扣完为止		
4	填写试验报告					
4.1	试验记录	正确填写试验结果	10	每少填写一项扣 3 分，扣完为止		
		保护装置动作行为记录	10	动作行为记录与实际不符，每处扣 2 分，扣完为止		
5	保护动作行为分析及判断					
5.1	保护录波报告分析及判断	查看故障录波报告进行动作行为分析及综合判断	10	录波图查看不正确或漏项，每项扣 2 分（不超过 5 分）； 结果分析不正确扣 5 分		
6	现场恢复	恢复现场	5	未进行现场恢复扣 5 分		
合计			100			

Jc0001541001－8 RCS－931 线路保护调试及检验。（100 分）

考核知识点：线路保护

难易度：易

技能等级评价专业技能考核操作工作任务书

一、任务名称

RCS－931 线路保护调试及检验。

二、适用工种

继电保护员初级工。

三、具体任务

（1）工作状态为模拟 220kV 线路停电，工作内容为线路保护定检。

（2）工作任务：

1）模拟 B 相瞬时性接地故障，校验 TV 断线零序过电流保护的定值，保护动作行为正确。

2）模拟现场工作，实施安全措施（按照保护定检完成），根据定值单完成定值修改、核对，完成现场检验任务。

3）完成保护装置开入量检查、核对。

4）附试验定值清单，按照定值清单修改、核对装置定值。

5）接线方式为双母接线，保护配置为光纤差动保护、三段距离保护、两段零序保护。

四、工作规范及要求

（1）工器具使用及安全措施。

（2）按要求进行保护校验。

（3）填写保护校验报告。

五、考核及时间要求

（1）本考核操作时间为 60 分钟，时间到停止考评，包括试验接线、保护校验和报告整理时间。

（2）装置调试过程中，要求正确使用安全工器具、继电保护校验仪。

（3）按照技能操作记录单的操作要求进行操作，正确记录操作结果，试验记录项目包括动作元件、相别、动作出口时间等。

技能等级评价专业技能考核操作评分标准

工种	继电保护员					评价等级	初级工
项目模块	继电保护及安全自动装置校验—保护调试—线路保护装置				编号	Jc0001541001－8	
单位			准考证号			姓名	
考试时限	60 分钟	题型		单项操作		题分	100 分
成绩		考评员		考评组长		日期	
试题正文	RCS－931 线路保护调试及检验						
需要说明的问题和要求	（1）要求调试单人操作。 （2）操作应注意安全，按照标准化作业书的技术安全说明做好安全措施。 （3）装置调试检验在保护屏上完成操作。 （4）测试仪的选择可选考场提供的测试仪或自带测试仪						

序号	项目名称	质量要求	满分	扣分标准	扣分原因	得分
1	工具使用及安全措施					

续表

序号	项目名称	质量要求	满分	扣分标准	扣分原因	得分
1.1	各种工器具正确使用	熟练正确使用各种工器具	5	未正确使用一次扣1分，扣完为止		
1.2	相关安全措施的准备	试验仪器正确接地	2	试验仪器未正确接地扣2分		
		短接母线保护电流	3	未进行短接母线保护电流扣3分		
		断开交流电压	2	未断开交流电压扣2分		
		在母线保护屏拆除启动失灵二次线，并做好绝缘	3	未在母线保护屏拆除启动失灵二次线，未做好绝缘扣3分（可口述）		
2	保护调试检验					
2.1	保护装置试验	能按要求正确进行TV断线零序过电流保护测试，试验仪故障量设置正确，接线及压板等设置正确，测试正确并说明结果	30	试验接线错误或采样不正确扣5分； 压板等设置错误扣5分； 试验仪故障设置不正确扣5分； 试验项目不全，每缺少一项扣5分（0.95倍、1.05倍、反方向）		
3	保护装置定值修改、核对及装置检查					
3.1	保护装置定值修改及核对	能按定值单正确修改装置定值，并在相邻区复制定值	10	未按定值单修改定值，扣8分； 未在相邻区复制定值，扣2分		
3.2	保护装置开入量检查	检查装置内硬压板等开入量显示正常	10	未检查开入量，扣10分； 硬压板开入检查，每少检查一项扣1分，扣完为止		
4	填写试验报告					
4.1	试验记录	正确填写试验结果	10	每少填写一项扣3分，扣完为止		
		保护装置动作行为记录	10	动作行为记录与实际不符，每处扣2分，扣完为止		
5	保护动作行为分析及判断					
5.1	保护录波报告分析及判断	查看故障录波报告进行动作行为分析及综合判断	10	录波图查看不正确或漏项，每项扣2分（不超过5分）； 结果分析不正确扣5分		
6	现场恢复	恢复现场	5	未进行现场恢复扣5分		
合计			100			

Jc0001542001－9　RCS－931线路保护调试及检验。（100分）

考核知识点：线路保护

难易度：中

技能等级评价专业技能考核操作工作任务书

一、任务名称

RCS－931线路保护调试及检验。

二、适用工种

继电保护员初级工。

三、具体任务

（1）工作状态为模拟220kV线路停电，工作内容为线路保护定检。

（2）工作任务：

1）模拟 BC 相间永久性接地故障，校验 TV 断线相过电流保护的定值，保护动作行为正确。

2）模拟现场工作，实施安全措施（按照保护定检完成），根据定值单完成定值修改、核对，完成现场检验任务。

3）完成保护装置开入量检查、核对。

4）附试验定值清单，按照定值清单修改、核对装置定值。

5）接线方式为双母接线，保护配置为光纤差动保护、三段距离保护、两段零序保护。

四、工作规范及要求

（1）工器具使用及安全措施。

（2）按要求进行保护校验。

（3）填写保护校验报告。

五、考核及时间要求

（1）本考核操作时间为 60 分钟，时间到停止考评，包括试验接线、保护校验和报告整理时间。

（2）装置调试过程中，要求正确使用安全工器具、继电保护校验仪。

（3）按照技能操作记录单的操作要求进行操作，正确记录操作结果，试验记录项目包括动作元件、相别、动作出口时间等。

技能等级评价专业技能考核操作评分标准

工种	继电保护员				评价等级	初级工
项目模块	继电保护及安全自动装置校验—保护调试—线路保护装置			编号	Jc0001542001－9	
单位		准考证号			姓名	
考试时限	60 分钟	题型	单项操作		题分	100 分
成绩	考评员		考评组长		日期	
试题正文	RCS－931 线路保护调试及检验					
需要说明的问题和要求	（1）要求调试单人操作。 （2）操作应注意安全，按照标准化作业书的技术安全说明做好安全措施。 （3）装置调试检验在保护屏上完成操作。 （4）测试仪的选择可选考场提供的测试仪或自带测试仪					

序号	项目名称	质量要求	满分	扣分标准	扣分原因	得分
1	工具使用及安全措施					
1.1	各种工器具正确使用	熟练正确使用各种工器具	5	未正确使用一次扣 1 分，扣完为止		
1.2	相关安全措施的准备	试验仪器正确接地	2	试验仪器未正确接地扣 2 分		
		短接母线保护电流	3	未进行短接母线保护电流扣 3 分		
		断开交流电压	2	未断开交流电压扣 2 分		
		在母线保护屏拆除启动失灵二次线，并做好绝缘	3	未在母线保护屏拆除启动失灵二次线，未做好绝缘扣 3 分（可口述）		
2	保护调试检验					
2.1	保护装置试验	能按要求正确进行 TV 断线相过电流保护测试，试验仪故障量设置正确，接线及压板等设置正确，测试正确并说明结果	30	试验接线错误或采样不正确扣 5 分； 压板等设置错误扣 5 分； 试验仪故障设置不正确扣 5 分； 试验项目不全，每缺少一项扣 5 分（0.95 倍、1.05 倍、反方向）		
3	保护装置定值修改、核对及装置检查					

续表

序号	项目名称	质量要求	满分	扣分标准	扣分原因	得分
3.1	保护装置定值修改及核对	能按定值单正确修改装置定值，并在相邻区复制定值	10	未按定值单修改定值，扣8分； 未在相邻区复制定值，扣2分		
3.2	保护装置开入量检查	检查装置内硬压板等开入量显示正常	10	未检查开入量，扣10分； 硬压板开入检查，每少检查一项扣1分，扣完为止		
4	填写试验报告					
4.1	试验记录	正确填写试验结果	10	每少填写一项扣3分，扣完为止		
		保护装置动作行为记录	10	动作行为记录与实际不符，每处扣2分，扣完为止		
5	保护动作行为分析及判断					
5.1	保护录波报告分析及判断	查看故障录波报告进行动作行为分析及综合判断	10	录波图查看不正确或漏项，每项扣2分（不超过5分）； 结果分析不正确扣5分		
6	现场恢复	恢复现场	5	未进行现场恢复扣5分		
合计			100			

Jc0001541001－10　RCS－931 线路保护调试及检验。（100 分）

考核知识点：线路保护

难易度：易

技能等级评价专业技能考核操作工作任务书

一、任务名称

RCS－931 线路保护调试及检验。

二、适用工种

继电保护员初级工。

三、具体任务

（1）工作状态为模拟 220kV 线路停电，工作内容为线路保护定检。

（2）工作任务：

1）模拟系统正常运行时，发生 TV 断线告警，校验 TV 断线定值，保护动作行为正确。

2）模拟现场工作，实施安全措施（按照保护定检完成），根据定值单完成定值修改、核对，完成现场检验任务。

3）完成保护装置开入量检查、核对。

4）附试验定值清单，按照定值清单修改、核对装置定值。

5）接线方式为双母接线，保护配置为光纤差动保护、三段距离保护、两段零序保护。

四、工作规范及要求

（1）工器具使用及安全措施。

（2）按要求进行保护校验。

（3）填写保护校验报告。

五、考核及时间要求

（1）本考核操作时间为 60 分钟，时间到停止考评，包括试验接线、保护校验和报告整理时间。

（2）装置调试过程中，要求正确使用安全工器具、继电保护校验仪。

（3）按照技能操作记录单的操作要求进行操作，正确记录操作结果，试验记录项目包括动作元件、相别、动作出口时间等。

技能等级评价专业技能考核操作评分标准

工种	继电保护员					评价等级	初级工
项目模块	继电保护及安全自动装置校验—保护调试—线路保护装置				编号		Jc0001541001－10
单位			准考证号			姓名	
考试时限	60分钟		题型	单项操作		题分	100分
成绩		考评员		考评组长		日期	
试题正文	RCS－931线路保护调试及检验						
需要说明的问题和要求	（1）要求调试单人操作。 （2）操作应注意安全，按照标准化作业书的技术安全说明做好安全措施。 （3）装置调试检验在保护屏上完成操作。 （4）测试仪的选择可选考场提供的测试仪或自带测试仪						

序号	项目名称	质量要求	满分	扣分标准	扣分原因	得分
1	工具使用及安全措施					
1.1	各种工器具正确使用	熟练正确使用各种工器具	5	未正确使用一次扣1分，扣完为止		
1.2	相关安全措施的准备	试验仪器正确接地	2	试验仪器未正确接地扣2分		
		短接母线保护电流	3	未进行短接母线保护电流扣3分		
		断开交流电压	2	未断开交流电压扣2分		
		在母线保护屏拆除启动失灵二次线，并做好绝缘	3	未在母线保护屏拆除启动失灵二次线，未做好绝缘扣3分（可口述）		
2	保护调试检验					
2.1	保护装置试验	能按要求正确进行TV断线告警测试，试验仪故障量设置正确，接线及压板等设置正确，测试正确并说明结果	30	试验接线错误或采样不正确扣5分； 压板等设置错误扣5分； 试验仪故障设置不正确扣5分； 试验项目不全，每缺少一项扣5分（0.95倍、1.05倍、反方向）		
3	保护装置定值修改、核对及装置检查					
3.1	保护装置定值修改及核对	能按定值单正确修改装置定值，并在相邻区复制定值	10	未按定值单修改定值，扣8分； 未在相邻区复制定值，扣2分		
3.2	保护装置开入量检查	检查装置内硬压板等开入量显示正常	10	未检查开入量，扣10分； 硬压板开入检查，每少检查一项扣1分，扣完为止		
4	填写试验报告					
4.1	试验记录	正确填写试验结果	10	每少填写一项扣3分，扣完为止		
		保护装置动作行为记录	10	动作行为记录与实际不符，每处扣2分，扣完为止		
5	保护动作行为分析及判断					
5.1	保护录波报告分析及判断	查看故障录波报告进行动作行为分析及综合判断	10	录波图查看不正确或漏项，每项扣2分（不超过5分）； 结果分析不正确扣5分		
6	现场恢复	恢复现场	5	未进行现场恢复扣5分		
合计			100			

Jc0001543001－11 RCS－931 线路保护调试及检验。（100 分）

考核知识点：线路保护

难易度：难

技能等级评价专业技能考核操作工作任务书

一、任务名称

RCS－931 线路保护调试及检验。

二、适用工种

继电保护员初级工。

三、具体任务

（1）工作状态为模拟 220kV 线路停电，工作内容为线路保护定检。

（2）工作任务：

1）模拟系统正常运行时，TA 断线闭锁差动定值，保护动作行为正确。

2）模拟现场工作，实施安全措施（按照保护定检完成），根据定值单完成定值修改、核对，完成现场检验任务。

3）完成保护装置开入量检查、核对。

4）附试验定值清单，按照定值清单修改、核对装置定值。

5）接线方式为双母接线，保护配置为光纤差动保护、三段距离保护、两段零序保护。

四、工作规范及要求

（1）工器具使用及安全措施。

（2）按要求进行保护校验。

（3）填写保护校验报告。

五、考核及时间要求

（1）本考核操作时间为 60 分钟，时间到停止考评，包括试验接线、保护校验和报告整理时间。

（2）装置调试过程中，要求正确使用安全工器具、继电保护校验仪。

（3）按照技能操作记录单的操作要求进行操作，正确记录操作结果，试验记录项目包括动作元件、相别、动作出口时间等。

技能等级评价专业技能考核操作评分标准

工种	继电保护员					评价等级	初级工
项目模块	继电保护及安全自动装置校验—保护调试—线路保护装置				编号	Jc0001543001－11	
单位			准考证号			姓名	
考试时限	60 分钟		题型	单项操作		题分	100 分
成绩		考评员		考评组长		日期	
试题正文	RCS－931 线路保护调试及检验						
需要说明的问题和要求	（1）要求调试单人操作。 （2）操作应注意安全，按照标准化作业书的技术安全说明做好安全措施。 （3）装置调试检验在保护屏上完成操作。 （4）测试仪的选择可选考场提供的测试仪或自带测试仪						

序号	项目名称	质量要求	满分	扣分标准	扣分原因	得分
1	工具使用及安全措施					

续表

序号	项目名称	质量要求	满分	扣分标准	扣分原因	得分
1.1	各种工器具正确使用	熟练正确使用各种工器具	5	未正确使用一次扣1分，扣完为止		
1.2	相关安全措施的准备	试验仪器正确接地	2	试验仪器未正确接地扣2分		
		短接母线保护电流	3	未进行短接母线保护电流扣3分		
		断开交流电压	2	未断开交流电压扣2分		
		在母线保护屏拆除启动失灵二次线，并做好绝缘	3	未在母线保护屏拆除启动失灵二次线，未做好绝缘扣3分（可口述）		
2	保护调试检验					
2.1	保护装置试验	能按要求正确进行过负荷保护测试，试验仪故障量设置正确，接线及压板等设置正确，测试正确并说明结果	30	试验接线错误或采样不正确扣5分； 压板等设置错误扣5分； 试验仪故障设置不正确扣5分； 试验项目不全，每缺少一项扣5分（0.95倍、1.05倍、反方向）		
3	保护装置定值修改、核对及装置检查					
3.1	保护装置定值修改及核对	能按定值单正确修改装置定值，并在相邻区复制定值	10	未按定值单修改定值，扣8分； 未在相邻区复制定值，扣2分		
3.2	保护装置开入量检查	检查装置内硬压板等开入量显示正常	10	未检查开入量，扣10分； 硬压板开入检查，每少检查一项扣1分，扣完为止		
4	填写试验报告					
4.1	试验记录	正确填写试验结果	10	每少填写一项扣3分，扣完为止		
		保护装置动作行为记录	10	动作行为记录与实际不符，每处扣2分，扣完为止		
5	保护动作行为分析及判断					
5.1	保护录波报告分析及判断	查看故障录波报告进行动作行为分析及综合判断	10	录波图查看不正确或漏项，每项扣2分（不超过5分）； 结果分析不正确扣5分		
6	现场恢复	恢复现场	5	未进行现场恢复扣5分		
合计			100			

Jc0001543001－12　RCS－931线路保护调试及检验。（100分）

考核知识点：线路保护

难易度：难

技能等级评价专业技能考核操作工作任务书

一、任务名称

RCS－931线路保护调试及检验。

二、适用工种

继电保护员初级工。

三、具体任务

（1）工作状态为模拟220kV线路停电，工作内容为线路保护定检。

（2）工作任务：

1）将定值区由1区切换至2区，在2区定值下进行零序过电流Ⅱ段功能校验。

2）模拟现场工作，实施安全措施（按照保护定检完成），根据定值单完成定值修改、核对，完成现场检验任务。

3）完成保护装置开入量检查、核对。

4）附试验定值清单，按照定值清单修改、核对装置定值。

5）接线方式为双母接线，保护配置为光纤差动保护、三段距离保护、两段零序保护。

四、工作规范及要求

（1）工器具使用及安全措施。

（2）按要求进行保护校验。

（3）填写保护校验报告。

五、考核及时间要求

（1）本考核操作时间为60分钟，时间到停止考评，包括试验接线、保护校验和报告整理时间。

（2）装置调试过程中，要求正确使用安全工器具、继电保护校验仪。

（3）按照技能操作记录单的操作要求进行操作，正确记录操作结果，试验记录项目包括动作元件、相别、动作出口时间等。

技能等级评价专业技能考核操作评分标准

工种	继电保护员					评价等级	初级工
项目模块	继电保护及安全自动装置校验—保护调试—线路保护装置				编号	Jc0001543001－12	
单位			准考证号			姓名	
考试时限	60分钟		题型	单项操作		题分	100分
成绩		考评员		考评组长		日期	
试题正文	RCS－931线路保护调试及检验						
需要说明的问题和要求	（1）要求调试单人操作。 （2）操作应注意安全，按照标准化作业书的技术安全说明做好安全措施。 （3）装置调试检验在保护屏上完成操作。 （4）测试仪的选择可选考场提供的测试仪或自带测试仪						

序号	项目名称	质量要求	满分	扣分标准	扣分原因	得分
1	工具使用及安全措施					
1.1	各种工器具正确使用	熟练正确使用各种工器具	5	未正确使用一次扣1分，扣完为止		
1.2	相关安全措施的准备	试验仪器正确接地	2	试验仪器未正确接地扣2分		
		短接母线保护电流	3	未进行短接母线保护电流扣3分		
		断开交流电压	2	未断开交流电压扣2分		
		在母线保护屏拆除启动失灵二次线，并做好绝缘	3	未在母线保护屏拆除启动失灵二次线，未做好绝缘扣3分（可口述）		
2	保护调试检验					
2.1	保护装置试验	能按要求正确进行零序过电流Ⅱ段功能测试，试验仪故障量设置正确，接线及压板等设置正确，测试正确并说明结果	30	试验接线错误或采样不正确扣5分； 压板等设置错误扣5分； 试验仪故障设置不正确扣5分； 试验项目不全，每缺少一项扣5分（0.95倍、1.05倍、反方向）		
3	保护装置定值修改、核对及装置检查					
3.1	保护装置定值修改及核对	能按定值单正确修改装置定值，并在相邻区复制定值	10	未按定值单修改定值，扣8分； 未在相邻区复制定值，扣2分		

续表

序号	项目名称	质量要求	满分	扣分标准	扣分原因	得分
3.2	保护装置开入量检查	检查装置内硬压板等开入量显示正常	10	未检查开入量，扣10分； 硬压板开入检查，每少检查一项扣1分，扣完为止		
4	填写试验报告					
4.1	试验记录	正确填写试验结果	10	每少填写一项扣3分，扣完为止		
		保护装置动作行为记录	10	动作行为记录与实际不符，每处扣2分，扣完为止		
5	保护动作行为分析及判断					
5.1	保护录波报告分析及判断	查看故障录波报告进行动作行为分析及综合判断	10	录波图查看不正确或漏项，每项扣2分（不超过5分）； 结果分析不正确扣5分		
6	现场恢复	恢复现场	5	未进行现场恢复扣5分		
合计			100			

Jc0002541001－1　PST－1200 变压器保护调试及检验。（100分）

考核知识点：变压器保护

难易度：易

技能等级评价专业技能考核操作工作任务书

一、任务名称

PST－1200 变压器保护调试及检验。

二、适用工种

继电保护员初级工。

三、具体任务

（1）工作状态为1号主变压器停电、2号主变压器运行，中、低压侧母联正常运行，工作内容为1号主变压器保护定检校验。

（2）工作任务：

1）完成主变压器高压侧后备保护复压方向过电流Ⅰ段（模拟高压侧AB相区内、区外故障）保护功能校验，保护动作行为正确。

2）模拟现场工作，实施安全措施（仅对运行方式中提到的回路做安全措施），按照要求完成母差保护装置现场检验任务。

3）附试验定值清单，按照定值清单修改、核对装置定值。

4）完成保护装置开入量检查、核对。

四、工作规范及要求

（1）工器具使用及安全措施。

（2）按要求进行保护校验。

（3）填写保护校验报告。

五、考核及时间要求

（1）本考核操作时间为60分钟，时间到停止考评，包括试验接线、保护校验和报告整理时间。

（2）装置调试过程中，要求正确使用安全工器具、继电保护校验仪。

（3）按照技能操作记录单的操作要求进行操作，正确记录操作结果，试验记录项目包括动作元件、相别、动作出口时间等。

技能等级评价专业技能考核操作评分标准

工种	继电保护员					评价等级	初级工
项目模块	继电保护及安全自动装置校验—保护调试—变压器保护装置				编号	Jc0002541001－1	
单位			准考证号			姓名	
考试时限	60 分钟		题型	单项操作		题分	100 分
成绩		考评员		考评组长		日期	
试题正文	PST－1200 变压器保护调试及检验						
需要说明的问题和要求	（1）要求调试单人操作。 （2）操作应注意安全，按照标准化作业书的技术安全说明做好安全措施。 （3）装置调试检验在保护屏上完成操作。 （4）测试仪的选择可选考场提供的测试仪或自带测试仪						

序号	项目名称	质量要求	满分	扣分标准	扣分原因	得分
1	工具使用及安全措施					
1.1	各种工器具正确使用	熟练正确使用各种工器具	5	未正确使用一次扣 1 分，扣完为止		
1.2	相关安全措施的准备	试验仪器正确接地	2	试验仪器未正确接地扣 2 分		
		打开交流电压端子连片	2	未打开交流电压端子连片扣 2 分		
		短接母线保护电流	2	未进行短接母线保护电流扣 2 分		
		在主变压器保护屏打开主变压器保护动作跳中、低压侧母联断路器二次线，并做好绝缘	2	未拆除跳中、低压侧母联断路器二次线扣 2 分		
		在母线保护屏拆除启动失灵二次线，并做好绝缘	2	未在母线保护屏拆除启动失灵二次线，未做好绝缘扣 2 分（可口述）		
2	保护调试检验					
2.1	保护装置试验	保护正确动作。能按要求正确进行试验，试验仪故障量设置正确，接线及压板等设置正确，测试正确并说明结果	30	试验接线错误扣 5 分； 压板等设置错误扣 5 分； 试验仪故障设置不正确扣 5 分； 试验项目不全，每缺少一项扣 7.5 分（定值、动作区）		
3	保护装置定值修改、核对及装置检查					
3.1	保护装置定值修改及核对	能按定值单正确修改装置定值，并在相邻区复制定值	10	未按定值单修改定值，扣 8 分； 未在相邻区复制定值，扣 2 分		
3.2	保护装置开入量检查	检查装置内硬压板等开入量显示正常	10	未检查开入量，扣 10 分； 硬压板等开入量检查，每少检查一项扣 1 分，扣完为止		
4	填写试验报告					
4.1	试验记录	正确填写试验结果	10	每少填写一项扣 3 分，扣完为止		
		保护装置动作行为记录	10	动作行为记录与实际不符，每处扣 2 分，扣完为止		
5	保护动作行为分析及判断					
5.1	保护录波报告分析及判断	查看故障录波报告进行动作行为分析及综合判断	10	录波图查看不正确或漏项，每项扣 2 分（不超过 5 分）； 结果分析不正确扣 5 分		
6	现场恢复	恢复现场	5	未进行现场恢复扣 5 分		
合计			100			

Jc0002542001－2　PST－1200 变压器保护调试及检验。（100 分）

考核知识点：变压器保护

难易度：中

技能等级评价专业技能考核操作工作任务书

一、任务名称

PST－1200 变压器保护调试及检验。

二、适用工种

继电保护员初级工。

三、具体任务

（1）工作状态为 1 号主变压器停电、2 号主变压器运行，中、低压侧母联正常运行，工作内容为 1 号主变压器保护定检校验。

（2）工作任务：

1）完成主变压器高压侧后备保护复压方向过电流 I 段动作边界校验，保护动作行为正确。

2）模拟现场工作，实施安全措施（仅对运行方式中提到的回路做安全措施），按照要求完成母差保护装置现场检验任务

3）附试验定值清单，按照定值清单修改、核对装置定值。

4）完成保护装置开入量检查、核对。

四、工作规范及要求

（1）工器具使用及安全措施。

（2）按要求进行保护校验。

（3）填写保护校验报告。

五、考核及时间要求

（1）本考核操作时间为 60 分钟，时间到停止考评，包括试验接线、保护校验和报告整理时间。

（2）装置调试过程中，要求正确使用安全工器具、继电保护校验仪。

（3）按照技能操作记录单的操作要求进行操作，正确记录操作结果，试验记录项目包括动作元件、相别、动作出口时间等。

技能等级评价专业技能考核操作评分标准

工种	继电保护员					评价等级	初级工
项目模块	继电保护及安全自动装置校验—保护调试—变压器保护装置				编号	Jc0002542001－2	
单位			准考证号			姓名	
考试时限	60 分钟		题型	单项操作		题分	100 分
成绩		考评员		考评组长		日期	
试题正文	PST－1200 变压器保护调试及检验						
需要说明的问题和要求	（1）要求调试单人操作。 （2）操作应注意安全，按照标准化作业书的技术安全说明做好安全措施。 （3）装置调试检验在保护屏上完成操作。 （4）测试仪的选择可选考场提供的测试仪或自带测试仪						

序号	项目名称	质量要求	满分	扣分标准	扣分原因	得分
1	工具使用及安全措施					
1.1	各种工器具正确使用	熟练正确使用各种工器具	5	未正确使用一次扣 1 分，扣完为止		

续表

序号	项目名称	质量要求	满分	扣分标准	扣分原因	得分
1.2	相关安全措施的准备	试验仪器正确接地	2	试验仪器未正确接地扣 2 分		
		打开交流电压端子连片	2	未打开交流电压端子连片扣 2 分		
		短接母线保护电流	2	未进行短接母线保护电流扣 2 分		
		在主变压器保护屏打开主变压器保护动作跳中、低压侧母联断路器二次线，并做好绝缘	2	未拆除跳中、低压侧母联断路器二次线扣 2 分		
		在母线保护屏拆除启动失灵二次线，并做好绝缘	2	未在母线保护屏拆除启动失灵二次线，未做好绝缘扣 2 分（可口述）		
2	保护调试检验					
2.1	保护装置试验	保护正确动作。能按要求正确进行试验，试验仪故障量设置正确，接线及压板等设置正确，测试正确并说明结果	30	试验接线错误扣 5 分； 压板等设置错误扣 5 分； 试验仪故障设置不正确扣 5 分； 试验项目不全，每缺少一项扣 7.5 分（定值、动作区）		
3	保护装置定值修改、核对及装置检查					
3.1	保护装置定值修改及核对	能按定值单正确修改装置定值，并在相邻区复制定值	10	未按定值单修改定值，扣 8 分； 未在相邻区复制定值，扣 2 分		
3.2	保护装置开入量检查	检查装置内硬压板等开入量显示正常	10	未检查开入量，扣 10 分； 硬压板等开入量检查，每少检查一项扣 1 分，扣完为止		
4	填写试验报告					
4.1	试验记录	正确填写试验结果	10	每少填写一项扣 3 分，扣完为止		
		保护装置动作行为记录	10	动作行为记录与实际不符，每处扣 2 分，扣完为止		
5	保护动作行为分析及判断					
5.1	保护录波报告分析及判断	查看故障录波报告进行动作行为分析及综合判断	10	录波图查看不正确或漏项，每项扣 2 分（不超过 5 分）； 结果分析不正确扣 5 分		
6	现场恢复	恢复现场	5	未进行现场恢复扣 5 分		
合计			100			

Jc0002541001－3　PST－1200 变压器保护调试及检验。（100 分）

考核知识点：变压器保护

难易度：易

技能等级评价专业技能考核操作工作任务书

一、任务名称

PST－1200 变压器保护调试及检验。

二、适用工种

继电保护员初级工。

三、具体任务

（1）工作状态为 1 号主变压器停电、2 号主变压器运行，中、低压侧母联正常运行，工作内容为

1 号主变压器保护定检校验。

（2）工作任务：

1）完成主变压器中压侧后备保护复压方向过电流 I 段保护功能校验，保护动作行为正确。

2）模拟现场工作，实施安全措施（仅对运行方式中提到的回路做安全措施），按照要求完成母差保护装置现场检验任务。

3）附试验定值清单，按照定值清单修改、核对装置定值。

4）完成保护装置开入量检查、核对。

四、工作规范及要求

（1）工器具使用及安全措施。

（2）按要求进行保护校验。

（3）填写保护校验报告。

五、考核及时间要求

（1）本考核操作时间为 60 分钟，时间到停止考评，包括试验接线、保护校验和报告整理时间。

（2）装置调试过程中，要求正确使用安全工器具、继电保护校验仪。

（3）按照技能操作记录单的操作要求进行操作，正确记录操作结果，试验记录项目包括动作元件、相别、动作出口时间等。

技能等级评价专业技能考核操作评分标准

工种	继电保护员				评价等级	初级工
项目模块	继电保护及安全自动装置校验—保护调试—变压器保护装置			编号	Jc0002541001－3	
单位		准考证号			姓名	
考试时限	60 分钟	题型	单项操作		题分	100 分
成绩		考评员		考评组长	日期	
试题正文	PST－1200 变压器保护调试及检验					
需要说明的问题和要求	（1）要求调试单人操作。 （2）操作应注意安全，按照标准化作业书的技术安全说明做好安全措施。 （3）装置调试检验在保护屏上完成操作。 （4）测试仪的选择可选考场提供的测试仪或自带测试仪					

序号	项目名称	质量要求	满分	扣分标准	扣分原因	得分
1	工具使用及安全措施					
1.1	各种工器具正确使用	熟练正确使用各种工器具	5	未正确使用一次扣 1 分，扣完为止		
1.2	相关安全措施的准备	试验仪器正确接地	2	试验仪器未正确接地扣 2 分		
		打开交流电压端子连片	2	未打开交流电压端子连片扣 2 分		
		短接母线保护电流	2	未进行短接母线保护电流扣 2 分		
		在主变压器保护屏打开主变压器保护动作跳中、低压侧母联断路器二次线，并做好绝缘	2	未拆除跳中、低压侧母联断路器二次线扣 2 分		
		在母线保护屏拆除启动失灵二次线，并做好绝缘	2	未在母线保护屏拆除启动失灵二次线，未做好绝缘扣 2 分（可口述）		
2	保护调试检验					
2.1	保护装置试验	保护正确动作。能按要求正确进行试验，试验仪故障量设置正确，接线及压板等设置正确，测试正确并说明结果	30	试验接线错误扣 5 分； 压板等设置错误扣 5 分； 试验仪故障设置不正确扣 5 分； 试验项目不全，每缺少一项扣 7.5 分（定值、动作区）		

续表

序号	项目名称	质量要求	满分	扣分标准	扣分原因	得分
3	保护装置定值修改、核对及装置检查					
3.1	保护装置定值修改及核对	按定值单正确修改装置定值，并在相邻区复制定值	10	未按定值单修改定值，扣8分； 未在相邻区复制定值，扣2分		
3.2	保护装置开入量检查	检查装置内硬压板等开入量显示正常	10	未检查开入量，扣10分； 硬压板等开入量检查，每少检查一项扣1分，扣完为止		
4	填写试验报告					
4.1	试验记录	正确填写试验结果	10	每少填写一项扣3分，扣完为止		
		保护装置动作行为记录	10	动作行为记录与实际不符，每处扣2分，扣完为止		
5	保护动作行为分析及判断					
5.1	保护录波报告分析及判断	查看故障录波报告进行动作行为分析及综合判断	10	录波图查看不正确或漏项，每项扣2分（不超过5分）； 结果分析不正确扣5分		
6	现场恢复	恢复现场	5	未进行现场恢复扣5分		
合计			100			

Jc0002543001－4　PST－1200变压器保护调试及检验。（100分）

考核知识点：变压器保护

难易度：难

技能等级评价专业技能考核操作工作任务书

一、任务名称

PST－1200变压器保护调试及检验。

二、适用工种

继电保护员初级工。

三、具体任务

（1）工作状态为1号主变压器停电、2号主变压器运行，中、低压侧母联正常运行，工作内容为1号主变压器保护定检校验。

（2）工作任务：

1）校验差动保护装置制动系数。

2）要求制动电流分别为$2I_e$和$3.5I_e$；电流加在高压侧和低压侧（C相）。

3）模拟现场工作，实施安全措施（仅对运行方式中提到的回路做安全措施），按照要求完成母差保护装置现场检验任务。

4）附试验定值清单，按照定值清单修改、核对装置定值。

5）完成保护装置开入量检查、核对。

四、工作规范及要求

（1）工器具使用及安全措施。

（2）按要求进行保护校验。

（3）填写保护校验报告。

五、考核及时间要求

（1）本考核操作时间为60分钟，时间到停止考评，包括试验接线、保护校验和报告整理时间。

（2）装置调试过程中，要求正确使用安全工器具、继电保护校验仪。

（3）按照技能操作记录单的操作要求进行操作，正确记录操作结果，试验记录项目包括动作元件、相别、动作出口时间等。

技能等级评价专业技能考核操作评分标准

工种	继电保护员					评价等级	初级工
项目模块	继电保护及安全自动装置校验—保护调试—变压器保护装置				编号	Jc0002543001－4	
单位			准考证号			姓名	
考试时限	60分钟		题型	单项操作		题分	100分
成绩		考评员		考评组长		日期	
试题正文	PST－1200变压器保护调试及检验						
需要说明的问题和要求	（1）要求调试单人操作。 （2）操作应注意安全，按照标准化作业书的技术安全说明做好安全措施。 （3）装置调试检验在保护屏上完成操作。 （4）测试仪的选择可选考场提供的测试仪或自带测试仪						

序号	项目名称	质量要求	满分	扣分标准	扣分原因	得分
1	工具使用及安全措施					
1.1	各种工器具正确使用	熟练正确使用各种工器具	5	未正确使用一次扣1分，扣完为止		
1.2	相关安全措施的准备	试验仪器正确接地	2	试验仪器未正确接地扣2分		
		打开交流电压端子连片	2	未打开交流电压端子连片扣2分		
		短接母线保护电流	2	未进行短接母线保护电流扣2分		
		在主变压器保护屏打开主变压器保护动作跳中、低压侧母联断路器二次线，并做好绝缘	2	未拆除跳中、低压侧母联断路器二次线扣2分		
		在母线保护屏拆除启动失灵二次线，并做好绝缘	2	未在母线保护屏拆除启动失灵二次线，未做好绝缘扣 2分（可口述）		
2	保护调试检验					
2.1	保护装置试验	保护正确动作。能按要求正确进行试验，试验仪故障量设置正确，接线及压板等设置正确，测试正确并说明结果	30	试验接线错误扣5分； 压板等设置错误扣5分； 试验仪故障设置不正确扣5分； 试验项目不全，每缺少一项扣 7.5分（定值、动作区）		
3	保护装置定值修改、核对及装置检查					
3.1	保护装置定值修改及核对	能按定值单正确修改装置定值，并在相邻区复制定值	10	未按定值单修改定值，扣8分； 未在相邻区复制定值，扣2分		
3.2	保护装置开入量检查	检查装置内硬压板等开入量显示正常	10	未检查开入量，扣10分； 硬压板等开入量检查，每少检查一项扣1分，扣完为止		
4	填写试验报告					
4.1	试验记录	正确填写试验结果	10	每少填写一项扣3分，扣完为止		
		保护装置动作行为记录	10	动作行为记录与实际不符，每处扣2分，扣完为止		
5	保护动作行为分析及判断					

续表

序号	项目名称	质量要求	满分	扣分标准	扣分原因	得分
5.1	保护录波报告分析及判断	查看故障录波报告进行动作行为分析及综合判断	10	录波图查看不正确或漏项，每项扣2分（不超过5分）； 结果分析不正确扣5分		
6	现场恢复	恢复现场	5	未进行现场恢复扣5分		
合计			100			

Jc0002542001－5 PST－1200变压器保护调试及检验。（100分）

考核知识点：变压器保护

难易度：中

技能等级评价专业技能考核操作工作任务书

一、任务名称

PST－1200变压器保护调试及检验。

二、适用工种

继电保护员初级工。

三、具体任务

（1）工作状态为1号主变压器停电、2号主变压器运行，中、低压侧母联正常运行，工作内容为1号主变压器保护定检校验。

（2）工作任务：

1）向高压侧A相加入电流，校验差动保护装置二次谐波制动功能。

2）模拟现场工作，实施安全措施（仅对运行方式中提到的回路做安全措施），按照要求完成母差保护装置现场检验任务。

3）附试验定值清单，按照定值清单修改、核对装置定值。

4）完成保护装置开入量检查、核对。

四、工作规范及要求

（1）工器具使用及安全措施。

（2）按要求进行保护校验。

（3）填写保护校验报告。

五、考核及时间要求

（1）本考核操作时间为60分钟，时间到停止考评，包括试验接线、保护校验和报告整理时间。

（2）装置调试过程中，要求正确使用安全工器具、继电保护校验仪。

（3）按照技能操作记录单的操作要求进行操作，正确记录操作结果，试验记录项目包括动作元件、相别、动作出口时间等。

技能等级评价专业技能考核操作评分标准

工种	继电保护员					评价等级	初级工
项目模块	继电保护及安全自动装置校验—保护调试—变压器保护装置				编号	Jc0002542001－5	
单位			准考证号			姓名	
考试时限	60分钟		题型	单项操作		题分	100分
成绩		考评员		考评组长		日期	

续表

试题正文	PST－1200 变压器保护调试及检验
需要说明的问题和要求	（1）要求调试单人操作。 （2）操作应注意安全，按照标准化作业书的技术安全说明做好安全措施。 （3）装置调试检验在保护屏上完成操作。 （4）测试仪的选择可选考场提供的测试仪或自带测试仪

序号	项目名称	质量要求	满分	扣分标准	扣分原因	得分
1	工具使用及安全措施					
1.1	各种工器具正确使用	熟练正确使用各种工器具	5	未正确使用一次扣 1 分，扣完为止		
1.2	相关安全措施的准备	试验仪器正确接地	2	试验仪器未正确接地扣 2 分		
		打开交流电压端子连片	2	未打开交流电压端子连片扣 2 分		
		短接母线保护电流	2	未进行短接母线保护电流扣 2 分		
		在主变压器保护屏打开主变压器保护动作跳中、低压侧母联断路器二次线，并做好绝缘	2	未拆除跳中、低压侧母联断路器二次线扣 2 分		
		在母线保护屏拆除启动失灵二次线，并做好绝缘	2	未在母线保护屏拆除启动失灵二次线，未做好绝缘扣 2 分（可口述）		
2	保护调试检验					
2.1	保护装置试验	保护正确动作。能按要求正确进行试验，试验仪故障量设置正确，接线及压板等设置正确，测试正确并说明结果	30	试验接线错误扣 5 分； 压板等设置错误扣 5 分； 试验仪故障设置不正确扣 5 分； 试验项目不全，每缺少一项扣 7.5 分（定值、动作区）		
3	保护装置定值修改、核对及装置检查					
3.1	保护装置定值修改及核对	能按定值单正确修改装置定值，并在相邻区复制定值	10	未按定值单修改定值，扣 8 分； 未在相邻区复制定值，扣 2 分		
3.2	保护装置开入量检查	检查装置内硬压板等开入量显示正常	10	未检查开入量，扣 10 分； 硬压板等开入量检查，每少检查一项扣 1 分，扣完为止		
4	填写试验报告					
4.1	试验记录	正确填写试验结果	10	每少填写一项扣 3 分，扣完为止		
		保护装置动作行为记录	10	动作行为记录与实际不符，每处扣 2 分，扣完为止		
5	保护动作行为分析及判断					
5.1	保护录波报告分析及判断	查看故障录波报告进行动作行为分析及综合判断	10	录波图查看不正确或漏项，每项扣 2 分（不超过 5 分）； 结果分析不正确扣 5 分		
6	现场恢复	恢复现场	5	未进行现场恢复扣 5 分		
合计			100			

Jc0002542001－6　PST－1200 变压器保护调试及检验。（100 分）

考核知识点：变压器保护

难易度：中

技能等级评价专业技能考核操作工作任务书

一、任务名称

PST－1200 变压器保护调试及检验。

二、适用工种

继电保护员初级工。

三、具体任务

（1）工作状态为 1 号主变压器停电、2 号主变压器运行，中、低压侧母联正常运行，工作内容为 1 号主变压器保护定检校验。

（2）工作任务：

1）向低压侧 C 相接入故障电流，进行差动保护启动值功能校验，保护动作行为正确。

2）模拟现场工作，实施安全措施（仅对运行方式中提到的回路做安全措施），按照要求完成母差保护装置现场检验任务。

3）附试验定值清单，按照定值清单修改、核对装置定值。

4）完成保护装置开入量检查、核对。

四、工作规范及要求

（1）工器具使用及安全措施。

（2）按要求进行保护校验。

（3）填写保护校验报告。

五、考核及时间要求

（1）本考核操作时间为 60 分钟，时间到停止考评，包括试验接线、保护校验和报告整理时间。

（2）装置调试过程中，要求正确使用安全工器具、继电保护校验仪。

（3）按照技能操作记录单的操作要求进行操作，正确记录操作结果，试验记录项目包括动作元件、相别、动作出口时间等。

技能等级评价专业技能考核操作评分标准

工种	继电保护员					评价等级	初级工
项目模块	继电保护及安全自动装置校验—保护调试—变压器保护装置				编号	Jc0002542001－6	
单位			准考证号			姓名	
考试时限	60 分钟		题型	单项操作		题分	100 分
成绩		考评员		考评组长		日期	
试题正文	PST－1200 变压器保护调试及检验						
需要说明的问题和要求	（1）要求调试单人操作。 （2）操作应注意安全，按照标准化作业书的技术安全说明做好安全措施。 （3）装置调试检验在保护屏上完成操作。 （4）测试仪的选择可选考场提供的测试仪或自带测试仪						

序号	项目名称	质量要求	满分	扣分标准	扣分原因	得分
1	工具使用及安全措施					
1.1	各种工器具正确使用	熟练正确使用各种工器具	5	未正确使用一次扣 1 分，扣完为止		

续表

序号	项目名称	质量要求	满分	扣分标准	扣分原因	得分
1.2	相关安全措施的准备	试验仪器正确接地	2	试验仪器未正确接地扣2分		
		打开交流电压端子连片	2	未打开交流电压端子连片扣2分		
		短接母线保护电流	2	未进行短接母线保护电流扣2分		
		在主变压器保护屏打开主变压器保护动作跳中、低压侧母联断路器二次线，并做好绝缘	2	未拆除跳中、低压侧母联断路器二次线扣2分		
		在母线保护屏拆除启动失灵二次线，并做好绝缘	2	未在母线保护屏拆除启动失灵二次线，未做好绝缘扣 2分（可口述）		
2	保护调试检验					
2.1	保护装置试验	保护正确动作。能按要求正确进行试验，试验仪故障量设置正确，接线及压板等设置正确，测试正确并说明结果	30	试验接线错误扣5分； 压板等设置错误扣5分； 试验仪故障设置不正确扣5分； 试验项目不全，每缺少一项扣 7.5分（定值、动作区）		
3	保护装置定值修改、核对及装置检查					
3.1	保护装置定值修改及核对	能按定值单正确修改装置定值，并在相邻区复制定值	10	未按定值单修改定值，扣8分； 未在相邻区复制定值，扣2分		
3.2	保护装置开入量检查	检查装置内硬压板等开入量显示正常	10	未检查开入量，扣10分； 硬压板等开入量检查，每少检查一项扣1分，扣完为止		
4	填写试验报告					
4.1	试验记录	正确填写试验结果	10	每少填写一项扣3分，扣完为止		
		保护装置动作行为记录	10	动作行为记录与实际不符，每处扣2分，扣完为止		
5	保护动作行为分析及判断					
5.1	保护录波报告分析及判断	查看故障录波报告进行动作行为分析及综合判断	10	录波图查看不正确或漏项，每项扣2分（不超过5分）； 结果分析不正确扣5分		
6	现场恢复	恢复现场	5	未进行现场恢复扣5分		
合计			100			

Jc0002542001－7　PST－1200 变压器保护调试及检验。（100 分）

考核知识点：变压器保护

难易度：中

技能等级评价专业技能考核操作工作任务书

一、任务名称

PST－1200 变压器保护调试及检验。

二、适用工种

继电保护员初级工。

三、具体任务

（1）工作状态为1号主变压器停电、2号主变压器运行，中、低压侧母联正常运行，工作内容为1号主变压器保护定检校验。

（2）工作任务：

1）模拟主变压器高、中压侧正常运行，高压侧A相电流二次值为1A，在中压侧A相加量，使主变压器保护差流平衡。

2）模拟现场工作，实施安全措施（仅对运行方式中提到的回路做安全措施），按照要求完成母线差动保护装置现场检验任务

3）附试验定值清单，按照定值清单修改、核对装置定值。

4）完成保护装置开入量检查、核对。

四、工作规范及要求

（1）工器具使用及安全措施。

（2）按要求进行保护校验。

（3）填写保护校验报告。

五、考核及时间要求

（1）本考核操作时间为60分钟，时间到停止考评，包括试验接线、保护校验和报告整理时间。

（2）装置调试过程中，要求正确使用安全工器具、继电保护校验仪。

（3）按照技能操作记录单的操作要求进行操作，正确记录操作结果，试验记录项目包括动作元件、相别、动作出口时间等。

技能等级评价专业技能考核操作评分标准

工种	继电保护员				评价等级	初级工
项目模块	继电保护及安全自动装置校验—保护调试—变压器保护装置			编号	Jc0002542001－7	
单位		准考证号			姓名	
考试时限	60分钟	题型	单项操作		题分	100分
成绩		考评员		考评组长	日期	
试题正文	PST－1200变压器保护调试及检验					
需要说明的问题和要求	（1）要求调试单人操作。 （2）操作应注意安全，按照标准化作业书的技术安全说明做好安全措施。 （3）装置调试检验在保护屏上完成操作。 （4）测试仪的选择可选考场提供的测试仪或自带测试仪					

序号	项目名称	质量要求	满分	扣分标准	扣分原因	得分
1	工具使用及安全措施					
1.1	各种工器具正确使用	熟练正确使用各种工器具	5	未正确使用一次扣1分，扣完为止		
1.2	相关安全措施的准备	试验仪器正确接地	2	试验仪器未正确接地扣2分		
		打开交流电压端子连片	2	未打开交流电压端子连片扣2分		
		短接母线保护电流	2	未进行短接母线保护电流扣2分		
		在主变压器保护屏打开主变压器保护动作跳中、低压侧母联断路器二次线，并做好绝缘	2	未拆除跳中、低压侧母联断路器二次线扣2分		
		在母线保护屏拆除启动失灵二次线，并做好绝缘	2	未在母线保护屏拆除启动失灵二次线，未做好绝缘扣2分（可口述）		

续表

序号	项目名称	质量要求	满分	扣分标准	扣分原因	得分
2	保护调试检验					
2.1	保护装置试验	保护正确动作。能按要求正确进行试验，试验仪故障量设置正确，接线及压板等设置正确，测试正确并说明结果	30	试验接线错误扣5分； 压板等设置错误扣5分； 试验仪故障设置不正确扣5分； 试验项目不全，每缺少一项扣7.5分（定值、动作区）		
3	保护装置定值修改、核对及装置检查					
3.1	保护装置定值修改及核对	能按定值单正确修改装置定值，并在相邻区复制定值	10	未按定值单修改定值，扣8分； 未在相邻区复制定值，扣2分		
3.2	保护装置开入量检查	检查装置内硬压板等开入量显示正常	10	未检查开入量，扣10分； 硬压板等开入量检查，每少检查一项扣1分，扣完为止		
4	填写试验报告					
4.1	试验记录	正确填写试验结果	10	每少填写一项扣3分，扣完为止		
		保护装置动作行为记录	10	动作行为记录与实际不符，每处扣2分，扣完为止		
5	保护动作行为分析及判断					
5.1	保护录波报告分析及判断	查看故障录波报告进行动作行为分析及综合判断	10	录波图查看不正确或漏项，每项扣2分（不超过5分）； 结果分析不正确扣5分		
6	现场恢复	恢复现场	5	未进行现场恢复扣5分		
合计			100			

Jc0003542001－1　BP－2B 母线保护调试及检验。（100 分）

考核知识点：母线保护

难易度：中

技能等级评价专业技能考核操作工作任务书

一、任务名称

BP－2B 母线保护调试及检验。

二、适用工种

继电保护员初级工。

三、具体任务

（1）母线运行方式：支路 L3 合于Ⅰ母，L1 合于Ⅰ母，支路 L2 合于Ⅱ母，母联断路器合环运行。L2 支路的 TA 变比为 1200A/5A，其余支路的变比为 600A/5A。

注：运行方式的设置，不允许采用装置内部菜单对隔离开关的强制设置。

（2）工作任务：

1）检验装置正常运行工况下，保护装置不平衡电流大小。各支路 B 相二次电流：L2 电流流进母线 1.5A，L3 电流流出母线 3A。Ⅰ、Ⅱ母电压正常，各相电压为 57.7V。要求保护装置大小差电流平衡，随后在 L1 支路加入故障电流，进行差动保护启动值校验。

2）模拟现场工作，实施安全措施（仅对运行方式中提到的回路做安全措施），按照要求完成母线保护装置现场检验任务。

3）附试验定值清单，按照定值清单修改、核对装置定值。

4）完成保护装置开入量检查、核对。

四、工作规范及要求

（1）工器具使用及安全措施。

（2）按要求进行保护校验。

（3）填写保护校验报告。

五、考核及时间要求

（1）本考核操作时间为60分钟，时间到停止考评，包括试验接线、保护校验和报告整理时间。

（2）装置调试过程中，要求正确使用安全工器具、继电保护校验仪。

（3）按照技能操作记录单的操作要求进行操作，正确记录操作结果，试验记录项目包括动作元件、相别、动作出口时间等。

技能等级评价专业技能考核操作评分标准

工种	继电保护员					评价等级	初级工
项目模块	继电保护及安全自动装置校验—保护调试—母线保护装置				编号	Jc0003542001－1	
单位		准考证号				姓名	
考试时限	60分钟	题型	单项操作			题分	100分
成绩		考评员		考评组长		日期	
试题正文	BP－2B母线保护调试及检验						
需要说明的问题和要求	（1）要求调试单人操作。 （2）操作应注意安全，按照标准化作业书的技术安全说明做好安全措施。 （3）装置调试检验在保护屏上完成操作。 （4）测试仪的选择可选考场提供的测试仪或自带测试仪						

序号	项目名称	质量要求	满分	扣分标准	扣分原因	得分
1	工具使用及安全措施					
1.1	各种工器具正确使用	熟练正确使用各种工器具	5	未正确使用一次扣1分，扣完为止		
1.2	相关安全措施的准备	试验仪器正确接地	2	试验仪器未正确接地扣2分		
		短接母线保护电流	3	未进行短接母线保护电流扣3分		
		打开交流电压、电流端子连片	2	未打开交流电压、电流端子连片扣2分		
		母线保护屏拆除跳闸二次线，并做好绝缘	3	未在母线保护屏拆除跳闸二次线，未做好绝缘扣3分（可口述）		
2	保护调试检验					
2.1	保护装置试验	母线保护处于正常运行状态，差动、失灵保护投入，大小差电流平衡，屏上无告警、动作信号。能按要求正确进行试验，试验仪故障量设置正确，接线及压板等设置正确，测试正确并说明结果	30	试验接线错误扣10分； 压板等设置错误扣5分； 试验仪故障设置不正确扣5分； 试验项目未做出扣10分		
3	保护装置定值修改、核对及装置检查					
3.1	保护装置定值修改及核对	能按定值单正确修改装置定值，并在相邻区复制定值	10	未按定值单修改定值，扣8分； 未在相邻区复制定值，扣2分		
3.2	保护装置开入量检查	检查装置内硬压板等开入量显示正常	10	未检查开入量，扣10分； 硬压板等开入量检查，每少检查一项扣1分，扣完为止		
4	填写试验报告					

续表

序号	项目名称	质量要求	满分	扣分标准	扣分原因	得分
4.1	试验记录	正确填写试验结果	10	每少填写一项扣3分，扣完为止		
		保护装置动作行为记录	10	动作行为记录与实际不符，每处扣2分，扣完为止		
5	保护动作行为分析及判断					
5.1	保护录波报告分析及判断	查看故障录波报告进行动作行为分析及综合判断	10	录波图查看不正确或漏项，每项扣2分（不超过5分）； 结果分析不正确扣5分		
6	现场恢复	恢复现场	5	未进行现场恢复扣5分		
合计			100			

Jc0003541001－2　BP－2B 母线保护调试及检验。（100 分）

考核知识点：母线保护

难易度：易

技能等级评价专业技能考核操作工作任务书

一、任务名称

BP－2B 母线保护调试及检验。

二、适用工种

继电保护员初级工。

三、具体任务

（1）母线运行方式：支路 L2 合于Ⅰ母，支路 L3、支路 L4 合于Ⅱ母，母联断路器位置正常接入。L2 支路的 TA 变比为 1200A/5A，其余支路的变比为 600A/5A。

注：运行方式的设置，不允许采用装置内部菜单对隔离开关的强制设置。

（2）工作任务：

1）检验装置正常运行工况下，保护装置不平衡电流大小，校验母线保护装置比率差动制动系数高值、低值。

2）模拟现场工作，实施安全措施（仅对运行方式中提到的回路做安全措施），按照要求完成母线保护装置现场检验任务。

3）附试验定值清单，按照定值清单修改、核对装置定值。

4）完成保护装置开入量检查、核对。

四、工作规范及要求

（1）工器具使用及安全措施。

（2）按要求进行保护校验。

（3）填写保护校验报告。

五、考核及时间要求

（1）本考核操作时间为 60 分钟，时间到停止考评，包括试验接线、保护校验和报告整理时间。

（2）装置调试过程中，要求正确使用安全工器具、继电保护校验仪。

（3）按照技能操作记录单的操作要求进行操作，正确记录操作结果，试验记录项目包括动作元件、相别、动作出口时间等。

技能等级评价专业技能考核操作评分标准

工种	继电保护员					评价等级	初级工
项目模块	继电保护及安全自动装置校验—保护调试—母线保护装置				编号	Jc0003541001－2	
单位			准考证号			姓名	
考试时限	60 分钟	题型		单项操作		题分	100 分
成绩		考评员		考评组长		日期	
试题正文	BP－2B 母线保护调试及检验						
需要说明的问题和要求	（1）要求调试单人操作。 （2）操作应注意安全，按照标准化作业书的技术安全说明做好安全措施。 （3）装置调试检验在保护屏上完成操作。 （4）测试仪的选择可选考场提供的测试仪或自带测试仪						

序号	项目名称	质量要求	满分	扣分标准	扣分原因	得分
1	工具使用及安全措施					
1.1	各种工器具正确使用	熟练正确使用各种工器具	5	未正确使用一次扣 1 分，扣完为止		
1.2	相关安全措施的准备	试验仪器正确接地	2	试验仪器未正确接地扣 2 分		
		短接母线保护电流	3	未进行短接母线保护电流扣 3 分		
		打开交流电压、电流端子连片	2	未打开交流电压、电流端子连片扣 2 分		
		母线保护屏拆除跳闸二次线，并做好绝缘	3	未在母线保护屏拆除跳闸二次线，未做好绝缘扣 3 分（可口述）		
2	保护调试检验					
2.1	保护装置试验	母线保护处于正常运行状态，差动、失灵保护投入，大小差电流平衡，屏上无告警、动作信号。能按要求正确进行试验，试验仪故障量设置正确，接线及压板等设置正确，测试正确并说明结果	30	试验接线错误扣 10 分； 压板等设置错误扣 5 分； 试验仪故障设置不正确扣 5 分； 试验项目未做出扣 10 分		
3	保护装置定值修改、核对及装置检查					
3.1	保护装置定值修改及核对	能按定值单正确修改装置定值，并在相邻区复制定值	10	未按定值单修改定值，扣 8 分； 未在相邻区复制定值，扣 2 分		
3.2	保护装置开入量检查	检查装置内硬压板等开入量显示正常	10	未检查开入量，扣 10 分； 硬压板等开入量检查，每少检查一项扣 1 分，扣完为止		
4	填写试验报告					
4.1	试验记录	正确填写试验结果	10	每少填写一项扣 3 分，扣完为止		
		保护装置动作行为记录	10	动作行为记录与实际不符，每处扣 2 分，扣完为止		
5	保护动作行为分析及判断					
5.1	保护录波报告分析及判断	查看故障录波报告进行动作行为分析及综合判断	10	录波图查看不正确或漏项，每项扣 2 分（不超过 5 分）； 结果分析不正确扣 5 分		
6	现场恢复	恢复现场	5	未进行现场恢复扣 5 分		
合计			100			

Jc0003541001－3 BP－2B 母线保护调试及检验。（100 分）

考核知识点：母线保护

难易度：易

技能等级评价专业技能考核操作工作任务书

一、任务名称

BP－2B 母线保护调试及检验。

二、适用工种

继电保护员初级工。

三、具体任务

（1）母线运行方式：支路 L2 合于Ⅰ母，支路 L3、支路 L4 合于Ⅱ母，母联断路器合环运行。L2 支路的 TA 变比为 1200A/5A，其余支路的变比为 600A/5A。

注：运行方式的设置，不允许采用装置内部菜单对隔离开关的强制设置。

（2）工作任务：

1）检验装置正常运行工况下，校验支路 L2 断路器失灵保护功能。

2）模拟现场工作，实施安全措施（仅对运行方式中提到的回路做安全措施），按照要求完成母线保护装置现场检验任务。

3）附试验定值清单，按照定值清单修改、核对装置定值。

4）完成保护装置开入量检查、核对。

四、工作规范及要求

（1）工器具使用及安全措施。

（2）按要求进行保护校验。

（3）填写保护校验报告。

五、考核及时间要求

（1）本考核操作时间为 60 分钟，时间到停止考评，包括试验接线、保护校验和报告整理时间。

（2）装置调试过程中，要求正确使用安全工器具、继电保护校验仪。

（3）按照技能操作记录单的操作要求进行操作，正确记录操作结果，试验记录项目包括动作元件、相别、动作出口时间等。

技能等级评价专业技能考核操作评分标准

工种	继电保护员				评价等级	初级工
项目模块	继电保护及安全自动装置校验—保护调试—母线保护装置			编号	Jc0003541001－3	
单位		准考证号			姓名	
考试时限	60 分钟	题型	单项操作		题分	100 分
成绩		考评员		考评组长	日期	
试题正文	BP－2B 母线保护调试及检验					
需要说明的问题和要求	（1）要求调试单人操作。 （2）操作应注意安全，按照标准化作业书的技术安全说明做好安全措施。 （3）装置调试检验在保护屏上完成操作。 （4）测试仪的选择可选考场提供的测试仪或自带测试仪					

序号	项目名称	质量要求	满分	扣分标准	扣分原因	得分
1	工具使用及安全措施					
1.1	各种工器具正确使用	熟练正确使用各种工器具	5	未正确使用一次扣 1 分，扣完为止		

续表

序号	项目名称	质量要求	满分	扣分标准	扣分原因	得分
1.2	相关安全措施的准备	试验仪器正确接地	2	试验仪器未正确接地扣 2 分		
		短接母线保护电流	3	未进行短接母线保护电流扣 3 分		
		打开交流电压、电流端子连片	2	未打开交流电压、电流端子连片扣 2 分		
		母线保护屏拆除跳闸二次线，并做好绝缘	3	未在母线保护屏拆除跳闸二次线，未做好绝缘扣 3 分（可口述）		
2	保护调试检验					
2.1	保护装置试验	母线保护处于正常运行状态，差动、失灵保护投入，大小差电流平衡，屏上无告警、动作信号。能按要求正确进行试验，试验仪故障量设置正确，接线及压板等设置正确，测试正确并说明结果	30	试验接线错误扣 10 分； 压板等设置错误扣 5 分； 试验仪故障设置不正确扣 5 分； 试验项目未做出扣 10 分		
3	保护装置定值修改、核对及装置检查					
3.1	保护装置定值修改及核对	能按定值单正确修改装置定值，并在相邻区复制定值	10	未按定值单修改定值，扣 8 分； 未在相邻区复制定值，扣 2 分		
3.2	保护装置开入量检查	检查装置内硬压板等开入量显示正常	10	未检查开入量，扣 10 分； 硬压板等开入量检查，每少检查一项扣 1 分，扣完为止		
4	填写试验报告					
4.1	试验记录	正确填写试验结果	10	每少填写一项扣 3 分，扣完为止		
		保护装置动作行为记录	10	动作行为记录与实际不符，每处扣 2 分，扣完为止		
5	保护动作行为分析及判断					
5.1	保护录波报告分析及判断	查看故障录波报告进行动作行为分析及综合判断	10	录波图查看不正确或漏项，每项扣 2 分（不超过 5 分）； 结果分析不正确扣 5 分		
6	现场恢复	恢复现场	5	未进行现场恢复扣 5 分		
合计			100			

Jc0003542001－4 BP－2B 母线保护调试及检验。（100 分）

考核知识点：母线保护

难易度：中

技能等级评价专业技能考核操作工作任务书

一、任务名称

BP－2B 母线保护调试及检验。

二、适用工种

继电保护员初级工。

三、具体任务

（1）母线运行方式：支路 L3、支路 L4 合于Ⅰ母，支路 L2 合于Ⅱ母，母联断路器合环运行。L2

支路的 TA 变比为 1200A/5A，其余支路的变比为 600A/5A。

注：运行方式的设置，不允许采用装置内部菜单对隔离开关的强制设置。

（2）工作任务：

1）检验装置正常运行工况下，保护装置不平衡电流大小。各支路 C 相一次电流：L2 电流流进母线 600A，L4 电流流出母线 300A。Ⅰ、Ⅱ母电压正常，各相电压 57.7V。要求计算 L3 电流，使得装置Ⅰ、Ⅱ母大差、小差电流平衡。

2）模拟现场工作，实施安全措施（仅对运行方式中提到的回路做安全措施），按照要求完成母线保护装置现场检验任务。

3）附试验定值清单，按照定值清单修改、核对装置定值。

4）完成保护装置开入量检查、核对。

四、工作规范及要求

（1）工器具使用及安全措施。

（2）按要求进行保护校验。

（3）填写保护校验报告。

五、考核及时间要求

（1）本考核操作时间为 60 分钟，时间到停止考评，包括试验接线、保护校验和报告整理时间。

（2）装置调试过程中，要求正确使用安全工器具、继电保护校验仪。

（3）按照技能操作记录单的操作要求进行操作，正确记录操作结果，试验记录项目包括动作元件、相别、动作出口时间等。

技能等级评价专业技能考核操作评分标准

工种	继电保护员					评价等级	初级工
项目模块	继电保护及安全自动装置校验—保护调试—母线保护装置				编号	Jc0003542001－4	
单位			准考证号			姓名	
考试时限	60 分钟		题型	单项操作		题分	100 分
成绩		考评员		考评组长		日期	
试题正文	BP－2B 母线保护调试及检验						
需要说明的问题和要求	（1）要求调试单人操作。 （2）操作应注意安全，按照标准化作业书的技术安全说明做好安全措施。 （3）装置调试检验在保护屏上完成操作。 （4）测试仪的选择可选考场提供的测试仪或自带测试仪						

序号	项目名称	质量要求	满分	扣分标准	扣分原因	得分
1	工具使用及安全措施					
1.1	各种工器具正确使用	熟练正确使用各种工器具	5	未正确使用一次扣 1 分，扣完为止		
1.2	相关安全措施的准备	试验仪器正确接地	2	试验仪器未正确接地扣 2 分		
		短接母线保护电流	3	未进行短接母线保护电流扣 3 分		
		打开交流电压、电流端子连片	2	未打开交流电压、电流端子连片扣 2 分		
		母线保护屏拆除跳闸二次线，并做好绝缘	3	未在母线保护屏拆除跳闸二次线，未做好绝缘扣 3 分（可口述）		
2	保护调试检验					

续表

序号	项目名称	质量要求	满分	扣分标准	扣分原因	得分
2.1	保护装置试验	母线保护处于正常运行状态，差动、失灵保护投入，大小差电流平衡，屏上无告警、动作信号。能按要求正确进行试验，试验仪故障量设置正确，接线及压板等设置正确，测试正确并说明结果	30	试验接线错误扣 10 分； 压板等设置错误扣 5 分； 试验仪故障设置不正确扣 5 分； 试验项目未做出扣 10 分		
3	保护装置定值修改、核对及装置检查					
3.1	保护装置定值修改及核对	能按定值单正确修改装置定值，并在相邻区复制定值	10	未按定值单修改定值，扣 8 分； 未在相邻区复制定值，扣 2 分		
3.2	保护装置开入量检查	检查装置内硬压板等开入量显示正常	10	未检查开入量，扣 10 分； 硬压板等开入量检查，每少检查一项扣 1 分，扣完为止		
4	填写试验报告					
4.1	试验记录	正确填写试验结果	10	每少填写一项扣 3 分，扣完为止		
		保护装置动作行为记录	10	动作行为记录与实际不符，每处扣 2 分，扣完为止		
5	保护动作行为分析及判断					
5.1	保护录波报告分析及判断	查看故障录波报告进行动作行为分析及综合判断	10	录波图查看不正确或漏项，每项扣 2 分（不超过 5 分）； 结果分析不正确扣 5 分		
6	现场恢复	恢复现场	5	未进行现场恢复扣 5 分		
合计			100			

Jc0003543001－5　BP－2B 母线保护调试及检验。（100 分）

考核知识点：母线保护

难易度：难

技能等级评价专业技能考核操作工作任务书

一、任务名称

BP－2B 母线保护调试及检验。

二、适用工种

继电保护员初级工。

三、具体任务

（1）母线运行方式：支路 L3、支路 L4 合于Ⅰ母，支路 L2 合于Ⅱ母，母联断路器位置正常接入。L2 支路的 TA 变比为 600A/5A，其余支路的变比为 600A/5A。

注：运行方式的设置，不允许采用装置内部菜单对隔离开关的强制设置。

（2）工作任务：

1）母联合位死区保护功能校验。

2）模拟现场工作，实施安全措施（仅对运行方式中提到的回路做安全措施），按照要求完成母线保护装置现场检验任务。

3）附试验定值清单，按照定值清单修改、核对装置定值。

4）完成保护装置开入量检查、核对。

四、工作规范及要求

（1）工器具使用及安全措施。

（2）按要求进行保护校验。

（3）填写保护校验报告。

五、考核及时间要求

（1）本考核操作时间为60分钟，时间到停止考评，包括试验接线、保护校验和报告整理时间。

（2）装置调试过程中，要求正确使用安全工器具、继电保护校验仪。

（3）按照技能操作记录单的操作要求进行操作，正确记录操作结果，试验记录项目包括动作元件、相别、动作出口时间等。

技能等级评价专业技能考核操作评分标准

工种	继电保护员					评价等级	初级工
项目模块	继电保护及安全自动装置校验—保护调试—母线保护装置				编号	Jc0003543001－5	
单位			准考证号			姓名	
考试时限	60分钟		题型	单项操作		题分	100分
成绩		考评员		考评组长		日期	
试题正文	BP－2B母线保护调试及检验						
需要说明的问题和要求	（1）要求调试单人操作。 （2）操作应注意安全，按照标准化作业书的技术安全说明做好安全措施。 （3）装置调试检验在保护屏上完成操作。 （4）测试仪的选择可选考场提供的测试仪或自带测试仪						

序号	项目名称	质量要求	满分	扣分标准	扣分原因	得分
1	工具使用及安全措施					
1.1	各种工器具正确使用	熟练正确使用各种工器具	5	未正确使用一次扣1分，扣完为止		
1.2	相关安全措施的准备	试验仪器正确接地	2	试验仪器未正确接地扣2分		
		短接母线保护电流	3	未进行短接母线保护电流扣3分		
		打开交流电压、电流端子连片	2	未打开交流电压、电流端子连片扣2分		
		母线保护屏拆除跳闸二次线，并做好绝缘	3	未在母线保护屏拆除跳闸二次线，未做好绝缘扣3分（可口述）		
2	保护调试检验					
2.1	保护装置试验	母线保护处于正常运行状态，差动、失灵保护投入，大小差电流平衡，屏上无告警、动作信号。能按要求正确进行试验，试验仪故障量设置正确，接线及压板等设置正确，测试正确并说明结果	30	试验接线错误扣10分； 压板等设置错误扣5分； 试验仪故障设置不正确扣5分； 试验项目未做出扣10分		
3	保护装置定值修改、核对及装置检查					
3.1	保护装置定值修改及核对	能按定值单正确修改装置定值，并在相邻区复制定值	10	未按定值单修改定值，扣8分； 未在相邻区复制定值，扣2分		
3.2	保护装置开入量检查	检查装置内硬压板等开入量显示正常	10	未检查开入量，扣10分； 硬压板等开入量检查，每少检查一项扣1分，扣完为止		
4	填写试验报告					

续表

序号	项目名称	质量要求	满分	扣分标准	扣分原因	得分
4.1	试验记录	正确填写试验结果	10	每少填写一项扣3分，扣完为止		
		保护装置动作行为记录	10	动作行为记录与实际不符，每处扣2分，扣完为止		
5	保护动作行为分析及判断					
5.1	保护录波报告分析及判断	查看故障录波报告进行动作行为分析及综合判断	10	录波图查看不正确或漏项，每项扣2分（不超过5分）； 结果分析不正确扣5分		
6	现场恢复	恢复现场	5	未进行现场恢复扣5分		
合计			100			

Jc0003543001－6 BP－2B 母线保护调试及检验。（100 分）

考核知识点：母线保护

难易度：难

技能等级评价专业技能考核操作工作任务书

一、任务名称

BP－2B 母线保护调试及检验。

二、适用工种

继电保护员初级工。

三、具体任务

（1）母线运行方式：支路 L3、支路 L4 合于Ⅰ母，支路 L2 合于Ⅱ母，母联断路器位置正常接入。L2 支路的 TA 变比为 600A/5A，其余支路的变比为 600A/5A。

注：运行方式的设置，不允许采用装置内部菜单对隔离开关的强制设置。

（2）工作任务：

1）在动作曲线上任选两点，进行比率差动系数校验。

2）模拟现场工作，实施安全措施（仅对运行方式中提到的回路做安全措施），按照要求完成母线保护装置现场检验任务。

3）附试验定值清单，按照定值清单修改、核对装置定值。

4）完成保护装置开入量检查、核对。

四、工作规范及要求

（1）工器具使用及安全措施。

（2）按要求进行保护校验。

（3）填写保护校验报告。

五、考核及时间要求

（1）本考核操作时间为 60 分钟，时间到停止考评，包括试验接线、保护校验和报告整理时间。

（2）装置调试过程中，要求正确使用安全工器具、继电保护校验仪。

（3）按照技能操作记录单的操作要求进行操作，正确记录操作结果，试验记录项目包括动作元件、相别、动作出口时间等。

技能等级评价专业技能考核操作评分标准

工种	继电保护员					评价等级	初级工
项目模块	继电保护及安全自动装置校验—保护调试—母线保护装置				编号	Jc0003543001－6	
单位			准考证号			姓名	
考试时限	60 分钟	题型		单项操作		题分	100 分
成绩		考评员		考评组长		日期	
试题正文	BP－2B 母线保护调试及检验						
需要说明的问题和要求	（1）要求调试单人操作。 （2）操作应注意安全，按照标准化作业书的技术安全说明做好安全措施。 （3）装置调试检验在保护屏上完成操作。 （4）测试仪的选择可选考场提供的测试仪或自带测试仪						

序号	项目名称	质量要求	满分	扣分标准	扣分原因	得分
1	工具使用及安全措施					
1.1	各种工器具正确使用	熟练正确使用各种工器具	5	未正确使用一次扣 1 分，扣完为止		
1.2	相关安全措施的准备	试验仪器正确接地	2	试验仪器未正确接地扣 2 分		
		短接母线保护电流	3	未进行短接母线保护电流扣 3 分		
		打开交流电压、电流端子连片	2	未打开交流电压、电流端子连片扣 2 分		
		母线保护屏拆除跳闸二次线，并做好绝缘	3	未在母线保护屏拆除跳闸二次线，未做好绝缘扣 3 分（可口述）		
2	保护调试检验					
2.1	保护装置试验	母线保护处于正常运行状态，差动、失灵保护投入，大小差电流平衡，屏上无告警、动作信号。能按要求正确进行试验，试验仪故障量设置正确，接线及压板等设置正确，测试正确并说明结果	30	试验接线错误扣 10 分； 压板等设置错误扣 5 分； 试验仪故障设置不正确扣 5 分； 试验项目未做出扣 10 分		
3	保护装置定值修改、核对及装置检查					
3.1	保护装置定值修改及核对	能按定值单正确修改装置定值，并在相邻区复制定值	10	未按定值单修改定值，扣 8 分； 未在相邻区复制定值，扣 2 分		
3.2	保护装置开入量检查	检查装置内硬压板等开入量显示正常	10	未检查开入量，扣 10 分； 硬压板等开入量检查，每少检查一项扣 1 分，扣完为止		
4	填写试验报告					
4.1	试验记录	正确填写试验结果	10	每少填写一项扣 3 分，扣完为止		
		保护装置动作行为记录	10	动作行为记录与实际不符，每处扣 2 分，扣完为止		
5	保护动作行为分析及判断					
5.1	保护录波报告分析及判断	查看故障录波报告进行动作行为分析及综合判断	10	录波图查看不正确或漏项，每项扣 2 分（不超过 5 分）； 结果分析不正确扣 5 分		
6	现场恢复	恢复现场	5	未进行现场恢复扣 5 分		
合计			100			

Jc0003541001－7　BP－2B 母线保护调试及检验。(100 分)

考核知识点：母线保护

难易度：易

技能等级评价专业技能考核操作工作任务书

一、任务名称

BP－2B 母线保护调试及检验。

二、适用工种

继电保护员初级工。

三、具体任务

（1）母线运行方式：支路 L3、支路 L4 合于Ⅰ母，支路 L2 合于Ⅱ母，母联断路器分裂运行。L3 支路的 TA 变比为 1200A/5A，其余支路的变比为 600A/5A。

注：运行方式的设置，不允许采用装置内部菜单对隔离开关的强制设置。

（2）工作任务：

1）L3 支路电流一次值为 600A，计算 L4 支路电流，在 L3、L4 支路分别加量，使Ⅰ母差流平衡。

2）模拟现场工作，实施安全措施（仅对运行方式中提到的回路做安全措施），按照要求完成母线保护装置现场检验任务。

3）附试验定值清单，按照定值清单修改、核对装置定值。

4）完成保护装置开入量检查、核对。

四、工作规范及要求

（1）工器具使用及安全措施。

（2）按要求进行保护校验。

（3）填写保护校验报告。

五、考核及时间要求

（1）本考核操作时间为 60 分钟，时间到停止考评，包括试验接线、保护校验和报告整理时间。

（2）装置调试过程中，要求正确使用安全工器具、继电保护校验仪。

（3）按照技能操作记录单的操作要求进行操作，正确记录操作结果，试验记录项目包括动作元件、相别、动作出口时间等。

技能等级评价专业技能考核操作评分标准

<table>
<tr><td>工种</td><td colspan="5">继电保护员</td><td>评价等级</td><td colspan="2">初级工</td></tr>
<tr><td>项目模块</td><td colspan="4">继电保护及安全自动装置校验—保护调试—母线保护装置</td><td>编号</td><td colspan="3">Jc0003541001－7</td></tr>
<tr><td>单位</td><td colspan="2"></td><td>准考证号</td><td colspan="2"></td><td>姓名</td><td colspan="2"></td></tr>
<tr><td>考试时限</td><td>60 分钟</td><td>题型</td><td colspan="3">单项操作</td><td>题分</td><td colspan="2">100 分</td></tr>
<tr><td>成绩</td><td>考评员</td><td></td><td>考评组长</td><td colspan="2"></td><td>日期</td><td colspan="2"></td></tr>
<tr><td>试题正文</td><td colspan="8">BP－2B 母线保护调试及检验</td></tr>
<tr><td>需要说明的问题和要求</td><td colspan="8">（1）要求调试单人操作。
（2）操作应注意安全，按照标准化作业书的技术安全说明做好安全措施。
（3）装置调试检验在保护屏上完成操作。
（4）测试仪的选择可选考场提供的测试仪或自带测试仪</td></tr>
<tr><td>序号</td><td>项目名称</td><td>质量要求</td><td>满分</td><td colspan="3">扣分标准</td><td>扣分原因</td><td>得分</td></tr>
<tr><td>1</td><td>工具使用及安全措施</td><td></td><td></td><td colspan="3"></td><td></td><td></td></tr>
</table>

续表

序号	项目名称	质量要求	满分	扣分标准	扣分原因	得分
1.1	各种工器具正确使用	熟练正确使用各种工器具	5	未正确使用一次扣1分，扣完为止		
1.2	相关安全措施的准备	试验仪器正确接地	2	试验仪器未正确接地扣2分		
		短接母线保护电流	3	未进行短接母线保护电流扣3分		
		打开交流电压、电流端子连片	2	未打开交流电压、电流端子连片扣2分		
		母线保护屏拆除跳闸二次线，并做好绝缘	3	未在母线保护屏拆除跳闸二次线，未做好绝缘扣3分（可口述）		
2	保护调试检验					
2.1	保护装置试验	母线保护处于正常运行状态，差动、失灵保护投入，大小差电流平衡，屏上无告警、动作信号。能按要求正确进行试验，试验仪故障量设置正确，接线及压板等设置正确，测试正确并说明结果	30	试验接线错误扣10分； 压板等设置错误扣5分； 试验仪故障设置不正确扣5分； 试验项目未做出扣10分		
3	保护装置定值修改、核对及装置检查					
3.1	保护装置定值修改及核对	能按定值单正确修改装置定值，并在相邻区复制定值	10	未按定值单修改定值，扣8分； 未在相邻区复制定值，扣2分		
3.2	保护装置开入量检查	检查装置内硬压板等开入量显示正常	10	未检查开入量，扣10分； 硬压板等开入量检查，每少检查一项扣1分，扣完为止		
4	填写试验报告					
4.1	试验记录	正确填写试验结果	10	每少填写一项扣3分，扣完为止		
		保护装置动作行为记录	10	动作行为记录与实际不符，每处扣2分，扣完为止		
5	保护动作行为分析及判断					
5.1	保护录波报告分析及判断	查看故障录波报告进行动作行为分析及综合判断	10	录波图查看不正确或漏项，每项扣2分（不超过5分）； 结果分析不正确扣5分		
6	现场恢复	恢复现场	5	未进行现场恢复扣5分		
合计			100			

第二部分
中级工

第三章 继电保护员中级工技能笔答

Jb0001431001 检修中什么情况下应填用二次工作安全措施票？（5分）

考核知识点： 基本技能

难易度： 易

标准答案：

（1）在运行设备的二次回路上进行拆、接线工作。

（2）在对检修设备执行隔离措施时，须拆断、短接和恢复同运行设备有联系的二次回路工作。

Jb0001431002 二次工作安全措施票如何执行？（5分）

考核知识点： 基本技能

难易度： 易

标准答案：

（1）二次工作安全措施票的工作内容及安全措施内容由工作负责人填写，由技术人员或班长审核并签发。

（2）监护人由技术水平较高及有经验的人担任，执行人、恢复人由工作班成员担任，按二次工作安全措施票的顺序进行。上述工作至少由两人进行。

Jb0001432003 现场工作中习惯性违章的主要表现有哪些？（5分）

考核知识点： 基本技能

难易度： 中

标准答案：

（1）不履行工作票手续即开始工作。

（2）不认真履行现场二次工作安全措施票。

（3）工作负责人（专责监护人）监护人不到位。

（4）跨越安全围栏网。

（5）现场标示牌不全，走错间隔（屏位）。

Jb0001432004 简述电力系统发生振荡和短路的主要区别。（5分）

考核知识点： 基本技能

难易度： 中

标准答案：

（1）振荡时系统各点电压和电流值均作往复性摆动，而短路时电流、电压值是突变的。此外，振荡时电流、电压值的变化速度较慢，而短路时电流、电压值突然变化量很大。

（2）振荡时系统任何一点电流与电压之间的相位角都随功角 δ 的变化而改变；而短路时，电流与电压之间的相位角是基本不变的。

Jb0001432005　现场工作前应做哪些准备工作？（5分）

考核知识点：基本技能

难易度：中

标准答案：

现场工作前应做以下准备工作：

（1）了解工地地点一、二次设备运行情况，本工作与运行设备有无直接联系（如自投、联切等），与其他班组有无配合的工作。

（2）拟订工作重点项目及准备解决的缺陷和薄弱环节。

（3）工作人员明确分工并熟悉图纸及检验规程等有关资料。

（4）应具备与实际状况一致的图纸、上次检验的记录、最新整定通知单、检验规程、合格的仪器仪表、备品备件、工具和连接导线等。

（5）对一些重要设备，特别是复杂保护装置或有联跳回路的保护装置，如母线保护、断路器失灵保护、远方跳闸、远方切机、切负荷等的现场校验工作，应编制经技术负责人审批的试验方案和由工作负责人填写并经负责人审批的继电保护安全措施票。

Jb0001413006　某接地系统发生单相接地（设为A相）故障时，$\dot{I}_A=1500A$，$\dot{I}_B=0$，$\dot{I}_C=0$。试求这组线电流的对称分量，并作相量图。（6分）

考核知识点：基本技能

难易度：难

标准答案：

解：设 $\dot{I}_A=1500\angle0^\circ$ A，a 为运算子，$a=e^{j120^\circ}$则

零序分量 $\dot{I}_0=\frac{1}{3}(\dot{I}_A+\dot{I}_B+\dot{I}_C)=\frac{1}{3}\times1500=500$（A）

正序分量 $\dot{I}_1=\frac{1}{3}(\dot{I}_A+a\dot{I}_B+a^2\dot{I}_C)=\frac{1}{3}\times1500=500$（A）

负序分量 $\dot{I}_2=\frac{1}{3}(\dot{I}_A+a^2\dot{I}_B+a\dot{I}_C)=\frac{1}{3}\times1500=500$（A）

作相量图如图 Jb0001413006 所示。

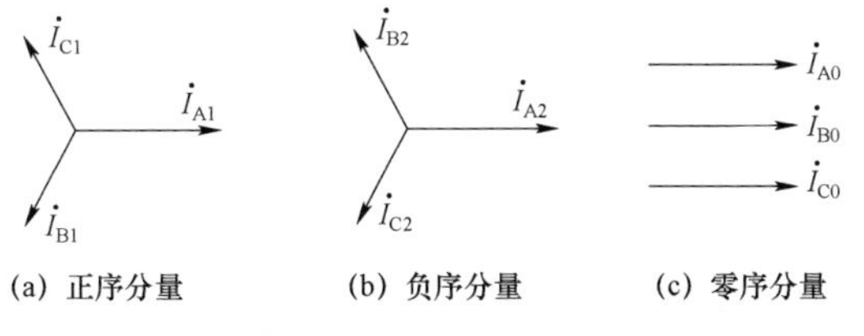

图 Jb0001413006

Jb0001423007　试画出中性点直接接地电网和中性点非直接接地电网中发生A相接地故障时，三相电压的相量图，试述两种电网使用的电压互感器的变比及开口绕组的电压。（6分）

考核知识点：基本技能

难易度：难

标准答案：

（1）相量图如图 Jb0001423007（a）、图 Jb0001423007（b）所示。

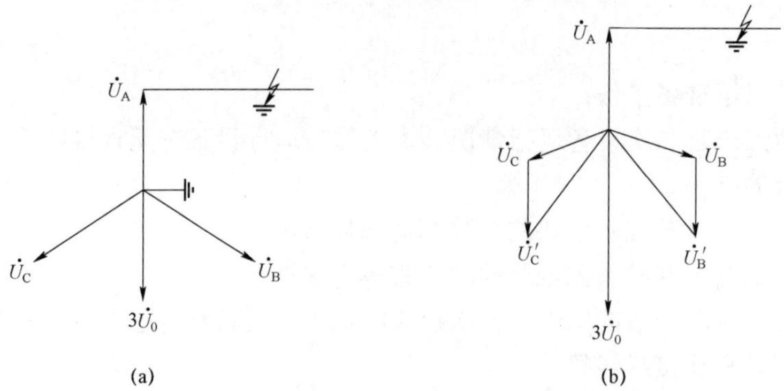

图 Jb0001423007

（2）分析。

1）中性点直接接地电网。故障相 $U_A=0$，U_B、U_C 电压与故障前相同，开口三角绕组两端的电压 $3U_0=U_A$，变比为（$U_n/\sqrt{3}$）/（$100/\sqrt{3}$）/100（V），则 $3U_0=100$V。

2）中性点非直接接地电网。故障相 $U_A=0$，U_B、U_C 电压升高 $\sqrt{3}$ 倍，开口三角绕组两端的电压 $3U_0=3U_A$，变比为（$U_n/\sqrt{3}$）/（$100/\sqrt{3}$）/（100/3）（V），则 $3U_0=100$V。

Jb0001421008　画出变压器保护稳态比率差动保护的示意图。（5 分）

考核知识点：基本技能

难易度：易

标准答案：

变压器保护稳态比率差动保护的示意图如图 Jb0001421008 所示。

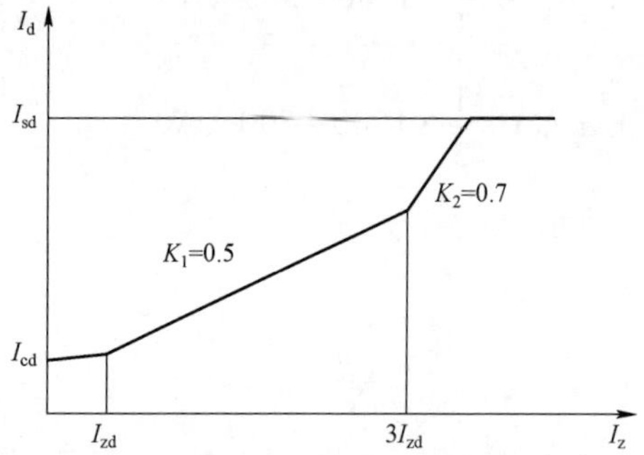

图 Jb0001421008

Jb0001423009　对 Yd11 变压器，Y 侧 B、C 两相短路时，用图解的方法分析两侧电流的关系。（5 分）

考核知识点：基本技能

难易度：难

标准答案：

变压器高压侧（即 Y侧）B、C 两相短路时两侧电流相量如图 Jb0001423009（a）、Jb0001423009（b）所示。

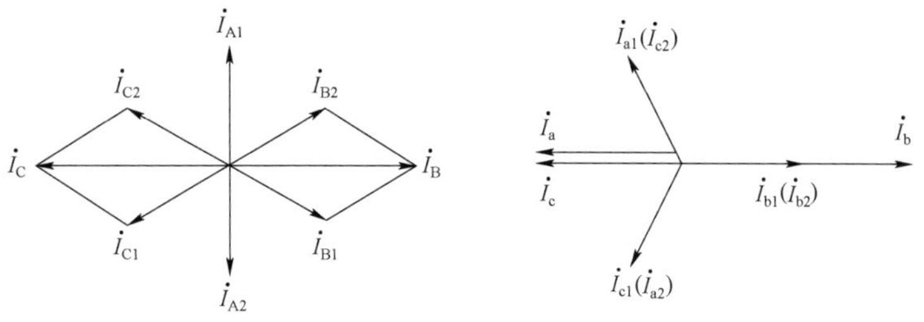

(a) 高压侧　　(b) 低压侧

图 Jb0001423009

Jb0001413010　220kV 线路如图 Jb0001413010（1）所示，K 点 A 相单相接地短路。电源、线路阻抗标幺值已注明在图中，设正、负序电抗相等，基准电压 U= 230kV，基准容量 S= 1000MVA。（8 分）

（1）绘出 K 点 A 相接地短路时复合序网图。

（2）计算出短路点的全电流（有名值）。

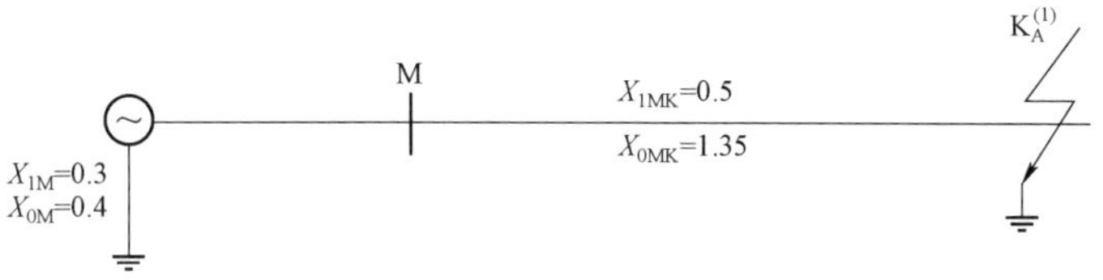

图 Jb0001413010（1）

考核知识点：基本技能

难易度：难

标准答案：

（1）复合序网图如图 Jb0001413010（2）所示。

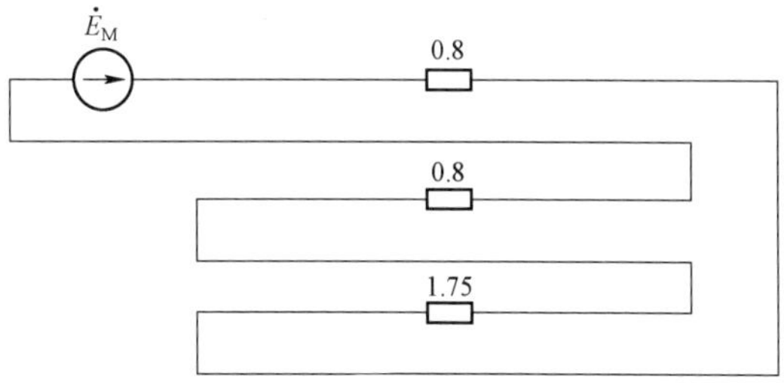

图 Jb0001413010（2）

（2）正序阻抗为 $X_{1\Sigma}$，负序阻抗为 $X_{2\Sigma}$，由题可知：

$$X_{1\Sigma} = X_{2\Sigma} = X_{1M} + X_{1MK} = 0.3 + 0.5 = 0.8$$

零序阻抗为 $X_{0\Sigma}$： $X_{0\Sigma} = X_{0M} + X_{0MK} = 0.4 + 1.35 = 1.75$

基准电流为 I：$I = S/(\sqrt{3}\,U)$，即：$I = 1000/(1.732 \times 230) = 2.51$（kA）

短路点的全电流为 I_A： $I_A = 3I/(2X_{1\Sigma} + X_{0\Sigma}) = 3 \times 2.51/(2 \times 0.8 + 1.75) = 2.25$（kA）

Jb0001432011　电力系统有功功率不平衡会引起什么反响？怎样处理？（5分）

考核知识点：基本技能

难易度：中

标准答案：

系统有功功率过剩会引起频率升高，有功功率不足要引起频率下降。解决的办法是通过调频机组调整发电机出力。情况严重时，通过自动装置或值班人员操作切掉部分发电机组或部分负荷，使系统功率达到平衡。

Jb0001432012　在什么情况下单相接地故障电流大于三相短路电流？什么情况下两相接地故障的零序电流大于单相接地故障的零序电流？（4分）（Z_{K0}为故障点零序综合阻抗；Z_{K1}为故障点正序综合阻抗）

考核知识点：基本技能

难易度：中

标准答案：

当$Z_{K0}<Z_{K1}$时，单相接地故障电流大于三相短路电流。

当$Z_{K0}<Z_{K1}$时，两相接地故障的零序电流大于单相接地故障的零序电流。

Jb0002433013　为什么交、直流回路不可以共用一条电缆？（5分）

考核知识点：相关技能

难易度：难

标准答案：

交、直流回路都是独立系统。直流回路是绝缘系统而交流回路是接地系统。若共用一条电缆，两者之间一旦发生短路就造成直流接地，同时影响交、直流两个系统。平时也容易互相干扰，还有可能降低对直流回路的绝缘电阻，所以交、直流回路不能共用一条电缆。

Jb0002432014　某220kV线路距离保护Ⅰ段动作定值$Z_{op}=3\Omega/pH$，电流互感器的变比是800A/5A，电压互感器的变比是220kV/0.1kV。因某种原因电流互感器的变比改为1200A/5A，试求改变后距离保护Ⅰ段的动作阻抗值。（4分）

考核知识点：相关技能

难易度：中

标准答案：

解：

该定值的一次动作阻抗为Z_0

$$Z_0=Z_{op}\times n_{TV}/n_{TA}=3\times 2200/160=41.25\ (\Omega/pH)$$

改变电流互感器变比后的Ⅰ段动作阻抗值为Z_1

$$Z_1=Z_0\times n_{TA1}/n_{TV}=41.25\times 240/2200=4.5\ (\Omega/pH)$$

答：动作阻抗值为4.5Ω/pH。

Jb0002431015　简述“四遥”的概念及主要采集内容和操作对象。（5分）

考核知识点：相关技能

难易度：易

标准答案：

四遥指的是遥测、遥信、遥控、遥调。

遥测：就是量测量采集，包括电流、电压、功率、功率因数、频率等交流量和各种直流电压、温度等直流量。

遥信：完成断路器、隔离开关等位置信号采集，一、二次设备及回路告警信号采集，本体信号采集、保护动作信号和变压器挡位信息采集。

遥控：完成断路器、隔离开关分、合控制。

遥调：完成变压器挡位调节、发电机输出功率调节。

Jb0002433016　控制电缆屏蔽层两端接地有哪两条好处？（5分）

考核知识点：相关技能

难易度：难

标准答案：

（1）当控制电缆为导线暂态电流产生的磁通所包围时，在电缆的屏蔽层中将感应出屏蔽电流。由屏蔽电流产生的磁通，将抵消导线暂态电流产生的磁通对电缆芯造成的影响。假定屏蔽作用理想，两者共同作用的结果将使被屏蔽层完全包围的电缆芯中磁通为零。

（2）屏蔽层两端接地可以降低由于地电位上升产生的暂态感应电压。由实验可知，可以将暂态感应电压抑制为原值的10%以下，证明是降低干扰电压的一种有效措施。

Jb0002432017　简述站用直流系统接地的危害。（5分）

考核知识点：相关技能

难易度：中

标准答案：

（1）直流系统两点接地有可能造成保护装置及二次设备误动。

（2）直流系统两点接地有可能使保护装置及二次设备在系统发生故障时拒动。

（3）直流系统正、负极间短路有可能使直流熔断器熔断。

（4）由于近年生产的保护装置灵敏度较高，当控制电缆较长时，若直流系统一点接地，也可能造成保护装置的不正确动作，特别是当交流系统也发生接地故障，则可能对保护装置形成干扰，严重时会导致保护装置误动作。

（5）对某些动作电压较低的断路器，当其跳（合）闸线圈前一点接地时，有可能造成断路器误跳（合）闸。

Jb0002433018　对直流试验电源有什么要求？（5分）

考核知识点：相关技能

难易度：难

标准答案：

试验用的直流电源的额定电压应与装置装设场所所用的直流额定电压相同，现场应备有自直流电源总母线引出的供试验用的电压为额定值及80%额定值的专用支路，试验支路应设有专用的安全开关，所接熔断器必须保证选择性。不允许用同运行中设备的直流支路电源作为检验时的直流电源。变电站的直流电源如为交流整流（电容器储能或复励供电）电源，直流试验电源不允许取自处于运行中的储能母线或复励电源母线。

Jb0002431019　UPS 有哪三种工作模式？（3 分）

考核知识点： 相关技能

难易度： 易

标准答案：

市电模式、电池模式、旁路模式。

Jb0003432020　二次回路接线的要求是什么？（6 分）

考核知识点： 二次回路

难易度： 中

标准答案：

二次回路接线有以下要求：

（1）按图施工，接线正确。

（2）电气回路的连接（螺栓连接、插接、焊接等）应牢固可靠。

（3）电缆芯线和所配导线的端部均应标明其回路编号；编号应正确，字迹清晰且不易脱色。

（4）配线整齐、清晰、美观；导线绝缘良好，无损伤。

（5）盘、柜内导线不应有接头。

（6）每个端子板的每侧接线一般为一根，不得超过两根。

Jb0003432021　电流、电压互感器安装竣工后，继电保护检验人员应进行哪些检查？（6 分）

考核知识点： 二次回路

难易度： 中

标准答案：

电流、电压互感器安装竣工后，继电保护检验人员应进行下列检查：

（1）电流、电压互感器的变比、容量、准确级必须符合设计要求。

（2）测试互感器各绕组间的极性关系，核对铭牌上的极性标志是否正确。检查互感器各次绕组的连接方式及其极性关系是否与设计符合，相别标识是否正确。

（3）有条件时，自电流互感器的一次分相通入电流，检查工作抽头的变比及回路是否正确（发电机—变压器组保护所使用的外附互感器、变压器套管互感器的极性与变比检验可在发电机作短路试验时进行）。

（4）自电流互感器的二次端子箱处向负载端通入交流电流，测定回路的压降，计算电流回路每相与中性线及相间的阻抗（二次回路负担）。将所测得的阻抗值按保护的具体工作条件和制造厂家提供的出厂资料来验算是否符合互感器 10%误差的要求。

Jb0003432022　在带电的电压互感器二次回路上工作时，应采取哪些安全措施？（5 分）

考核知识点： 二次回路

难易度： 中

标准答案：

（1）严格防止短路或接地。应使用绝缘工具，戴手套。必要时，工作前应申请停用忧患保护装置、安全自动装置或自动化监控系统。

（2）接临时负载，应装有专用的刀闸和熔断器。

（3）工作时应有专人监护，严禁将回路的安全接地点断开。

Jb0003432023　在带电的电流互感器二次回路上工作时，应采取哪些安全措施？（5分）

考核知识点：二次回路

难易度：中

标准答案：

（1）禁止将电流互感器二次侧开路（光电流互感器除外）。

（2）短路电流互感器二次绕组，应使用短路片或短路线，禁止用导线缠绕。

（3）在电流互感器与短路端子之间导线上进行任何工作，应有严格的安全措施，并填用“二次工作安全措施票”。必要时申请停用有关保护装置、安全自动装置或自动化监控系统。

（4）工作中禁止将回路的永久接地点断开。

（5）工作时，应有专人监护，使用绝缘工具，并站在绝缘垫上。

Jb0003431024　哪些回路属于连接保护装置的二次回路？（5分）

考核知识点：二次回路

难易度：易

标准答案：

连接保护装置的二次回路有以下几种回路：

（1）从电流互感器、电压互感器二次侧端子开始到有关继电保护装置的二次回路（对多油断路器或变压器等套管互感器，自端子箱开始）。

（2）从继电保护直流分路熔丝开始到有关保护装置的二次回路。

（3）从保护装置到控制屏和中央信号屏间的直流回路。

（4）继电保护装置出口端子排到断路器操作箱端子排的跳、合闸回路。

Jb0003431025　电流、电压互感器二次回路中为什么必须有一点接地？（4分）

考核知识点：二次回路

难易度：易

标准答案：

电流、电压互感器二次回路一点接地属于保护接地，防止一、二次绝缘损坏、击穿，以致高电压窜到二次侧，造成人身触电及设备损坏，如果有两点接地会造成极性、相位错误，造成电压互感器二次绕组多次短接，使二次电流不能通过保护仪表元件，造成保护拒动，仪表误指示，威胁电力系统安全供电，因此，电流、电压互感器二次回路必须有一点接地。

Jb0003432026　电压互感器在运行中为什么要严防二次侧短路？（4分）

考核知识点：二次回路

难易度：中

标准答案：

电压互感器是一个内阻极小的电压源，正常运行时负载阻抗很大，相当于开路状态，二次侧仅有很小的负载电流，当二次侧短路时，负载阻抗为零，将产生很大的短路电流，会将电压互感器烧坏。

Jb0003431027　什么是电流互感器极性？（4分）

考核知识点：二次回路

难易度：易

标准答案：

规定电流互感器的一次绕组的首端标为P1（S1），尾端标为P2（S2），二次绕组的首端标为K1，尾端标为K2，在接线中，P1（S1）和K1、P2（S2）和K2均为同极性端。

Jb0003431028　如何用直流法测定电流互感器的极性？（5分）

考核知识点：二次回路

难易度：易

标准答案：

（1）将电池正极接电流互感器的P1（S1），负极接P2（S2）。

（2）将直流毫安表的正极接电流互感器的K1，负极与K2连接。

（3）在电池开关合上或直接接通瞬间，直流毫安表正指示；电池开关断开的瞬间，毫安表反指示，则电流互感器极性正确。

Jb0003433029　何谓断路器的跳跃和防跳？（5分）

考核知识点：二次回路

难易度：难

标准答案：

跳跃是指断路器在手动合闸或自动装置动作使其合闸时，如果操作控制开关未复归或控制开关触点、自动装置触点卡住，此时恰巧继电保护动作使断路器跳闸，发生的多次“跳—合”现象。

防跳，就是利用操动机构本身的机械闭锁或另在操作接线上采取措施，以防止这种跳跃现象的发生。

Jb0003433030　为什么距离保护的Ⅰ段保护范围通常选择为被保护线路全长的80%～85%？（5分）

考核知识点：保护、安自装置的安装、调试及维护

难易度：难

标准答案：

距离保护第Ⅰ段的动作时限为保护装置本身的固有动作时间，为了和相邻的下一线路的距离保护第Ⅰ段有选择性地配合，两者的保护范围不能有重叠的部分。否则，本线路第Ⅰ段的保护范围会延伸到下一线路，造成无选择性动作。再者，保护定值计算用的线路参数有误差，电压互感器和电流互感器的测量也有误差。考虑最不利的情况，这些误差为正值相加。如果第Ⅰ段的保护范围为被保护线路的全长，就不可避免地要延伸到下一线路。此时，若下一线路出口故障，则相邻的两条线路的第Ⅰ段会同时动作，造成无选择性地切断故障。为避免上述现象，第Ⅰ段保护范围通常取被保护线路全长的80%～85%。

Jb0003432031　如何进行断路器防跳回路检查？（5分）

考核知识点：保护、安自装置的安装、调试及维护

难易度：中

标准答案：

（1）用手合方式合上断路器，并保持操作手柄在“合闸”位置，直至传动结束。短接控制正电源和分相跳闸回路，使断路器分相跳闸。如果每相断路器只跳闸一次，不再合闸，说明防跳回路正确。

（2）对于不是分相操作的断路器，可参照上述方法进行。

（3）当保护屏及断路器本体均具备电气防跳功能时，只允许使用一套防跳回路，宜采用断路器本体防跳回路，解除保护屏防跳回路。

Jb0003432032　装有重合闸的线路、变压器，当它们的断路器跳闸后，至少写出 5 种情况下不允许或不能重合闸？（9 分）

考核知识点：保护、安自装置的安装、调试及维护

难易度：中

标准答案：

以下情况不允许或不能重合闸：

（1）手动跳闸。

（2）断路器失灵保护动作跳闸。

（3）远方跳闸。

（4）断路器操作气压下降到允许值以下时跳闸。

（5）重合闸停用时跳闸。

（6）重合闸在投运单相重合闸位置，三相跳闸时。

（7）重合于永久性故障又跳闸。

（8）母线保护动作跳闸不允许使用母线重合闸时。

（9）变压器差动、瓦斯保护动作跳闸时。

Jb0003431033　在什么情况下应该停用整套微机继电保护装置？（5 分）

考核知识点：保护、安自装置的安装、调试及维护

难易度：易

标准答案：

（1）在微机继电保护装置上进行的交流电流、电压，开关量输入、输出回路的工作。

（2）微机继电保护装置内部作业。

（3）输入或修改定值。

Jb0003432034　变压器励磁涌流有哪些特点？目前差动保护中防止励磁涌流影响的方法有哪些？（5 分）

考核知识点：保护、安自装置的安装、调试及维护

难易度：中

标准答案：

励磁涌流有以下特点：

（1）包含有很大成分的非周期分量，往往使涌流偏于时间轴的一侧。

（2）包含有大量的高次谐波分量，并以二次谐波为主。

（3）励磁涌流波形出现间断。

防止励磁涌流影响的方法有：

（1）采用具有速饱和铁芯的差动继电器。

（2）鉴别短路电流和励磁涌流波形的区别，要求间断角为 60°～65°。

（3）利用二次谐波制动，制动比为 15%～20%。

（4）利用波形对称原理的差动继电器。

Jb0003432035　变压器差动保护不平衡电流是怎样产生的？（5分）

考核知识点：保护、安自装置的安装、调试及维护

难易度：中

标准答案：

（1）变压器正常运行时的励磁电流。

（2）由于变压器各侧电流互感器型号不同而引起的不平衡电流。

（3）由于实际的电流互感器变比和计算变比不同引起的不平衡电流。

（4）由于变压器改变调压分接头引起的不平衡电流。

Jb0003412036　已知变压器接线组别为 YNd11，电压变比为 n，低压侧电流分别为 $\dot{I}_a$、$\dot{I}_b$、$\dot{I}_c$，试写出高压侧三相电流的数学表达式。（6分）

考核知识点：保护、安自装置的安装、调试及维护

难易度：中

标准答案：

高压侧 A 相电流 $\dot{I}_A$ 的数学表达式

$$\dot{I}_A = \frac{1}{n\sqrt{3}}(\dot{I}_a - \dot{I}_c)$$

高压侧 B 相电流 $\dot{I}_B$ 的数学表达式

$$\dot{I}_B = \frac{1}{n\sqrt{3}}(\dot{I}_b - \dot{I}_a)$$

高压侧 C 相电流 $\dot{I}_C$ 的数学表达式

$$\dot{I}_C = \frac{1}{n\sqrt{3}}(\dot{I}_c - \dot{I}_b)$$

Jb0003433037　新安装的变压器差动保护在投运前应做哪些试验？（5分）

考核知识点：保护、安自装置的安装、调试及维护

难易度：难

标准答案：

（1）进行变压器充电合闸 5 次，以检查差动保护躲励磁涌流的性能。

（2）带一定负荷后测量各侧各相电流的有效值和相位，检查外部交流电流输入回路接线的正确性。

（3）测量或检查差动保护的差电压（或差电流），检查装置及电流回路接线的正确性。

（4）短时退出待检查的差动保护，利用封短单相电流回路的方法检查电流中性线回路的正确性。

Jb0003433038　变压器纵差保护主要反应何种故障？瓦斯保护主要反应何种故障和异常？（5分）

考核知识点：保护、安自装置的安装、调试及维护

难易度：难

标准答案：

（1）纵差保护主要反应变压器绕组、引线的相间短路及大接地电流系统侧的绕组、引出线的接地短路。

（2）瓦斯保护主要反应变压器绕组匝间短路及油面降低、铁芯过热等本体内的任何故障。

Jb0003433039　为什么差动保护不能代替瓦斯保护？（5分）

考核知识点：保护、安自装置的安装、调试及维护

难易度：难

标准答案：

瓦斯保护能反应变压器油箱内的任何故障，如铁芯过热烧伤、油面降低等，但差动保护对此无反应。又如变压器绕组发生少数线匝的匝间短路，虽然短路匝内短路电流很大会造成局部绕组严重过热产生强烈的油流向储油柜方向冲击，但表现在相电流上其量值却不大，因此，差动保护没有反应，但瓦斯保护对此却能灵敏地加以反应，这就是差动保护不能代替瓦斯保护的原因。

Jb0003433040　为什么设置母线充电保护？（5分）

考核知识点：保护、安自装置的安装、调试及维护

难易度：难

标准答案：

（1）母线差动保护应保证在一组母线或某一段母线合闸充电时，快速而有选择地断开有故障的母线。

（2）为了更可靠地切除被充电母线上的故障，在母联断路器或母线分段断路器上设置相电流或零序电流保护，作为母线充电保护。

（3）母线充电保护接线简单，在定值上可以保证高的灵敏度。在有条件的地方，该保护可以作为专用母线单独带新建线路充电的临时保护。

（4）母线充电保护只在母线充电时投入，当充电良好后，应及时停用。

Jb0003431041　备用电源自动投入装置应符合什么要求？（5分）

考核知识点：保护、安自装置的安装、调试及维护

难易度：易

标准答案：

（1）应保证在工作电源或设备断开后，才投入备用电源或设备。

（2）工作电源或设备上的电压，不论因何原因消失时，自动投入装置均应动作。

（3）自动投入装置应保证只动作一次。

Jb0003432042　为什么高压电网中要安装母线保护装置？（5分）

考核知识点：保护、安自装置的安装、调试及维护

难易度：中

标准答案：

母线上发生短路故障的概率虽然比输电线路少，但母线是多元件的汇合点，母线故障如不快速切除，会使事故扩大。甚至破坏系统稳定，危及整个系统的安全运行，后果十分严重。在双母线系统中，若能有选择性地快速切除故障母线，保证健全母线继续运行，具有重要意义。因此，在高压电网中要求普遍装设母线保护装置。

Jb0003431043　断路器失灵保护指的是什么？断路器失灵保护须满足哪些要求方可启动？（5分）

考核知识点：保护、安自装置的安装、调试及维护

难易度：易

标准答案：

（1）断路器失灵保护是一种近后备保护，当故障元件的断路器拒动时，可依靠该保护隔离故障点。

（2）必须同时具备下列条件，断路器失灵保护方可启动：

1）故障线路或电力设备能瞬时复归的出口继电器动作后不返回（故障切除后，启动失灵的保护出口返回时间不应大于30ms）。

2）断路器未断开的判别元件动作后不返回。若主设备保护出口继电器返回时时间不符合要求时，判别元件应双重化。

Jb0003432044　简述RCS－915AB保护装置的差动回路构成。（5分）

考核知识点：保护、安自装置的安装、调试及维护

难易度：中

标准答案：

差动回路包括母线大差回路和各段母线小差回路。母线小差回路是指除母联断路器和分段断路器外所有支路电流所构成的差动回路。某段母线的小差是指该段母线上所连接的所有支路（包括母联和分段断路器）电流所构成的差动回路。母线大差比率差动用于判别母线区内和区外故障，小差比率差动用于故障母线的选择。

Jb0003431045　BP－2B母线保护装置如何判别母线是并列运行还是分列运行？分列压板的操作需要注意什么？（5分）

考核知识点：保护、安自装置的安装、调试及维护

难易度：易

标准答案：

装置通过自动和手动两种方式判别母线是并列运行还是分列运行。

自动方式是将母联断路器的动合和动断辅助触点引入装置的端子（若断路器的动合和动断触点不对应，装置默认为断路器合，同时发出开入异常告警信号）；手动方式是运行人员在母联断路器断开后，投“母线分列压板”，在合母联断路器前，退出该压板。以上两种方式中，手动方式优先级最高。即：若投入“母线分列压板”，装置认为母线分列运行；若退“母线分列压板”，装置根据自动方式判别母线运行状态。

Jb0003432046　新设备验收时，二次部分应具备哪些图纸、资料？（5分）

考核知识点：保护、安自装置的安装、调试及维护

难易度：中

标准答案：

应具备装置的原理图及与之相符合的二次回路安装图，电缆敷设图，电缆编号图，断路器操动机构二次回路图，电流、电压互感器端子箱图及二次回路部分线箱图等。同时还要有完整的成套保护、自动装置的技术说明书，断路器操动机构说明书，电流、电压互感器的出厂试验书等。

Jb0003432047　试述阻抗继电器的测量阻抗、动作阻抗、整定阻抗的含义。（6分）

考核知识点：保护、安自装置的安装、调试及维护

难易度：中

标准答案：

（1）测量阻抗是指其测量（感受）到的阻抗，即为通过对加入到阻抗继电器的电压、电流进行运

算后所得到的阻抗值。

（2）动作阻抗是指能使阻抗继电器临界动作的测量阻抗。

（3）整定阻抗是指编制整定方案时根据保护范围给出的阻抗，阻抗继电器根据该值对应一个动作区域，当测量阻抗进入整定阻抗所对应的动作区域时，阻抗继电器动作。

Jb0003431048　简述控制回路断线的原理。（4 分）

考核知识点：事故分析及二次设备异常处理

难易度：易

标准答案：

控制回路断线信号是由跳位继电器（TWJ）动断触点与合位继电器（HWJ）动断触点串联构成的。正常情况下，TWJ 及 HWJ 其中一个励磁，一个失磁，故动断触点也将一个闭合，一个打开。当有什么原因引起跳位继电器与合位继电器同时失磁，动断触点同时闭合时，就会出现“控制回路断线”信号，断路器将不能分闸或合闸。

Jb0003431049　简述事故总信号原理的原理。（4 分）

考核知识点：事故分析及二次设备异常处理

难易度：易

标准答案：

合后继电器（KKJ）与跳位继电器（TWJ）串起来构成事故总信号，当断路器处于手合后位置（KKJ=1），且断路器在跳位时（TWJ=1），发事故总信号。除了手跳/遥跳外，其他通过保护跳闸与断路器偷跳都会发事故总信号。

Jb0003432050　指示断路器位置的红、绿灯不亮对运行有什么影响？（5 分）

考核知识点：事故分析及二次设备异常处理

难易度：中

标准答案：

（1）不能正确反应断路器的跳、合闸位置或跳合闸回路完整性，故障时造成误判断。

（2）如果是跳闸回路故障，当发生事故时，断路器不能及时跳闸，造成事故扩大。

（3）如果是合闸回路故障，会使断路器事故跳闸后自投失效或不能自动重合。

（4）跳、合闸回路故障均影响正常操作。

Jb0003433051　小接地电流系统中，为什么单相接地保护在多数情况下只是用来发信号，而不动作于跳闸？（5 分）

考核知识点：事故分析及二次设备异常处理

难易度：难

标准答案：

小接地电流系统中，一相接地时并不破坏系统电压的对称性，通过故障点的电流仅为系统的电容电流，或是经过消弧线圈补偿后的残流，其数值很小，对电网运行及用户的工作影响较小。为了防止再发生一点接地时形成短路故障，一般要求保护装置及时发出预告信号，以便值班人员酌情处理。

Jb0003433052　中性点不接地系统发生单相完全接地、不完全接地、持续接地和间隙接地时各有什么现象？（5 分）

考核知识点：事故分析及二次设备异常处理

难易度：难

标准答案：

完全接地：接地相对地电压为零，其他两相电压升高到$\sqrt{3}$倍；不完全接地：接地相对地电压降低，其他两相电压升高；持续接地：接地相对电压降至某一值持续不变，另两相对地电压升至某一值不变；间歇接地：电压表指示时增时减，有时指示正常。上述情况下TV开口三角形均有电压，启动绝缘监察继电器，中央信号“母线单相接地”光字牌亮。

Jb0003432053　现场工作过程中遇到异常情况或断路器跳闸时，应如何处理？（5分）

考核知识点：事故分析及二次设备异常处理

难易度：中

标准答案：

在现场工作过程中，凡遇到异常（如直流系统接地）或断路器跳闸时，不论与本身工作是否有关，应立即停止工作，保持现状，待找出原因或确定与本工作无关后，方可继续工作。上述异常若为从事现场继电保护工作的人员造成，应立即通知运行人员，以便及时处理。

Jb0003432054　数字化、智能化变电站中的“三层两网”指的是什么？（5分）

考核知识点：智能变电站二次系统调试

难易度：中

标准答案：

三层：站控层、间隔层、过程层。

两网：站控层网络、过程层网络。

Jb0003431055　智能终端有哪几种运行状态？分别如何定义？（5分）

考核知识点：智能变电站二次系统调试

难易度：易

标准答案：

智能终端运行状态分“跳闸”“停用”两种，定义如下：

（1）跳闸：装置电源投入，跳合闸出口硬压板放上，检修压板取下。

（2）停用：跳合闸出口硬压板取下，检修压板放上，装置电源关闭。

Jb0003432056　智能变电站继电保护有哪几种运行状态？分别如何定义？（5分）

考核知识点：智能变电站二次系统调试

难易度：中

标准答案：

装置运行状态分“跳闸”“信号”和“停用”三种，定义如下：

（1）跳闸：保护装置电源投入，功能软压板投入，GOOSE出口及SV接收等软压板投入，保护装置检修压板取下。

（2）信号：保护装置电源投入，功能软压板、SV接收软压板投入，GOOSE出口软压板退出，保护装置检修压板取下。

（3）停用：功能软压板、GOOSE出口软压板退出，保护装置检修压板放上，保护装置电源关闭。

Jb0003431057 简述什么是 VLAN。(5 分)

考核知识点：智能变电站二次系统调试

难易度：易

标准答案：

VLAN 即虚拟局域网，是一种通过将局域网内的设备逻辑地址（而不是物理地址划）分成一个个网段，从而实现虚拟工作组的技术，即在不改变物理连接的条件下，对网络做逻辑分组。

Jb0003432058 GOOSE 报文在智能变电站中主要用以传输哪些实时数据？(5 分)

考核知识点：智能变电站二次系统调试

难易度：中

标准答案：

（1）保护装置的跳、合闸命令。

（2）测控装置的遥控命令。

（3）保护装置间信息（启动失灵、闭锁重合闸、远跳等）。

（4）一次设备的遥信信号（断路器位置、隔离开关位置、压力等）。

（5）间隔层的联锁信息。

Jb0003432059 写出智能变电站四种模型文件类型。(5 分)

考核知识点：智能变电站二次系统调试

难易度：中

标准答案：

SCD：全站系统配置文件。

SSD：系统规格文件。

ICD：站内 IED 能力描述文件。

CID：站内 IED 实例配置文件。

Jb0003433060 简述智能变电站继电保护“直接采样，直接跳闸”的含义。(5 分)

考核知识点：智能变电站二次系统调试

难易度：难

标准答案：

“直接采样”是指智能电子设备不经过以太网交换机而以点对点光纤直联方式进行采样值（SV）的数字化采样传输。

“直接跳闸”是指智能电子设备不经过以太网交换机而以点对点光纤直联方式并直采 GOOSE 进行跳合闸信号的传输。

第四章　继电保护员中级工技能操作

Jc0001451001－1　RCS－931 线路保护调试检验。（100 分）

考核知识点： 线路保护

难易度： 易

技能等级评价专业技能考核操作工作任务书

一、任务名称

RCS－931 线路保护调试检验。

二、适用工种

继电保护员中级工。

三、具体任务

（1）工作状态为模拟 110kV 线路停电，工作内容为线路保护定检。

（2）工作任务：

1）模拟 A 相瞬时性接地故障，校验接地距离 I 段的定值，断路器跳合传动正确。

2）模拟现场工作，实施安全措施（按照保护定检完成），排除设置的故障，完成现场检验任务。

3）附试验定值清单（01 区）。

4）接线方式为单母分段。保护配置为光纤差动保护、三段距离保护、两段零序保护。

四、工作规范及要求

（1）工器具及仪器仪表的使用及二次安全措施票填写。

（2）按要求进行保护校验。

（3）填写试验报告。

五、考核及时间要求

（1）本考核操作时间为 60 分钟，时间到停止考评，包括试验接线、保护校验和报告整理时间。

（2）装置调试过程中，要求正确使用安全工器具、继电保护校验仪。

（3）按照技能操作记录单的操作要求进行操作，正确记录操作结果，试验记录项目包括动作元件、相别、动作出口时间等。

技能等级评价专业技能考核操作评分标准

<table>
<tr><td>工种</td><td colspan="6">继电保护员</td><td>评价等级</td><td>中级工</td></tr>
<tr><td>项目模块</td><td colspan="5">继电保护及安全自动装置校验—保护调试—线路保护装置</td><td>编号</td><td colspan="2">Jc0001451001－1</td></tr>
<tr><td>单位</td><td colspan="3"></td><td>准考证号</td><td colspan="2"></td><td>姓名</td><td></td></tr>
<tr><td>考试时限</td><td colspan="2">60 分钟</td><td>题型</td><td colspan="3">多项操作</td><td>题分</td><td>100 分</td></tr>
<tr><td>成绩</td><td></td><td>考评员</td><td></td><td>考评组长</td><td colspan="2"></td><td>日期</td><td></td></tr>
<tr><td>试题正文</td><td colspan="8">RCS－931 线路保护调试检验</td></tr>
<tr><td>需要说明的问题和要求</td><td colspan="8">（1）要求调试单人操作。
（2）操作应注意安全，按照标准化作业书的技术安全说明做好安全措施。
（3）装置调试检验在保护屏上完成操作。
（4）测试仪的选择可选考场提供的测试仪或自带测试仪</td></tr>
</table>

续表

序号	项目名称	质量要求	满分	扣分标准	扣分原因	得分
1	工具使用及安全措施					
1.1	各种工器具正确使用	熟练正确使用各种工器具	5	未正确使用一次扣1分，扣完为止		
1.2	相关安全措施的准备	试验仪器正确接地	2	试验仪器未正确接地扣2分		
		短接母线保护电流	3	未进行短接母线保护电流扣3分		
		打开线路保护电流端子连片	3	未打开线路保护电流端子连片扣3分		
		断开交流电压	2	未断开交流电压端子连片扣2分		
		在母线保护屏拆除启动失灵二次线，并做好绝缘	5	未在母线保护屏拆除启动失灵二次线，未做好绝缘扣5分（可口述）		
		二次安全措施票执行	5	未执行二次安全措施票扣5分（可口述）		
2	保护调试检验					
2.1	保护装置试验	能按要求正确进行接地距离Ⅰ段保护测试，试验仪故障量设置正确，接线及压板等设置正确，测试正确并说明结果	40	试验接线错误扣8分； 压板等设置错误扣6分； 试验仪故障设置不正确扣8分； 试验项目不全，每缺少一项扣6分（0.95倍、1.05倍、反方向）		
3	填写试验报告					
3.1	试验记录	正确填写试验结果	15	每少填写一项扣5分，扣完为止		
4	事故分析及判断					
4.1	保护录波报告分析及判断	查看故障录波报告进行动作行为分析及综合判断	15	录波图查看不正确或漏项，每项扣3分（不超过10分）； 结果分析不正确扣5分		
5	现场恢复	恢复现场	5	未进行现场恢复扣5分		
合计			100			

Jc0001451001－2 RCS－931线路保护调试检验。（100分）

考核知识点：线路保护

难易度：易

技能等级评价专业技能考核操作工作任务书

一、任务名称

RCS－931线路保护调试检验。

二、适用工种

继电保护员中级工。

三、具体任务

（1）工作状态为模拟110kV线路停电，工作内容为线路保护定检。

（2）工作任务：

1）模拟C相瞬时性接地故障，校验接地距离Ⅱ段的定值，断路器跳合传动正确。

2）模拟现场工作，实施安全措施（按照保护定检完成），排除设置的故障，完成现场检验任务。

3）附试验定值清单（01区）。

4）接线方式为单母分段。保护配置为光纤差动保护、三段距离保护、两段零序保护。

四、工作规范及要求

（1）工器具及仪器仪表的使用及二次安全措施票填写。

（2）按要求进行保护校验。

（3）填写试验报告。

五、考核及时间要求

（1）本考核操作时间为60分钟，时间到停止考评，包括试验接线、保护校验和报告整理时间。

（2）装置调试过程中，要求正确使用安全工器具、继电保护校验仪。

（3）按照技能操作记录单的操作要求进行操作，正确记录操作结果，试验记录项目包括动作元件、相别、动作出口时间等。

技能等级评价专业技能考核操作评分标准

工种	继电保护员					评价等级	中级工
项目模块	继电保护及安全自动装置校验—保护调试—线路保护装置				编号	Jc0001451001－2	
单位			准考证号			姓名	
考试时限	60分钟		题型	多项操作		题分	100分
成绩		考评员		考评组长		日期	
试题正文	RCS－931线路保护调试检验						
需要说明的问题和要求	（1）要求调试单人操作。 （2）操作应注意安全，按照标准化作业书的技术安全说明做好安全措施。 （3）装置调试检验在保护屏上完成操作。 （4）测试仪的选择可选考场提供的测试仪或自带测试仪						

序号	项目名称	质量要求	满分	扣分标准	扣分原因	得分
1	工具使用及安全措施					
1.1	各种工器具正确使用	熟练正确使用各种工器具	5	未正确使用一次扣1分，扣完为止		
1.2	相关安全措施的准备	试验仪器正确接地	2	试验仪器未正确接地扣2分		
		短接母线保护电流	3	未进行短接母线保护电流扣3分		
		打开线路保护电流端子连片	3	未打开线路保护电流端子连片扣3分		
		断开交流电压	2	未断开交流电压扣2分		
		在母线保护屏拆除启动失灵二次线，并做好绝缘	5	未在母线保护屏拆除启动失灵二次线，未做好绝缘扣5分（可口述）		
		二次安全措施票执行	5	未执行二次安全措施票扣5分（可口述）		
2	保护调试检验					
2.1	保护装置试验	能按要求正确进行接地距离Ⅱ段保护测试，试验仪故障量设置正确，接线及压板等设置正确，测试正确并说明结果	40	试验接线错误扣8分； 压板等设置错误扣6分； 试验仪故障设置不正确扣8分； 试验项目不全，每缺少一项扣6分（0.95倍、1.05倍、反方向）		
3	填写试验报告					
3.1	试验记录	正确填写试验结果	15	每少填写一项扣5分，扣完为止		
4	事故分析及判断					
4.1	保护录波报告分析及判断	查看故障录波报告进行动作行为分析及综合判断	15	录波图查看不正确或漏项，每项扣3分（不超过10分）； 结果分析不正确扣5分		
5	现场恢复	恢复现场	5	未进行现场恢复扣5分		
合计			100			

Jc0001451001－3　RCS－931 线路保护调试检验。（100 分）

考核知识点： 线路保护

难易度： 易

技能等级评价专业技能考核操作工作任务书

一、任务名称

RCS－931 线路保护调试检验。

二、适用工种

继电保护员中级工。

三、具体任务

（1）工作状态为模拟 110kV 线路停电，工作内容为线路保护定检。

（2）工作任务：

1）模拟 B 相瞬时性接地故障，校验接地距离Ⅲ段的定值，断路器跳合传动正确。

2）模拟现场工作，实施安全措施（按照保护定检完成），排除设置的故障，完成现场检验任务。

3）附试验定值清单（01 区）。

4）接线方式为单母分段。保护配置为光纤差动保护、三段距离保护、两段零序保护。

四、工作规范及要求

（1）工器具及仪器仪表的使用及二次安全措施票填写。

（2）按要求进行保护校验。

（3）填写试验报告。

五、考核及时间要求

（1）本考核操作时间为 60 分钟，时间到停止考评，包括试验接线、保护校验和报告整理时间。

（2）装置调试过程中，要求正确使用安全工器具、继电保护校验仪。

（3）按照技能操作记录单的操作要求进行操作，正确记录操作结果，试验记录项目包括动作元件、相别、动作出口时间等。

技能等级评价专业技能考核操作评分标准

<table>
<tr><td>工种</td><td colspan="5">继电保护员</td><td>评价等级</td><td>中级工</td></tr>
<tr><td>项目模块</td><td colspan="4">继电保护及安全自动装置校验—保护调试—线路保护装置</td><td>编号</td><td colspan="2">Jc0001451001－3</td></tr>
<tr><td>单位</td><td colspan="2"></td><td>准考证号</td><td colspan="2"></td><td>姓名</td><td></td></tr>
<tr><td>考试时限</td><td colspan="2">60 分钟</td><td>题型</td><td colspan="2">多项操作</td><td>题分</td><td>100 分</td></tr>
<tr><td>成绩</td><td></td><td>考评员</td><td></td><td>考评组长</td><td></td><td>日期</td><td></td></tr>
<tr><td>试题正文</td><td colspan="7">RCS－931 线路保护调试检验</td></tr>
<tr><td>需要说明的问题和要求</td><td colspan="7">（1）要求调试单人操作。
（2）操作应注意安全，按照标准化作业书的技术安全说明做好安全措施。
（3）装置调试检验在保护屏上完成操作。
（4）测试仪的选择可选考场提供的测试仪或自带测试仪</td></tr>
<tr><td>序号</td><td>项目名称</td><td colspan="2">质量要求</td><td>满分</td><td>扣分标准</td><td>扣分原因</td><td>得分</td></tr>
<tr><td>1</td><td>工具使用及安全措施</td><td colspan="2"></td><td></td><td></td><td></td><td></td></tr>
<tr><td>1.1</td><td>各种工器具正确使用</td><td colspan="2">熟练正确使用各种工器具</td><td>5</td><td>未正确使用一次扣 1 分，扣完为止</td><td></td><td></td></tr>
</table>

续表

序号	项目名称	质量要求	满分	扣分标准	扣分原因	得分
1.2	相关安全措施的准备	试验仪器正确接地	2	试验仪器未正确接地扣 2 分		
		短接母线保护电流	3	未进行短接母线保护电流扣 3 分		
		打开线路保护电流端子连片	3	未打开线路保护电流端子连片扣 3 分		
		断开交流电压	2	未断开交流电压扣 2 分		
		在母线保护屏拆除启动失灵二次线，并做好绝缘	5	未在母线保护屏拆除启动失灵二次线，未做好绝缘扣 5 分（可口述）		
		二次安全措施票执行	5	未执行二次安全措施票扣 5 分（可口述）		
2	保护调试检验					
2.1	保护装置试验	能按要求正确进行接地距离Ⅲ段保护测试，试验仪故障量设置正确，接线及压板等设置正确，测试正确并说明结果	40	试验接线错误扣 8 分； 压板等设置错误扣 6 分； 试验仪故障设置不正确扣 8 分； 试验项目不全，每缺少一项扣 6 分（0.95 倍、1.05 倍、反方向）		
3	填写试验报告					
3.1	试验记录	正确填写试验结果	15	每少填写一项扣 5 分，扣完为止		
4	事故分析及判断					
4.1	保护录波报告分析及判断	查看故障录波报告进行动作行为分析及综合判断	15	录波图查看不正确或漏项，每项扣 3 分（不超过 10 分）； 结果分析不正确扣 5 分		
5	现场恢复	恢复现场	5	未进行现场恢复扣 5 分		
合计			100			

Jc0001452001－4　RCS－931 线路保护调试检验。（100 分）

考核知识点：线路保护

难易度：中

技能等级评价专业技能考核操作工作任务书

一、任务名称

RCS－931 线路保护调试检验。

二、适用工种

继电保护员中级工。

三、具体任务

（1）工作状态为模拟 110kV 线路停电，工作内容为线路保护定检。

（2）工作任务：

1）模拟 A 相瞬时性接地故障，校验工频变化量阻抗定值，断路器跳合传动正确。

2）模拟现场工作，实施安全措施（按照保护定检完成），排除设置的故障，完成现场检验任务。

3）附试验定值清单（01 区）。

4）接线方式为单母分段。保护配置为光纤差动保护、三段距离保护、两段零序保护。

四、工作规范及要求

（1）工器具及仪器仪表的使用及二次安全措施票填写。

（2）按要求进行保护校验。

（3）填写试验报告。

五、考核及时间要求

（1）本考核操作时间为60分钟，时间到停止考评，包括试验接线、保护校验和报告整理时间。

（2）装置调试过程中，要求正确使用安全工器具、继电保护校验仪。

（3）按照技能操作记录单的操作要求进行操作，正确记录操作结果，试验记录项目包括动作元件、相别、动作出口时间等。

技能等级评价专业技能考核操作评分标准

工种	继电保护员					评价等级	中级工
项目模块	继电保护及安全自动装置校验—保护调试—线路保护装置				编号	Jc0001452001－4	
单位			准考证号			姓名	
考试时限	60分钟		题型	多项操作		题分	100分
成绩		考评员		考评组长		日期	
试题正文	RCS－931线路保护调试检验						
需要说明的问题和要求	（1）要求调试单人操作。 （2）操作应注意安全，按照标准化作业书的技术安全说明做好安全措施。 （3）装置调试检验在保护屏上完成操作。 （4）测试仪的选择可选考场提供的测试仪或自带测试仪						

序号	项目名称	质量要求	满分	扣分标准	扣分原因	得分
1	工具使用及安全措施					
1.1	各种工器具正确使用	熟练正确使用各种工器具	5	未正确使用一次扣1分，扣完为止		
1.2	相关安全措施的准备	试验仪器正确接地	2	试验仪器未正确接地扣2分		
		短接母线保护电流	3	未进行短接母线保护电流扣3分		
		打开线路保护电流端子连片	3	未打开线路保护电流端子连片扣3分		
		断开交流电压	2	未断开交流电压扣2分		
		在母线保护屏拆除启动失灵二次线，并做好绝缘	5	未在母线保护屏拆除启动失灵二次线，未做好绝缘扣5分（可口述）		
		二次安全措施票执行	5	未执行二次安全措施票扣5分（可口述）		
2	保护调试检验					
2.1	保护装置试验	能按要求正确进行工频变化量阻抗保护测试，试验仪故障量设置正确，接线及压板等设置正确，测试正确并说明结果	40	试验接线错误扣8分； 压板等设置错误扣6分； 试验仪故障设置不正确扣8分； 试验项目不全，每缺少一项扣6分（0.95倍、1.05倍、反方向）		
3	填写试验报告					
3.1	试验记录	正确填写试验结果	15	每少填写一项扣5分，扣完为止		
4	事故分析及判断					
4.1	保护录波报告分析及判断	查看故障录波报告进行动作行为分析及综合判断	15	录波图查看不正确或漏项，每项扣3分（不超过10分）； 结果分析不正确扣5分		
5	现场恢复	恢复现场	5	未进行现场恢复扣5分		
合计			100			

Jc0001452001－5　RCS－931 线路保护调试检验。（100 分）

考核知识点：线路保护

难易度：中

技能等级评价专业技能考核操作工作任务书

一、任务名称

RCS－931 线路保护调试检验。

二、适用工种

继电保护员中级工。

三、具体任务

（1）工作状态为模拟 110kV 线路停电，工作内容为线路保护定检。

（2）工作任务：

1）模拟 AB 相瞬时性接地故障，校验工频变化量阻抗定值，断路器跳合传动正确。

2）模拟现场工作，实施安全措施（按照保护定检完成），排除设置的故障，完成现场检验任务。

3）附试验定值清单（01 区）。

4）接线方式为单母分段。保护配置为光纤差动保护、三段距离保护、两段零序保护。

四、工作规范及要求

（1）工器具及仪器仪表的使用及二次安全措施票填写。

（2）按要求进行保护校验。

（3）填写试验报告。

五、考核及时间要求

（1）本考核操作时间为 60 分钟，时间到停止考评，包括试验接线、保护校验和报告整理时间。

（2）装置调试过程中，要求正确使用安全工器具、继电保护校验仪。

（3）按照技能操作记录单的操作要求进行操作，正确记录操作结果，试验记录项目包括动作元件、相别、动作出口时间等。

技能等级评价专业技能考核操作评分标准

工种	继电保护员					评价等级	中级工
项目模块	继电保护及安全自动装置校验—保护调试—线路保护装置				编号	Jc0001452001－5	
单位			准考证号			姓名	
考试时限	60 分钟		题型	多项操作		题分	100 分
成绩		考评员		考评组长		日期	
试题正文	RCS－931 线路保护调试检验						
需要说明的问题和要求	（1）要求调试单人操作。 （2）操作应注意安全，按照标准化作业书的技术安全说明做好安全措施。 （3）装置调试检验在保护屏上完成操作。 （4）测试仪的选择可选考场提供的测试仪或自带测试仪						

序号	项目名称	质量要求	满分	扣分标准	扣分原因	得分
1	工具使用及安全措施					
1.1	各种工器具正确使用	熟练正确使用各种工器具	5	未正确使用一次扣 1 分，扣完为止		

续表

序号	项目名称	质量要求	满分	扣分标准	扣分原因	得分
1.2	相关安全措施的准备	试验仪器正确接地	2	试验仪器未正确接地扣2分		
		短接母线保护电流	3	未进行短接母线保护电流扣3分		
		打开线路保护电流端子连片	3	未打开线路保护电流端子连片扣3分		
		断开交流电压	2	未断开交流电压扣2分		
		在母线保护屏拆除启动失灵二次线，并做好绝缘	5	未在母线保护屏拆除启动失灵二次线，未做好绝缘扣5分（可口述）		
		二次安全措施票执行	5	未执行二次安全措施票扣5分（可口述）		
2	保护调试检验					
2.1	保护装置试验	能按要求正确进行工频变化量阻抗保护测试，试验仪故障量设置正确，接线及压板等设置正确，测试正确并说明结果	40	试验接线错误扣8分； 压板等设置错误扣6分； 试验仪故障设置不正确扣8分； 试验项目不全，每缺少一项扣6分（0.95倍、1.05倍、反方向）		
3	填写试验报告					
3.1	试验记录	正确填写试验结果	15	每少填写一项扣5分，扣完为止		
4	事故分析及判断					
4.1	保护录波报告分析及判断	查看故障录波报告进行动作行为分析及综合判断	15	录波图查看不正确或漏项，每项扣3分（不超过10分）； 结果分析不正确扣5分		
5	现场恢复	恢复现场	5	未进行现场恢复扣5分		
合计			100			

Jc0001451001－6　RCS－931线路保护调试检验。（100分）

考核知识点：线路保护

难易度：易

技能等级评价专业技能考核操作工作任务书

一、任务名称

RCS－931线路保护调试检验。

二、适用工种

继电保护员中级工。

三、具体任务

（1）工作状态为模拟110kV线路停电，工作内容为线路保护定检。

（2）工作任务：

1）模拟AB相瞬时性接地故障，校验相间距离Ⅰ段的定值，断路器跳合传动正确。

2）模拟现场工作，实施安全措施（按照保护定检完成），排除设置的故障，完成现场检验任务。

3）附试验定值清单（01区）。

4）接线方式为单母分段。保护配置为光纤差动保护、三段距离保护、两段零序保护。

四、工作规范及要求

（1）工器具及仪器仪表的使用及二次安全措施票填写。

（2）按要求进行保护校验。

（3）填写试验报告。

五、考核及时间要求

（1）本考核操作时间为60分钟，时间到停止考评，包括试验接线、保护校验和报告整理时间。

（2）装置调试过程中，要求正确使用安全工器具、继电保护校验仪。

（3）按照技能操作记录单的操作要求进行操作，正确记录操作结果，试验记录项目包括动作元件、相别、动作出口时间等。

技能等级评价专业技能考核操作评分标准

工种	继电保护员			评价等级	中级工
项目模块	继电保护及安全自动装置校验—保护调试—线路保护装置		编号	Jc0001451001－6	
单位		准考证号		姓名	
考试时限	60分钟	题型	多项操作	题分	100分
成绩		考评员	考评组长		日期
试题正文	RCS－931线路保护调试检验				
需要说明的问题和要求	（1）要求调试单人操作。 （2）操作应注意安全，按照标准化作业书的技术安全说明做好安全措施。 （3）装置调试检验在保护屏上完成操作。 （4）测试仪的选择可选考场提供的测试仪或自带测试仪				

序号	项目名称	质量要求	满分	扣分标准	扣分原因	得分
1	工具使用及安全措施					
1.1	各种工器具正确使用	熟练正确使用各种工器具	5	未正确使用一次扣1分，扣完为止		
1.2	相关安全措施的准备	试验仪器正确接地	2	试验仪器未正确接地扣2分		
		短接母线保护电流	3	未进行短接母线保护电流扣3分		
		打开线路保护电流端子连片	3	未打开线路保护电流端子连片扣3分		
		断开交流电压	2	未断开交流电压扣2分		
		在母线保护屏拆除启动失灵二次线，并做好绝缘	5	未在母线保护屏拆除启动失灵二次线，未做好绝缘扣5分（可口述）		
		二次安全措施票执行	5	未执行二次安全措施票扣5分（可口述）		
2	保护调试检验					
2.1	保护装置试验	能按要求正确进行相间距离Ⅰ段保护测试，试验仪故障量设置正确，接线及压板等设置正确，测试正确并说明结果	40	试验接线错误扣8分； 压板等设置错误扣6分； 试验仪故障设置不正确扣8分； 试验项目不全，每缺少一项扣6分（0.95倍、1.05倍、反方向）		
3	填写试验报告					
3.1	试验记录	正确填写试验结果	15	每少填写一项扣5分，扣完为止		
4	事故分析及判断					
4.1	保护录波报告分析及判断	查看故障录波报告进行动作行为分析及综合判断	15	录波图查看不正确或漏项，每项扣3分（不超过10分）； 结果分析不正确扣5分		
5	现场恢复	恢复现场	5	未进行现场恢复扣5分		
合计			100			

Jc0001451001－7 RCS－931 线路保护调试检验。（100 分）

考核知识点：线路保护

难易度：易

技能等级评价专业技能考核操作工作任务书

一、任务名称

RCS－931 线路保护调试检验。

二、适用工种

继电保护员中级工。

三、具体任务

（1）工作状态为模拟 110kV 线路停电，工作内容为线路保护定检。

（2）工作任务：

1）模拟 AC 相瞬时性接地故障，校验相间距离Ⅱ段的定值，断路器跳合传动正确。

2）模拟现场工作，实施安全措施（按照保护定检完成），排除设置的故障，完成现场检验任务。

3）附试验定值清单（01 区）。

4）接线方式为单母分段。保护配置为光纤差动保护、三段距离保护、两段零序保护。

四、工作规范及要求

（1）工器具及仪器仪表的使用及二次安全措施票填写。

（2）按要求进行保护校验。

（3）填写试验报告。

五、考核及时间要求

（1）本考核操作时间为 60 分钟，时间到停止考评，包括试验接线、保护校验和报告整理时间。

（2）装置调试过程中，要求正确使用安全工器具、继电保护校验仪。

（3）按照技能操作记录单的操作要求进行操作，正确记录操作结果，试验记录项目包括动作元件、相别、动作出口时间等。

技能等级评价专业技能考核操作评分标准

工种	继电保护员				评价等级	中级工
项目模块	继电保护及安全自动装置校验—保护调试—线路保护装置			编号	Jc0001451001－7	
单位		准考证号			姓名	
考试时限	60 分钟	题型	多项操作		题分	100 分
成绩		考评员		考评组长		日期	
试题正文	RCS－931 线路保护调试检验					
需要说明的问题和要求	（1）要求调试单人操作。 （2）操作应注意安全，按照标准化作业书的技术安全说明做好安全措施。 （3）装置调试检验在保护屏上完成操作。 （4）测试仪的选择可选考场提供的测试仪或自带测试仪					

序号	项目名称	质量要求	满分	扣分标准	扣分原因	得分
1	工具使用及安全措施					
1.1	各种工器具正确使用	熟练正确使用各种工器具	5	未正确使用一次扣 1 分，扣完为止		

续表

序号	项目名称	质量要求	满分	扣分标准	扣分原因	得分
1.2	相关安全措施的准备	试验仪器正确接地	2	试验仪器未正确接地扣2分		
		短接母线保护电流	3	未进行短接母线保护电流扣3分		
		打开线路保护电流端子连片	3	未打开线路保护电流端子连片扣3分		
		断开交流电压	2	未断开交流电压扣2分		
		在母线保护屏拆除启动失灵二次线，并做好绝缘	5	未在母线保护屏拆除启动失灵二次线，未做好绝缘扣5分（可口述）		
		二次安全措施票执行	5	未执行二次安全措施票扣5分（可口述）		
2	保护调试检验					
2.1	保护装置试验	能按要求正确进行相间距离Ⅱ段保护测试，试验仪故障量设置正确，接线及压板等设置正确，测试正确并说明结果	40	试验接线错误扣8分； 压板等设置错误扣6分； 试验仪故障设置不正确扣8分； 试验项目不全，每缺少一项扣6分（0.95倍、1.05倍、反方向）		
3	填写试验报告					
3.1	试验记录	正确填写试验结果	15	每少填写一项扣5分，扣完为止		
4	事故分析及判断					
4.1	保护录波报告分析及判断	查看故障录波报告进行动作行为分析及综合判断	15	录波图查看不正确或漏项，每项扣3分（不超过10分）； 结果分析不正确扣5分		
5	现场恢复	恢复现场	5	未进行现场恢复扣5分		
合计			100			

Jc0001452001－8　RCS－931线路保护调试检验。（100分）

考核知识点：线路保护

难易度：中

技能等级评价专业技能考核操作工作任务书

一、任务名称

RCS－931线路保护调试检验。

二、适用工种

继电保护员中级工。

三、具体任务

（1）工作状态为模拟110kV线路停电，工作内容为线路保护定检。

（2）工作任务：

1）模拟C相永久性接地故障，校验接地距离Ⅰ段定值，断路器跳合传动正确。

2）模拟现场工作，实施安全措施（按照保护定检完成），排除设置的故障，完成现场检验任务。

3）附试验定值清单（01区）。

4）接线方式为单母分段。保护配置为光纤差动保护、三段距离保护、两段零序保护。

四、工作规范及要求

（1）工器具及仪器仪表的使用及二次安全措施票填写。

（2）按要求进行保护校验。

（3）填写试验报告。

五、考核及时间要求

（1）本考核操作时间为60分钟，时间到停止考评，包括试验接线、保护校验和报告整理时间。

（2）装置调试过程中，要求正确使用安全工器具、继电保护校验仪。

（3）按照技能操作记录单的操作要求进行操作，正确记录操作结果，试验记录项目包括动作元件、相别、动作出口时间等。

技能等级评价专业技能考核操作评分标准

工种	继电保护员					评价等级	中级工
项目模块	继电保护及安全自动装置校验—保护调试—线路保护装置				编号	Jc0001452001－8	
单位			准考证号			姓名	
考试时限	60分钟	题型		多项操作		题分	100分
成绩		考评员		考评组长		日期	
试题正文	RCS－931线路保护调试检验						
需要说明的问题和要求	（1）要求调试单人操作。 （2）操作应注意安全，按照标准化作业书的技术安全说明做好安全措施。 （3）装置调试检验在保护屏上完成操作。 （4）测试仪的选择可选考场提供的测试仪或自带测试仪						

序号	项目名称	质量要求	满分	扣分标准	扣分原因	得分
1	工具使用及安全措施					
1.1	各种工器具正确使用	熟练正确使用各种工器具	5	未正确使用一次扣1分，扣完为止		
1.2	相关安全措施的准备	试验仪器正确接地	2	试验仪器未正确接地扣2分		
		短接母线保护电流	3	未进行短接母线保护电流扣3分		
		打开线路保护电流端子连片	3	未打开线路保护电流端子连片扣3分		
		断开交流电压	2	未断开交流电压扣2分		
		在母线保护屏拆除启动失灵二次线，并做好绝缘	5	未在母线保护屏拆除启动失灵二次线，未做好绝缘扣5分（可口述）		
		二次安全措施票执行	5	未执行二次安全措施票扣5分（可口述）		
2	保护调试检验					
2.1	保护装置试验	能按要求正确进行接地距离Ⅰ段保护测试，试验仪故障量设置正确，接线及压板等设置正确，测试正确并说明结果	40	试验接线错误扣8分； 压板等设置错误扣6分； 试验仪故障设置不正确扣8分； 试验项目不全，每缺少一项扣6分（0.95倍、1.05倍、反方向）		
3	填写试验报告					
3.1	试验记录	正确填写试验结果	15	每少填写一项扣5分，扣完为止		
4	事故分析及判断					
4.1	保护录波报告分析及判断	查看故障录波报告进行动作行为分析及综合判断	15	录波图查看不正确或漏项，每项扣3分（不超过10分）； 结果分析不正确扣5分		
5	现场恢复	恢复现场	5	未进行现场恢复扣5分		
合计			100			

Jc0001452001－9 RCS－931 线路保护调试检验。（100 分）

考核知识点：线路保护

难易度：中

技能等级评价专业技能考核操作工作任务书

一、任务名称

RCS－931 线路保护调试检验。

二、适用工种

继电保护员中级工。

三、具体任务

（1）工作状态为模拟 110kV 线路停电，工作内容为线路保护定检。

（2）工作任务：

1）模拟 B 相永久性接地故障，校验接地距离Ⅱ段定值，断路器跳合传动正确。

2）模拟现场工作，实施安全措施（按照保护定检完成），排除设置的故障，完成现场检验任务。

3）附试验定值清单（01 区）。

4）接线方式为单母分段。保护配置为光纤差动保护、三段距离保护、两段零序保护。

四、工作规范及要求

（1）工器具及仪器仪表的使用及二次安全措施票填写。

（2）按要求进行保护校验。

（3）填写试验报告。

五、考核及时间要求

（1）本考核操作时间为 60 分钟，时间到停止考评，包括试验接线、保护校验和报告整理时间。

（2）装置调试过程中，要求正确使用安全工器具、继电保护校验仪。

（3）按照技能操作记录单的操作要求进行操作，正确记录操作结果，试验记录项目包括动作元件、相别、动作出口时间等。

技能等级评价专业技能考核操作评分标准

工种	继电保护员					评价等级	中级工
项目模块	继电保护及安全自动装置校验—保护调试—线路保护装置				编号	Jc0001452001－9	
单位			准考证号			姓名	
考试时限	60 分钟		题型	多项操作		题分	100 分
成绩		考评员		考评组长		日期	
试题正文	RCS－931 线路保护调试检验						
需要说明的问题和要求	（1）要求调试单人操作。 （2）操作应注意安全，按照标准化作业书的技术安全说明做好安全措施。 （3）装置调试检验在保护屏上完成操作。 （4）测试仪的选择可选考场提供的测试仪或自带测试仪						

序号	项目名称	质量要求	满分	扣分标准	扣分原因	得分
1	工具使用及安全措施					
1.1	各种工器具正确使用	熟练正确使用各种工器具	5	未正确使用一次扣 1 分，扣完为止		

续表

序号	项目名称	质量要求	满分	扣分标准	扣分原因	得分
1.2	相关安全措施的准备	试验仪器正确接地	2	试验仪器未正确接地扣 2 分		
		短接母线保护电流	3	未进行短接母线保护电流扣 3 分		
		打开线路保护电流端子连片	3	未打开线路保护电流端子连片扣 3 分		
		断开交流电压	2	未断开交流电压扣 2 分		
		在母线保护屏拆除启动失灵二次线，并做好绝缘	5	未在母线保护屏拆除启动失灵二次线，未做好绝缘扣 5 分（可口述）		
		二次安全措施票执行	5	未执行二次安全措施票扣 5 分（可口述）		
2	保护调试检验					
2.1	保护装置试验	能按要求正确进行接地距离Ⅱ段保护测试，试验仪故障量设置正确，接线及压板等设置正确，测试正确并说明结果	40	试验接线错误扣 8 分； 压板等设置错误扣 6 分； 试验仪故障设置不正确扣 8 分； 试验项目不全，每缺少一项扣 6 分（0.95 倍、1.05 倍、反方向）		
3	填写试验报告					
3.1	试验记录	正确填写试验结果	15	每少填写一项扣 5 分，扣完为止		
4	事故分析及判断					
4.1	保护录波报告分析及判断	查看故障录波报告进行动作行为分析及综合判断	15	录波图查看不正确或漏项，每项扣 3 分（不超过 10 分）； 结果分析不正确扣 5 分		
5	现场恢复	恢复现场	5	未进行现场恢复扣 5 分		
合计			100			

Jc0001452001－10　RCS－931 线路保护调试检验。（100 分）

考核知识点：线路保护

难易度：中

技能等级评价专业技能考核操作工作任务书

一、任务名称

RCS－931 线路保护调试检验。

二、适用工种

继电保护员中级工。

三、具体任务

（1）工作状态为模拟 110kV 线路停电，工作内容为线路保护定检。

（2）工作任务：

1）模拟 A 相瞬时性接地故障，校验差动电流低定值，断路器跳合传动正确。

2）模拟现场工作，实施安全措施（按照保护定检完成），排除设置的故障，完成现场检验任务。

3）附试验定值清单（01 区）。

4）接线方式为单母分段。保护配置为光纤差动保护、三段距离保护、两段零序保护。

四、工作规范及要求

（1）工器具及仪器仪表的使用及二次安全措施票填写。

（2）按要求进行保护校验。

（3）填写试验报告。

五、考核及时间要求

（1）本考核操作时间为60分钟，时间到停止考评，包括试验接线、保护校验和报告整理时间。

（2）装置调试过程中，要求正确使用安全工器具、继电保护校验仪。

（3）按照技能操作记录单的操作要求进行操作，正确记录操作结果，试验记录项目包括动作元件、相别、动作出口时间等。

技能等级评价专业技能考核操作评分标准

工种	继电保护员				评价等级	中级工
项目模块	继电保护及安全自动装置校验—保护调试—线路保护装置			编号	Jc0001452001－10	
单位		准考证号			姓名	
考试时限	60分钟	题型	多项操作		题分	100分
成绩		考评员		考评组长	日期	
试题正文	RCS－931线路保护调试检验					
需要说明的问题和要求	（1）要求调试单人操作。 （2）操作应注意安全，按照标准化作业书的技术安全说明做好安全措施。 （3）装置调试检验在保护屏上完成操作。 （4）测试仪的选择可选考场提供的测试仪或自带测试仪					

序号	项目名称	质量要求	满分	扣分标准	扣分原因	得分
1	工具使用及安全措施					
1.1	各种工器具正确使用	熟练正确使用各种工器具	5	未正确使用一次扣1分，扣完为止		
1.2	相关安全措施的准备	试验仪器正确接地	2	试验仪器未正确接地扣2分		
		短接母线保护电流	3	未进行短接母线保护电流扣3分		
		打开线路保护电流端子连片	3	未打开线路保护电流端子连片扣3分		
		断开交流电压	2	未断开交流电压扣2分		
		在母线保护屏拆除启动失灵二次线，并做好绝缘	5	未在母线保护屏拆除启动失灵二次线，未做好绝缘扣5分（可口述）		
		二次安全措施票执行	5	未执行二次安全措施票扣5分（可口述）		
2	保护调试检验					
2.1	保护装置试验	能按要求正确进行差动保护测试，试验仪故障量设置正确，接线及压板等设置正确，测试正确并说明结果	40	试验接线错误扣8分； 压板等设置错误扣6分； 试验仪故障设置不正确扣8分； 试验项目不全，每缺少一项扣6分（0.95倍、1.05倍、反方向）		
3	填写试验报告					
3.1	试验记录	正确填写试验结果	15	每少填写一项扣5分，扣完为止		
4	事故分析及判断					
4.1	保护录波报告分析及判断	查看故障录波报告进行动作行为分析及综合判断	15	录波图查看不正确或漏项，每项扣3分（不超过10分）； 结果分析不正确扣5分		
5	现场恢复	恢复现场	5	未进行现场恢复扣5分		
合计			100			

Jc0001453001－11　RCS－931线路保护调试检验。(100分)

考核知识点： 线路保护

难易度： 难

技能等级评价专业技能考核操作工作任务书

一、任务名称

RCS－931线路保护调试检验。

二、适用工种

继电保护员中级工。

三、具体任务

（1）工作状态为模拟110kV线路停电，工作内容为线路保护定检。

（2）工作任务：

1）模拟B相瞬时性接地故障，校验差动电流高定值，断路器跳合传动正确。

2）模拟现场工作，实施安全措施（按照保护定检完成），排除设置的故障，完成现场检验任务。

3）附试验定值清单（01区）。

4）接线方式为单母分段。保护配置为光纤差动保护、三段距离保护、两段零序保护。

四、工作规范及要求

（1）工器具及仪器仪表的使用及二次安全措施票填写。

（2）按要求进行保护校验。

（3）填写试验报告。

五、考核及时间要求

（1）本考核操作时间为60分钟，时间到停止考评，包括试验接线、保护校验和报告整理时间。

（2）装置调试过程中，要求正确使用安全工器具、继电保护校验仪。

（3）按照技能操作记录单的操作要求进行操作，正确记录操作结果，试验记录项目包括动作元件、相别、动作出口时间等。

技能等级评价专业技能考核操作评分标准

工种	继电保护员					评价等级	中级工
项目模块	继电保护及安全自动装置校验—保护调试—线路保护装置				编号	Jc0001453001－11	
单位			准考证号			姓名	
考试时限	60分钟		题型	多项操作		题分	100分
成绩		考评员		考评组长		日期	
试题正文	RCS－931线路保护调试检验						
需要说明的问题和要求	（1）要求调试单人操作。 （2）操作应注意安全，按照标准化作业书的技术安全说明做好安全措施。 （3）装置调试检验在保护屏上完成操作。 （4）测试仪的选择可选考场提供的测试仪或自带测试仪						

序号	项目名称	质量要求	满分	扣分标准	扣分原因	得分
1	工具使用及安全措施					
1.1	各种工器具正确使用	熟练正确使用各种工器具	5	未正确使用一次扣1分，扣完为止		

续表

序号	项目名称	质量要求	满分	扣分标准	扣分原因	得分
1.2	相关安全措施的准备	试验仪器正确接地	2	试验仪器未正确接地扣 2 分		
		短接母线保护电流	3	未进行短接母线保护电流扣 3 分		
		打开线路保护电流端子连片	3	未打开线路保护电流端子连片扣 3 分		
		断开交流电压	2	未断开交流电压扣 2 分		
		在母线保护屏拆除启动失灵二次线，并做好绝缘	5	未在母线保护屏拆除启动失灵二次线，未做好绝缘扣 5 分（可口述）		
		二次安全措施票执行	5	未执行二次安全措施票扣 5 分（可口述）		
2	保护调试检验					
2.1	保护装置试验	能按要求正确进行差动保护测试，试验仪故障量设置正确，接线及压板等设置正确，测试正确并说明结果	40	试验接线错误扣 8 分； 压板等设置错误扣 6 分； 试验仪故障设置不正确扣 8 分； 试验项目不全，每缺少一项扣 6 分（0.95 倍、1.05 倍、反方向）		
3	填写试验报告					
3.1	试验记录	正确填写试验结果	15	每少填写一项扣 5 分，扣完为止		
4	事故分析及判断					
4.1	保护录波报告分析及判断	查看故障录波报告进行动作行为分析及综合判断	15	录波图查看不正确或漏项，每项扣 3 分（不超过 10 分）； 结果分析不正确扣 5 分		
5	现场恢复	恢复现场	5	未进行现场恢复扣 5 分		
合计			100			

Jc0001451001－12　RCS－931 线路保护调试检验。（100 分）

考核知识点：线路保护

难易度：易

技能等级评价专业技能考核操作工作任务书

一、任务名称

RCS－931 线路保护调试检验。

二、适用工种

继电保护员中级工。

三、具体任务

（1）工作状态为模拟 110kV 线路停电，工作内容为线路保护定检。

（2）工作任务：

1）模拟 A 相瞬时性接地故障，校验零序电流Ⅰ段定值，断路器跳合传动正确。

2）模拟现场工作，实施安全措施（按照保护定检完成），排除设置的故障，完成现场检验任务。

3）附试验定值清单（01 区）。

4）接线方式为单母分段。保护配置为光纤差动保护、三段距离保护、两段零序保护。

四、工作规范及要求

（1）工器具及仪器仪表的使用及二次安全措施票填写。

（2）按要求进行保护校验。

（3）填写试验报告。

五、考核及时间要求

（1）本考核操作时间为60分钟，时间到停止考评，包括试验接线、保护校验和报告整理时间。

（2）装置调试过程中，要求正确使用安全工器具、继电保护校验仪。

（3）按照技能操作记录单的操作要求进行操作，正确记录操作结果，试验记录项目包括动作元件、相别、动作出口时间等。

技能等级评价专业技能考核操作评分标准

<table>
<tr><td>工种</td><td colspan="5">继电保护员</td><td>评价等级</td><td>中级工</td></tr>
<tr><td>项目模块</td><td colspan="4">继电保护及安全自动装置校验—保护调试—线路保护装置</td><td>编号</td><td colspan="2">Jc0001451001－12</td></tr>
<tr><td>单位</td><td colspan="3"></td><td>准考证号</td><td></td><td>姓名</td><td></td></tr>
<tr><td>考试时限</td><td colspan="2">60 分钟</td><td>题型</td><td colspan="2">多项操作</td><td>题分</td><td>100 分</td></tr>
<tr><td>成绩</td><td></td><td>考评员</td><td></td><td>考评组长</td><td></td><td>日期</td><td></td></tr>
<tr><td>试题正文</td><td colspan="7">RCS－931 线路保护调试检验</td></tr>
<tr><td>需要说明的问题和要求</td><td colspan="7">（1）要求调试单人操作。
（2）操作应注意安全，按照标准化作业书的技术安全说明做好安全措施。
（3）装置调试检验在保护屏上完成操作。
（4）测试仪的选择可选考场提供的测试仪或自带测试仪</td></tr>
</table>

序号	项目名称	质量要求	满分	扣分标准	扣分原因	得分
1	工具使用及安全措施					
1.1	各种工器具正确使用	熟练正确使用各种工器具	5	未正确使用一次扣 1 分，扣完为止		
1.2	相关安全措施的准备	试验仪器正确接地	2	试验仪器未正确接地扣 2 分		
		短接母线保护电流	3	未进行短接母线保护电流扣 3 分		
		打开线路保护电流端子连片	3	未打开线路保护电流端子连片扣 3 分		
		断开交流电压	2	未断开交流电压扣 2 分		
		在母线保护屏拆除启动失灵二次线，并做好绝缘	5	未在母线保护屏拆除启动失灵二次线，未做好绝缘扣 5 分（可口述）		
		二次安全措施票执行	5	未执行二次安全措施票扣 5 分（可口述）		
2	保护调试检验					
2.1	保护装置试验	能按要求正确进行零序电流Ⅰ段保护测试，试验仪故障量设置正确，接线及压板等设置正确，测试正确并说明结果	40	试验接线错误扣 8 分； 压板等设置错误扣 6 分； 试验仪故障设置不正确扣 8 分； 试验项目不全，每缺少一项扣 6 分（0.95 倍、1.05 倍、反方向）		
3	填写试验报告					
3.1	试验记录	正确填写试验结果	15	每少填写一项扣 5 分，扣完为止		
4	事故分析及判断					
4.1	保护录波报告分析及判断	查看故障录波报告进行动作行为分析及综合判断	15	录波图查看不正确或漏项，每项扣 3 分（不超过 10 分）； 结果分析不正确扣 5 分		
5	现场恢复	恢复现场	5	未进行现场恢复扣 5 分		
合计			100			

Jc0001452001－13 RCS－931 线路保护调试检验。（100 分）

考核知识点： 线路保护

难易度： 中

技能等级评价专业技能考核操作工作任务书

一、任务名称

RCS－931 线路保护调试检验。

二、适用工种

继电保护员中级工。

三、具体任务

（1）工作状态为模拟 110kV 线路停电，工作内容为线路保护定检。

（2）工作任务：

1）模拟 C 相瞬时性接地故障，校验零序Ⅱ段定值，断路器跳合传动正确。

2）模拟现场工作，实施安全措施（按照保护定检完成），排除设置的故障，完成现场检验任务。

3）附试验定值清单（01 区）。

4）接线方式为单母分段。保护配置为光纤差动保护、三段距离保护、两段零序保护。

四、工作规范及要求

（1）工器具及仪器仪表的使用及二次安全措施票填写。

（2）按要求进行保护校验。

（3）填写试验报告。

五、考核及时间要求

（1）本考核操作时间为 60 分钟，时间到停止考评，包括试验接线、保护校验和报告整理时间。

（2）装置调试过程中，要求正确使用安全工器具、继电保护校验仪。

（3）按照技能操作记录单的操作要求进行操作，正确记录操作结果，试验记录项目包括动作元件、相别、动作出口时间等。

技能等级评价专业技能考核操作评分标准

<table>
<tr><td>工种</td><td colspan="5">继电保护员</td><td>评价等级</td><td>中级工</td></tr>
<tr><td>项目模块</td><td colspan="4">继电保护及安全自动装置校验—保护调试—线路保护装置</td><td>编号</td><td colspan="2">Jc0001452001－13</td></tr>
<tr><td>单位</td><td colspan="3"></td><td>准考证号</td><td></td><td>姓名</td><td></td></tr>
<tr><td>考试时限</td><td colspan="2">60 分钟</td><td>题型</td><td colspan="2">多项操作</td><td>题分</td><td>100 分</td></tr>
<tr><td>成绩</td><td></td><td>考评员</td><td></td><td>考评组长</td><td></td><td>日期</td><td></td></tr>
<tr><td>试题正文</td><td colspan="7">RCS－931 线路保护调试检验</td></tr>
<tr><td>需要说明的问题和要求</td><td colspan="7">（1）要求调试单人操作。
（2）操作应注意安全，按照标准化作业书的技术安全说明做好安全措施。
（3）装置调试检验在保护屏上完成操作。
（4）测试仪的选择可选考场提供的测试仪或自带测试仪</td></tr>
</table>

序号	项目名称	质量要求	满分	扣分标准	扣分原因	得分
1	工具使用及安全措施					
1.1	各种工器具正确使用	熟练正确使用各种工器具	5	未正确使用一次扣 1 分，扣完为止		

续表

序号	项目名称	质量要求	满分	扣分标准	扣分原因	得分
1.2	相关安全措施的准备	试验仪器正确接地	2	试验仪器未正确接地扣2分		
		短接母线保护电流	3	未进行短接母线保护电流扣3分		
		打开线路保护电流端子连片	3	未打开线路保护电流端子连片扣3分		
		断开交流电压	2	未断开交流电压扣2分		
		在母线保护屏拆除启动失灵二次线，并做好绝缘	5	未在母线保护屏拆除启动失灵二次线，未做好绝缘扣5分（可口述）		
		二次安全措施票执行	5	未执行二次安全措施票扣5分（可口述）		
2	保护调试检验					
2.1	保护装置试验	能按要求正确进行零序Ⅱ段保护测试，试验仪故障量设置正确，接线及压板等设置正确，测试正确并说明结果	40	试验接线错误扣8分； 压板等设置错误扣6分； 试验仪故障设置不正确扣8分； 试验项目不全，每缺少一项扣6分（0.95倍、1.05倍、反方向）		
3	填写试验报告					
3.1	试验记录	正确填写试验结果	15	每少填写一项扣5分，扣完为止		
4	事故分析及判断					
4.1	保护录波报告分析及判断	查看故障录波报告进行动作行为分析及综合判断	15	录波图查看不正确或漏项，每项扣3分（不超过10分）； 结果分析不正确扣5分		
5	现场恢复	恢复现场	5	未进行现场恢复扣5分		
合计			100			

Jc0001453001－14　RCS－931线路保护调试检验。（100分）

考核知识点：线路保护

难易度：难

技能等级评价专业技能考核操作工作任务书

一、任务名称

RCS－931线路保护调试检验。

二、适用工种

继电保护员中级工。

三、具体任务

（1）工作状态为模拟110kV线路停电，工作内容为线路保护定检。

（2）工作任务：

1）模拟A相永久性接地故障，校验零序Ⅰ段定值，断路器跳合传动正确。

2）模拟现场工作，实施安全措施（按照保护定检完成），排除设置的故障，完成现场检验任务。

3）附试验定值清单（01区）。

4）接线方式为单母分段。保护配置为光纤差动保护、三段距离保护、两段零序保护。

四、工作规范及要求

（1）工器具及仪器仪表的使用及二次安全措施票填写。

（2）按要求进行保护校验。

（3）填写试验报告。

五、考核及时间要求

（1）本考核操作时间为60分钟，时间到停止考评，包括试验接线、保护校验和报告整理时间。

（2）装置调试过程中，要求正确使用安全工器具、继电保护校验仪。

（3）按照技能操作记录单的操作要求进行操作，正确记录操作结果，试验记录项目包括动作元件、相别、动作出口时间等。

技能等级评价专业技能考核操作评分标准

工种	继电保护员			评价等级	中级工
项目模块	继电保护及安全自动装置校验—保护调试—线路保护装置		编号	Jc0001453001－14	
单位		准考证号		姓名	
考试时限	60分钟	题型	多项操作	题分	100分
成绩	考评员		考评组长		日期
试题正文	RCS－931线路保护调试检验				
需要说明的问题和要求	（1）要求调试单人操作。 （2）操作应注意安全，按照标准化作业书的技术安全说明做好安全措施。 （3）装置调试检验在保护屏上完成操作。 （4）测试仪的选择可选考场提供的测试仪或自带测试仪				

序号	项目名称	质量要求	满分	扣分标准	扣分原因	得分
1	工具使用及安全措施					
1.1	各种工器具正确使用	熟练正确使用各种工器具	5	未正确使用一次扣1分，扣完为止		
1.2	相关安全措施的准备	试验仪器正确接地	2	试验仪器未正确接地扣2分		
		短接母线保护电流	3	未进行短接母线保护电流扣3分		
		打开线路保护电流端子连片	3	未打开线路保护电流端子连片扣3分		
		断开交流电压	2	未断开交流电压扣2分		
		在母线保护屏拆除启动失灵二次线，并做好绝缘	5	未在母线保护屏拆除启动失灵二次线，未做好绝缘扣5分（可口述）		
		二次安全措施票执行	5	未执行二次安全措施票扣5分（可口述）		
2	保护调试检验					
2.1	保护装置试验	能按要求正确进行零序Ⅰ段保护测试，试验仪故障量设置正确，接线及压板等设置正确，测试正确并说明结果	40	试验接线错误扣8分； 压板等设置错误扣6分； 试验仪故障设置不正确扣8分； 试验项目不全，每缺少一项扣6分（0.95倍、1.05倍、反方向）		
3	填写试验报告					
3.1	试验记录	正确填写试验结果	15	每少填写一项扣5分，扣完为止		
4	事故分析及判断					
4.1	保护录波报告分析及判断	查看故障录波报告进行动作行为分析及综合判断	15	录波图查看不正确或漏项，每项扣3分（不超过10分）； 结果分析不正确扣5分		
5	现场恢复	恢复现场	5	未进行现场恢复扣5分		
合计			100			

Jc0001453001－15 RCS－931 线路保护调试检验。（100 分）

考核知识点：线路保护

难易度：难

技能等级评价专业技能考核操作工作任务书

一、任务名称

RCS－931 线路保护调试检验。

二、适用工种

继电保护员中级工。

三、具体任务

（1）工作状态为模拟 110kV 线路停电，工作内容为线路保护定检。

（2）工作任务：

1）模拟 C 相永久性接地故障，校验零序Ⅱ段定值，断路器跳合传动正确。

2）模拟现场工作，实施安全措施（按照保护定检完成），排除设置的故障，完成现场检验任务。

3）附试验定值清单（01 区）。

4）接线方式为单母分段。保护配置为光纤差动保护、三段距离保护、两段零序保护。

四、工作规范及要求

（1）工器具及仪器仪表的使用及二次安全措施票填写。

（2）按要求进行保护校验。

（3）填写试验报告。

五、考核及时间要求

（1）本考核操作时间为 60 分钟，时间到停止考评，包括试验接线、保护校验和报告整理时间。

（2）装置调试过程中，要求正确使用安全工器具、继电保护校验仪。

（3）按照技能操作记录单的操作要求进行操作，正确记录操作结果，试验记录项目包括动作元件、相别、动作出口时间等。

技能等级评价专业技能考核操作评分标准

<table>
<tr><td>工种</td><td colspan="8">继电保护员</td><td>评价等级</td><td>中级工</td></tr>
<tr><td>项目模块</td><td colspan="7">继电保护及安全自动装置校验—保护调试—线路保护装置</td><td>编号</td><td colspan="2">Jc0001453001－15</td></tr>
<tr><td>单位</td><td colspan="3"></td><td colspan="2">准考证号</td><td colspan="3"></td><td>姓名</td><td></td></tr>
<tr><td>考试时限</td><td colspan="2">60 分钟</td><td colspan="2">题型</td><td colspan="4">多项操作</td><td>题分</td><td>100 分</td></tr>
<tr><td>成绩</td><td></td><td>考评员</td><td colspan="2"></td><td colspan="2">考评组长</td><td colspan="2"></td><td>日期</td><td></td></tr>
<tr><td>试题正文</td><td colspan="10">RCS－931 线路保护调试检验</td></tr>
<tr><td>需要说明的问题和要求</td><td colspan="10">（1）要求调试单人操作。
（2）操作应注意安全，按照标准化作业书的技术安全说明做好安全措施。
（3）装置调试检验在保护屏上完成操作。
（4）测试仪的选择可选考场提供的测试仪或自带测试仪</td></tr>
</table>

序号	项目名称	质量要求	满分	扣分标准	扣分原因	得分
1	工具使用及安全措施					
1.1	各种工器具正确使用	熟练正确使用各种工器具	5	未正确使用一次扣 1 分，扣完为止		

续表

序号	项目名称	质量要求	满分	扣分标准	扣分原因	得分
1.2	相关安全措施的准备	试验仪器正确接地	2	试验仪器未正确接地扣2分		
		短接母线保护电流	3	未进行短接母线保护电流扣3分		
		打开线路保护电流端子连片	3	未打开线路保护电流端子连片扣3分		
		断开交流电压	2	未断开交流电压扣2分		
		在母线保护屏拆除启动失灵二次线，并做好绝缘	5	未在母线保护屏拆除启动失灵二次线，未做好绝缘扣5分（可口述）		
		二次安全措施票执行	5	未执行二次安全措施票扣5分（可口述）		
2	保护调试检验					
2.1	保护装置试验	能按要求正确进行零序Ⅱ段保护测试，试验仪故障量设置正确，接线及压板等设置正确，测试正确并说明结果	40	试验接线错误扣8分； 压板等设置错误扣6分； 试验仪故障设置不正确扣8分； 试验项目不全，每缺少一项扣6分（0.95倍、1.05倍、反方向）		
3	填写试验报告					
3.1	试验记录	正确填写试验结果	15	每少填写一项扣5分，扣完为止		
4	事故分析及判断					
4.1	保护录波报告分析及判断	查看故障录波报告进行动作行为分析及综合判断	15	录波图查看不正确或漏项，每项扣3分（不超过10分）； 结果分析不正确扣5分		
5	现场恢复	恢复现场	5	未进行现场恢复扣5分		
	合计		100			

Jc0002452001－1　PST－1200 变压器保护调试检验。（100 分）

考核知识点：变压器保护

难易度：中

技能等级评价专业技能考核操作工作任务书

一、任务名称

PST－1200 变压器保护调试检验。

二、适用工种

继电保护员中级工。

三、具体任务

（1）工作状态为主变压器停电，工作内容为主变压器保护定检。

（2）工作任务：

1）高压侧零序方向过电流Ⅰ段（模拟高压侧A相区内、区外故障），断路器跳合传动正确。

2）根据上述要求模拟现场工作，实施安全措施（按照保护定检完成），完成现场检验任务。

3）附试验定值清单（0区）。

四、工作规范及要求

（1）工器具使用及安全措施。

（2）按要求进行保护校验。

（3）填写试验报告。

五、考核及时间要求

（1）本考核操作时间为60分钟，时间到停止考评，包括试验接线、保护校验和报告整理时间。

（2）装置调试过程中，要求正确使用安全工器具、继电保护校验仪。

（3）按照技能操作记录单的操作要求进行操作，正确记录操作结果，试验记录项目包括动作元件、相别、动作出口时间等。

技能等级评价专业技能考核操作评分标准

工种	继电保护员					评价等级	中级工
项目模块	继电保护及安全自动装置校验—保护调试—变压器保护装置				编号	Jc0002452001－1	
单位			准考证号			姓名	
考试时限	60分钟		题型	多项操作		题分	100分
成绩		考评员		考评组长		日期	
试题正文	PST－1200变压器保护调试检验						
需要说明的问题和要求	（1）要求调试单人操作。 （2）操作应注意安全，按照标准化作业书的技术安全说明做好安全措施。 （3）装置调试检验在保护屏上完成操作。 （4）测试仪的选择可选考场提供的测试仪或自带测试仪						

序号	项目名称	质量要求	满分	扣分标准	扣分原因	得分
1	工具使用及安全措施					
1.1	各种工器具正确使用	熟练正确使用各种工器具	5	未正确使用一次扣1分，扣完为止		
1.2	相关安全措施的准备	试验仪器正确接地	2	试验仪器未正确接地扣2分		
		短接母线保护电流	3	未进行短接母线保护电流扣3分		
		打开交流电压、电流端子连片	5	未打开主变压器保护电流端子连片扣3分； 未断开交流电压端子连片扣2分		
		在主变压器保护屏拆除中、低压侧母联断路器跳闸二次线，并做好绝缘	2	未拆除中、低压侧母联断路器跳闸二次线扣2分		
		在母线保护屏拆除启动失灵二次线，并做好绝缘	3	未在母线保护屏拆除启动失灵二次线，未做好绝缘扣3分（可口述）		
		正确执行二次安全措施票	5	未执行二次安全措施票扣5分（可口述）		
2	保护调试检验					
2.1	保护装置试验	能按要求正确进行高压侧零序方向过电流Ⅰ段保护测试，试验仪故障量设置正确，接线及压板等设置正确，测试正确并说明结果	40	试验接线错误扣8分； 压板等设置错误扣6分； 试验仪故障设置不正确扣8分； 试验项目不全，每缺少一项扣6分（0.95倍、1.05倍、反方向）		
3	填写试验报告					
3.1	试验记录	正确填写试验结果	15	每少填写一项扣5分，扣完为止		
4	事故分析及判断					
4.1	保护录波报告分析及判断	查看故障录波报告进行动作行为分析及综合判断	15	录波图查看不正确或漏项，每项扣3分（不超过10分）； 结果分析不正确扣5分		
5	现场恢复	恢复现场	5	未进行现场恢复扣5分		
合计			100			

Jc0002452001－2　PST－1200 变压器保护调试检验。（100 分）

考核知识点：变压器保护

难易度：中

技能等级评价专业技能考核操作工作任务书

一、任务名称

PST－1200 变压器保护调试检验。

二、适用工种

继电保护员中级工。

三、具体任务

（1）工作状态为主变压器停电，工作内容为主变压器保护定检。

（2）工作任务：

1）中压侧零序方向过电流Ⅰ段（模拟中压侧 B 相区内、区外故障），断路器跳合传动正确。

2）根据上述要求模拟现场工作，实施安全措施（按照保护定检完成），完成现场检验任务。

3）附试验定值清单（0 区）。

四、工作规范及要求

（1）工器具使用及安全措施。

（2）按要求进行保护校验。

（3）填写试验报告。

五、考核及时间要求

（1）本考核操作时间为 60 分钟，时间到停止考评，包括试验接线、保护校验和报告整理时间。

（2）装置调试过程中，要求正确使用安全工器具、继电保护校验仪。

（3）按照技能操作记录单的操作要求进行操作，正确记录操作结果，试验记录项目包括动作元件、相别、动作出口时间等。

技能等级评价专业技能考核操作评分标准

工种	继电保护员					评价等级	中级工
项目模块	继电保护及安全自动装置校验—保护调试—变压器保护装置				编号	Jc0002452001－2	
单位			准考证号			姓名	
考试时限	60 分钟	题型		多项操作		题分	100 分
成绩		考评员		考评组长		日期	
试题正文	PST－1200 变压器保护调试检验						
需要说明的问题和要求	（1）要求调试单人操作。 （2）操作应注意安全，按照标准化作业书的技术安全说明做好安全措施。 （3）装置调试检验在保护屏上完成操作。 （4）测试仪的选择可选考场提供的测试仪或自带测试仪						

序号	项目名称	质量要求	满分	扣分标准	扣分原因	得分
1	工具使用及安全措施					
1.1	各种工器具正确使用	熟练正确使用各种工器具	5	未正确使用一次扣 1 分，扣完为止		
1.2	相关安全措施的准备	试验仪器正确接地	2	试验仪器未正确接地扣 2 分		
		短接母线保护电流	3	未进行短接母线保护电流扣 3 分		

续表

序号	项目名称	质量要求	满分	扣分标准	扣分原因	得分
1.2	相关安全措施的准备	打开交流电压、电流端子连片	5	未打开主变压器保护电流端子连片扣3分； 未断开交流电压端子连片扣2分		
		在主变压器保护屏拆除中、低压侧母联断路器跳闸二次线，并做好绝缘	2	未拆除中、低压侧母联断路器跳闸二次线扣2分		
		在母线保护屏拆除启动失灵二次线，并做好绝缘	3	未在母线保护屏拆除启动失灵二次线，未做好绝缘扣3分（可口述）		
		正确执行二次安全措施票	5	未执行二次安全措施票扣5分（可口述）		
2	保护调试检验					
2.1	保护装置试验	能按要求正确进行中压侧零序方向过电流Ⅰ段保护测试，试验仪故障量设置正确，接线及压板等设置正确，测试正确并说明结果	40	试验接线错误扣8分； 压板等设置错误扣6分； 试验仪故障设置不正确扣8分； 试验项目不全，每缺少一项扣6分（0.95倍、1.05倍、反方向）		
3	填写试验报告					
3.1	试验记录	正确填写试验结果	15	每少填写一项扣5分，扣完为止		
4	事故分析及判断					
4.1	保护录波报告分析及判断	查看故障录波报告进行动作行为分析及综合判断	15	录波图查看不正确或漏项，每项扣3分（不超过10分）； 结果分析不正确扣5分		
5	现场恢复	恢复现场	5	未进行现场恢复扣5分		
合计			100			

Jc0002451001－3　PST－1200变压器保护调试检验。(100分)

考核知识点：变压器保护

难易度：易

技能等级评价专业技能考核操作工作任务书

一、任务名称

PST－1200变压器保护调试检验。

二、适用工种

继电保护员中级工。

三、具体任务

（1）工作状态为主变压器停电，工作内容为主变压器保护定检。

（2）工作任务：

1）高压侧复压方向过电流Ⅰ段（模拟高压侧AB相区内、区外故障），断路器跳合传动正确。

2）根据上述要求模拟现场工作，实施安全措施（按照保护定检完成），完成现场检验任务。

3）附试验定值清单（0区）。

四、工作规范及要求

（1）工器具使用及安全措施。

（2）按要求进行保护校验。

（3）填写试验报告。

五、考核及时间要求

（1）本考核操作时间为60分钟，时间到停止考评，包括试验接线、保护校验和报告整理时间。

（2）装置调试过程中，要求正确使用安全工器具、继电保护校验仪。

（3）按照技能操作记录单的操作要求进行操作，正确记录操作结果，试验记录项目包括动作元件、相别、动作出口时间等。

技能等级评价专业技能考核操作评分标准

工种	继电保护员				评价等级	中级工
项目模块	继电保护及安全自动装置校验—保护调试—变压器保护装置			编号	Jc0002451001－3	
单位		准考证号			姓名	
考试时限	60分钟	题型	多项操作		题分	100分
成绩		考评员		考评组长		日期
试题正文	PST－1200变压器保护调试检验					
需要说明的问题和要求	（1）要求调试单人操作。 （2）操作应注意安全，按照标准化作业书的技术安全说明做好安全措施。 （3）装置调试检验在保护屏上完成操作。 （4）测试仪的选择可选考场提供的测试仪或自带测试仪					

序号	项目名称	质量要求	满分	扣分标准	扣分原因	得分
1	工具使用及安全措施					
1.1	各种工器具正确使用	熟练正确使用各种工器具	5	未正确使用一次扣1分，扣完为止		
1.2	相关安全措施的准备	试验仪器正确接地	2	试验仪器未正确接地扣2分		
		短接母线保护电流	3	未进行短接母线保护电流扣3分		
		打开交流电压、电流端子连片	5	未打开主变压器保护电流端子连片扣3分； 未断开交流电压端子连片扣2分		
		在主变压器保护屏拆除中、低压侧母联断路器跳闸二次线，并做好绝缘	2	未拆除中、低压侧母联断路器跳闸二次线扣2分		
		在母线保护屏拆除启动失灵二次线，并做好绝缘	3	未在母线保护屏拆除启动失灵二次线，未做好绝缘扣3分（可口述）		
		正确执行二次安全措施票	5	未执行二次安全措施票扣5分（可口述）		
2	保护调试检验					
2.1	保护装置试验	能按要求正确进行高压侧复压方向过电流Ⅰ段保护测试，试验仪故障量设置正确，接线及压板等设置正确，测试正确并说明结果	40	试验接线错误扣8分； 压板等设置错误扣6分； 试验仪故障设置不正确扣8分； 试验项目不全，每缺少一项扣6分（0.95倍、1.05倍、反方向）		
3	填写试验报告					
3.1	试验记录	正确填写试验结果	15	每少填写一项扣5分，扣完为止		
4	事故分析及判断					
4.1	保护录波报告分析及判断	查看故障录波报告进行动作行为分析及综合判断	15	录波图查看不正确或漏项，每项扣3分（不超过10分）； 结果分析不正确扣5分		
5	现场恢复	恢复现场	5	未进行现场恢复扣5分		
合计			100			

Jc0002451001－4　PST－1200 变压器保护调试检验。（100 分）

考核知识点：变压器保护

难易度：易

技能等级评价专业技能考核操作工作任务书

一、任务名称

PST－1200 变压器保护调试检验。

二、适用工种

继电保护员中级工。

三、具体任务

（1）工作状态为主变压器停电，工作内容为主变压器保护定检。

（2）工作任务：

1）高压侧复压方向过电流Ⅰ段（模拟高压侧 BC 相区内、区外故障），断路器跳合传动正确。

2）根据上述要求模拟现场工作，实施安全措施（按照保护定检完成），完成现场检验任务。

3）附试验定值清单（0 区）。

四、工作规范及要求

（1）工器具使用及安全措施。

（2）按要求进行保护校验。

（3）填写试验报告。

五、考核及时间要求

（1）本考核操作时间为 60 分钟，时间到停止考评，包括试验接线、保护校验和报告整理时间。

（2）装置调试过程中，要求正确使用安全工器具、继电保护校验仪。

（3）按照技能操作记录单的操作要求进行操作，正确记录操作结果，试验记录项目包括动作元件、相别、动作出口时间等。

技能等级评价专业技能考核操作评分标准

工种	继电保护员					评价等级	中级工
项目模块	继电保护及安全自动装置校验—保护调试—变压器保护装置				编号	Jc0002451001－4	
单位			准考证号			姓名	
考试时限	60 分钟		题型	多项操作		题分	100 分
成绩		考评员		考评组长		日期	
试题正文	PST－1200 变压器保护调试检验						
需要说明的问题和要求	（1）要求调试单人操作。 （2）操作应注意安全，按照标准化作业书的技术安全说明做好安全措施。 （3）装置调试检验在保护屏上完成操作。 （4）测试仪的选择可选考场提供的测试仪或自带测试仪						

序号	项目名称	质量要求	满分	扣分标准	扣分原因	得分
1	工具使用及安全措施					
1.1	各种工器具正确使用	熟练正确使用各种工器具	5	未正确使用一次扣 1 分，扣完为止		
1.2	相关安全措施的准备	试验仪器正确接地	2	试验仪器未正确接地扣 2 分		
		短接母线保护电流	3	未进行短接母线保护电流扣 3 分		

续表

序号	项目名称	质量要求	满分	扣分标准	扣分原因	得分
1.2	相关安全措施的准备	打开交流电压、电流端子连片	5	未打开主变压器保护电流端子连片扣3分； 未断开交流电压端子连片扣2分		
		在主变压器保护屏拆除中、低压侧母联断路器跳闸二次线，并做好绝缘	2	未拆除中、低压侧母联断路器跳闸二次线扣2分		
		在母线保护屏拆除启动失灵二次线，并做好绝缘	3	未在母线保护屏拆除启动失灵二次线，未做好绝缘扣3分（可口述）		
		正确执行二次安全措施票	5	未执行二次安全措施票扣5分（可口述）		
2	保护调试检验					
2.1	保护装置试验	能按要求正确进行高压侧复压方向过电流Ⅰ段保护测试，试验仪故障量设置正确，接线及压板等设置正确，测试正确并说明结果	40	试验接线错误扣8分； 压板等设置错误扣6分； 试验仪故障设置不正确扣8分； 试验项目不全，每缺少一项扣6分（0.95倍、1.05倍、反方向）		
3	填写试验报告					
3.1	试验记录	正确填写试验结果	15	每少填写一项扣5分，扣完为止		
4	事故分析及判断					
4.1	保护录波报告分析及判断	查看故障录波报告进行动作行为分析及综合判断	15	录波图查看不正确或漏项，每项扣3分（不超过10分）； 结果分析不正确扣5分		
5	现场恢复	恢复现场	5	未进行现场恢复扣5分		
合计			100			

Jc0002451001-5　PST-1200变压器保护调试检验。（100分）

考核知识点：变压器保护

难易度：易

技能等级评价专业技能考核操作工作任务书

一、任务名称

PST-1200变压器保护调试检验。

二、适用工种

继电保护员中级工。

三、具体任务

（1）工作状态为主变压器停电，工作内容为主变压器保护定检。

（2）工作任务：

1）中压侧复压方向过电流Ⅰ段（模拟中压侧BC相区内、区外故障），断路器跳合传动正确。

2）根据上述要求模拟现场工作，实施安全措施（按照保护定检完成），完成现场检验任务。

3）附试验定值清单（0区）。

四、工作规范及要求

（1）工器具使用及安全措施。

（2）按要求进行保护校验。

（3）填写试验报告。

五、考核及时间要求

（1）本考核操作时间为60分钟，时间到停止考评，包括试验接线、保护校验和报告整理时间。

（2）装置调试过程中，要求正确使用安全工器具、继电保护校验仪。

（3）按照技能操作记录单的操作要求进行操作，正确记录操作结果，试验记录项目包括动作元件、相别、动作出口时间等。

技能等级评价专业技能考核操作评分标准

工种	继电保护员					评价等级	中级工
项目模块	继电保护及安全自动装置校验—保护调试—变压器保护装置				编号	Jc0002451001－5	
单位			准考证号			姓名	
考试时限	60分钟		题型	多项操作		题分	100分
成绩		考评员		考评组长		日期	
试题正文	PST－1200变压器保护调试检验						
需要说明的问题和要求	（1）要求调试单人操作。 （2）操作应注意安全，按照标准化作业书的技术安全说明做好安全措施。 （3）装置调试检验在保护屏上完成操作。 （4）测试仪的选择可选考场提供的测试仪或自带测试仪						

序号	项目名称	质量要求	满分	扣分标准	扣分原因	得分
1	工具使用及安全措施					
1.1	各种工器具正确使用	熟练正确使用各种工器具	5	未正确使用一次扣1分，扣完为止		
1.2	相关安全措施的准备	试验仪器正确接地	2	试验仪器未正确接地扣2分		
		短接母线保护电流	3	未进行短接母线保护电流扣3分		
		打开交流电压、电流端子连片	5	未打开主变压器保护电流端子连片扣3分； 未断开交流电压端子连片扣2分		
		在主变压器保护屏拆除中、低压侧母联断路器跳闸二次线，并做好绝缘	2	未拆除中、低压侧母联断路器跳闸二次线扣2分		
		在母线保护屏拆除启动失灵二次线，并做好绝缘	3	未在母线保护屏拆除启动失灵二次线，未做好绝缘扣3分（可口述）		
		正确执行二次安全措施票	5	未执行二次安全措施票扣5分（可口述）		
2	保护调试检验					
2.1	保护装置试验	能按要求正确进行中压侧复压方向过电流Ⅰ段保护测试，试验仪故障量设置正确，接线及压板等设置正确，测试正确并说明结果	40	试验接线错误扣8分； 压板等设置错误扣6分； 试验仪故障设置不正确扣8分； 试验项目不全，每缺少一项扣6分（0.95倍、1.05倍、反方向）		
3	填写试验报告					
3.1	试验记录	正确填写试验结果	15	每少填写一项扣5分，扣完为止		
4	事故分析及判断					
4.1	保护录波报告分析及判断	查看故障录波报告进行动作行为分析及综合判断	15	录波图查看不正确或漏项，每项扣3分（不超过10分）； 结果分析不正确扣5分		
5	现场恢复	恢复现场	5	未进行现场恢复扣5分		
合计			100			

Jc0002451001－6　PST－1200变压器保护调试检验。(100分)

考核知识点：变压器保护

难易度：易

技能等级评价专业技能考核操作工作任务书

一、任务名称

PST－1200变压器保护调试检验。

二、适用工种

继电保护员中级工。

三、具体任务

(1) 工作状态为主变压器停电，工作内容为主变压器保护定检。

(2) 工作任务：

1) 差动保护二次谐波制动整组试验。

要求：电流加在高压侧A相；差动保护动作跳变压器各侧断路器，传动正确。

2) 根据上述要求模拟现场工作，实施安全措施（按照保护定检完成），完成现场检验任务。

3) 附试验定值清单（0区）。

四、工作规范及要求

(1) 工器具使用及安全措施。

(2) 按要求进行保护校验。

(3) 填写试验报告。

五、考核及时间要求

(1) 本考核操作时间为60分钟，时间到停止考评，包括试验接线、保护校验和报告整理时间。

(2) 装置调试过程中，要求正确使用安全工器具、继电保护校验仪。

(3) 按照技能操作记录单的操作要求进行操作，正确记录操作结果，试验记录项目包括动作元件、相别、动作出口时间等。

技能等级评价专业技能考核操作评分标准

工种	继电保护员				评价等级	中级工
项目模块	继电保护及安全自动装置校验—保护调试—变压器保护装置			编号	Jc0002451001－6	
单位			准考证号		姓名	
考试时限	60分钟	题型	多项操作		题分	100分
成绩		考评员		考评组长	日期	
试题正文	PST－1200变压器保护调试检验					
需要说明的问题和要求	(1) 要求调试单人操作。 (2) 操作应注意安全，按照标准化作业书的技术安全说明做好安全措施。 (3) 装置调试检验在保护屏上完成操作。 (4) 测试仪的选择可选考场提供的测试仪或自带测试仪					

序号	项目名称	质量要求	满分	扣分标准	扣分原因	得分
1	工具使用及安全措施					
1.1	各种工器具正确使用	熟练正确使用各种工器具	5	未正确使用一次扣1分，扣完为止		
1.2	相关安全措施的准备	试验仪器正确接地	2	试验仪器未正确接地扣2分		
		短接母线保护电流	3	未进行短接母线保护电流扣3分		

续表

序号	项目名称	质量要求	满分	扣分标准	扣分原因	得分
1.2	相关安全措施的准备	打开交流电压、电流端子连片	5	未打开主变压器保护电流端子连片扣3分； 未断开交流电压端子连片扣2分		
		在主变压器保护屏拆除中、低压侧母联断路器跳闸二次线，并做好绝缘	2	未拆除中、低压侧母联断路器跳闸二次线扣2分		
		在母线保护屏拆除启动失灵二次线，并做好绝缘	3	未在母线保护屏拆除启动失灵二次线，未做好绝缘扣3分（可口述）		
		正确执行二次安全措施票	5	未执行二次安全措施票扣5分（可口述）		
2	保护调试检验					
2.1	保护装置试验	能按要求正确进行差动保护二次谐波制动保护测试，试验仪故障量设置正确，接线及压板等设置正确，测试正确并说明结果	40	试验接线错误扣8分； 压板等设置错误扣6分； 试验仪故障设置不正确扣8分； 试验项目未做出扣18分		
3	填写试验报告					
3.1	试验记录	正确填写试验结果	15	每少填写一项扣5分，扣完为止		
4	事故分析及判断					
4.1	保护录波报告分析及判断	查看故障录波报告进行动作行为分析及综合判断	15	录波图查看不正确或漏项，每项扣3分（不超过10分）； 结果分析不正确扣5分		
5	现场恢复	恢复现场	5	未进行现场恢复扣5分		
合计			100			

Jc0002451001－7　PST－1200 变压器保护调试检验。（100 分）

考核知识点：变压器保护

难易度：易

技能等级评价专业技能考核操作工作任务书

一、任务名称

PST－1200 变压器保护调试检验。

二、适用工种

继电保护员中级工。

三、具体任务

（1）工作状态为主变压器停电，工作内容为主变压器保护定检。

（2）工作任务：

1）差动保护二次谐波制动整组试验。

要求：电流加在高压侧 C 相；差动保护动作跳变压器各侧断路器，传动正确。

2）根据上述要求模拟现场工作，实施安全措施（按照保护定检完成），完成现场检验任务。

3）附试验定值清单（0 区）。

四、工作规范及要求

（1）工器具使用及安全措施。

（2）按要求进行保护校验。

（3）填写试验报告。

五、考核及时间要求

（1）本考核操作时间为60分钟，时间到停止考评，包括试验接线、保护校验和报告整理时间。

（2）装置调试过程中，要求正确使用安全工器具、继电保护校验仪。

（3）按照技能操作记录单的操作要求进行操作，正确记录操作结果，试验记录项目包括动作元件、相别、动作出口时间等。

技能等级评价专业技能考核操作评分标准

工种	继电保护员					评价等级	中级工
项目模块	继电保护及安全自动装置校验—保护调试—变压器保护装置				编号	Jc0002451001－7	
单位			准考证号			姓名	
考试时限	60分钟		题型	多项操作		题分	100分
成绩		考评员		考评组长		日期	
试题正文	PST－1200变压器保护调试检验						
需要说明的问题和要求	（1）要求调试单人操作。 （2）操作应注意安全，按照标准化作业书的技术安全说明做好安全措施。 （3）装置调试检验在保护屏上完成操作。 （4）测试仪的选择可选考场提供的测试仪或自带测试仪						

序号	项目名称	质量要求	满分	扣分标准	扣分原因	得分
1	工具使用及安全措施					
1.1	各种工器具正确使用	熟练正确使用各种工器具	5	未正确使用一次扣1分，扣完为止		
1.2	相关安全措施的准备	试验仪器正确接地	2	试验仪器未正确接地扣2分		
		短接母线保护电流	3	未进行短接母线保护电流扣3分		
		打开交流电压、电流端子连片	5	未打开主变压器保护电流端子连片扣3分； 未断开交流电压端子连片扣2分		
		在主变压器保护屏拆除中、低压侧母联断路器跳闸二次线，并做好绝缘	2	未拆除中、低压侧母联断路器跳闸二次线扣2分		
		在母线保护屏拆除启动失灵二次线，并做好绝缘	3	未在母线保护屏拆除启动失灵二次线，未做好绝缘扣3分（可口述）		
		正确执行二次安全措施票	5	未执行二次安全措施票扣5分（可口述）		
2	保护调试检验					
2.1	保护装置试验	能按要求正确进行差动保护二次谐波制动保护测试，试验仪故障量设置正确，接线及压板等设置正确，测试正确并说明结果	40	试验接线错误扣8分； 压板等设置错误扣6分； 试验仪故障设置不正确扣8分； 试验项目未做出扣18分		
3	填写试验报告					
3.1	试验记录	正确填写试验结果	15	每少填写一项扣5分，扣完为止		
4	事故分析及判断					
4.1	保护录波报告分析及判断	查看故障录波报告进行动作行为分析及综合判断	15	录波图查看不正确或漏项，每项扣3分（不超过10分）； 结果分析不正确扣5分		
5	现场恢复	恢复现场	5	未进行现场恢复扣5分		
合计			100			

Jc0002453001－8 PST－1200 变压器保护调试检验。（100 分）

考核知识点：变压器保护

难易度：难

技能等级评价专业技能考核操作工作任务书

一、任务名称

PST－1200 变压器保护调试检验。

二、适用工种

继电保护员中级工。

三、具体任务

（1）工作状态为主变压器停电，工作内容为主变压器保护定检。

（2）工作任务：

1）差动保护比率差动整组试验，跳变压器各侧断路器。

要求：① 制动电流分别为 $2I_e$ 和 $3.5I_e$，断路器跳合传动正确；② 电流加在高压侧和低压侧（高压侧 A 相区外故障）。

2）根据上述要求模拟现场工作，实施安全措施（按照保护定检完成），完成现场检验任务。

3）附试验定值清单（0 区）。

四、工作规范及要求

（1）工器具使用及安全措施。

（2）按要求进行保护校验。

（3）填写试验报告。

五、考核及时间要求

（1）本考核操作时间为 60 分钟，时间到停止考评，包括试验接线、保护校验和报告整理时间。

（2）装置调试过程中，要求正确使用安全工器具、继电保护校验仪。

（3）按照技能操作记录单的操作要求进行操作，正确记录操作结果，试验记录项目包括动作元件、相别、动作出口时间等。

技能等级评价专业技能考核操作评分标准

工种	继电保护员					评价等级	中级工
项目模块	继电保护及安全自动装置校验—保护调试—变压器保护装置				编号	Jc0002453001－8	
单位			准考证号			姓名	
考试时限	60 分钟		题型	多项操作		题分	100 分
成绩		考评员		考评组长		日期	
试题正文	PST－1200 变压器保护调试检验						
需要说明的问题和要求	（1）要求调试单人操作。 （2）操作应注意安全，按照标准化作业书的技术安全说明做好安全措施。 （3）装置调试检验在保护屏上完成操作。 （4）测试仪的选择可选考场提供的测试仪或自带测试仪						

序号	项目名称	质量要求	满分	扣分标准	扣分原因	得分
1	工具使用及安全措施					
1.1	各种工器具正确使用	熟练正确使用各种工器具	5	未正确使用一次扣 1 分，扣完为止		

续表

序号	项目名称	质量要求	满分	扣分标准	扣分原因	得分
1.2	相关安全措施的准备	试验仪器正确接地	2	试验仪器未正确接地扣2分		
		短接母线保护电流	3	未进行短接母线保护电流扣3分		
		打开交流电压、电流端子连片	5	未打开主变压器保护电流端子连片扣3分； 未断开交流电压端子连片扣2分		
		在主变压器保护屏拆除中、低压侧母联断路器跳闸二次线，并做好绝缘	2	未拆除中、低压侧母联断路器跳闸二次线扣2分		
		在母线保护屏拆除启动失灵二次线，并做好绝缘	3	未在母线保护屏拆除启动失灵二次线，未做好绝缘扣3分（可口述）		
		正确执行二次安全措施票	5	未执行二次安全措施票扣5分（可口述）		
2	保护调试检验					
2.1	保护装置试验	能按要求正确进行差动保护测试，试验仪故障量设置正确，接线及压板等设置正确，测试正确并说明结果	40	试验接线错误扣8分； 压板等设置错误扣6分； 试验仪故障设置不正确扣8分； 试验项目不全，每缺少一项扣9分（$2I_e$、$3.5I_e$）		
3	填写试验报告					
3.1	试验记录	正确填写试验结果	15	每少填写一项扣5分，扣完为止		
4	事故分析及判断					
4.1	保护录波报告分析及判断	查看故障录波报告进行动作行为分析及综合判断	15	录波图查看不正确或漏项，每项扣3分（不超过10分）； 结果分析不正确扣5分		
5	现场恢复	恢复现场	5	未进行现场恢复扣5分		
合计			100			

Jc0002453001－9　PST－1200 变压器保护调试检验。（100 分）

考核知识点：变压器保护

难易度：难

技能等级评价专业技能考核操作工作任务书

一、任务名称

PST－1200 变压器保护调试检验。

二、适用工种

继电保护员中级工。

三、具体任务

（1）工作状态为主变压器停电，工作内容为主变压器保护定检。

（2）工作任务：

1）差动保护比率差动整组试验，跳变压器各侧断路器。

要求：① 制动电流分别为 $2I_e$ 和 $3.5I_e$；断路器跳合传动正确；② 电流加在高压侧和低压侧（高压侧 B 相区外故障）。

2）根据上述要求模拟现场工作，实施安全措施（按照保护定检完成），完成现场检验任务。

3）附试验定值清单（0 区）。

四、工作规范及要求

（1）工器具使用及安全措施。

（2）按要求进行保护校验。

（3）填写试验报告。

五、考核及时间要求

（1）本考核操作时间为60分钟，时间到停止考评，包括试验接线、保护校验和报告整理时间。

（2）装置调试过程中，要求正确使用安全工器具、继电保护校验仪。

（3）按照技能操作记录单的操作要求进行操作，正确记录操作结果，试验记录项目包括动作元件、相别、动作出口时间等。

技能等级评价专业技能考核操作评分标准

工种	继电保护员					评价等级	中级工
项目模块	继电保护及安全自动装置校验—保护调试—变压器保护装置				编号	Jc0002453001－9	
单位			准考证号			姓名	
考试时限	60分钟		题型	多项操作		题分	100分
成绩		考评员		考评组长		日期	
试题正文	PST－1200变压器保护调试检验						
需要说明的问题和要求	（1）要求调试单人操作。 （2）操作应注意安全，按照标准化作业书的技术安全说明做好安全措施。 （3）装置调试检验在保护屏上完成操作。 （4）测试仪的选择可选考场提供的测试仪或自带测试仪						

序号	项目名称	质量要求	满分	扣分标准	扣分原因	得分
1	工具使用及安全措施					
1.1	各种工器具正确使用	熟练正确使用各种工器具	5	未正确使用一次扣1分，扣完为止		
1.2	相关安全措施的准备	试验仪器正确接地	2	试验仪器未正确接地扣2分		
		短接母线保护电流	3	未进行短接母线保护电流扣3分		
		打开交流电压、电流端子连片	5	未打开主变压器保护电流端子连片扣3分； 未断开交流电压端子连片扣2分		
		在主变压器保护屏拆除中、低压侧母联断路器跳闸二次线，并做好绝缘	2	未拆除中、低压侧母联断路器跳闸二次线扣2分		
		在母线保护屏拆除启动失灵二次线，并做好绝缘	3	未在母线保护屏拆除启动失灵二次线，未做好绝缘扣3分（可口述）		
		正确执行二次安全措施票	5	未执行二次安全措施票扣5分（可口述）		
2	保护调试检验					
2.1	保护装置试验	能按要求正确进行差动保护测试，试验仪故障量设置正确，接线及压板等设置正确，测试正确并说明结果	40	试验接线错误扣8分 压板等设置错误扣6分 试验仪故障设置不正确扣8分 试验项目不全，每缺少一项扣9分（$2I_e$、$3.5I_e$）		
3	填写试验报告					
3.1	试验记录	正确填写试验结果	15	每少填写一项扣5分，扣完为止		
4	事故分析及判断					
4.1	保护录波报告分析及判断	查看故障录波报告进行动作行为分析及综合判断	15	录波图查看不正确或漏项，每项扣3分（不超过10分）； 结果分析不正确扣5分		
5	现场恢复	恢复现场	5	未进行现场恢复扣5分		
合计			100			

Jc0002453001－10　PST－1200 变压器保护调试检验。（100 分）

考核知识点：变压器保护

难易度：难

技能等级评价专业技能考核操作工作任务书

一、任务名称

PST－1200 变压器保护调试检验。

二、适用工种

继电保护员中级工。

三、具体任务

（1）工作状态为主变压器停电，工作内容为主变压器保护定检。

（2）工作任务：

1）差动保护比率差动整组试验，跳变压器各侧断路器。

要求：① 制动电流分别为 $2I_e$ 和 $3.5I_e$，断路器跳合传动正确；② 电流加在高压侧和低压侧（高压侧 C 相区外故障）。

2）根据上述要求模拟现场工作，实施安全措施（按照保护定检完成），完成现场检验任务。

3）附试验定值清单（0 区）。

四、工作规范及要求

（1）工器具使用及安全措施。

（2）按要求进行保护校验。

（3）填写试验报告。

五、考核及时间要求

（1）本考核操作时间为 60 分钟，时间到停止考评，包括试验接线、保护校验和报告整理时间。

（2）装置调试过程中，要求正确使用安全工器具、继电保护校验仪。

（3）按照技能操作记录单的操作要求进行操作，正确记录操作结果，试验记录项目包括动作元件、相别、动作出口时间等。

技能等级评价专业技能考核操作评分标准

工种	继电保护员					评价等级	中级工
项目模块	继电保护及安全自动装置校验—保护调试—变压器保护装置				编号	Jc0002453001－10	
单位			准考证号			姓名	
考试时限	60 分钟		题型	多项操作		题分	100 分
成绩		考评员		考评组长		日期	
试题正文	PST－1200 变压器保护调试检验						
需要说明的问题和要求	（1）要求调试单人操作。 （2）操作应注意安全，按照标准化作业书的技术安全说明做好安全措施。 （3）装置调试检验在保护屏上完成操作。 （4）测试仪的选择可选考场提供的测试仪或自带测试仪						

序号	项目名称	质量要求	满分	扣分标准	扣分原因	得分
1	工具使用及安全措施					
1.1	各种工器具正确使用	熟练正确使用各种工器具	5	未正确使用一次扣 1 分，扣完为止		

续表

序号	项目名称	质量要求	满分	扣分标准	扣分原因	得分
1.2	相关安全措施的准备	试验仪器正确接地	2	试验仪器未正确接地扣2分		
		短接母线保护电流	3	未进行短接母线保护电流扣3分		
		打开交流电压、电流端子连片	5	未打开主变压器保护电流端子连片扣3分； 未断开交流电压端子连片扣2分		
		在主变压器保护屏拆除中、低压侧母联断路器跳闸二次线，并做好绝缘	2	未拆除中、低压侧母联断路器跳闸二次线扣2分		
		在母线保护屏拆除启动失灵二次线，并做好绝缘	3	未在母线保护屏拆除启动失灵二次线，未做好绝缘扣3分（可口述）		
		正确执行二次安全措施票	5	未执行二次安全措施票扣5分（可口述）		
2	保护调试检验					
2.1	保护装置试验	能按要求正确进行差动保护测试，试验仪故障量设置正确，接线及压板等设置正确，测试正确并说明结果	40	试验接线错误扣8分； 压板等设置错误扣6分； 试验仪故障设置不正确扣8分； 试验项目不全，每缺少一项扣9分（$2I_e$、$3.5I_e$）		
3	填写试验报告					
3.1	试验记录	正确填写试验结果	15	每少填写一项扣5分，扣完为止		
4	事故分析及判断					
4.1	保护录波报告分析及判断	查看故障录波报告进行动作行为分析及综合判断	15	录波图查看不正确或漏项，每项扣3分（不超过10分）； 结果分析不正确扣5分		
5	现场恢复	恢复现场	5	未进行现场恢复扣5分		
合计			100			

Jc0002453001－11 PST－1200变压器保护调试检验。(100分)

考核知识点：变压器保护

难易度：难

技能等级评价专业技能考核操作工作任务书

一、任务名称

PST－1200变压器保护调试检验。

二、适用工种

继电保护员中级工。

三、具体任务

（1）工作状态为主变压器停电，工作内容为主变压器保护定检。

（2）工作任务：

1）差动保护比率差动整组试验，跳变压器各侧断路器。

要求：① 制动电流分别为$2I_e$和$3.5I_e$，断路器跳合传动正确；② 电流加在高压侧和低压侧（中压侧A相区外故障）。

2）根据上述要求模拟现场工作，实施安全措施（按照保护定检完成），完成现场检验任务。

3）附试验定值清单（0区）。

四、工作规范及要求

（1）工器具使用及安全措施。

（2）按要求进行保护校验。

（3）填写试验报告。

五、考核及时间要求

（1）本考核操作时间为60分钟，时间到停止考评，包括试验接线、保护校验和报告整理时间。

（2）装置调试过程中，要求正确使用安全工器具、继电保护校验仪。

（3）按照技能操作记录单的操作要求进行操作，正确记录操作结果，试验记录项目包括动作元件、相别、动作出口时间等。

技能等级评价专业技能考核操作评分标准

工种	继电保护员					评价等级	中级工
项目模块	继电保护及安全自动装置校验—保护调试—变压器保护装置				编号	Jc0002453001－11	
单位			准考证号			姓名	
考试时限	60分钟		题型	多项操作		题分	100分
成绩		考评员		考评组长		日期	
试题正文	PST－1200变压器保护调试检验						
需要说明的问题和要求	（1）要求调试单人操作。 （2）操作应注意安全，按照标准化作业书的技术安全说明做好安全措施。 （3）装置调试检验在保护屏上完成操作。 （4）测试仪的选择可选考场提供的测试仪或自带测试仪						

序号	项目名称	质量要求	满分	扣分标准	扣分原因	得分
1	工具使用及安全措施					
1.1	各种工器具正确使用	熟练正确使用各种工器具	5	未正确使用一次扣1分，扣完为止		
1.2	相关安全措施的准备	试验仪器正确接地	2	试验仪器未正确接地扣2分		
		短接母线保护电流	3	未进行短接母线保护电流扣3分		
		打开交流电压、电流端子连片	5	未打开主变压器保护电流端子连片扣3分； 未断开交流电压端子连片扣2分		
		在主变压器保护屏拆除中、低压侧母联断路器跳闸二次线，并做好绝缘	2	未拆除中、低压侧母联断路器跳闸二次线扣2分		
		在母线保护屏拆除启动失灵二次线，并做好绝缘	3	未在母线保护屏拆除启动失灵二次线，未做好绝缘扣3分（可口述）		
		正确执行二次安全措施票	5	未执行二次安全措施票扣5分（可口述）		
2	保护调试检验					
2.1	保护装置试验	能按要求正确进行差动保护测试，试验仪故障量设置正确，接线及压板等设置正确，测试正确并说明结果	40	试验接线错误扣8分； 压板等设置错误扣6分； 试验仪故障设置不正确扣8分； 试验项目不全，每缺少一项扣9分（$2I_e$、$3.5I_e$）		
3	填写试验报告					
3.1	试验记录	正确填写试验结果	15	每少填写一项扣5分，扣完为止		
4	事故分析及判断					
4.1	保护录波报告分析及判断	查看故障录波报告进行动作行为分析及综合判断	15	录波图查看不正确或漏项，每项扣3分（不超过10分）； 结果分析不正确扣5分		
5	现场恢复	恢复现场	5	未进行现场恢复扣5分		
合计			100			

Jc0002453001－12 PST－1200 变压器保护调试检验。(100 分)

考核知识点：变压器保护

难易度：难

技能等级评价专业技能考核操作工作任务书

一、任务名称

PST－1200 变压器保护调试检验。

二、适用工种

继电保护员中级工。

三、具体任务

(1) 工作状态为主变压器停电，工作内容为主变压器保护定检。

(2) 工作任务：

1) 差动保护比率差动整组试验，跳变压器各侧断路器。

要求：① 制动电流分别为 $2I_e$ 和 $3.5I_e$，断路器跳合传动正确；② 电流加在高压侧和低压侧（中压侧 B 相区外故障）。

2) 根据上述要求模拟现场工作，实施安全措施（按照保护定检完成），完成现场检验任务。

3) 附试验定值清单（0 区）。

四、工作规范及要求

(1) 工器具使用及安全措施。

(2) 按要求进行保护校验。

(3) 填写试验报告。

五、考核及时间要求

(1) 本考核操作时间为 60 分钟，时间到停止考评，包括试验接线、保护校验和报告整理时间。

(2) 装置调试过程中，要求正确使用安全工器具、继电保护校验仪。

(3) 按照技能操作记录单的操作要求进行操作，正确记录操作结果，试验记录项目包括动作元件、相别、动作出口时间等。

技能等级评价专业技能考核操作评分标准

<table>
<tr><td>工种</td><td colspan="8">继电保护员</td><td>评价等级</td><td>中级工</td></tr>
<tr><td>项目模块</td><td colspan="7">继电保护及安全自动装置校验—保护调试—变压器保护装置</td><td>编号</td><td colspan="2">Jc0002453001－12</td></tr>
<tr><td>单位</td><td colspan="3"></td><td colspan="2">准考证号</td><td colspan="3"></td><td>姓名</td><td></td></tr>
<tr><td>考试时限</td><td colspan="2">60 分钟</td><td colspan="2">题型</td><td colspan="4">多项操作</td><td>题分</td><td>100 分</td></tr>
<tr><td>成绩</td><td></td><td>考评员</td><td colspan="2"></td><td colspan="2">考评组长</td><td colspan="2"></td><td>日期</td><td></td></tr>
<tr><td>试题正文</td><td colspan="10">PST－1200 变压器保护调试检验</td></tr>
<tr><td>需要说明的问题和要求</td><td colspan="10">(1) 要求调试单人操作。
(2) 操作应注意安全，按照标准化作业书的技术安全说明做好安全措施。
(3) 装置调试检验在保护屏上完成操作。
(4) 测试仪的选择可选考场提供的测试仪或自带测试仪</td></tr>
</table>

序号	项目名称	质量要求	满分	扣分标准	扣分原因	得分
1	工具使用及安全措施					
1.1	各种工器具正确使用	熟练正确使用各种工器具	5	未正确使用一次扣 1 分，扣完为止		

续表

序号	项目名称	质量要求	满分	扣分标准	扣分原因	得分
1.2	相关安全措施的准备	试验仪器正确接地	2	试验仪器未正确接地扣2分		
		短接母线保护电流	3	未进行短接母线保护电流扣3分		
		打开交流电压、电流端子连片	5	未打开主变压器保护电流端子连片扣3分； 未断开交流电压端子连片扣2分		
		在主变压器保护屏拆除中、低压侧母联断路器跳闸二次线，并做好绝缘	2	未拆除中、低压侧母联断路器跳闸二次线扣2分		
		在母线保护屏拆除启动失灵二次线，并做好绝缘	3	未在母线保护屏拆除启动失灵二次线，未做好绝缘扣3分（可口述）		
		正确执行二次安全措施票	5	未执行二次安全措施票扣5分（可口述）		
2	保护调试检验					
2.1	保护装置试验	能按要求正确进行差动保护测试，试验仪故障量设置正确，接线及压板等设置正确，测试正确并说明结果	40	试验接线错误扣8分； 压板等设置错误扣6分； 试验仪故障设置不正确扣8分； 试验项目不全，每缺少一项扣9分（$2I_e$、$3.5I_e$）		
3	填写试验报告					
3.1	试验记录	正确填写试验结果	15	每少填写一项扣5分，扣完为止		
4	事故分析及判断					
4.1	保护录波报告分析及判断	查看故障录波报告进行动作行为分析及综合判断	15	录波图查看不正确或漏项，每项扣3分（不超过10分）； 结果分析不正确扣5分		
5	现场恢复	恢复现场	5	未进行现场恢复扣5分		
合计			100			

Jc0002453001－13　PST－1200变压器保护调试检验。（100分）

考核知识点：变压器保护

难易度：难

技能等级评价专业技能考核操作工作任务书

一、任务名称

PST－1200变压器保护调试检验。

二、适用工种

继电保护员中级工。

三、具体任务

（1）工作状态为主变压器停电，工作内容为主变压器保护定检。

（2）工作任务：

1）差动保护比率差动整组试验，跳变压器各侧断路器。

要求：① 制动电流分别为$2I_e$和$3.5I_e$，断路器跳合传动正确；② 电流加在中压侧和低压侧（中压侧C相区外故障）。

2）根据上述要求模拟现场工作，实施安全措施（按照保护定检完成），完成现场检验任务。

3）附试验定值清单（0区）。

四、工作规范及要求

（1）工器具使用及安全措施。

（2）按要求进行保护校验。

（3）填写试验报告。

五、考核及时间要求

（1）本考核操作时间为60分钟，时间到停止考评，包括试验接线、保护校验和报告整理时间。

（2）装置调试过程中，要求正确使用安全工器具、继电保护校验仪。

（3）按照技能操作记录单的操作要求进行操作，正确记录操作结果，试验记录项目包括动作元件、相别、动作出口时间等。

技能等级评价专业技能考核操作评分标准

工种	继电保护员					评价等级	中级工
项目模块	继电保护及安全自动装置校验—保护调试—变压器保护装置				编号	Jc0002453001－13	
单位			准考证号			姓名	
考试时限	60分钟	题型		多项操作		题分	100分
成绩		考评员		考评组长		日期	
试题正文	PST－1200变压器保护调试检验						
需要说明的问题和要求	（1）要求调试单人操作。 （2）操作应注意安全，按照标准化作业书的技术安全说明做好安全措施。 （3）装置调试检验在保护屏上完成操作。 （4）测试仪的选择可选考场提供的测试仪或自带测试仪						

序号	项目名称	质量要求	满分	扣分标准	扣分原因	得分
1	工具使用及安全措施					
1.1	各种工器具正确使用	熟练正确使用各种工器具	5	未正确使用一次扣1分，扣完为止		
1.2	相关安全措施的准备	试验仪器正确接地	2	试验仪器未正确接地扣2分		
		短接母线保护电流	3	未进行短接母线保护电流扣3分		
		打开交流电压、电流端子连片	5	未打开主变压器保护电流端子连片扣3分； 未断开交流电压端子连片扣2分		
		在主变压器保护屏拆除中、低压侧母联断路器跳闸二次线，并做好绝缘	2	未拆除中、低压侧母联断路器跳闸二次线扣2分		
		在母线保护屏拆除启动失灵二次线，并做好绝缘	3	未在母线保护屏拆除启动失灵二次线，未做好绝缘扣3分（可口述）		
		正确执行二次安全措施票	5	未执行二次安全措施票扣5分（可口述）		
2	保护调试检验					
2.1	保护装置试验	能按要求正确进行差动保护测试，试验仪故障量设置正确，接线及压板等设置正确，测试正确并说明结果	40	试验接线错误扣8分； 压板等设置错误扣6分； 试验仪故障设置不正确扣8分； 试验项目不全，每缺少一项扣9分（$2I_e$、$3.5I_e$）		
3	填写试验报告					
3.1	试验记录	正确填写试验结果	15	每少填写一项扣5分，扣完为止		
4	事故分析及判断					
4.1	保护录波报告分析及判断	查看故障录波报告进行动作行为分析及综合判断	15	录波图查看不正确或漏项，每项扣3分（不超过10分）； 结果分析不正确扣5分		
5	现场恢复	恢复现场	5	未进行现场恢复扣5分		
合计			100			

Jc0003451001－1　BP－2B 母线保护调试检验。（100 分）

考核知识点：母线保护

难易度：易

技能等级评价专业技能考核操作工作任务书

一、任务名称

BP－2B 母线保护调试检验。

二、适用工种

继电保护员中级工。

三、具体任务

（1）母线运行方式：支路 L3 合于Ⅰ母，支路 L2、支路 L4 合于Ⅱ母，母联断路器合环运行。L2 支路的 TA 变比为 1200A/5A，其余支路的变比为 600A/5A。

注：运行方式的设置，不允许采用装置内部菜单对隔离开关的强制设置。

（2）工作任务：

1）检验装置正常运行工况下，保护装置不平衡电流大小。各支路 A 相二次电流：L2 电流流进母线 3A，L3 电流流出母线 2A，L4 电流流出母线 4A。Ⅰ、Ⅱ母电压正常，各相电压 57.7V。要求保护装置大小差电流平衡，屏上无任何告警、动作信号。

2）模拟现场工作，实施安全措施（仅对运行方式中提到的回路做安全措施），进行保护试验，完成现场检验任务。

3）附试验定值清单（0 区）。

四、工作规范及要求

（1）工器具使用及安全措施。

（2）按要求进行保护检验。

（3）填写试验报告。

五、考核及时间要求

（1）本考核操作时间为 60 分钟，时间到停止考评，包括试验接线、保护校验和报告整理时间。

（2）装置调试过程中，要求正确使用安全工器具、继电保护校验仪。

（3）按照技能操作记录单的操作要求进行操作，正确记录操作结果，试验记录项目包括动作元件、相别、动作出口时间等。

技能等级评价专业技能考核操作评分标准

<table>
<tr><td>工种</td><td colspan="5">继电保护员</td><td>评价等级</td><td>中级工</td></tr>
<tr><td>项目模块</td><td colspan="4">继电保护及安全自动装置校验—保护调试—母线保护装置</td><td>编号</td><td colspan="2">Jc0003451001－1</td></tr>
<tr><td>单位</td><td colspan="3"></td><td>准考证号</td><td></td><td>姓名</td><td></td></tr>
<tr><td>考试时限</td><td colspan="2">60 分钟</td><td>题型</td><td colspan="2">多项操作</td><td>题分</td><td>100 分</td></tr>
<tr><td>成绩</td><td></td><td>考评员</td><td></td><td>考评组长</td><td></td><td>日期</td><td></td></tr>
<tr><td>试题正文</td><td colspan="7">BP－2B 母线保护调试检验</td></tr>
<tr><td>需要说明的问题和要求</td><td colspan="7">（1）要求调试单人操作。
（2）操作应注意安全，按照标准化作业书的技术安全说明做好安全措施。
（3）装置调试检验在保护屏上完成操作。
（4）测试仪的选择可选考场提供的测试仪或自带测试仪</td></tr>
</table>

续表

序号	项目名称	质量要求	满分	扣分标准	扣分原因	得分
1	工具使用及安全措施					
1.1	各种工器具正确使用	熟练正确使用各种工器具	5	未正确使用一次扣1分，扣完为止		
1.2	相关安全措施的准备	试验仪器正确接地	3	试验仪器未正确接地扣3分		
		短接母线保护电流	3	未进行短接母线保护电流扣3分		
		断开交流电压	4	未断开交流电压扣4分		
		在母线保护屏拆除启动失灵二次线，并做好绝缘	5	未在母线保护屏拆除启动失灵二次线，未做好绝缘扣5分（可口述）		
		正确执行二次安全措施票	5	未执行二次安全措施票扣5分（可口述）		
2	保护调试校验					
2.1	保护装置试验	母线保护处于正常运行状态，差动、失灵保护投入，大小差电流平衡，屏上无告警、动作信号。能按要求正确进行试验，试验仪故障量设置正确，接线及压板等设置正确，测试正确并说明结果	40	试验接线错误扣8分； 压板等设置错误扣6分； 试验仪故障设置不正确扣8分； 试验项目未做出扣18分		
3	填写试验报告					
3.1	试验记录	正确填写试验结果	15	每少填写一项扣5分，扣完为止		
4	事故分析及判断					
4.1	保护录波报告分析及判断	查看故障录波报告进行动作行为分析及综合判断	15	录波图查看不正确或漏项，每项扣3分（不超过10分）； 结果分析不正确扣5分		
5	现场恢复	恢复现场	5	未进行现场恢复扣5分		
合计			100			

Jc0003451001－2　BP－2B 母线保护调试检验。（100 分）

考核知识点：母线保护

难易度：易

技能等级评价专业技能考核操作工作任务书

一、任务名称

BP－2B 母线保护调试检验。

二、适用工种

继电保护员中级工。

三、具体任务

（1）母线运行方式：支路 L3 合于Ⅰ母，支路 L2、支路 L4 合于Ⅱ母，母联断路器分列运行。L2 支路的 TA 变比为 1200A/5A，其余支路的变比为 600A/5A。

注：运行方式的设置，不允许采用装置内部菜单对隔离开关的强制设置。

（2）工作任务：

1）模拟母联充电时 A 相故障，断路器跳合传动正确。

2）模拟现场工作，实施安全措施（仅对运行方式中提到的回路做安全措施），进行保护试验，完成现场检验任务。

3）附试验定值清单（0 区）。

四、工作规范及要求

（1）工器具使用及安全措施。

（2）按要求进行保护检验。

（3）填写试验报告。

五、考核及时间要求

（1）本考核操作时间为 60 分钟，时间到停止考评，包括试验接线、保护校验和报告整理时间。

（2）装置调试过程中，要求正确使用安全工器具、继电保护校验仪。

（3）按照技能操作记录单的操作要求进行操作，正确记录操作结果，试验记录项目包括动作元件、相别、动作出口时间等。

技能等级评价专业技能考核操作评分标准

工种	继电保护员			评价等级	中级工
项目模块	继电保护及安全自动装置校验—保护调试—母线保护装置		编号	Jc0003451001－2	
单位		准考证号		姓名	
考试时限	60 分钟	题型	多项操作	题分	100 分
成绩	考评员		考评组长	日期	
试题正文	BP－2B 母线保护调试检验				
需要说明的问题和要求	（1）要求调试单人操作。 （2）操作应注意安全，按照标准化作业书的技术安全说明做好安全措施。 （3）装置调试检验在保护屏上完成操作。 （4）测试仪的选择可选考场提供的测试仪或自带测试仪				

序号	项目名称	质量要求	满分	扣分标准	扣分原因	得分
1	工具使用及安全措施					
1.1	各种工器具正确使用	熟练正确使用各种工器具	5	未正确使用一次扣 1 分，扣完为止		
1.2	相关安全措施的准备	试验仪器正确接地	3	试验仪器未正确接地扣 3 分		
		短接母线保护电流	3	未进行短接母线保护电流扣 3 分		
		断开交流电压	4	未断开交流电压扣 4 分		
		在母线保护屏拆除启动失灵二次线，并做好绝缘	5	未在母线保护屏拆除启动失灵二次线，未做好绝缘扣 5 分（可口述）		
		正确执行二次安全措施票	5	未执行二次安全措施票扣 5 分（可口述）		
2	保护调试校验					
2.1	保护装置试验	母线保护动作正确，断路器动作正确。能按要求正确进行试验，试验仪故障量设置正确，接线及压板等设置正确，测试正确并说明结果	40	试验接线错误扣 8 分； 压板等设置错误扣 6 分； 试验仪故障设置不正确扣 8 分； 试验项目未做出扣 18 分		
3	填写试验报告					
3.1	试验记录	正确填写试验结果	15	每少填写一项扣 5 分，扣完为止		
4	事故分析及判断					
4.1	保护录波报告分析及判断	查看故障录波报告进行动作行为分析及综合判断	15	录波图查看不正确或漏项，每项扣 3 分（不超过 10 分）； 结果分析不正确扣 5 分		
5	现场恢复	恢复现场	5	未进行现场恢复扣 5 分		
合计			100			

Jc0003451001－3 BP－2B 母线保护调试检验。（100 分）

考核知识点：母线保护

难易度：易

技能等级评价专业技能考核操作工作任务书

一、任务名称

BP－2B 母线保护调试检验。

二、适用工种

继电保护员中级工。

三、具体任务

（1）母线运行方式：支路 L3 合于Ⅰ母，支路 L2、支路 L4 合于Ⅱ母，母联断路器分列运行。L2 支路的 TA 变比为 1200A/5A，其余支路的变比为 600A/5A。

注：运行方式的设置，不允许采用装置内部菜单对隔离开关的强制设置。

（2）工作任务：

1）验证Ⅰ母 C 相故障时母线保护大差比率制动系数的低值 K_r（3 个支路必须同时通流试验，做 2 点），断路器跳合传动正确。

2）模拟现场工作，实施安全措施（仅对运行方式中提到的回路做安全措施），进行保护试验，完成现场检验任务。

3）附试验定值清单（0 区）。

四、工作规范及要求

（1）工器具使用及安全措施。

（2）按要求进行保护检验。

（3）填写试验报告。

五、考核及时间要求

（1）本考核操作时间为 60 分钟，时间到停止考评，包括试验接线、保护校验和报告整理时间。

（2）装置调试过程中，要求正确使用安全工器具、继电保护校验仪。

（3）按照技能操作记录单的操作要求进行操作，正确记录操作结果，试验记录项目包括动作元件、相别、动作出口时间等。

技能等级评价专业技能考核操作评分标准

工种	继电保护员					评价等级	中级工
项目模块	继电保护及安全自动装置校验—保护调试—母线保护装置				编号	Jc0003451001－3	
单位			准考证号			姓名	
考试时限	60 分钟	题型		多项操作		题分	100 分
成绩		考评员		考评组长		日期	
试题正文	BP－2B 母线保护调试检验						
需要说明的问题和要求	（1）要求调试单人操作。 （2）操作应注意安全，按照标准化作业书的技术安全说明做好安全措施。 （3）装置调试检验在保护屏上完成操作。 （4）测试仪的选择可选考场提供的测试仪或自带测试仪						

序号	项目名称	质量要求	满分	扣分标准	扣分原因	得分
1	工具使用及安全措施					
1.1	各种工器具正确使用	熟练正确使用各种工器具	5	未正确使用一次扣 1 分，扣完为止		

续表

序号	项目名称	质量要求	满分	扣分标准	扣分原因	得分
1.2	相关安全措施的准备	试验仪器正确接地	3	试验仪器未正确接地扣3分		
		短接母线保护电流	3	未进行短接母线保护电流扣3分		
		断开交流电压	4	未断开交流电压扣4分		
		在母线保护屏拆除启动失灵二次线，并做好绝缘	5	未在母线保护屏拆除启动失灵二次线，未做好绝缘扣5分（可口述）		
		正确执行二次安全措施票	5	未执行二次安全措施票扣5分（可口述）		
2	保护调试校验					
2.1	保护装置试验	母线保护正确动作，断路器动作正确。能按要求正确进行试验，试验仪故障量设置正确，接线及压板等设置正确，测试正确并说明结果	40	试验接线错误扣8分； 压板等设置错误扣6分； 试验仪故障设置不正确扣8分； 试验项目未做出扣18分		
3	填写试验报告					
3.1	试验记录	正确填写试验结果	15	每少填写一项扣5分，扣完为止		
4	事故分析及判断					
4.1	保护录波报告分析及判断	查看故障录波报告进行动作行为分析及综合判断	15	录波图查看不正确或漏项，每项扣3分（不超过10分）； 结果分析不正确扣5分		
5	现场恢复	恢复现场	5	未进行现场恢复扣5分		
合计			100			

Jc0003452001－4　BP－2B 母线保护调试检验。（100 分）

考核知识点：母线保护

难易度：中

技能等级评价专业技能考核操作工作任务书

一、任务名称

BP－2B 母线保护调试检验。

二、适用工种

继电保护员中级工。

三、具体任务

（1）母线运行方式：支路 L3 合于Ⅰ母，支路 L2、支路 L4 合于Ⅱ母，母联断路器分列运行。L2 支路的 TA 变比为 1200A/5A，其余支路的变比为 600A/5A。

注：运行方式的设置，不允许采用装置内部菜单对隔离开关的强制设置。

（2）工作任务：

1）验证Ⅱ母 C 相故障时母线保护小差比率制动系数（做 2 点），断路器跳合传动正确。

2）模拟现场工作，实施安全措施（仅对运行方式中提到的回路做安全措施），进行保护试验，完成现场检验任务。

3）附试验定值清单（0 区）。

四、工作规范及要求

（1）工器具使用及安全措施。

（2）按要求进行保护检验。

（3）填写试验报告。

五、考核及时间要求

（1）本考核操作时间为60分钟，时间到停止考评，包括试验接线、保护校验和报告整理时间。

（2）装置调试过程中，要求正确使用安全工器具、继电保护校验仪。

（3）按照技能操作记录单的操作要求进行操作，正确记录操作结果，试验记录项目包括动作元件、相别、动作出口时间等。

技能等级评价专业技能考核操作评分标准

工种	继电保护员				评价等级	中级工
项目模块	继电保护及安全自动装置校验—保护调试—母线保护装置			编号	Jc0003452001－4	
单位		准考证号			姓名	
考试时限	60分钟	题型	多项操作		题分	100分
成绩		考评员		考评组长	日期	
试题正文	BP－2B母线保护调试检验					
需要说明的问题和要求	（1）要求调试单人操作。 （2）操作应注意安全，按照标准化作业书的技术安全说明做好安全措施。 （3）装置调试检验在保护屏上完成操作。 （4）测试仪的选择可选考场提供的测试仪或自带测试仪					

序号	项目名称	质量要求	满分	扣分标准	扣分原因	得分
1	工具使用及安全措施					
1.1	各种工器具正确使用	熟练正确使用各种工器具	5	未正确使用一次扣1分，扣完为止		
1.2	相关安全措施的准备	试验仪器正确接地	3	试验仪器未正确接地扣3分		
		短接母线保护电流	3	未进行短接母线保护电流扣3分		
		断开交流电压	4	未断开交流电压扣4分		
		在母线保护屏拆除启动失灵二次线，并做好绝缘	5	未在母线保护屏拆除启动失灵二次线，未做好绝缘扣5分（可口述）		
		正确执行二次安全措施票	5	未执行二次安全措施票扣5分（可口述）		
2	保护调试校验					
2.1	保护装置试验	母线保护动作正确，断路器动作正确。能按要求正确进行试验，试验仪故障量设置正确，接线及压板等设置正确，测试正确并说明结果	40	试验接线错误扣8分； 压板等设置错误扣6分； 试验仪故障设置不正确扣8分； 试验项目未做出扣18分		
3	填写试验报告					
3.1	试验记录	正确填写试验结果	15	每少填写一项扣5分，扣完为止		
4	事故分析及判断					
4.1	保护录波报告分析及判断	查看故障录波报告进行动作行为分析及综合判断	15	录波图查看不正确或漏项，每项扣3分（不超过10分）； 结果分析不正确扣5分		
5	现场恢复	恢复现场	5	未进行现场恢复扣5分		
合计			100			

Jc0003452001－5　BP－2B 母线保护调试检验。（100 分）

考核知识点：母线保护

难易度：中

技能等级评价专业技能考核操作工作任务书

一、任务名称

BP－2B 母线保护调试检验。

二、适用工种

继电保护员中级工。

三、具体任务

（1）母线运行方式：支路 L3 合于Ⅰ母，支路 L2、支路 L4 合于Ⅱ母，母联断路器合环运行。L2 支路的 TA 变比为 1200A/5A，其余支路的变比为 600A/5A。

注：运行方式的设置，不允许采用装置内部菜单对隔离开关的强制设置。

（2）工作任务：

1）验证Ⅱ母 A 相故障时母线保护大差比率制动系数的高值 K_r（3 个支路必须同时通流试验，做 2 点），断路器跳合传动正确。

2）模拟现场工作，实施安全措施（仅对运行方式中提到的回路做安全措施），进行保护试验，完成现场检验任务。

3）附试验定值清单（0 区）。

四、工作规范及要求

（1）工器具使用及安全措施。

（2）按要求进行保护检验。

（3）填写试验报告。

五、考核及时间要求

（1）本考核操作时间为 60 分钟，时间到停止考评，包括试验接线、保护校验和报告整理时间。

（2）装置调试过程中，要求正确使用安全工器具、继电保护校验仪。

（3）按照技能操作记录单的操作要求进行操作，正确记录操作结果，试验记录项目包括动作元件、相别、动作出口时间等。

技能等级评价专业技能考核操作评分标准

<table>
<tr><td>工种</td><td colspan="5">继电保护员</td><td>评价等级</td><td>中级工</td></tr>
<tr><td>项目模块</td><td colspan="4">继电保护及安全自动装置校验—保护调试—母线保护装置</td><td>编号</td><td colspan="2">Jc0003452001－5</td></tr>
<tr><td>单位</td><td colspan="3"></td><td>准考证号</td><td></td><td>姓名</td><td></td></tr>
<tr><td>考试时限</td><td colspan="2">60 分钟</td><td>题型</td><td colspan="2">多项操作</td><td>题分</td><td>100 分</td></tr>
<tr><td>成绩</td><td>考评员</td><td></td><td>考评组长</td><td colspan="2"></td><td>日期</td><td></td></tr>
<tr><td>试题正文</td><td colspan="7">BP－2B 母线保护调试检验</td></tr>
<tr><td>需要说明的问题和要求</td><td colspan="7">（1）要求调试单人操作。
（2）操作应注意安全，按照标准化作业书的技术安全说明做好安全措施。
（3）装置调试检验在保护屏上完成操作。
（4）测试仪的选择可选考场提供的测试仪或自带测试仪</td></tr>
</table>

序号	项目名称	质量要求	满分	扣分标准	扣分原因	得分
1	工具使用及安全措施					
1.1	各种工器具正确使用	熟练正确使用各种工器具	5	未正确使用一次扣 1 分，扣完为止		

续表

序号	项目名称	质量要求	满分	扣分标准	扣分原因	得分
1.2	相关安全措施的准备	试验仪器正确接地	3	试验仪器未正确接地扣 3 分		
		短接母线保护电流	3	未进行短接母线保护电流扣 3 分		
		断开交流电压	4	未断开交流电压扣 4 分		
		在母线保护屏拆除启动失灵二次线，并做好绝缘	5	未在母线保护屏拆除启动失灵二次线，未做好绝缘扣 5 分（可口述）		
		正确执行二次安全措施票	5	未执行二次安全措施票扣 5 分（可口述）		
2	保护调试校验					
2.1	保护装置试验	母线保护动作正确，断路器动作正确。能按要求正确进行试验，试验仪故障量设置正确，接线及压板等设置正确，测试正确并说明结果	40	试验接线错误扣 8 分； 压板等设置错误扣 6 分； 试验仪故障设置不正确扣 8 分； 试验项目未做出扣 18 分		
3	填写试验报告					
3.1	试验记录	正确填写试验结果	15	每少填写一项扣 5 分，扣完为止		
4	事故分析及判断					
4.1	保护录波报告分析及判断	查看故障录波报告进行动作行为分析及综合判断	15	录波图查看不正确或漏项，每项扣 3 分（不超过 10 分）； 结果分析不正确扣 5 分		
5	现场恢复	恢复现场	5	未进行现场恢复扣 5 分		
合计			100			

Jc0003453001－6　BP－2B 母线保护调试检验。（100 分）

考核知识点：母线保护

难易度：难

技能等级评价专业技能考核操作工作任务书

一、任务名称

BP－2B 母线保护调试检验。

二、适用工种

继电保护员中级工。

三、具体任务

（1）母线运行方式：支路 L3 合于Ⅰ母，支路 L2、支路 L4 合于Ⅱ母，母联断路器分列运行。L2 支路的 TA 变比为 1200A/5A，其余支路的变比为 600A/5A。

注：运行方式的设置，不允许采用装置内部菜单对隔离开关的强制设置。

（2）工作任务：

1）模拟母联充电时 C 相故障，断路器跳合传动正确。

2）模拟现场工作，实施安全措施（仅对运行方式中提到的回路做安全措施），进行保护试验，完成现场检验任务。

3）附试验定值清单（0 区）。

四、工作规范及要求

（1）工器具使用及安全措施。

（2）按要求进行保护检验。

（3）填写试验报告。

五、考核及时间要求

（1）本考核操作时间为60分钟，时间到停止考评，包括试验接线、保护校验和报告整理时间。

（2）装置调试过程中，要求正确使用安全工器具、继电保护校验仪。

（3）按照技能操作记录单的操作要求进行操作，正确记录操作结果，试验记录项目包括动作元件、相别、动作出口时间等。

技能等级评价专业技能考核操作评分标准

工种	继电保护员					评价等级	中级工
项目模块	继电保护及安全自动装置校验—保护调试—母线保护装置				编号	Jc0003453001－6	
单位			准考证号			姓名	
考试时限	60分钟		题型	多项操作		题分	100分
成绩		考评员		考评组长		日期	
试题正文	BP－2B母线保护调试检验						
需要说明的问题和要求	（1）要求调试单人操作。 （2）操作应注意安全，按照标准化作业书的技术安全说明做好安全措施。 （3）装置调试检验在保护屏上完成操作。 （4）测试仪的选择可选考场提供的测试仪或自带测试仪						

序号	项目名称	质量要求	满分	扣分标准	扣分原因	得分
1	工具使用及安全措施					
1.1	各种工器具正确使用	熟练正确使用各种工器具	5	未正确使用一次扣1分，扣完为止		
1.2	相关安全措施的准备	试验仪器正确接地	3	试验仪器未正确接地扣3分		
		短接母线保护电流	3	未进行短接母线保护电流扣3分		
		断开交流电压	4	未断开交流电压扣4分		
		在母线保护屏拆除启动失灵二次线，并做好绝缘	5	未在母线保护屏拆除启动失灵二次线，未做好绝缘扣5分（可口述）		
		正确执行二次安全措施票	5	未执行二次安全措施票扣5分（可口述）		
2	保护调试校验					
2.1	保护装置试验	母联充电保护动作正确，断路器动作正确。能按要求正确进行试验，试验仪故障量设置正确，接线及压板等设置正确，测试正确并说明结果	40	试验接线错误扣8分； 压板等设置错误扣6分； 试验仪故障设置不正确扣8分； 试验项目未做出扣18分		
3	填写试验报告					
3.1	试验记录	正确填写试验结果	15	每少填写一项扣5分，扣完为止		
4	事故分析及判断					
4.1	保护录波报告分析及判断	查看故障录波报告进行动作行为分析及综合判断	15	录波图查看不正确或漏项，每项扣3分（不超过10分）； 结果分析不正确扣5分		
5	现场恢复	恢复现场	5	未进行现场恢复扣5分		
合计			100			

Jc0003453001－7　BP－2B 母线保护调试检验。（100 分）

考核知识点： 母线保护

难易度： 难

技能等级评价专业技能考核操作工作任务书

一、任务名称

BP－2B 母线保护调试检验。

二、适用工种

继电保护员中级工。

三、具体任务

（1）母线运行方式：支路 L3 合于Ⅰ母，支路 L2、支路 L4 合于Ⅱ母，母联断路器分列运行。L2 支路的 TA 变比为 1200A/5A，其余支路的变比为 600A/5A。

注：运行方式的设置，不允许采用装置内部菜单对隔离开关的强制设置。

（2）工作任务：

1）验证Ⅰ母 C 相故障时母线保护大差比率制动系数的低值 K_r（3 个支路必须同时通流试验，做 2 点），断路器跳合传动正确。

2）模拟现场工作，实施安全措施（仅对运行方式中提到的回路做安全措施），进行保护试验，完成现场检验任务。

3）附试验定值清单（0 区）。

四、工作规范及要求

（1）工器具使用及安全措施。

（2）按要求进行保护检验。

（3）填写试验报告。

五、考核及时间要求

（1）本考核操作时间为 60 分钟，时间到停止考评，包括试验接线、保护校验和报告整理时间。

（2）装置调试过程中，要求正确使用安全工器具、继电保护校验仪。

（3）按照技能操作记录单的操作要求进行操作，正确记录操作结果，试验记录项目包括动作元件、相别、动作出口时间等。

技能等级评价专业技能考核操作评分标准

工种	继电保护员					评价等级	中级工
项目模块	继电保护及安全自动装置校验—保护调试—母线保护装置				编号	Jc0003453001－7	
单位			准考证号			姓名	
考试时限	60 分钟		题型	多项操作		题分	100 分
成绩		考评员		考评组长		日期	
试题正文	BP－2B 母线保护调试检验						
需要说明的问题和要求	（1）要求调试单人操作。 （2）操作应注意安全，按照标准化作业书的技术安全说明做好安全措施。 （3）装置调试检验在保护屏上完成操作。 （4）测试仪的选择可选考场提供的测试仪或自带测试仪						

序号	项目名称	质量要求	满分	扣分标准	扣分原因	得分
1	工具使用及安全措施					
1.1	各种工器具正确使用	熟练正确使用各种工器具	5	未正确使用一次扣 1 分，扣完为止		

续表

序号	项目名称	质量要求	满分	扣分标准	扣分原因	得分
1.2	相关安全措施的准备	试验仪器正确接地	3	试验仪器未正确接地扣 3 分		
		短接母线保护电流	3	未进行短接母线保护电流扣 3 分		
		断开交流电压	4	未断开交流电压扣 4 分		
		在母线保护屏拆除启动失灵二次线，并做好绝缘	5	未在母线保护屏拆除启动失灵二次线，未做好绝缘扣 5 分（可口述）		
		正确执行二次安全措施票	5	未执行二次安全措施票扣 5 分（可口述）		
2	保护调试校验					
2.1	保护装置试验	母线保护正确动作，断路器正确动作。能按要求正确进行试验，试验仪故障量设置正确，接线及压板等设置正确，测试正确并说明结果	40	试验接线错误扣 8 分； 压板等设置错误扣 6 分； 试验仪故障设置不正确扣 8 分； 试验项目未做出扣 18 分		
3	填写试验报告					
3.1	试验记录	正确填写试验结果	15	每少填写一项扣 5 分，扣完为止		
4	事故分析及判断					
4.1	保护录波报告分析及判断	查看故障录波报告进行动作行为分析及综合判断	15	录波图查看不正确或漏项，每项扣 3 分（不超过 10 分）； 结果分析不正确扣 5 分		
5	现场恢复	恢复现场	5	未进行现场恢复扣 5 分		
合计			100			

Jc0003453001－8　BP－2B 母线保护调试检验。（100 分）

考核知识点：母线保护

难易度：难

技能等级评价专业技能考核操作工作任务书

一、任务名称

BP－2B 母线保护调试检验。

二、适用工种

继电保护员中级工。

三、具体任务

（1）母线运行方式：支路 L3 合于Ⅰ母，支路 L2、支路 L4 合于Ⅱ母，母联断路器合环运行。L2 支路的 TA 变比为 1200A/5A，其余支路的变比为 600A/5A。

注：运行方式的设置，不允许采用装置内部菜单对隔离开关的强制设置。

（2）工作任务：

1）验证Ⅰ母 A 相故障时母线保护大差比率制动系数的高值 K_r（3 个支路必须同时通流试验，做 2 点），断路器跳合传动正确。

2）模拟现场工作，实施安全措施（仅对运行方式中提到的回路做安全措施），进行保护试验，完成现场检验任务。

3）附试验定值清单（0 区）。

四、工作规范及要求

（1）工器具使用及安全措施。

（2）按要求进行保护检验。

（3）填写试验报告。

五、考核及时间要求

（1）本考核操作时间为60分钟，时间到停止考评，包括试验接线、保护校验和报告整理时间。

（2）装置调试过程中，要求正确使用安全工器具、继电保护校验仪。

（3）按照技能操作记录单的操作要求进行操作，正确记录操作结果，试验记录项目包括动作元件、相别、动作出口时间等。

技能等级评价专业技能考核操作评分标准

工种	继电保护员				评价等级	中级工
项目模块	继电保护及安全自动装置校验—保护调试—母线保护装置			编号	Jc0003453001－8	
单位		准考证号			姓名	
考试时限	60分钟	题型	多项操作		题分	100分
成绩		考评员		考评组长	日期	
试题正文	BP－2B母线保护调试检验					
需要说明的问题和要求	（1）要求调试单人操作。 （2）操作应注意安全，按照标准化作业书的技术安全说明做好安全措施。 （3）装置调试检验在保护屏上完成操作。 （4）测试仪的选择可选考场提供的测试仪或自带测试仪					

序号	项目名称	质量要求	满分	扣分标准	扣分原因	得分
1	工具使用及安全措施					
1.1	各种工器具正确使用	熟练正确使用各种工器具	5	未正确使用一次扣1分，扣完为止		
1.2	相关安全措施的准备	试验仪器正确接地	3	试验仪器未正确接地扣3分		
		短接母线保护电流	3	未进行短接母线保护电流扣3分		
		断开交流电压	4	未断开交流电压扣4分		
		在母线保护屏拆除启动失灵二次线，并做好绝缘	5	未在母线保护屏拆除启动失灵二次线，未做好绝缘扣5分（可口述）		
		正确执行二次安全措施票	5	未执行二次安全措施票扣5分（可口述）		
2	保护调试校验					
2.1	保护装置试验	母线保护动作正确，断路器动作正确。能按要求正确进行试验，试验仪故障量设置正确，接线及压板等设置正确，测试正确并说明结果	40	试验接线错误扣8分； 压板等设置错误扣6分； 试验仪故障设置不正确扣8分； 试验项目未做出扣18分		
3	填写试验报告					
3.1	试验记录	正确填写试验结果	15	每少填写一项扣5分，扣完为止		
4	事故分析及判断					
4.1	保护录波报告分析及判断	查看故障录波报告进行动作行为分析及综合判断	15	录波图查看不正确或漏项，每项扣3分（不超过10分）； 结果分析不正确扣5分		
5	现场恢复	恢复现场	5	未进行现场恢复扣5分		
合计			100			

第三部分
高级工

第五章 继电保护员高级工技能笔答

Jb0001331001 电力系统提高静态稳定性的措施有哪些？（5分）
考核知识点：基本技能
难易度：易
标准答案：
（1）采用自动调节励磁装置，等效减小发电机电抗。
（2）减少输电线路的电抗：提高线路的额定电压、采用分裂导线、采用串联电容补偿。
（3）改善系统结构。

Jb0001331002 提高电力系统暂态稳定性的措施有哪些？（5分）
考核知识点：基本技能
难易度：易
标准答案：
（1）故障的快速切除和自动重合闸。
（2）提高发电机输出的电磁功率。
（3）减少原动机输出的机械功率。
（4）采用串联电容补偿。
（5）减少线路阻抗。

Jb0001331003 在什么情况下用心肺复苏法及三项基本措施是什么？（5分）
考核知识点：基本技能
难易度：易
标准答案：
（1）触电伤员呼吸和心跳均停止时，应立即按心肺复苏法支持生命的三项基本措施，正确进行就地抢救。
（2）心肺复苏法的三项基本措施是：畅通气道、口对口人工呼吸、胸外按压。

Jb0001332004 简述二次回路进行哪些操作需要填写二次安全措施票。（5分，至少写5项，每项1分）
考核知识点：基本技能
难易度：中
标准答案：
（1）打开电压端子连片，防止电压短路和返送二次电压。
（2）封电流端子，短接电流，防止其他公用保护动作，如母差及3/2接线线路保护。
（3）退出或投入保护软硬压板。
（4）拔掉光差保护光纤或智能站设备连接光纤。
（5）断开装置电源或电压空气开关。

（6）二次回路接线隔离，如主变压器跳母联、联跳回路、启动失灵回路。

Jb0001331005　厂站变压器并列运行的条件有哪些？（5分）

考核知识点：基本技能

难易度：易

标准答案：

（1）相位相同，接线组别相同。

（2）电压比相等。

（3）短路电压百分数相等。（允许差值不超过10%）。

（4）容量比不超过3:1。

Jb0001331006　现场工作过程中遇到异常情况或断路器跳闸，应如何处理？（5分）

考核知识点：基本技能

难易度：易

标准答案：

在现场工作过程中，凡遇到异常（如直流系统接地）或断路器跳闸时，不论与本身工作是否有关，应立即停止工作，保持现状，待找出原因或确定与本工作无关后，方可继续工作。上述异常若为从事现场继电保护工作的人员造成，应立即通知运行人员，以便有效处理。

Jb0001332007　继电保护现场对工作前的准备包括的内容有哪些？（5分）

考核知识点：基本技能

难易度：中

标准答案：

（1）了解工作地点一、二次设备运行情况，本工作与运行设备有无直接联系（如自投–联切等），与其他班组有无需要相互配合的工作。

（2）拟订工作重点项目及准备解决的缺陷和薄弱环节。

（3）工作人员明确分工并熟悉图纸–检验规程等资料。

（4）应具备图纸、上次检验记录、最新整定通知单、检验规程、合格的仪器仪表、备品备件工具、导线等。

（5）对一些重要设备，特别是复杂保护装置或有联跳回路的保护装置，如母线保护、断路器失灵保护等的现场校验工作，应编制经技术负责人审批的试验方案和由工作负责人填写的、技术负责人审批的安全措施票。

Jb0001331008　在带电的电流互感器二次回路上工作时应采取哪些安全措施？（5分）

考核知识点：基本技能

难易度：易

标准答案：

（1）严禁将电流互感器二次侧开路。

（2）短路电流互感器二次绕组，必须使用短路片或短路线，短路应妥善可靠，严禁用导线缠绕。

（3）严禁在电流互感器与短路端子之间的回路上和导线上进行任何工作。

（4）工作必须认真，谨慎，不得将回路的永久接地点断开。

（5）工作时，必须有专人监护，使用绝缘工具，并站在绝缘垫上。

Jb0001332009 操作箱一般由哪些继电器组成？（任举5例即可，每项1分，共5分）

考核知识点：基本技能

难易度：中

标准答案：

操作箱由下列继电器组成：

（1）监视断路器合闸回路的跳闸位置继电器及监视断路器跳闸回路的合闸位置继电器。

（2）防止断路器跳跃继电器。

（3）手动合闸继电器。

（4）压力检查或闭锁继电器。

（5）手动跳闸继电器及保护三相跳闸继电器。

（6）重合闸继电器。

（7）辅助中间继电器。

（8）跳闸信号继电器及备用信号继电器。

Jb0001332010 简述智能变电站继电保护 GOOSE 二次回路安全措施实施原则。（5分）

考核知识点：基本技能

难易度：中

标准答案：

（1）投入待检修设备的检修压板，并退出待检修设备相关 GOOSE 出口软压板。

（2）退出与待检修设备相关联的运行设备的 GOOSE 接收软压板。

（3）通过对待检修设备装置信息、与待检修设备相关联的运行设备装置信息、后台信息三信息源进行比对，以确认安全措施是否执行到位。

Jb0001331011 简述智能变电站继电保护 SV 回路安全措施实施原则。（5分）

考核知识点：基本技能

难易度：易

标准答案：

（1）停用一次设备时，退出相关运行保护装置的 SV 接收软压板。

（2）不停用一次设备时，退出相关运行保护装置功能。

Jb0001331012 什么是系统的最大、最小运行方式？（5分）

考核知识点：基本技能

难易度：易

标准答案：

在继电保护的整定计算中，一般都要考虑电力系统的最大与最小运行方式。最大运行方式是指在被保护对象末端路时，系统的等值阻抗最小，通过保护装置的短路电流为最大的运行方式。最小的运行方式是指在上述同样的短路情况下，系统等值阻抗最大，通过保护装置的短路电流为最小的运行方式。

Jb0001333013 什么叫潜供电流？对重合闸时间有什么影响？（5分）

考核知识点：基本技能

难易度：难

标准答案：

当故障相跳开后，另两健全相通过电容耦合和磁感应耦合供给故障点的电流叫潜供电流。潜供电流使故障点的消弧时间延长，因此，重合闸的时间必须考虑这一消弧时间的延长。

Jb0001333014　智能变电站一次设备不停电情况下，220kV 线路保护校验（第一套保护、第一套智能终端、第一套合并单元退出，第一套母差保护陪停）安全措施实例有哪些？（5 分）

考核知识点：基本技能

难易度：难

标准答案：

（1）退出智能终端跳、合闸出口硬压板。

（2）投入对应母差保护检修硬压板。

（3）投入对应合并单元、线路保护、智能终端检修硬压板。

（4）退出对应母差保护其他间隔 SV 接收软压板。

（5）退出母差保护至运行间隔智能终端出口软压板及至主变压器保护间隔失灵联跳出口软压板。

（6）取下保护装置背板纵联光纤。

Jb0001332015　一次设备停役时，若需退出智能站继电保护系统，应按什么顺序进行停用该间隔保护的操作？（5 分）

考核知识点：基本技能

难易度：中

标准答案：

（1）退出相关运行保护装置中该间隔的 SV 软压板或间隔投入软压板。

（2）退出相关运行保护装置中该间隔的 GOOSE 接收软压板（如启动失灵等）。

（3）退出该间隔保护装置中跳闸、合闸、启动失灵等 GOOSE 发送软压板。

（4）退出该间隔智能终端出口硬压板。

（5）投入该间隔保护装置、智能终端、合并单元检修压板。

Jb0001332016　一次设备复役时，智能站继电保护系统投入运行，应按什么顺序进行投运该间隔保护的操作？（5 分）

考核知识点：基本技能

难易度：中

标准答案：

（1）退出该间隔合并单元、保护装置、智能终端检修硬压板。

（2）投入该间隔智能终端出口硬压板。

（3）投入该间隔保护装置跳闸、重合闸、启失灵等 GOOSE 发送软压板。

（4）投入相关运行保护装置中该间隔的 GOOSE 接收软压板（如失灵启动等）。

（5）投入相关运行保护装置中该间隔 SV 软压板。

Jb0001333017　变压器差动保护用的电流互感器，在最大穿越性短路电流时其误差超过 10%，此时，应采取哪些措施来防止差动保护误动作？（5 分）

考核知识点：基本技能

难易度：难

标准答案：

应采取下列措施：

（1）适当地增加电流互感器的变比。

（2）将两组电流互感器按相串联使用。

（3）减小电流互感器二次回路负载。

（4）在满足灵敏度要求的前提下，适当地提高保护动作电流。

Jb0001333018 运行中的变压器瓦斯保护，当现场进行什么工作时，重瓦斯保护应由“跳闸”位置改为“信号”位置运行？（5分）

考核知识点：基本技能

难易度：难

标准答案：

（1）进行注油和滤油时。

（2）进行呼吸器畅通工作或更换硅胶时，除采油样和气体继电器上部放气阀放气外，在其他所有地方打开放气、放油和进油阀门时开、闭气体继电器连接管上的阀门时。

（3）在瓦斯保护及其二次回路上进行工作时。

（4）对于充氮变压器，当储油柜抽真空或补充氮气时，变压器注油、滤油、充氮（抽真空）、更换硅胶及处理器时。

（5）在上述工作完毕后，经1h试运行后，方可将重瓦斯保护投入跳闸。

Jb0001331019 现场工作结束后，现场继电保护工作记录簿上应记录什么内容？（5分）

考核知识点：基本技能

难易度：易

标准答案：

现场工作结束后，在现场继电保护工作记录簿上应记录整定值变更情况，二次回路更改情况，已解决及未解决的问题及缺陷，运行注意事项，能否投入等内容。

Jb0002332020 简述目前综自站中有几种通信方式。并写出IEC 60870−5−101、103、104规约的适用范畴。（5分）

考核知识点：相关技能

难易度：中

标准答案：

一是综自系统内部各子系统或各种功能模块间的信息交换，如厂站后台与保护测控装置的通信，通过串并行通信方式、计算机局域网方式和现场总线方式；二是变电站与调度主站的通信，有载波通信方式、网络通信线路方式、音频电缆方式等。

IEC 60870−5−101是符合调度端要求的基本远动通信规约，IEC 60870−5−104是网络传输的远动规约，它们都属于与调度主站的通信。IEC 60870−5−103是为继电保护和间隔层设备与站控层设备间的数据通信传输的规约，属于站内通信。

Jb0002332021 智能变电站对时系统有什么要求？（5分）

考核知识点：相关技能

难易度：中

标准答案：

（1）应具备全站统一的同步对时系统，可采用北斗系统或GPS单向标准授时信号进行时钟校正，优先采用北斗系统，支持卫星时钟与地面时钟互为备用方式。

（2）对时系统宜支持SNTP协议，IRIG－B码、秒脉冲输出，并支持各种接口。

Jb0002332022　监控系统的基本功能是什么？（5分）

考核知识点：相关技能

难易度：中

标准答案：

（1）“四遥”功能的实现，即遥测、遥信、遥控、遥调。

（2）保护测控等二次装置的通信联系。

（3）五防系统的通信联系。

（4）其他智能设备的通信联系。

（5）实现全网统一校时。

Jb0002333023　一次新设备投运时应做哪些工作？（5分）

考核知识点：相关技能

难易度：难

标准答案：

（1）全电压冲击合闸时，有条件应使用双重开关和双重保护，对于线路须全电压冲击合闸三次，对于变压器须全电压冲击合闸五次。

（2）相位、相序要核对正确。

（3）相应的继电保护、安全自动装置、自动化设备同步调试并按方案要求投入运行。

（4）新设备进行试运行，系统相关保护定值的变更应根据方式变化，按不配合时间尽可能短、影响尽可能小的原则来安排。

Jb0002332024　电力二次系统的安全防护的目的是什么？（5分）

考核知识点：相关技能

难易度：中

标准答案：

为了确保电力监控系统及电力调度数据网络的安全，抵御黑客、病毒、恶意代码等各种形式的恶意破坏和攻击，特别是抵御集团式攻击，防止电力二次系统的崩溃或瘫痪，以及由此造成的电力系统事故或大面积停电事故。安全防护主要针对网络系统和基于网络的电力生产控制系统，重点强化边界防护，提高内部安全防护能力，保证电力生产控制系统及重要数据的安全。

Jb0003331025　简述当屏（柜）内布置两台及以上装置时，根据屏（柜）背面端子排（包括对时通信）设计原则，列举每段端子排具体标识的含义（如BD代表集中备用段），至少列举5个。（5分）

考核知识点：二次回路工作

难易度：易

标准答案：

（1）交流电压段（UD）。

（2）交流电流段（ID）。

（3）直流电源段（ZD）。
（4）强电开入段（QD）。
（5）弱电开入段（RD）。
（6）出口正段（CD）。
（7）出口负段（KD）。
（8）与其他保护配合段（PD）。
（9）信号段（XD）。
（10）遥信段（YD）。
（11）录波段（LD）。
（12）网络通信段（TD）。
（13）集中备用段（BD）。

Jb0003331026　电压互感器二次侧 N600 和开口三角侧 N600 应用两芯电缆分别引至主控室接地，为什么不能共线（公用一芯电缆作为公共 N600）？（5 分）

考核知识点：二次回路工作

难易度：易

标准答案：

因为当系统发生接地故障时，Y 侧和 D 侧均出现零序电压，其电流流过各自的负载，如果共线，则两个电流均在一根电缆上产生压降，使接入保护的 $3U$ 在数值和相位上产生失真，影响保护正确工作。

Jb0003333027　在双母线系统中电压切换的作用是什么？（5 分）

考核知识点：二次回路工作

难易度：难

标准答案：

对于双母线系统上所连接的电气元件，在两组母线分开运行时（如母联断路器断开），为了保证其一次系统和二次系统的电压保持对应，以免发生保护或自动装置误动、拒动，要求保护及自动装置的二次电压回路随同主接线一起进行切换用隔离开关辅助触点启动电压切换中间继电器，利用其触点实现电压回路的自动切换。

Jb0003332028　某双母线接线形式的变电站，每一母线上配有一组电压互感器，同时出线上装有线路电压抽取设备。试问：电压抽取设备的二次回路接地点应根据什么原则设置？（5 分）

考核知识点：二次回路工作

难易度：中

标准答案：

如果电压抽取设备的二次回路与其他电压互感器二次回路经控制室（N600）连通，只应在控制室将 N600 一点接地。宜在开关场将二次线接线中性点经放电间隙或氧化锌阀片接地，其击穿电压峰值应大于 $30I_{max}$，I_{max} 为电网接地故障时通过变电站的可能最大接地电流有效值，单位为 kA。如果电压抽取设备的二次回路与其他互感器二次回路没有电的联系，可以在控制室内也可以在开关场一点接地。

Jb0003311029　一组电压互感器，变比为 $(110\,000/\sqrt{3})\text{V}/(100/\sqrt{3})\text{V}/100\text{V}$，其接线如图 Jb0003311029 所示，试计算 S 端对 a 的电压值 U_{SA}、S 端对 b 的电压值 U_{SB}、S 端对 c 的电压值 U_{SC}、S 端对 N 的电压值 U_{SN}。（5 分）

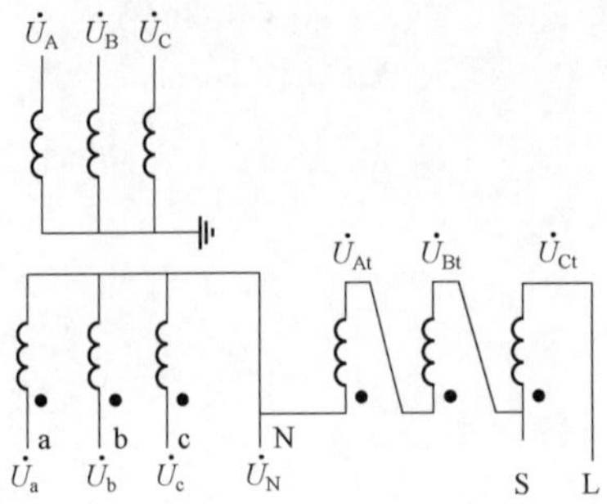

图 Jb0003311029

考核知识点：二次回路工作

难易度：易

标准答案：

解：

$$U_{SA}=U_{SB}=\sqrt{100^2+\left(\frac{100}{\sqrt{3}}\right)^2-2\times100\times\frac{100}{\sqrt{3}}\times\cos120^{\circ}}=138\text{（V）}$$

$$U_{SC}=100-\frac{100}{\sqrt{3}}=42\text{（V）}$$

$$U_{SN}=100\text{（V）}$$

答：S 端对 a 的电压值为 138V，S 端对 b 的电压值为 42V，S 端对 c 的电压值为 100V。

Jb0003332030　为什么交、直流回路不能共用一条电缆？（5 分）

考核知识点：二次回路工作

难易度：中

标准答案：

（1）交、直流回路都是独立系统。直流回路是绝缘系统而交流回路是接地系统。若共用一条电缆，两者之间一旦发生短路就造成直流接地，同时影响交、直流两个系统。

（2）平常也容易互相干扰，还有可能降低对直流回路的绝缘电阻。

因此，交、直流回路不能共用一条电缆。

Jb0003332031　对保护二次电压切换有什么反措要求？（5 分）

考核知识点：二次回路工作

难易度：中

标准答案：

（1）用隔离开关辅助触点控制的电压切换继电器，应有一副电压切换继电器触点作监视用，不得在运行中维修隔离开关辅助触点。

（2）检查并保证在切换过程中，不会产生电压互感器二次反充电。

（3）手动进行电压切换的，应有专用的运行规程，并由运行人员执行。

（4）用隔离开关辅助触点控制的切换继电器，应同时控制可能误动作的保护的正电源，应有处理切换继电器同时动作与同时不动作等异常情况的专用运行规程。

Jb0003332032　试停方法查找直流接地有时找不到接地点在哪个系统，试论述可能有哪些原因？（5 分）

考核知识点：二次回路工作

难易度：中

标准答案：

（1）当直流接地发生在充电设备、蓄电池本身和直流母线上时，用拉路方法是找不到接地点的。

（2）当直流采取环路供电方式时也是不能找到接地点的。

除上述情况外，还有直流串电（寄生回路）、同极两点接地、直流系统绝缘不良，多处出现虚接地点，形成很高的接地电压，在表计上出现接地指示。所以在拉路查找时，往往不能一下全部拉掉接地点，因而仍有接地现象的存在。

Jb0003332033 智能变电站继电保护设备交流量精度检查如何检查？（5分）

考核知识点：保护安自装置的安装、调试及维护

难易度：中

标准答案：

（1）零点漂移检查。保护装置不输入交流电流、电压量，观察装置在一段时间内的零漂值满足要求。

（2）各电流、电压输入的幅值和相位精度检验。按照装置技术说明书规定的试验方法，分别输入不同幅值和相位的电流、电压量，检查各通道采样值的幅值、相角和频率的精度误差。

（3）同步性能测试。通过继电保护测试仪加几个间隔的电流、电压信号给保护，观察保护的同步性能。

Jb0003332034 怎样理解变压器非电气量保护和电气量保护的出口继电器要分开设置？（5分）

考核知识点：保护安自装置的安装、调试及维护

难易度：中

标准答案：

（1）反措要求要完善断路器失灵保护。

（2）反措同时要求慢速返回的非电气量保护不能启动失灵保护。

（3）变压器的差动保护等电气量保护和瓦斯保护合用出口，会造成瓦斯保护动作后启动失灵保护的问题，由于瓦斯保护的延时返回可能会造成失灵保护误动作。因此，变压器非电气量保护和电气量保护的出口继电器要分开设置。

Jb0003332035 为什么220kV及以上系统要装设断路器失灵保护，其作用是什么？（5分）

考核知识点：保护安自装置的安装、调试及维护

难易度：中

标准答案：

（1）220kV以上的输电线路一般输送的功率大，输送距离远，为提高线路的输送能力和系统的稳定性，往往采用分相断路器和快速保护。

（2）由于断路器存在操作失灵的可能性，当线路发生故障而断路器又拒动时，将给电网带来很大威胁，故应装设断路器失灵保护装置，有选择地将失灵拒动的断路器所在（连接）母线的断路器断开，以减少设备损坏，缩小停电范围，提高系统的安全稳定性。

Jb0003331036 高压线路自动重合闸装置的动作时限应考虑哪些因素？（5分）

考核知识点：保护安自装置的安装、调试及维护

难易度：易

标准答案：

高压线路自动重合闸装置的动作时限应考虑故障点灭弧时间、断路器操动机构的性能、电力系统稳定的要求等因素。

Jb0003331037　一般保护与自动装置动作后应闭锁重合闸的有哪些？（任举5例即可，5分）

考核知识点：保护安自装置的安装、调试及维护

难易度：易

标准答案：

（1）母线差动保护动作。

（2）变压器差动保护动作。

（3）自动按频率减负荷装置动作。

（4）联切装置–远跳装置动作。

（5）短引线保护动作。

（6）低压减载装置动作。

Jb0003332038　常规继电保护装置有哪几种状态？（5分）

考核知识点：保护安自装置的安装、调试及维护

难易度：中

标准答案：

常规厂站继电保护装置的状态分为投入、退出和信号三种：

（1）投入状态是指装置功能压板、出口压板按要求正确投入，把手置于对应位置，实现对一次设备的既定保护作用。

（2）退出状态是指装置功能压板按要求正确断开、出口压板全部断开，把手置于对应位置。在该状态下，装置失去对一次设备的保护作用。

（3）信号状态是指装置功能压板按要求正确投入，出口压板全部断开，把手置于对应位置。该状态下，装置对一次设备无保护作用。

Jb0003332039　智能变电站继电保护装置有哪几种状态？（5分）

考核知识点：保护安自装置的安装、调试及维护

难易度：中

标准答案：

智能变电站继电保护装置的状态分为投入、退出和信号三种：

（1）投入状态是指装置SV软压板投入、主保护及后备保护功能软压板按要求正确投入，跳闸、启动失灵、重合闸等COOSE发送及接收软压板按继电保护调度运行求正确投入，检修硬压板断开，装置实现对一次设备的既定保护作用。

（2）退出状态是指装置SV软压板断开、主保护及后备保护功能软压板断开，跳闸、启动失灵、重合闸等COOSE发送及接收软压板全部断开，检修硬压板投入。该状态下，装置失去对一次设备的保护作用。

（3）信号状态是指装置SV软压板投入、主保护及后备保护功能软压板按要求正确投入，跳闸、启动失灵、重合闸等GOOSE发送软压板全部断开检修硬压板断开。该状态下，装置对一次设备无保护作用。

Jb0003331040 如何单独退出保护装置的某项保护功能？（5分）

考核知识点：保护安自装置的安装、调试及维护

难易度：易

标准答案：

（1）断开该功能独立设置的出口压板和对应功能压板。

（2）当无独立设置的出口压板时，断开其功能压板。

（3）不满足上述两条件的，可退出整套装置。

Jb0003333041 依据 DL/T 526—2013《备用电源自动投入装置技术条件》中 4.9.11 的规定“备自投应取断路器自身的位置辅助触点”，如备自投取断路器 TWJ 可能会有什么影响？（5分）

考核知识点：保护安自装置的安装、调试及维护

难易度：难

标准答案：

断路器 TWJ 有串接断路器位置辅助触点、弹簧未储能触点、合闸线圈及其他闭锁合闸触点的情况。当断路器实际在分闸位置，如上述任一触点不在闭合状态、机构正在储能过程中或断路器控制电源空气开关跳闸，均将导致 TWJ 不能实时反应断路器的实际位置状态，可能会使备用电源自动投入装置误判断路器位置，装置发出跳进线断路器命令后，若一定时间内（受类似“开关拒跳放电延时”整定）相应断路器未变位，备用电源自动投入装置判别断路器拒动，满足备用电源自动投入装置放电条件，导致备用电源自动投入装置无法下一步进行合闸。

如备用电源自动投入装置取断路器自身的位置辅助触点，备用电源自动投入装置逻辑判断不受其他装置的运行状态的影响。

Jb0003332042 对新安装的变压器差动保护在投入运行前应做哪些试验？（5分）

考核知识点：保护安自装置的安装、调试及维护

难易度：中

标准答案：

对其应做如下检查：

（1）必须进行带负荷测相位和差电压（或差电流），以检查电流回路接线的正确性。

（2）在变压器充电时，将差动保护投入。

（3）带负荷前将差动保护停用，测量各侧各相电流的有效值和相位。

（4）测各相差电压（或差电流）。

（5）变压器充电合闸 5 次，以检查差动保护躲励磁涌流的性能。

Jb0003331043 国家电网公司的标准化设计规范简称“六统一”设计，“六统一”设计是指什么？（5分）

考核知识点：保护安自装置的安装、调试及维护

难易度：易

标准答案：

“六统一”是指微机保护的功能配置、回路设计、端子排布置、接口规范、报告输出、定值格式六个方面。

Jb0003333044　在有一侧为弱电源的线路内部故障时，防止纵联电流差动保护拒动的措施是什么？（5分）

考核知识点：保护安自装置的安装、调试及维护

难易度：难

标准答案：

在发生短路以后，弱电侧由于三相电流为零，又无电流的突变，故启动元件不启动。于是无法向对侧发“差动动作”的允许信号，因此，造成电源侧的纵差保护因收不到允许信号而无法跳闸。为解决此问题，在纵联电流差动保护中除了有两相电流差突变量启动元件、零序电流启动元件和不对应启动元件以外，再增加一个“低压差流启动元件”。该启动元件的启动条件为：

（1）差流元件动作。

（2）差流元件的动作相或动作相间的电压小于0.6倍的额定电压。

（3）收到对侧的“差动动作”的允许信号。

同时满足上述三个条件该启动元件启动。

Jb0003333045　简述智能变电站中如何隔离一台保护装置与站内其余装置的GOOSE报文有效通信。（5分）

考核知识点：保护安自装置的安装、调试及维护

难易度：难

标准答案：

（1）投入待隔离保护装置的“检修状态”硬压板。

（2）退出待隔离保护装置所有的“GOOSE出口”软压板。

（3）退出所有与待隔离保护装置相关装置的“GOOSE接收”软压板。

（4）解除需隔离的保护装置背后的GOOSE光纤。

Jb0003332046　如图Jb0003332046所示，k点故障，分析整个保护动作及切除故障全过程（各开关切除顺序）。（5分）

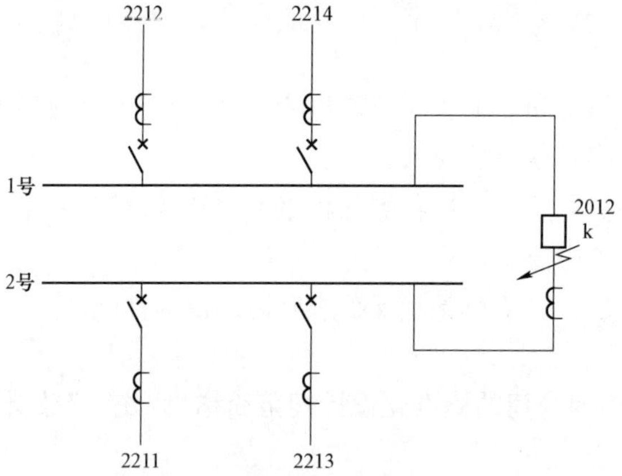

图 Jb0003332046

考核知识点：事故分析及二次设备异常处理

难易度：中

标准答案：

母差保护动作首先跳开2212、2214、2012断路器，然后延时跳开2211、2213断路器。

Jb0003333047　220kV 降压变压器在重载时发生高压侧断路器非全相运行，影响的保护有哪些？（5 分）

考核知识点：事故分析及二次设备异常处理

难易度：难

标准答案：

220kV 降压变压器在重载时发生高压侧断路器非全相运行，影响的保护有：

（1）对侧线路零序过电流保护可能动作。

（2）本站母差保护的零序电压闭锁元件可能动作。

（3）系统内发电机负序过电流保护可能动作。

（4）变压器中性点零流保护可能动作。

Jb0003333048　在什么情况下不得进行主变压器有载遥调操作？（任举 5 例即可，5 分）

考核知识点：事故分析及二次设备异常处理

难易度：难

标准答案：

（1）主变压器有载调压开关调压次数达极限值时。

（2）主变压器有载调压开关油耐压不合格时。

（3）主变压器有载调压开关机构滑挡或其他缺陷。

（4）主变压器过负荷达风险预警限值时。

（5）主变压器有载轻瓦斯动作时。

（6）主变压器报过载闭锁有载调压信号时。

Jb0003333049　简述保护装置的缺陷的分级。（5 分）

考核知识点：事故分析及二次设备异常处理

难易度：难

标准答案：

保护设备缺陷是指可能已经影响继电保护装置本体相关设备及其二次回路正常运行的异常状态。保护设备缺陷按严重程度分为三级：危急缺陷、严重缺陷、一般缺陷。

（1）危急缺陷是指继电保护装置自身或相关设备及回路存在问题，导致失去主要保护功能或直接威胁设备安全运行，须立即处理的缺陷。

（2）严重缺陷是指继电保护装置自身或相关设备及回路存在问题，导致部分保护功能缺失、装置性能下降，或影响保护运行监视信息上送，短时内尚能坚持运行，应尽快处理的缺陷。

（3）一般缺陷是指除危急、严重缺陷之外的，不影响一次设备安全运行和供电能力，保护功能未受到实质性影响，对安全运行影响不大，可暂缓处理的缺陷。

Jb0003333050　自动重合闸的重合闸启动方式有哪几种？各有什么特点？（5 分）

考核知识点：事故分析及二次设备异常处理

难易度：难

标准答案：

（1）自动重合闸有两种启动方式：保护启动方式、断路器控制开关位置与断路器位置不对应启动方式。

（2）保护启动方式是在保护装置动作时启动重合闸。现代的保护装置均具有较为完备的选相功能，重合闸不再担负选相任务。线路发生故障后由保护装置直接启动重合闸，重合闸装置仅需按照预先的设置定值与逻辑，完成重合功能。但该启动方式不能纠正断路器误动。

（3）断路器控制开关位置与断路器位置不对应启动方式一般简称为“不对应启动”，该启动方式可以纠正断路器误碰或偷跳，同时还可在不直接启动重合闸装置的保护动作后进行重合。但当断路器辅助触点接触不良时，不对应启动方式将失效。

Jb0003332051　简述智能变电站继电保护断链告警初步判断与处理的方法。（5分）

考核知识点：事故分析及二次设备异常处理

难易度：中

标准答案：

监控后台发GOOSE断链告警信号时，现场根据链路表及SCD文件做出判断，同时结合网络分析仪或其他采集同一数据的设备进行辅助分析确定故障点，判断断链告警是否误报，若无误报，则优先确定断链是由于发送方故障引起或接收方、网络设备等引起。

进行现场检查，在做好相关安全措施，针对故障设备按现场运行规程进行处理。

Jb0003332052　智能变电站装置异常或故障部分是因为装置抱死导致的，可能装置重启一下就能恢复正常，保护装置、合并单元和智能装置异常重启的安全措施有哪些？（5分）

考核知识点：事故分析及二次设备异常处理

难易度：中

标准答案：

（1）保护装置异常时，投入装置检修状态硬压板，重启装置一次。

（2）智能终端异常时，退出装置跳合闸出口硬压板、测控出口硬压板，投入检修状态硬压板，重启装置一次。

（3）母线合并单元异常时，投入装置检修状态硬压板，关闭电源并等待5s，然后上电重启。

（4）间隔合并单元异常时，若保护双重化配置，则将该合并单元对应的间隔保护改信号，母差保护仍投跳（500kV母差保护因无复合电压闭锁功能需改信号），投入合并单元检修状态硬压板，重启装置一次；若保护单套配置，则相关保护不改信号，直接投入合并单元检修状态硬压板，重启装置一次。

Jb0003333053　某变电站有两套相互独立的直流系统，同时出现了直流接地告警信号，其中，第一组直流电源为正极接地；第二组直流电源为负极接地。现场利用拉、合直流保险的方法检查直流接地情况时发现：在当断开某断路器（该断路器具有两组跳闸线圈）的任控制电源时，两套直流电源系统的直流接地信号又同时消失，试问如何判断故障的大致位置，为什么？（5分）

考核知识点：事故分析及二次设备异常处理

难易度：难

标准答案：

（1）因为任意断开一组直流电源接地现象消失，所以直流系统可能没有接地。

（2）故障原因为第一组直流系统的正极与第二组直流系统的负极短接或相反。

（3）两组直流短接后形成一个端电压为440V的电池组，中点对地电压为零。

（4）每一组直流系统的绝缘监察装置均有一个接地点，短接后直流系统中存在两个接地点，故一组直流系统的绝缘监察装置判断为正极接地；另一组直流系统的绝缘监察装置判断为负极接地。

Jb0003331054　智能变电站继电保护文件管理主要包括哪些文件和软件？（至少列举 5 项，5 分，每项 1 分）

考核知识点：智能变电站二次系统调试

难易度：易

标准答案：

（1）全站 SCD 配置文件及全站虚端子配置 CRC 校验码。

（2）继电保护专业管理范围内各智能电子设备的参数及 ICD、CID。

（3）继电保护专业管理范围内各智能电子设备的程序版本信息文件。

（4）全站过程层网络（含交换机）配置图、参数表、配置文件。

（5）继电保护专业管理范围内各智能电子设备的定值文件。

（6）继电保护专业管理范围内各智能电子设备的调试分析软件。

（7）继电保护专业管理范围内各智能电子设备的配置工具软件。

（8）SCD 文件配置工具软件。

Jb0003333055　智能变电站 GOOSE 报文主要传输的是实时数据，如图 Jb0003333055 所示，试叙述报文变位触发前、触发变位过程中、故障变位触发后、故障解除时，T_0、（T_0）、T_1、T_2、T_3 各个时间段的变化情况。（5 分）

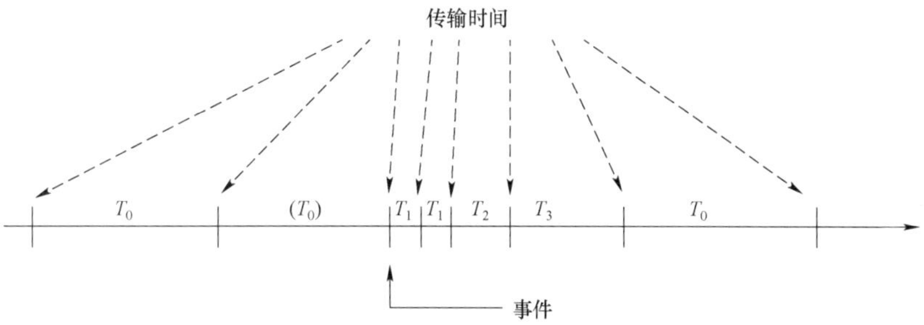

图 Jb0003333055

考核知识点：智能变电站二次系统调试

难易度：难

标准答案：

（1）在稳态情况下（未发生故障之前），服务器将以稳定的时间间隔 T_0 循环发送 GOOSE 报文，属于心跳报文，一般情况下为 5s。

（2）当发生变位时，服务器立即发送时间变化报文。

（3）当一旦发生变位后，初始上送时间将会缩短，最短的传输时间是 T_1 时间，一般情况下触发时间为 2ms。快速发送两次。

（4）故障未恢复前，接着会继续以 T_2 时间段 4ms 一帧、T_3 时间段 8ms 下一帧的方式进行报文发送。

（5）之后恢复初始状态 T_0 时间。

Jb0003332056　更换合并单元后，为什么装置需要重启才可进行正常采样？（5 分）

考核知识点：智能变电站二次系统调试

难易度：中

标准答案：

在智能变电站中，保护装置的电流及电压采样是通过直采合并单元数字信号实现的，由于每个合并单元的通道延迟有差异，保护装置默认先前合并单元的有效数据，当更换合并单元后，装置需要重启才可进行正常采样。

Jb0003333057　智能变电站检修机制应满足哪些要求？（5分）

考核知识点：智能变电站二次系统调试

难易度：难

标准答案：

检修机制应满足的要求如下：

（1）SV接收端装置应将接收的SV报文中的检修品质位与装置自身的检修压板状态进行比较，只有两者一致时采样值才参与保护逻辑运算，不一致时只用于显示采样值，不参与保护逻辑运算。

（2）GOOSE接收端装置应将接收的GOOSE报文中的检修品质位与装置自身的检修压板状态进行比较，只有两者一致时才将信号作为有效进行处理或动作。

（3）若母线合并单元检修投入，则其级联的间隔合并单元的发送数据中仅来自母线合并单元的通道数据应带检修标记。

（4）当接收装置的检修压板状态和收到报文的检修品质位不一致时，接收装置应有告警信号发出。

第六章 继电保护员高级工技能操作

Jc0001361001－1 RCS－931 线路保护调试检验及排故。（100 分）
考核知识点：线路保护
难易度：易

技能等级评价专业技能考核操作工作任务书

一、任务名称

RCS－931 线路保护调试检验及排故。

二、适用工种

继电保护员高级工。

三、具体任务

（1）工作状态为模拟 220kV 线路停电，工作内容为线路保护定检。

（2）工作任务：

1）模拟 A 相瞬时性接地故障，校验接地距离 I 段的定值，断路器跳合传动正确。

2）模拟现场工作，实施安全措施（按照保护定检完成），排除设置的故障，完成现场检验任务。

3）附试验定值清单（01 区）。

4）接线方式为双母接线。保护配置为光纤差动保护、三段距离保护、两段零序保护。

四、工作规范及要求

（1）工器具使用及安全措施。

（2）按要求进行保护校验。

（3）二次回路故障查找及排除。

（4）进行故障分析并填写试验报告。

五、考核及时间要求

（1）本考核操作时间为 60 分钟，时间到停止考评，包括试验接线、保护校验和报告整理时间。同一类现象故障不限一处故障点。

（2）故障查找和排除过程中，如确实不能查找出故障，可向考评员申请排除故障，该项故障项目不得分，但不影响其他项目。

（3）按照技能操作记录单的操作要求进行操作，正确记录操作结果，试验记录项目包括动作元件、相别、动作出口时间等。

技能等级评价专业技能考核操作评分标准

工种	继电保护员					评价等级	高级工
项目模块	缺陷处理与事故分析—保护调试—线路保护装置				编号	Jc0001361001－1	
单位			准考证号			姓名	
考试时限	60 分钟		题型	综合操作题		题分	100 分
成绩		考评员		考评组长		日期	

续表

试题正文	RCS－931 线路保护调试检验及排故
需要说明的问题和要求	（1）要求调试单人操作；故障查找及分析在调试过程中完成。 （2）操作应注意安全，按照标准化作业书的技术安全说明做好安全措施。 （3）装置调试检验在保护屏上完成操作。 （4）测试仪的选择可选考场提供的测试仪或自带测试仪

序号	项目名称	质量要求	满分	扣分标准	扣分原因	得分
1	工具使用及安全措施					
1.1	各种工器具正确使用	熟练正确使用各种工器具	5	未正确使用一次扣 1 分，扣完为止		
1.2	相关安全措施的准备	试验仪器正确接地	2	试验仪器未正确接地扣 2 分		
		短接母线保护电流	3	未进行短接母线保护电流扣 3 分		
		断开交流电压	2	未断开交流电压扣 2 分		
		在母线保护屏拆除启动失灵二次线，并做好绝缘	3	未在母线保护屏拆除启动失灵二次线，未做好绝缘扣 3 分（可口述）		
2	保护调试检验					
2.1	保护装置试验	能按要求正确进行接地距离Ⅰ段保护测试，试验仪故障设置正确，接线及压板等设置正确，测试正确并说明结果	30	试验接线错误扣 5 分； 压板等设置错误扣 5 分； 试验仪故障设置不正确扣 5 分； 试验项目不全，每缺少一项扣 5 分（0.95 倍、1.05 倍、反方向）		
3	二次回路故障排查					
3.1	故障查找	能正确进行故障查找。 故障：1D9 上的 1n209 虚接，A 相无采样电压	10	未查找出故障扣 10 分		
3.2	故障排除	能正确进行故障排除	10	未正确排除故障扣 10 分		
4	填写试验报告					
4.1	试验记录	正确填写试验结果	10	每少填写一项扣 3 分，扣完为止		
4.2	故障排除	将故障现象和具体故障（故障点及排除的方法）填写清楚	10	故障点及排除方法未填写，每项扣 2.5 分； 故障现象填写不清楚，每项扣 2.5 分； 以上扣分，扣完为止		
5	事故分析及判断					
5.1	保护录波报告分析及判断	查看故障录波报告，进行动作行为分析及综合判断	10	录波图查看不正确或漏项，每项扣 2 分（不超过 5 分）； 结果分析不正确扣 5 分		
6	现场恢复	恢复现场	5	未进行现场恢复扣 5 分		
合计			100			

Jc0001361001－2　RCS－931 线路保护调试检验及排故。（100 分）

考核知识点：线路保护

难易度：易

技能等级评价专业技能考核操作工作任务书

一、任务名称

RCS－931 线路保护调试检验及排故。

二、适用工种

继电保护员高级工。

三、具体任务

（1）工作状态为模拟 220kV 线路停电，工作内容为线路保护定检。

（2）工作任务：

1）模拟 B 相瞬时性接地故障，校验差动电流低定值，断路器跳合传动正确。

2）模拟现场工作，实施安全措施（按照保护定检完成），排除设置的故障，完成现场检验任务。

3）附试验定值清单（01 区）。

4）接线方式为双母接线。保护配置为光纤差动保护、三段距离保护、两段零序保护。

四、工作规范及要求

（1）工器具使用及安全措施。

（2）按要求进行保护校验。

（3）二次回路故障查找及排除。

（4）进行故障分析并填写试验报告。

五、考核及时间要求

（1）本考核操作时间为 60 分钟，时间到停止考评，包括试验接线、保护校验和报告整理时间。同一类现象故障不限一处故障点。

（2）故障查找和排除过程中，如确实不能查找出故障，可向考评员申请排除故障，该项故障项目不得分，但不影响其他项目。

（3）按照技能操作记录单的操作要求进行操作，正确记录操作结果，试验记录项目包括动作元件、相别、动作出口时间等。

技能等级评价专业技能考核操作评分标准

工种	继电保护员					评价等级	高级工
项目模块	缺陷处理与事故分析—保护调试—线路保护装置				编号	Jc0001361001－2	
单位			准考证号			姓名	
考试时限	60 分钟		题型	综合操作题		题分	100 分
成绩		考评员		考评组长		日期	
试题正文	RCS－931 线路保护调试检验及排故						
需要说明的问题和要求	（1）要求调试单人操作；故障查找及分析在调试过程中完成。 （2）操作应注意安全，按照标准化作业书的技术安全说明做好安全措施。 （3）装置调试检验在保护屏上完成操作。 （4）测试仪的选择可选考场提供的测试仪或自带测试仪						

序号	项目名称	质量要求	满分	扣分标准	扣分原因	得分
1	工具使用及安全措施					
1.1	各种工器具正确使用	熟练正确使用各种工器具	5	未正确使用一次扣 1 分，扣完为止		
1.2	相关安全措施的准备	试验仪器正确接地	2	试验仪器未正确接地扣 2 分		
		短接母线保护电流	3	未进行短接母线保护电流扣 3 分		
		断开交流电压	2	未断开交流电压扣 2 分		
		在母线保护屏拆除启动失灵二次线，并做好绝缘	3	未在母线保护屏拆除启动失灵二次线，未做好绝缘扣 3 分（可口述）		
2	保护调试检验					
2.1	保护装置试验	能按要求正确进行差动保护测试，试验仪故障设置正确，接线及压板等设置正确，测试正确并说明结果	30	试验接线错误扣 5 分； 压板等设置错误扣 5 分； 试验仪故障设置不正确扣 5 分； 试验项目不全，每缺少一项扣 7.5 分（1.05 倍、0.95 倍）		

续表

序号	项目名称	质量要求	满分	扣分标准	扣分原因	得分
3	二次回路故障排查					
3.1	故障查找	能正确进行故障查找。 故障：1D1 上的 1n201 接线与 1D3 上的 1n203 接线接反，A、B 相电流相序接反	10	未查找出故障扣 10 分		
3.2	故障排除	能正确进行故障排除	10	未正确排除故障扣 10 分		
4	填写试验报告					
4.1	试验记录	正确填写试验结果	10	每少填写一项扣 5 分，扣完为止		
4.2	故障排除	将故障现象和具体故障（故障点及排除的方法）填写清楚	10	故障点及排除方法未填写，每项扣 2.5 分； 故障现象填写不清楚，每项扣 2.5 分； 以上扣分，扣完为止		
5	事故分析及判断					
5.1	保护录波报告分析及判断	查看故障录波报告，进行动作行为分析及综合判断	10	录波图查看不正确或漏项，每项扣 2 分（不超过 5 分）； 结果分析不正确扣 5 分		
6	现场恢复	恢复现场	5	未进行现场恢复扣 5 分		
合计			100			

Jc0001361001－3　RCS－931 线路保护调试检验及排故。（100 分）

考核知识点：线路保护

难易度：易

技能等级评价专业技能考核操作工作任务书

一、任务名称

RCS－931 线路保护调试检验及排故。

二、适用工种

继电保护员高级工。

三、具体任务

（1）工作状态为模拟 220kV 线路停电，工作内容为线路保护定检。

（2）工作任务：

1）模拟 C 相永久性接地故障，校验接地距离 I 段的定值，断路器跳合传动正确。

2）模拟现场工作，实施安全措施（按照保护定检完成），排除设置的故障，完成现场检验任务。

3）附试验定值清单（01 区）。

4）接线方式为双母接线。保护配置为光纤差动保护、三段距离保护、两段零序保护。

四、工作规范及要求

（1）工器具使用及安全措施。

（2）按要求进行保护校验。

（3）二次回路故障查找及排除。

（4）进行故障分析并填写试验报告。

五、考核及时间要求

（1）本考核操作时间为 60 分钟，时间到停止考评，包括试验接线、保护校验和报告整理时间。同一类现象故障不限一处故障点。

（2）故障查找和排除过程中，如确实不能查找出故障，可向考评员申请排除故障，该项故障项目不得分，但不影响其他项目。

（3）按照技能操作记录单的操作要求进行操作，正确记录操作结果，试验记录项目包括动作元件、相别、动作出口时间等。

技能等级评价专业技能考核操作评分标准

工种	继电保护员			评价等级	高级工
项目模块	缺陷处理与事故分析—保护调试—线路保护装置		编号	Jc0001361001－3	
单位		准考证号		姓名	
考试时限	60 分钟	题型	综合操作题	题分	100 分
成绩		考评员		考评组长	日期
试题正文	RCS－931 线路保护调试检验及排故				
需要说明的问题和要求	（1）要求调试单人操作；故障查找及分析在调试过程中完成。 （2）操作应注意安全，按照标准化作业书的技术安全说明做好安全措施。 （3）装置调试检验在保护屏上完成操作。 （4）测试仪的选择可选考场提供的测试仪或自带测试仪				

序号	项目名称	质量要求	满分	扣分标准	扣分原因	得分
1	工具使用及安全措施					
1.1	各种工器具正确使用	熟练正确使用各种工器具	5	未正确使用一次扣 1 分，扣完为止		
1.2	相关安全措施的准备	试验仪器正确接地	2	试验仪器未正确接地扣 2 分		
		短接母线保护电流	3	未进行短接母线保护电流扣 3 分		
		断开交流电压	2	未断开交流电压扣 2 分		
		在母线保护屏拆除启动失灵二次线，并做好绝缘	3	未在母线保护屏拆除启动失灵二次线，未做好绝缘扣 3 分（可口述）		
2	保护调试检验					
2.1	保护装置试验	能按要求正确进行接地距离Ⅰ段保护测试，试验仪故障设置正确，接线及压板等设置正确，测试正确并说明结果	30	试验接线错误扣 5 分； 压板等设置错误扣 5 分； 试验仪故障设置不正确扣 5 分； 试验项目不全，每缺少一项扣 5 分（0.95 倍、1.05 倍、反方向）		
3	二次回路故障排查					
3.1	故障查找	能正确进行故障查找。 故障：控制字“内重合把手有效”整定为 1 且控制字“单重、三重、综重”均整定为 0，重合闸“充电”灯不亮	10	未查找出故障扣 10 分		
3.2	故障排除	能正确进行故障排除	10	未正确排除故障扣 10 分		
4	填写试验报告					
4.1	试验记录	正确填写试验结果	10	每少填写一项扣 3 分，扣完为止		
4.2	故障排除	将故障现象和具体故障（故障点及排除的方法）填写清楚	10	故障点及排除方法未填写，每项扣 2.5 分； 故障现象填写不清楚，每项扣 2.5 分； 以上扣分，扣完为止		
5	事故分析及判断					
5.1	保护录波报告分析及判断	查看故障录波报告，进行动作行为分析及综合判断	10	录波图查看不正确或漏项，每项扣 2 分（不超过 5 分）； 结果分析不正确扣 5 分		
6	现场恢复	恢复现场	5	未进行现场恢复扣 5 分		
合计			100			

Jc0001361001－4　RCS－931 线路保护调试检验及排故。（100 分）

考核知识点： 线路保护

难易度： 易

技能等级评价专业技能考核操作工作任务书

一、任务名称

RCS－931 线路保护调试检验及排故。

二、适用工种

继电保护员高级工。

三、具体任务

（1）工作状态为模拟 220kV 线路停电，工作内容为线路保护定检。

（2）工作任务：

1）模拟 A 相瞬时性接地故障，校验差动电流低定值，断路器跳合传动正确。

2）模拟现场工作，实施安全措施（按照保护定检完成），排除设置的故障，完成现场检验任务。

3）附试验定值清单（01 区）。

4）接线方式为双母接线。保护配置为光纤差动保护、三段距离保护、两段零序保护。

四、工作规范及要求

（1）工器具使用及安全措施。

（2）按要求进行保护校验。

（3）二次回路故障查找及排除。

（4）进行故障分析并填写试验报告。

五、考核及时间要求

（1）本考核操作时间为 60 分钟，时间到停止考评，包括试验接线、保护校验和报告整理时间。同一类现象故障不限一处故障点。

（2）故障查找和排除过程中，如确实不能查找出故障，可向考评员申请排除故障，该项故障项目不得分，但不影响其他项目。

（3）按照技能操作记录单的操作要求进行操作，正确记录操作结果，试验记录项目包括动作元件、相别、动作出口时间等。

技能等级评价专业技能考核操作评分标准

工种	继电保护员					评价等级	高级工
项目模块	缺陷处理与事故分析—保护调试—线路保护装置				编号	Jc0001361001－4	
单位			准考证号			姓名	
考试时限	60 分钟		题型	综合操作题		题分	100 分
成绩		考评员		考评组长		日期	
试题正文	RCS－931 线路保护调试检验及排故						
需要说明的问题和要求	（1）要求调试单人操作；故障查找及分析在调试过程中完成。 （2）操作应注意安全，按照标准化作业书的技术安全说明做好安全措施。 （3）装置调试检验在保护屏上完成操作。 （4）测试仪的选择可选考场提供的测试仪或自带测试仪						

序号	项目名称	质量要求	满分	扣分标准	扣分原因	得分
1	工具使用及安全措施					
1.1	各种工器具正确使用	熟练正确使用各种工器具	5	未正确使用一次扣 1 分，扣完为止		

续表

序号	项目名称	质量要求	满分	扣分标准	扣分原因	得分
1.2	相关安全措施的准备	试验仪器正确接地	2	试验仪器未正确接地扣2分		
		短接母线保护电流	3	未进行短接母线保护电流扣3分		
		断开交流电压	2	未断开交流电压扣2分		
		在母线保护屏拆除启动失灵二次线，并做好绝缘	3	未在母线保护屏拆除启动失灵二次线，未做好绝缘扣3分（可口述）		
2	保护调试检验					
2.1	保护装置试验	能按要求正确进行差动保护测试，试验仪故障设置正确，接线及压板等设置正确，测试正确并说明结果	30	试验接线错误扣5分； 压板等设置错误扣5分； 试验仪故障设置不正确扣5分； 试验项目不全，每缺少一项扣7.5分（0.95倍、1.05倍）		
3	二次回路故障排查					
3.1	故障查找	能正确进行故障查找。 故障：1D1与1D3短接，A、B相电流互相分流	10	未查找出故障扣10分		
3.2	故障排除	能正确进行故障排除	10	未正确排除故障扣10分		
4	填写试验报告					
4.1	试验记录	正确填写试验结果	10	每少填写一项扣5分，扣完为止		
4.2	故障排除	将故障现象和具体故障（故障点及排除的方法）填写清楚	10	故障点及排除方法未填写，每项扣2.5分； 故障现象填写不清楚，每项扣2.5分； 以上扣分，扣完为止		
5	事故分析及判断					
5.1	保护录波报告分析及判断	查看故障录波报告，进行动作行为分析及综合判断	10	录波图查看不正确或漏项，每项扣2分（不超过5分）； 结果分析不正确扣5分		
6	现场恢复	恢复现场	5	未进行现场恢复扣5分		
合计			100			

Jc0001362001-5 RCS-931线路保护调试检验及排故。（100分）

考核知识点：线路保护

难易度：中

技能等级评价专业技能考核操作工作任务书

一、任务名称

RCS-931线路保护调试检验及排故。

二、适用工种

继电保护员高级工。

三、具体任务

（1）工作状态为模拟220kV线路停电，工作内容为线路保护定检。

（2）工作任务：

1）模拟B相瞬时性接地故障，校验零序Ⅱ段定值，断路器跳合传动正确。

2）模拟现场工作，实施安全措施（按照保护定检完成），排除设置的故障，完成现场检验任务。

3）附试验定值清单（01区）。

4）接线方式为双母接线。保护配置为光纤差动保护、三段距离保护、两段零序保护。

四、工作规范及要求

（1）工器具使用及安全措施。

（2）按要求进行保护校验。

（3）二次回路故障查找及排除。

（4）进行故障分析并填写试验报告。

五、考核及时间要求

（1）本考核操作时间为 60 分钟，时间到停止考评，包括试验接线、保护校验和报告整理时间。同一类现象故障不限一处故障点。

（2）故障查找和排除过程中，如确实不能查找出故障，可向考评员申请排除故障，该项故障项目不得分，但不影响其他项目。

（3）按照技能操作记录单的操作要求进行操作，正确记录操作结果，试验记录项目包括动作元件、相别、动作出口时间等。

技能等级评价专业技能考核操作评分标准

工种	继电保护员					评价等级	高级工
项目模块	缺陷处理与事故分析—保护调试—线路保护装置				编号	Jc0001362001－5	
单位			准考证号			姓名	
考试时限	60 分钟		题型	综合操作题		题分	100 分
成绩		考评员		考评组长		日期	
试题正文	RCS－931 线路保护调试检验及排故						
需要说明的问题和要求	（1）要求调试单人操作；故障查找及分析在调试过程中完成。 （2）操作应注意安全，按照标准化作业书的技术安全说明做好安全措施。 （3）装置调试检验在保护屏上完成操作。 （4）测试仪的选择可选考场提供的测试仪或自带测试仪						

序号	项目名称	质量要求	满分	扣分标准	扣分原因	得分
1	工具使用及安全措施					
1.1	各种工器具正确使用	熟练正确使用各种工器具	5	未正确使用一次扣 1 分，扣完为止		
1.2	相关安全措施的准备	试验仪器正确接地	2	试验仪器未正确接地扣 2 分		
		短接母线保护电流	3	未进行短接母线保护电流扣 3 分		
		断开交流电压	2	未断开交流电压扣 2 分		
		在母线保护屏拆除启动失灵二次线，并做好绝缘	3	未在母线保护屏拆除启动失灵二次线，未做好绝缘扣 3 分（可口述）		
2	保护调试检验					
2.1	保护装置试验	能按要求正确进行零序Ⅱ段保护测试，试验仪故障设置正确，接线及压板等设置正确，测试正确并说明结果	30	试验接线错误扣 5 分； 压板等设置错误扣 5 分； 试验仪故障设置不正确扣 5 分； 试验项目不全，每缺少一项扣 5 分（0.95 倍、1.05 倍、反方向）		
3	二次回路故障排查					
3.1	故障查找	能正确进行故障查找。 故障：1D3 上的 1n203 与 1D4 上的 1n204 交换，零序保护正方向不动作	10	未查找出故障扣 10 分		
3.2	故障排除	能正确进行故障排除	10	未正确排除故障扣 10 分		

续表

序号	项目名称	质量要求	满分	扣分标准	扣分原因	得分
4	填写试验报告					
4.1	试验记录	正确填写试验结果	10	每少填写一项扣 3 分，扣完为止		
4.2	故障排除	将故障现象和具体故障（故障点及排除的方法）填写清楚	10	故障点及排除方法未填写，每项扣 2.5 分； 故障现象填写不清楚，每项扣 2.5 分； 以上扣分，扣完为止		
5	事故分析及判断					
5.1	保护录波报告分析及判断	查看故障录波报告，进行动作行为分析及综合判断	10	录波图查看不正确或漏项，每项扣 2 分（不超过 5 分）； 结果分析不正确扣 5 分		
6	现场恢复	恢复现场	5	未进行现场恢复扣 5 分		
合计			100			

Jc0001363001－6　RCS－931 线路保护调试检验及排故。（100 分）

考核知识点：线路保护

难易度：难

技能等级评价专业技能考核操作工作任务书

一、任务名称

RCS－931 线路保护调试检验及排故。

二、适用工种

继电保护员高级工。

三、具体任务

（1）工作状态为模拟 220kV 线路停电，工作内容为线路保护定检。

（2）工作任务：

1）模拟 BC 短路故障，校验工频变化量阻抗定值，断路器跳合传动正确。

2）模拟现场工作，实施安全措施（按照保护定检完成），排除设置的故障，完成现场检验任务。

3）附试验定值清单（01 区）。

4）接线方式为双母接线。保护配置为光纤差动保护、三段距离保护、两段零序保护。

四、工作规范及要求

（1）工器具使用及安全措施。

（2）按要求进行保护校验。

（3）二次回路故障查找及排除。

（4）进行故障分析并填写试验报告。

五、考核及时间要求

（1）本考核操作时间为 60 分钟，时间到停止考评，包括试验接线、保护校验和报告整理时间。同一类现象故障不限一处故障点。

（2）故障查找和排除过程中，如确实不能查找出故障，可向考评员申请排除故障，该项故障项目不得分，但不影响其他项目。

（3）按照技能操作记录单的操作要求进行操作，正确记录操作结果，试验记录项目包括动作元件、相别、动作出口时间等。

技能等级评价专业技能考核操作评分标准

工种	继电保护员				评价等级	高级工	
项目模块	缺陷处理与事故分析—保护调试—线路保护装置			编号	Jc0001363001－6		
单位		准考证号			姓名		
考试时限	60 分钟	题型	综合操作题		题分	100 分	
成绩		考评员		考评组长		日期	
试题正文	RCS－931 线路保护调试检验及排故						
需要说明的问题和要求	（1）要求调试单人操作；故障查找及分析在调试过程中完成。 （2）操作应注意安全，按照标准化作业书的技术安全说明做好安全措施。 （3）装置调试检验在保护屏上完成操作。 （4）测试仪的选择可选考场提供的测试仪或自带测试仪						

序号	项目名称	质量要求	满分	扣分标准	扣分原因	得分
1	工具使用及安全措施					
1.1	各种工器具正确使用	熟练正确使用各种工器具	5	未正确使用一次扣 1 分，扣完为止		
1.2	相关安全措施的准备	试验仪器正确接地	2	试验仪器未正确接地扣 2 分		
		短接母线保护电流	3	未进行短接母线保护电流扣 3 分		
		断开交流电压	2	未断开交流电压扣 2 分		
		在母线保护屏拆除启动失灵二次线，并做好绝缘	3	未在母线保护屏拆除启动失灵二次线，未做好绝缘扣 3 分（可口述）		
2	保护调试检验					
2.1	保护装置试验	能按要求正确进行工频变化量保护测试，试验仪故障设置正确，接线及压板等设置正确，测试正确并说明结果	30	试验接线错误扣 5 分； 压板等设置错误扣 5 分； 试验仪故障设置不正确扣 5 分； 试验项目不全，每缺少一项扣 5 分（0.9 倍、1.1 倍、反方向）		
3	二次回路故障排查					
3.1	故障查找	能正确进行故障查找。 故障：将定值区由“01 区”改为“00 区”，定值区错误	10	未查找出故障扣 10 分		
3.2	故障排除	能正确进行故障排除	10	未正确排除故障扣 10 分		
4	填写试验报告					
4.1	试验记录	正确填写试验结果	10	每少填写一项扣 3 分，扣完为止		
4.2	故障排除	将故障现象和具体故障（故障点及排除的方法）填写清楚	10	故障点及排除方法未填写，每项扣 2.5 分； 故障现象填写不清楚，每项扣 2.5 分； 以上扣分，扣完为止		
5	事故分析及判断					
5.1	保护录波报告分析及判断	查看故障录波报告，进行动作行为分析及综合判断	10	录波图查看不正确或漏项，每项扣 2 分（不超过 5 分）； 结果分析不正确扣 5 分		
6	现场恢复	恢复现场	5	未进行现场恢复扣 5 分		
合计			100			

Jc0001362001－7　RCS－931 线路保护调试检验及排故。（100 分）

考核知识点：线路保护

难易度：中

技能等级评价专业技能考核操作工作任务书

一、任务名称

RCS－931线路保护调试检验及排故。

二、适用工种

继电保护员高级工。

三、具体任务

（1）工作状态为模拟220kV线路停电，工作内容为线路保护定检。

（2）工作任务：

1）模拟B相瞬时性接地故障，校验零序过流Ⅱ段定值，断路器跳合传动正确。

2）模拟现场工作，实施安全措施（按照保护定检完成），排除设置的故障，完成现场检验任务。

3）附试验定值清单（01区）。

4）接线方式为双母接线。保护配置为光纤差动保护、三段距离保护、两段零序保护。

四、工作规范及要求

（1）工器具使用及安全措施。

（2）按要求进行保护校验。

（3）二次回路故障查找及排除。

（4）进行故障分析并填写试验报告。

五、考核及时间要求

（1）本考核操作时间为60分钟，时间到停止考评，包括试验接线、保护校验和报告整理时间。同一类现象故障不限一处故障点。

（2）故障查找和排除过程中，如确实不能查找出故障，可向考评员申请排除故障，该项故障项目不得分，但不影响其他项目。

（3）按照技能操作记录单的操作要求进行操作，正确记录操作结果，试验记录项目包括动作元件、相别、动作出口时间等。

技能等级评价专业技能考核操作评分标准

工种	继电保护员					评价等级	高级工
项目模块	缺陷处理与事故分析—保护调试—线路保护装置				编号	Jc0001362001－7	
单位			准考证号			姓名	
考试时限	60分钟		题型	综合操作题		题分	100分
成绩		考评员		考评组长		日期	
试题正文	RCS－931线路保护调试检验及排故						
需要说明的问题和要求	（1）要求调试单人操作；故障查找及分析在调试过程中完成。 （2）操作应注意安全，按照标准化作业书的技术安全说明做好安全措施。 （3）装置调试检验在保护屏上完成操作。 （4）测试仪的选择可选考场提供的测试仪或自带测试仪						

序号	项目名称	质量要求	满分	扣分标准	扣分原因	得分
1	工具使用及安全措施					
1.1	各种工器具正确使用	熟练正确使用各种工器具	5	未正确使用一次扣1分，扣完为止		

续表

序号	项目名称	质量要求	满分	扣分标准	扣分原因	得分
1.2	相关安全措施的准备	试验仪器正确接地	2	试验仪器未正确接地扣2分		
		短接母线保护电流	3	未进行短接母线保护电流扣3分		
		断开交流电压	2	未断开交流电压扣2分		
		在母线保护屏拆除启动失灵二次线，并做好绝缘	3	未在母线保护屏拆除启动失灵二次线，未做好绝缘扣3分（可口述）		
2	保护调试检验					
2.1	保护装置试验	能按要求正确进行零序Ⅱ段保护测试，试验仪故障设置正确，接线及压板等设置正确，测试正确并说明结果	30	试验接线错误扣5分； 压板等设置错误扣5分； 试验仪故障设置不正确扣5分； 试验项目不全，每缺少一项扣5分（0.95倍、1.05倍、反方向）		
3	二次回路故障排查					
3.1	故障查找	能正确进行故障查找。 故障：4D108上的4n12虚接，B相断路器无法跳闸	10	未查找出故障扣10分		
3.2	故障排除	能正确进行故障排除	10	未正确排除故障扣10分		
4	填写试验报告					
4.1	试验记录	正确填写试验结果	10	每少填写一项扣3分，扣完为止		
4.2	故障排除	将故障现象和具体故障（故障点及排除的方法）填写清楚	10	故障点及排除方法未填写，每项扣2.5分； 故障现象填写不清楚，每项扣2.5分； 以上扣分，扣完为止		
5	事故分析及判断					
5.1	保护录波报告分析及判断	查看故障录波报告，进行动作行为分析及综合判断	10	录波图查看不正确或漏项，每项扣2分（不超过5分）； 结果分析不正确扣5分		
6	现场恢复	恢复现场	5	未进行现场恢复扣5分		
合计			100			

Jc0001362001－8　RCS－931线路保护调试检验及排故。（100分）

考核知识点：线路保护

难易度：中

技能等级评价专业技能考核操作工作任务书

一、任务名称

RCS－931线路保护调试检验及排故。

二、适用工种

继电保护员高级工。

三、具体任务

（1）工作状态为模拟220kV线路停电，工作内容为线路保护定检。

（2）工作任务：

1）模拟C相永久性接地故障，校验接地距离Ⅱ段定值，断路器跳合传动正确。

2）模拟现场工作，实施安全措施（按照保护定检完成），排除设置的故障，完成现场检验任务。

3）附试验定值清单（01 区）。

4）接线方式为双母接线。保护配置为光纤差动保护、三段距离保护、两段零序保护。

四、工作规范及要求

（1）工器具使用及安全措施。

（2）按要求进行保护校验。

（3）二次回路故障查找及排除。

（4）进行故障分析并填写试验报告。

五、考核及时间要求

（1）本考核操作时间为 60 分钟，时间到停止考评，包括试验接线、保护校验和报告整理时间。同一类现象故障不限一处故障点。

（2）故障查找和排除过程中，如确实不能查找出故障，可向考评员申请排除故障，该项故障项目不得分，但不影响其他项目。

（3）按照技能操作记录单的操作要求进行操作，正确记录操作结果，试验记录项目包括动作元件、相别、动作出口时间等。

技能等级评价专业技能考核操作评分标准

工种	继电保护员					评价等级	高级工
项目模块	缺陷处理与事故分析—保护调试—线路保护装置			编号	Jc0001362001－8		
单位		准考证号				姓名	
考试时限	60 分钟	题型		综合操作题		题分	100 分
成绩		考评员		考评组长		日期	
试题正文	RCS－931 线路保护调试检验及排故						
需要说明的问题和要求	（1）要求调试单人操作；故障查找及分析在调试过程中完成。 （2）操作应注意安全，按照标准化作业书的技术安全说明做好安全措施。 （3）装置调试检验在保护屏上完成操作。 （4）测试仪的选择可选考场提供的测试仪或自带测试仪						

序号	项目名称	质量要求	满分	扣分标准	扣分原因	得分
1	工具使用及安全措施					
1.1	各种工器具正确使用	熟练正确使用各种工器具	5	未正确使用一次扣 1 分，扣完为止		
1.2	相关安全措施的准备	试验仪器正确接地	2	试验仪器未正确接地扣 2 分		
		短接母线保护电流	3	未进行短接母线保护电流扣 3 分		
		断开交流电压	2	未断开交流电压扣 2 分		
		在母线保护屏拆除启动失灵二次线，并做好绝缘	3	未在母线保护屏拆除启动失灵二次线，未做好绝缘扣 3 分（可口述）		
2	保护调试检验					
2.1	保护装置试验	能按要求正确进行接地距离Ⅱ段保护测试，试验仪故障设置正确，接线及压板等设置正确，测试正确并说明结果	30	试验接线错误扣 5 分； 压板等设置错误扣 5 分； 试验仪故障设置不正确扣 5 分； 试验项目不全，每缺少一项扣 5 分（0.95 倍、1.05 倍、反方向）		
3	二次回路故障排查					
3.1	故障查找	能正确进行故障查找。 故障：接地距离Ⅱ段定值整定小于接地距离Ⅰ段定值，定值整定错误，装置运行灯不亮	10	未查找出故障扣 10 分		
3.2	故障排除	能正确进行故障排除	10	未正确排除故障扣 10 分		

续表

序号	项目名称	质量要求	满分	扣分标准	扣分原因	得分
4	填写试验报告					
4.1	试验记录	正确填写试验结果	10	每少填写一项扣3分，扣完为止		
4.2	故障排除	将故障现象和具体故障（故障点及排除的方法）填写清楚	10	故障点及排除方法未填写，每项扣2.5分； 故障现象填写不清楚，每项扣2.5分； 以上扣分，扣完为止		
5	事故分析及判断					
5.1	保护录波报告分析及判断	查看故障录波报告，进行动作行为分析及综合判断	10	录波图查看不正确或漏项，每项扣2分（不超过5分）； 结果分析不正确扣5分		
6	现场恢复	恢复现场	5	未进行现场恢复扣5分		
合计			100			

Jc0001362001－9　RCS－931 线路保护调试检验及排故。（100 分）

考核知识点：线路保护

难易度：中

技能等级评价专业技能考核操作工作任务书

一、任务名称

RCS－931 线路保护调试检验及排故。

二、适用工种

继电保护高级工。

三、具体任务

（1）工作状态为模拟 220kV 线路停电，工作内容为线路保护定检。

（2）工作任务：

1）模拟 C 相瞬时性接地故障，校验接地距离Ⅱ段定值，断路器跳合传动正确。

2）模拟现场工作，实施安全措施（按照保护定检完成），排除设置的故障，完成现场检验任务。

3）附试验定值清单（01 区）。

4）接线方式为双母接线。保护配置为光纤差动保护、三段距离保护、两段零序保护。

四、工作规范及要求

（1）工器具使用及安全措施。

（2）按要求进行保护校验。

（3）二次回路故障查找及排除。

（4）进行故障分析并填写试验报告。

五、考核及时间要求

（1）本考核操作时间为 60 分钟，时间到停止考评，包括试验接线、保护校验和报告整理时间。同一类现象故障不限一处故障点。

（2）故障查找和排除过程中，如确实不能查找出故障，可向考评员申请排除故障，该项故障项目不得分，但不影响其他项目。

（3）按照技能操作记录单的操作要求进行操作，正确记录操作结果，试验记录项目包括动作元件、相别、动作出口时间等。

技能等级评价专业技能考核操作评分标准

<table>
<tr><td>工种</td><td colspan="5">继电保护员</td><td>评价等级</td><td colspan="2">高级工</td></tr>
<tr><td>项目模块</td><td colspan="4">缺陷处理与事故分析—保护调试—线路保护装置</td><td>编号</td><td colspan="3">Jc0001362001－9</td></tr>
<tr><td>单位</td><td colspan="2"></td><td>准考证号</td><td colspan="2"></td><td>姓名</td><td colspan="2"></td></tr>
<tr><td>考试时限</td><td>60 分钟</td><td>题型</td><td colspan="3">综合操作题</td><td>题分</td><td colspan="2">100 分</td></tr>
<tr><td>成绩</td><td></td><td>考评员</td><td></td><td>考评组长</td><td></td><td>日期</td><td colspan="2"></td></tr>
<tr><td>试题正文</td><td colspan="8">RCS－931 线路保护调试检验及排故</td></tr>
<tr><td>需要说明的问题和要求</td><td colspan="8">（1）要求调试单人操作；故障查找及分析在调试过程中完成。
（2）操作应注意安全，按照标准化作业书的技术安全说明做好安全措施。
（3）装置调试检验在保护屏上完成操作。
（4）测试仪的选择可选考场提供的测试仪或自带测试仪</td></tr>
<tr><td>序号</td><td>项目名称</td><td colspan="2">质量要求</td><td>满分</td><td colspan="2">扣分标准</td><td>扣分原因</td><td>得分</td></tr>
<tr><td>1</td><td>工具使用及安全措施</td><td colspan="2"></td><td></td><td colspan="2"></td><td></td><td></td></tr>
<tr><td>1.1</td><td>各种工器具正确使用</td><td colspan="2">熟练正确使用各种工器具</td><td>5</td><td colspan="2">未正确使用一次扣 1 分，扣完为止</td><td></td><td></td></tr>
<tr><td rowspan="4">1.2</td><td rowspan="4">相关安全措施的准备</td><td colspan="2">试验仪器正确接地</td><td>2</td><td colspan="2">试验仪器未正确接地扣 2 分</td><td></td><td></td></tr>
<tr><td colspan="2">短接母线保护电流</td><td>3</td><td colspan="2">未进行短接母线保护电流扣 3 分</td><td></td><td></td></tr>
<tr><td colspan="2">断开交流电压</td><td>2</td><td colspan="2">未断开交流电压扣 2 分</td><td></td><td></td></tr>
<tr><td colspan="2">在母线保护屏拆除启动失灵二次线，并做好绝缘</td><td>3</td><td colspan="2">未在母线保护屏拆除启动失灵二次线，未做好绝缘扣 3 分（可口述）</td><td></td><td></td></tr>
<tr><td>2</td><td>保护调试检验</td><td colspan="2"></td><td></td><td colspan="2"></td><td></td><td></td></tr>
<tr><td>2.1</td><td>保护装置试验</td><td colspan="2">能按要求正确进行接地距离Ⅱ段保护测试，试验仪故障设置正确，接线及压板等设置正确，测试正确并说明结果</td><td>30</td><td colspan="2">试验接线错误扣 5 分；
压板等设置错误扣 5 分；
试验仪故障设置不正确扣 5 分；
试验项目不全，每缺少一项扣 5 分（0.95 倍、1.05 倍、反方向）</td><td></td><td></td></tr>
<tr><td>3</td><td>二次回路故障排查</td><td colspan="2"></td><td></td><td colspan="2"></td><td></td><td></td></tr>
<tr><td>3.1</td><td>故障查找</td><td colspan="2">能正确进行故障查找。
故障：4D98 与 4D88 短接，重合闸出口时启动 TJQ，断路器三相跳闸</td><td>10</td><td colspan="2">未查找出故障扣 10 分</td><td></td><td></td></tr>
<tr><td>3.2</td><td>故障排除</td><td colspan="2">能正确进行故障排除</td><td>10</td><td colspan="2">未正确排除故障扣 10 分</td><td></td><td></td></tr>
<tr><td>4</td><td>填写试验报告</td><td colspan="2"></td><td></td><td colspan="2"></td><td></td><td></td></tr>
<tr><td>4.1</td><td>试验记录</td><td colspan="2">正确填写试验结果</td><td>10</td><td colspan="2">每少填写一项扣 3 分，扣完为止</td><td></td><td></td></tr>
<tr><td>4.2</td><td>故障排除</td><td colspan="2">将故障现象和具体故障（故障点及排除的方法）填写清楚</td><td>10</td><td colspan="2">故障点及排除方法未填写，每项扣 2.5 分；
故障现象填写不清楚，每项扣 2.5 分；
以上扣分，扣完为止</td><td></td><td></td></tr>
<tr><td>5</td><td>事故分析及判断</td><td colspan="2"></td><td></td><td colspan="2"></td><td></td><td></td></tr>
<tr><td>5.1</td><td>保护录波报告分析及判断</td><td colspan="2">查看故障录波报告，进行动作行为分析及综合判断</td><td>10</td><td colspan="2">录波图查看不正确或漏项，每项扣 2 分（不超过 5 分）；
结果分析不正确扣 5 分</td><td></td><td></td></tr>
<tr><td>6</td><td>现场恢复</td><td colspan="2">恢复现场</td><td>5</td><td colspan="2">未进行现场恢复扣 5 分</td><td></td><td></td></tr>
<tr><td colspan="2">合计</td><td colspan="2"></td><td>100</td><td colspan="2"></td><td></td><td></td></tr>
</table>

Jc0002361001－1　PST－1200 主变压器保护调试检验及排故。（100 分）

考核知识点：变压器保护

难易度：易

技能等级评价专业技能考核操作工作任务书

一、任务名称

PST－1200 主变压器保护调试检验及排故。

二、适用工种

继电保护员高级工。

三、具体任务

（1）工作状态为主变压器停电，工作内容为主变压器保护定检。

（2）工作任务：

1）高压侧零序方向过电流Ⅰ段（模拟高压侧 A 相区内、区外故障），断路器跳合传动正确。

2）根据上述要求模拟现场工作，实施安全措施（按照保护定检完成），排除保护屏设置的故障，完成现场检验任务。

3）附试验定值清单（0 区）。

四、工作规范及要求

（1）工器具使用及安全措施。

（2）按要求进行保护校验。

（3）二次回路故障查找及排除。

（4）进行故障分析并填写试验报告。

五、考核及时间要求

（1）本考核操作时间为 60 分钟，时间到停止考评，包括试验接线、保护校验和报告整理时间。同一类现象故障不限一处故障点。

（2）故障查找和排除过程中，如确实不能查找出故障，可向考评员申请排除故障，该项故障项目不得分，但不影响其他项目。

（3）按照技能操作记录单的操作要求进行操作，正确记录操作结果，试验记录项目包括动作元件、相别、动作出口时间等。

技能等级评价专业技能考核操作评分标准

工种	继电保护员					评价等级	高级工
项目模块	缺陷处理与事故分析—保护调试—主变压器保护装置				编号	Jc0002361001－1	
单位			准考证号			姓名	
考试时限	60 分钟	题型	综合操作题			题分	100 分
成绩		考评员		考评组长		日期	
试题正文	PST－1200 主变压器保护调试检验及排故						
需要说明的问题和要求	（1）要求调试单人操作；故障查找及分析在调试过程中完成。 （2）操作应注意安全，按照标准化作业书的技术安全说明做好安全措施。 （3）装置调试检验在保护屏上完成操作。 （4）测试仪的选择可选考场提供的测试仪或自带测试仪						

序号	项目名称	质量要求	满分	扣分标准	扣分原因	得分
1	工具使用及安全措施					
1.1	各种工器具正确使用	熟练正确使用各种工器具	5	未正确使用一次扣 1 分，扣完为止		

续表

序号	项目名称	质量要求	满分	扣分标准	扣分原因	得分
1.2	相关安全措施的准备	试验仪器正确接地	2	试验仪器未正确接地扣 2 分		
		断开交流电压试验端子	2	未断开交流电压扣 2 分		
		在主变压器保护屏拆除中、低压侧母联断路器跳闸二次线，并做好绝缘	2	未拆除中、低压侧母联断路器跳闸二次线扣 2 分		
		短接母线保护电流	2	未进行短接母线保护电流扣 2 分		
		在母线保护屏拆除启动失灵二次线，并做好绝缘	2	未在母线保护屏拆除启动失灵二次线，未做好绝缘扣 2 分（可口述）		
2	保护调试校验					
2.1	保护装置试验	保护正确动作，断路器分合正确。能按要求正确进行试验，试验仪故障设置正确，接线及压板等设置正确，测试正确并说明结果	30	试验接线错误扣 5 分； 压板等设置错误扣 5 分； 试验仪故障设置不正确扣 5 分； 试验项目不全，每缺少一项扣 7.5 分（定值、动作区）		
3	二次回路故障排查					
3.1	故障查找	能正确进行故障查找。 故障：端子排 2X：1 上的 101：A1 与 2X：2 上的 101：A3 交换，高压侧 A、B 相电流相序接反	10	未查找出故障扣 10 分		
3.2	故障排除	能正确进行故障排除	10	未正确排除故障扣 10 分		
4	填写试验报告					
4.1	试验记录	正确填写试验结果	10	每少填写一项扣 5 分，扣完为止		
4.2	故障排除	将故障现象和具体故障（故障点及排除的方法）填写清楚	10	故障点及排除方法未填写，每项扣 2.5 分； 故障现象填写不清楚，每项扣 2.5 分； 以上扣分，扣完为止		
5	事故分析及判断					
5.1	保护录波报告分析及判断	查看故障录波报告，进行动作行为分析及综合判断	10	录波图查看不正确或漏项，每项扣 2 分（不超过 5 分）； 结果分析不正确扣 5 分		
6	现场恢复	恢复现场	5	未进行现场恢复扣 5 分		
合计			100			

Jc0002361001－2　PST－1200 主变压器保护调试检验及排故。（100 分）

考核知识点：变压器保护

难易度：易

技能等级评价专业技能考核操作工作任务书

一、任务名称

PST－1200 主变压器保护调试检验及排故。

二、适用工种

继电保护员高级工。

三、具体任务

（1）工作状态为主变压器停电，工作内容为主变压器保护定检。

（2）工作任务：

1）差动保护比率制动整组试验，跳变压器各侧断路器。

要求：① 制动电流分别为 $2I_e$ 和 $3.5I_e$，路器跳合传动正确；② 电流加在高压侧和低压侧（A 相）。

2）根据上述要求模拟现场工作，实施安全措施（按照保护定检完成），排除保护屏设置的故障，完成现场检验任务。

3）附试验定值清单（0 区）。

四、工作规范及要求

（1）工器具使用及安全措施。

（2）按要求进行保护校验。

（3）二次回路故障查找及排除。

（4）进行故障分析并填写试验报告。

五、考核及时间要求

（1）本考核操作时间为 60 分钟，时间到停止考评，包括试验接线、保护校验和报告整理时间。同一类现象故障不限一处故障点。

（2）故障查找和排除过程中，如确实不能查找出故障，可向考评员申请排除故障，该项故障项目不得分，但不影响其他项目。

（3）按照技能操作记录单的操作要求进行操作，正确记录操作结果，试验记录项目包括动作元件、相别、动作出口时间等。

技能等级评价专业技能考核操作评分标准

工种	继电保护员			评价等级	高级工
项目模块	缺陷处理与事故分析—保护调试—主变压器保护装置		编号	Jc0002361001－2	
单位		准考证号		姓名	
考试时限	60 分钟	题型	综合操作题	题分	100 分
成绩	考评员		考评组长	日期	
试题正文	PST－1200 主变压器保护调试检验及排故				
需要说明的问题和要求	（1）要求调试单人操作；故障查找及分析在调试过程中完成。 （2）操作应注意安全，按照标准化作业书的技术安全说明做好安全措施。 （3）装置调试检验在保护屏上完成操作。 （4）测试仪的选择可选考场提供的测试仪或自带测试仪				

序号	项目名称	质量要求	满分	扣分标准	扣分原因	得分
1	工具使用及安全措施					
1.1	各种工器具正确使用	熟练正确使用各种工器具	5	未正确使用一次扣 1 分，扣完为止		
1.2	相关安全措施的准备	试验仪器正确接地	2	试验仪器未正确接地扣 2 分		
		断开交流电压试验端子	2	未断开交流电压扣 2 分		
		在主变压器保护屏拆除中、低压侧母联断路器跳闸二次线，并做好绝缘	2	未拆除中、低压侧母联断路器跳闸二次线扣 2 分		
		短接母线保护电流	2	未进行短接母线保护电流扣 2 分		
		在母线保护屏拆除启动失灵二次线，并做好绝缘	2	未在母线保护屏拆除启动失灵二次线，未做好绝缘扣 2 分（可口述）		
2	保护调试校验					
2.1	保护装置试验	保护正确动作，断路器分合正确。能按要求正确进行试验，试验仪故障设置正确，接线及压板等设置正确，测试正确并说明结果	30	试验接线错误扣 5 分； 压板等设置错误扣 5 分； 试验仪故障设置不正确扣 5 分； 试验项目不全，每缺少一项扣 7.5 分（$2I_e$、$3.5I_e$）		

续表

序号	项目名称	质量要求	满分	扣分标准	扣分原因	得分
3	二次回路故障排查					
3.1	故障查找	能正确进行故障查找。 故障：端子排 2X：1 与 2X：2 短接，高压侧 A、B 相电流分流	10	未查找出故障扣 10 分		
3.2	故障排除	能正确进行故障排除	10	未正确排除故障扣 10 分		
4	填写试验报告					
4.1	试验记录	正确填写试验结果	10	每少填写一项扣 5 分，扣完为止		
4.2	故障排除	将故障现象和具体故障（故障点及排除的方法）填写清楚	10	故障点及排除方法未填写，每项扣 2.5 分； 故障现象填写不清楚，每项扣 2.5 分； 以上扣分，扣完为止		
5	事故分析及判断					
5.1	保护录波报告分析及判断	查看故障录波报告，进行动作行为分析及综合判断	10	录波图查看不正确或漏项，每项扣 2 分（不超过 5 分）； 结果分析不正确扣 5 分		
6	现场恢复	恢复现场	5	未进行现场恢复扣 5 分		
合计			100			

Jc0002361001－3 PST－1200 主变压器保护调试检验及排故。(100 分)

考核知识点：变压器保护

难易度：易

技能等级评价专业技能考核操作工作任务书

一、任务名称

PST－1200 主变压器保护调试检验及排故。

二、适用工种

继电保护员高级工。

三、具体任务

（1）工作状态为主变压器停电，工作内容为主变压器保护定检。

（2）工作任务：

1）高压侧零序方向过电流Ⅱ段（模拟高压侧 A 相区内、区外故障），断路器跳合传动正确。

2）根据上述要求模拟现场工作，实施安全措施（按照保护定检完成），排除保护屏设置的故障，完成现场检验任务。

3）附试验定值清单（0 区）。

四、工作规范及要求

（1）工器具使用及安全措施。

（2）按要求进行保护校验。

（3）二次回路故障查找及排除。

（4）进行故障分析并填写试验报告。

五、考核及时间要求

（1）本考核操作时间为 60 分钟，时间到停止考评，包括试验接线、保护校验和报告整理时间。同一类现象故障不限一处故障点。

（2）故障查找和排除过程中，如确实不能查找出故障，可向考评员申请排除故障，该项故障项目不得分，但不影响其他项目。

（3）按照技能操作记录单的操作要求进行操作，正确记录操作结果，试验记录项目包括动作元件、相别、动作出口时间等。

技能等级评价专业技能考核操作评分标准

工种	继电保护员					评价等级	高级工
项目模块	缺陷处理与事故分析—保护调试—主变压器保护装置				编号	Jc0002361001－3	
单位			准考证号			姓名	
考试时限	60分钟		题型	综合操作题		题分	100分
成绩		考评员		考评组长		日期	
试题正文	PST－1200主变压器保护调试检验及排故						
需要说明的问题和要求	（1）要求调试单人操作；故障查找及分析在调试过程中完成。 （2）操作应注意安全，按照标准化作业书的技术安全说明做好安全措施。 （3）装置调试检验在保护屏上完成操作。 （4）测试仪的选择可选考场提供的测试仪或自带测试仪						

序号	项目名称	质量要求	满分	扣分标准	扣分原因	得分
1	工具使用及安全措施					
1.1	各种工器具正确使用	熟练正确使用各种工器具	5	未正确使用一次扣1分，扣完为止		
1.2	相关安全措施的准备	试验仪器正确接地	2	试验仪器未正确接地扣2分		
		断开交流电压试验端子	2	未断开交流电压扣2分		
		在主变压器保护屏拆除中、低压侧母联断路器跳闸二次线，并做好绝缘	2	未拆除中、低压侧母联断路器跳闸二次线扣2分		
		短接母线保护电流	2	未进行短接母线保护电流扣2分		
		在母线保护屏拆除启动失灵二次线，并做好绝缘	2	未在母线保护屏拆除启动失灵二次线，未做好绝缘扣2分（可口述）		
2	保护调试校验					
2.1	保护装置试验	保护正确动作，断路器分合正确。能按要求正确进行试验，试验仪故障设置正确，接线及压板等设置正确，测试正确并说明结果	30	试验接线错误扣5分； 压板等设置错误扣5分； 试验仪故障设置不正确扣5分； 试验项目不全，每缺少一项扣7.5分（定值、动作区）		
3	二次回路故障排查					
3.1	故障查找	能正确进行故障查找。 故障：端子排2X：1上的101：A1虚接，高压侧A相无采样电流	10	未查找出故障扣10分		
3.2	故障排除	能正确进行故障排除	10	未正确排除故障扣10分		
4	填写试验报告					
4.1	试验记录	正确填写试验结果	10	每少填写一项扣5分，扣完为止		
4.2	故障排除	将故障现象和具体故障（故障点及排除的方法）填写清楚	10	故障点及排除方法未填写，每项扣2.5分； 故障现象填写不清楚，每项扣2.5分； 以上扣分，扣完为止		
5	事故分析及判断					
5.1	保护录波报告分析及判断	查看故障录波报告，进行动作行为分析及综合判断	10	录波图查看不正确或漏项，每项扣2分（不超过5分）； 结果分析不正确扣5分		
6	现场恢复	恢复现场	5	未进行现场恢复扣5分		
合计			100			

Jc0002361001－4　PST－1200 主变压器保护调试检验及排故。(100 分)

考核知识点：变压器保护

难易度：易

技能等级评价专业技能考核操作工作任务书

一、任务名称

PST－1200 主变压器保护调试检验及排故。

二、适用工种

继电保护员高级工。

三、具体任务

（1）工作状态为主变压器停电，工作内容为主变压器保护定检。

（2）工作任务：

1）差动保护比率制动整组试验，跳变压器各侧断路器。

要求：① 制动电流分别为 $2I_e$ 和 $3.5I_e$，断路器跳合传动正确；② 电流加在高压侧和低压侧（B 相）。

2）根据上述要求模拟现场工作，实施安全措施（按照保护定检完成），排除保护屏设置的故障，完成现场检验任务。

3）附试验定值清单（0 区）。

四、工作规范及要求

（1）工器具使用及安全措施。

（2）按要求进行保护校验。

（3）二次回路故障查找及排除。

（4）进行故障分析并填写试验报告。

五、考核及时间要求

（1）本考核操作时间为 60 分钟，时间到停止考评，包括试验接线、保护校验和报告整理时间。同一类现象故障不限一处故障点。

（2）故障查找和排除过程中，如确实不能查找出故障，可向考评员申请排除故障，该项故障项目不得分，但不影响其他项目。

（3）按照技能操作记录单的操作要求进行操作，正确记录操作结果，试验记录项目包括动作元件、相别、动作出口时间等。

技能等级评价专业技能考核操作评分标准

<table>
<tr><td>工种</td><td colspan="5">继电保护员</td><td>评价等级</td><td>高级工</td></tr>
<tr><td>项目模块</td><td colspan="4">缺陷处理与事故分析—保护调试—主变压器保护装置</td><td>编号</td><td colspan="2">Jc0002361001－4</td></tr>
<tr><td>单位</td><td colspan="2"></td><td>准考证号</td><td colspan="2"></td><td>姓名</td><td></td></tr>
<tr><td>考试时限</td><td colspan="2">60 分钟</td><td>题型</td><td colspan="2">综合操作题</td><td>题分</td><td>100 分</td></tr>
<tr><td>成绩</td><td></td><td>考评员</td><td></td><td>考评组长</td><td></td><td>日期</td><td></td></tr>
<tr><td>试题正文</td><td colspan="7">PST－1200 主变压器保护调试检验及排故</td></tr>
<tr><td>需要说明的问题和要求</td><td colspan="7">（1）要求调试单人操作；故障查找及分析在调试过程中完成。
（2）操作应注意安全，按照标准化作业书的技术安全说明做好安全措施。
（3）装置调试检验在保护屏上完成操作。
（4）测试仪的选择可选考场提供的测试仪或自带测试仪</td></tr>
</table>

续表

序号	项目名称	质量要求	满分	扣分标准	扣分原因	得分
1	工具使用及安全措施					
1.1	各种工器具正确使用	熟练正确使用各种工器具	5	未正确使用一次扣1分，扣完为止		
1.2	相关安全措施的准备	试验仪器正确接地	2	试验仪器未正确接地扣2分		
		断开交流电压试验端子	2	未断开交流电压扣2分		
		在主变压器保护屏拆除中、低压侧母联断路器跳闸二次线，并做好绝缘	2	未拆除中、低压侧母联断路器跳闸二次线扣2分		
		短接母线保护电流	2	未进行短接母线保护电流扣2分		
		在母线保护屏拆除启动失灵二次线，并做好绝缘	2	未在母线保护屏拆除启动失灵二次线，未做好绝缘扣2分（可口述）		
2	保护调试校验					
2.1	保护装置试验	保护正确动作，断路器分合正确。能按要求正确进行试验，试验仪故障设置正确，接线及压板等设置正确，测试正确并说明结果	30	试验接线错误扣5分； 压板等设置错误扣5分； 试验仪故障设置不正确扣5分； 试验项目不全，每缺少一项扣7.5分（$2I_e$、$3.5I_e$）		
3	二次回路故障排查					
3.1	故障查找	能正确进行故障查找。 故障：TA额定电流由5A改为1A，差动电流缩小5倍	10	未查找出故障扣10分		
3.2	故障排除	能正确进行故障排除	10	未正确排除故障扣10分		
4	填写试验报告					
4.1	试验记录	正确填写试验结果	10	每少填写一项扣5分，扣完为止		
4.2	故障排除	将故障现象和具体故障（故障点及排除的方法）填写清楚	10	故障点及排除方法未填写，每项扣2.5分； 故障现象填写不清楚，每项扣2.5分； 以上扣分，扣完为止		
5	事故分析及判断					
5.1	保护录波报告分析及判断	查看故障录波报告，进行动作行为分析及综合判断	10	录波图查看不正确或漏项，每项扣2分（不超过5分）； 结果分析不正确扣5分		
6	现场恢复	恢复现场	5	未进行现场恢复扣5分		
合计			100			

Jc0002361001-5　PST-1200主变压器保护调试检验及排故。（100分）

考核知识点：变压器保护

难易度：易

技能等级评价专业技能考核操作工作任务书

一、任务名称

PST-1200主变压器保护调试检验及排故。

二、适用工种

继电保护员高级工。

三、具体任务

（1）工作状态为主变压器停电，工作内容为主变压器保护定检。

（2）工作任务：

1）高压侧零序方向过电流Ⅰ段（模拟高压侧C相区内、区外故障），断路器跳合传动正确。

2）根据上述要求模拟现场工作，实施安全措施（按照保护定检完成），排除保护屏设置的故障，完成现场检验任务。

3）附试验定值清单（0区）。

四、工作规范及要求

（1）工器具使用及安全措施。

（2）按要求进行保护校验。

（3）二次回路故障查找及排除。

（4）进行故障分析并填写试验报告。

五、考核及时间要求

（1）本考核操作时间为60分钟，时间到停止考评，包括试验接线、保护校验和报告整理时间。同一类现象故障不限一处故障点。

（2）故障查找和排除过程中，如确实不能查找出故障，可向考评员申请排除故障，该项故障项目不得分，但不影响其他项目。

（3）按照技能操作记录单的操作要求进行操作，正确记录操作结果，试验记录项目包括动作元件、相别、动作出口时间等。

技能等级评价专业技能考核操作评分标准

工种	继电保护员					评价等级	高级工
项目模块	缺陷处理与事故分析—保护调试—主变压器保护装置				编号	Jc0002361001－5	
单位			准考证号			姓名	
考试时限	60分钟		题型	综合操作题		题分	100分
成绩		考评员		考评组长		日期	
试题正文	PST－1200主变压器保护调试检验及排故						
需要说明的问题和要求	（1）要求调试单人操作；故障查找及分析在调试过程中完成。 （2）操作应注意安全，按照标准化作业书的技术安全说明做好安全措施。 （3）装置调试检验在保护屏上完成操作。 （4）测试仪的选择可选考场提供的测试仪或自带测试仪						

序号	项目名称	质量要求	满分	扣分标准	扣分原因	得分
1	工具使用及安全措施					
1.1	各种工器具正确使用	熟练正确使用各种工器具	5	未正确使用一次扣1分，扣完为止		
1.2	相关安全措施的准备	试验仪器正确接地	2	试验仪器未正确接地扣2分		
		断开交流电压试验端子	2	未断开交流电压扣2分		
		在主变压器保护屏拆除中、低压侧母联断路器跳闸二次线，并做好绝缘	2	未拆除中、低压侧母联断路器跳闸二次线扣2分		
		短接母线保护电流	2	未进行短接母线保护电流扣2分		
		在母线保护屏拆除启动失灵二次线，并做好绝缘	2	未在母线保护屏拆除启动失灵二次线，未做好绝缘扣2分（可口述）		
2	保护调试校验					
2.1	保护装置试验	保护正确动作，断路器分合正确。能按要求正确进行试验，试验仪故障设置正确，接线及压板等设置正确，测试正确并说明结果	30	试验接线错误扣5分； 压板等设置错误扣5分； 试验仪故障设置不正确扣5分； 试验项目不全，每缺少一项扣7.5分（动作区、定值）		

续表

序号	项目名称	质量要求	满分	扣分标准	扣分原因	得分
3	二次回路故障排查					
3.1	故障查找	能正确进行故障查找。 故障：1ZKK：1 上的 3X：1 与 1ZKK：5 上的 3X：3 交换，高压侧 A、C 相电压相序接反	10	未查找出故障扣 10 分		
3.2	故障排除	能正确进行故障排除	10	未正确排除故障扣 10 分		
4	填写试验报告					
4.1	试验记录	正确填写试验结果	10	每少填写一项扣 5 分，扣完为止		
4.2	故障排除	将故障现象和具体故障（故障点及排除的方法）填写清楚	10	故障点及排除方法未填写，每项扣 2.5 分； 故障现象填写不清楚，每项扣 2.5 分； 以上扣分，扣完为止		
5	事故分析及判断					
5.1	保护录波报告分析及判断	查看故障录波报告，进行动作行为分析及综合判断	10	录波图查看不正确或漏项，每项扣 2 分（不超过 5 分）； 结果分析不正确扣 5 分		
6	现场恢复	恢复现场	5	未进行现场恢复扣 5 分		
合计			100			

Jc0002363001－6　PST－1200 主变压器保护调试检验及排故。（100 分）

考核知识点：变压器保护

难易度：难

技能等级评价专业技能考核操作工作任务书

一、任务名称

PST－1200 主变压器保护调试检验及排故。

二、适用工种

继电保护员高级工。

三、具体任务

（1）工作状态为主变压器停电，工作内容为主变压器保护定检。

（2）工作任务：

1）差动保护比率制动整组试验，跳变压器各侧断路器。

要求：① 制动电流分别为 $2I_e$ 和 $3.5I_e$，断路器跳合传动正确；② 电流加在高压侧和低压侧（C 相）。

2）根据上述要求模拟现场工作，实施安全措施（按照保护定检完成），排除保护屏设置的故障，完成现场检验任务。

3）附试验定值清单（0 区）。

四、工作规范及要求

（1）工器具使用及安全措施。

（2）按要求进行保护校验。

（3）二次回路故障查找及排除。

（4）进行故障分析并填写试验报告。

五、考核及时间要求

（1）本考核操作时间为 60 分钟，时间到停止考评，包括试验接线、保护校验和报告整理时间。同一类现象故障不限一处故障点。

（2）故障查找和排除过程中，如确实不能查找出故障，可向考评员申请排除故障，该项故障项目不得分，但不影响其他项目。

（3）按照技能操作记录单的操作要求进行操作，正确记录操作结果，试验记录项目包括动作元件、相别、动作出口时间等。

技能等级评价专业技能考核操作评分标准

<table>
<tr><td>工种</td><td colspan="4">继电保护员</td><td>评价等级</td><td colspan="2">高级工</td></tr>
<tr><td>项目模块</td><td colspan="3">缺陷处理与事故分析—保护调试—主变压器保护装置</td><td>编号</td><td colspan="3">Jc0002363001－6</td></tr>
<tr><td>单位</td><td colspan="2"></td><td>准考证号</td><td></td><td>姓名</td><td colspan="2"></td></tr>
<tr><td>考试时限</td><td>60 分钟</td><td>题型</td><td colspan="2">综合操作题</td><td>题分</td><td colspan="2">100 分</td></tr>
<tr><td>成绩</td><td></td><td>考评员</td><td></td><td>考评组长</td><td></td><td>日期</td><td></td></tr>
<tr><td>试题正文</td><td colspan="7">PST－1200 主变压器保护调试检验及排故</td></tr>
<tr><td>需要说明的问题和要求</td><td colspan="7">（1）要求调试单人操作；故障查找及分析在调试过程中完成。
（2）操作应注意安全，按照标准化作业书的技术安全说明做好安全措施。
（3）装置调试检验在保护屏上完成操作。
（4）测试仪的选择可选考场提供的测试仪或自带测试仪</td></tr>
<tr><td>序号</td><td>项目名称</td><td>质量要求</td><td>满分</td><td>扣分标准</td><td>扣分原因</td><td>得分</td><td></td></tr>
<tr><td>1</td><td>工具使用及安全措施</td><td></td><td></td><td></td><td></td><td></td><td></td></tr>
<tr><td>1.1</td><td>各种工器具正确使用</td><td>熟练正确使用各种工器具</td><td>5</td><td>未正确使用一次扣 1 分，扣完为止</td><td></td><td></td><td></td></tr>
<tr><td rowspan="5">1.2</td><td rowspan="5">相关安全措施的准备</td><td>试验仪器正确接地</td><td>2</td><td>试验仪器未正确接地扣 2 分</td><td></td><td></td><td></td></tr>
<tr><td>断开交流电压试验端子</td><td>2</td><td>未断开交流电压扣 2 分</td><td></td><td></td><td></td></tr>
<tr><td>在主变压器保护屏拆除中、低压侧母联断路器跳闸二次线，并做好绝缘</td><td>2</td><td>未拆除中、低压侧母联断路器跳闸二次线扣 2 分</td><td></td><td></td><td></td></tr>
<tr><td>短接母线保护电流</td><td>2</td><td>未进行短接母线保护电流扣 2 分</td><td></td><td></td><td></td></tr>
<tr><td>在母线保护屏拆除启动失灵二次线，并做好绝缘</td><td>2</td><td>未在母线保护屏拆除启动失灵二次线，未做好绝缘扣 2 分（可口述）</td><td></td><td></td><td></td></tr>
<tr><td>2</td><td>保护调试校验</td><td></td><td></td><td></td><td></td><td></td><td></td></tr>
<tr><td>2.1</td><td>保护装置试验</td><td>保护正确动作，断路器分合正确。能按要求正确进行试验，试验仪故障设置正确，接线及压板等设置正确，测试正确并说明结果</td><td>30</td><td>试验接线错误扣 5 分；
压板等设置错误扣 5 分；
试验仪故障设置不正确扣 5 分；
试验项目不全，每缺少一项扣 7.5 分（$2I_e$ 和 $3.5I_e$）</td><td></td><td></td><td></td></tr>
<tr><td>3</td><td>二次回路故障排查</td><td></td><td></td><td></td><td></td><td></td><td></td></tr>
<tr><td>3.1</td><td>故障查找</td><td>能正确进行故障查找。
故障：端子排 5X：3 上的 21XB：1 虚接，保护动作，高压侧断路器无法跳闸</td><td>10</td><td>未查找出故障扣 10 分</td><td></td><td></td><td></td></tr>
<tr><td>3.2</td><td>故障排除</td><td>能正确进行故障排除</td><td>10</td><td>未正确排除故障扣 10 分</td><td></td><td></td><td></td></tr>
<tr><td>4</td><td>填写试验报告</td><td></td><td></td><td></td><td></td><td></td><td></td></tr>
<tr><td>4.1</td><td>试验记录</td><td>正确填写试验结果</td><td>10</td><td>每少填写一项扣 5 分，扣完为止</td><td></td><td></td><td></td></tr>
<tr><td>4.2</td><td>故障排除</td><td>将故障现象和具体故障（故障点及排除的方法）填写清楚</td><td>10</td><td>故障点及排除方法未填写，每项扣 2.5 分；
故障现象填写不清楚，每项扣 2.5 分；
以上扣分，扣完为止</td><td></td><td></td><td></td></tr>
</table>

续表

序号	项目名称	质量要求	满分	扣分标准	扣分原因	得分
5	事故分析及判断					
5.1	保护录波报告分析及判断	查看故障录波报告，进行动作行为分析及综合判断	10	录波图查看不正确或漏项，每项扣2分（不超过5分）； 结果分析不正确扣5分		
6	现场恢复	恢复现场	5	未进行现场恢复扣5分		
合计			100			

Jc0002362001－7　PST－1200主变压器保护调试检验及排故。（100分）

考核知识点：变压器保护

难易度：中

技能等级评价专业技能考核操作工作任务书

一、任务名称

PST－1200主变压器保护调试检验及排故。

二、适用工种

继电保护员高级工。

三、具体任务

（1）工作状态为主变压器停电，工作内容为主变压器保护定检。

（2）工作任务：

1）中压侧复压方向过电流Ⅰ段（模拟中压侧BC相区内、区外故障），断路器跳合传动正确。

2）根据上述要求模拟现场工作，实施安全措施（按照保护定检完成），排除保护屏设置的故障，完成现场检验任务。

3）附试验定值清单（0区）。

四、工作规范及要求

（1）工器具使用及安全措施。

（2）按要求进行保护校验。

（3）二次回路故障查找及排除。

（4）进行故障分析并填写试验报告。

五、考核及时间要求

（1）本考核操作时间为60分钟，时间到停止考评，包括试验接线、保护校验和报告整理时间。同一类现象故障不限一处故障点。

（2）故障查找和排除过程中，如确实不能查找出故障，可向考评员申请排除故障，该项故障项目不得分，但不影响其他项目。

（3）按照技能操作记录单的操作要求进行操作，正确记录操作结果，试验记录项目包括动作元件、相别、动作出口时间等。

技能等级评价专业技能考核操作评分标准

工种	继电保护员			评价等级	高级工
项目模块	缺陷处理与事故分析—保护调试—主变压器保护装置		编号	Jc0002362001－7	
单位		准考证号		姓名	

续表

考试时限	60 分钟		题型	综合操作题		题分	100 分
成绩		考评员		考评组长		日期	
试题正文	PST－1200 主变压器保护调试检验及排故						
需要说明的问题和要求	（1）要求调试单人操作；故障查找及分析在调试过程中完成。 （2）操作应注意安全，按照标准化作业书的技术安全说明做好安全措施。 （3）装置调试检验在保护屏上完成操作。 （4）测试仪的选择可选考场提供的测试仪或自带测试仪						

序号	项目名称	质量要求	满分	扣分标准	扣分原因	得分
1	工具使用及安全措施					
1.1	各种工器具正确使用	熟练正确使用各种工器具	5	未正确使用一次扣 1 分，扣完为止		
1.2	相关安全措施的准备	试验仪器正确接地	2	试验仪器未正确接地扣 2 分		
		断开交流电压试验端子	2	未断开交流电压扣 2 分		
		在主变压器保护屏拆除中、低压侧母联断路器跳闸二次线，并做好绝缘	2	未拆除中、低压侧母联断路器跳闸二次线扣 2 分		
		短接母线保护电流	2	未进行短接母线保护电流扣 2 分		
		在母线保护屏拆除启动失灵二次线，并做好绝缘	2	未在母线保护屏拆除启动失灵二次线，未做好绝缘扣 2 分（可口述）		
2	保护调试校验					
2.1	保护装置试验	保护正确动作，断路器分合正确。能按要求正确进行试验，试验仪故障设置正确，接线及压板等设置正确，测试正确并说明结果	30	试验接线错误扣 5 分； 压板等设置错误扣 5 分； 试验仪故障设置不正确扣 5 分； 试验项目不全，每缺少一项扣 7.5 分（动作区、定值）		
3	二次回路故障排查					
3.1	故障查找	能正确进行故障查找。 故障：端子排 3X：3 上的 1ZKK：5 和 3X：9 上的 2ZKK：5 接线交换，高、中压侧 C 相电压接反	10	未查找出故障扣 10 分		
3.2	故障排除	能正确进行故障排除	10	未正确排除故障扣 10 分		
4	填写试验报告					
4.1	试验记录	正确填写试验结果	10	每少填写一项扣 5 分，扣完为止		
4.2	故障排除	将故障现象和具体故障（故障点及排除的方法）填写清楚	10	故障点及排除方法未填写，每项扣 2.5 分； 故障现象填写不清楚，每项扣 2.5 分； 以上扣分，扣完为止		
5	事故分析及判断					
5.1	保护录波报告分析及判断	查看故障录波报告，进行动作行为分析及综合判断	10	录波图查看不正确或漏项，每项扣 2 分（不超过 5 分）； 结果分析不正确扣 5 分		
6	现场恢复	恢复现场	5	未进行现场恢复扣 5 分		
合计			100			

Jc0002362001－8　PST－1200 主变压器保护调试检验及排故。（100 分）

考核知识点：变压器保护

难易度：中

技能等级评价专业技能考核操作工作任务书

一、任务名称

PST－1200 主变压器保护调试检验及排故。

二、适用工种

继电保护员高级工。

三、具体任务

（1）工作状态为主变压器停电，工作内容为主变压器保护定检。

（2）工作任务：

1）中压侧零序方向过电流Ⅰ段（模拟中压侧 B 相区内、区外故障），断路器跳合传动正确。

2）根据上述要求模拟现场工作，实施安全措施（按照保护定检完成），排除保护屏设置的故障，完成现场检验任务。

3）附试验定值清单（0 区）。

四、工作规范及要求

（1）工器具使用及安全措施。

（2）按要求进行保护校验。

（3）二次回路故障查找及排除。

（4）进行故障分析并填写试验报告。

五、考核及时间要求

（1）本考核操作时间为 60 分钟，时间到停止考评，包括试验接线、保护校验和报告整理时间。同一类现象故障不限一处故障点。

（2）故障查找和排除过程中，如确实不能查找出故障，可向考评员申请排除故障，该项故障项目不得分，但不影响其他项目。

（3）按照技能操作记录单的操作要求进行操作，正确记录操作结果，试验记录项目包括动作元件、相别、动作出口时间等。

技能等级评价专业技能考核操作评分标准

工种	继电保护员					评价等级	高级工
项目模块	缺陷处理与事故分析—保护调试—主变压器保护装置				编号	Jc0002362001－8	
单位			准考证号			姓名	
考试时限	60 分钟		题型	综合操作题		题分	100 分
成绩		考评员		考评组长		日期	
试题正文	PST－1200 主变压器保护调试检验及排故						
需要说明的问题和要求	（1）要求调试单人操作；故障查找及分析在调试过程中完成。 （2）操作应注意安全，按照标准化作业书的技术安全说明做好安全措施。 （3）装置调试检验在保护屏上完成操作。 （4）测试仪的选择可选考场提供的测试仪或自带测试仪						

序号	项目名称	质量要求	满分	扣分标准	扣分原因	得分
1	工具使用及安全措施					
1.1	各种工器具正确使用	熟练正确使用各种工器具	5	未正确使用一次扣 1 分，扣完为止		

续表

序号	项目名称	质量要求	满分	扣分标准	扣分原因	得分
1.2	相关安全措施的准备	试验仪器正确接地	2	试验仪器未正确接地扣 2 分		
		断开交流电压试验端子	2	未断开交流电压扣 2 分		
		在主变压器保护屏拆除中、低压侧母联断路器跳闸二次线，并做好绝缘	2	未拆除中、低压侧母联断路器跳闸二次线扣 2 分		
		短接母线保护电流	2	未进行短接母线保护电流扣 2 分		
		在母线保护屏拆除启动失灵二次线，并做好绝缘	2	未在母线保护屏拆除启动失灵二次线，未做好绝缘扣 2 分（可口述）		
2	保护调试校验					
2.1	保护装置试验	保护正确动作，断路器分合正确。能按要求正确进行试验，试验仪故障设置正确，接线及压板等设置正确，测试正确并说明结果	30	试验接线错误扣 5 分； 压板等设置错误扣 5 分； 试验仪故障设置不正确扣 5 分； 试验项目不全，每缺少一项扣 7.5 分（动作区、定值）		
3	二次回路故障排查					
3.1	故障查找	能正确进行故障查找。 故障：端子排 9X：6 上的 203：24 虚接，中压侧断路器无法合闸	10	未查找出故障扣 10 分		
3.2	故障排除	能正确进行故障排除	10	未正确排除故障扣 10 分		
4	填写试验报告					
4.1	试验记录	正确填写试验结果	10	每少填写一项扣 5 分，扣完为止		
4.2	故障排除	将故障现象和具体故障（故障点及排除的方法）填写清楚	10	故障点及排除方法未填写，每项扣 2.5 分； 故障现象填写不清楚，每项扣 2.5 分； 以上扣分，扣完为止		
5	事故分析及判断					
5.1	保护录波报告分析及判断	查看故障录波报告，进行动作行为分析及综合判断	10	录波图查看不正确或漏项，每项扣 2 分（不超过 5 分）； 结果分析不正确扣 5 分		
6	现场恢复	恢复现场	5	未进行现场恢复扣 5 分		
合计			100			

Jc0003361001－1　BP－2B 母线保护调试检验及排故。（100 分）

考核知识点：母线保护

难易度：易

技能等级评价专业技能考核操作工作任务书

一、任务名称

BP－2B 母线保护调试检验及排故。

二、适用工种

继电保护员高级工。

三、具体任务

（1）母线运行方式：支路 L3 合于Ⅰ母，支路 L2、支路 L4 合于Ⅱ母，母联断路器合环运行。L2 支路的 TA 变比为 1200A/5A，其余支路的变比为 600A/5A。

注：运行方式的设置，不允许采用装置内部菜单对隔离开关的强制设置。

（2）工作任务：

1）检验装置正常运行工况下，保护装置不平衡电流大小。各支路 B 相二次电流：L2 电流流进母线 3A，L3 电流流出母线 2A，L4 电流流出母线 4A。Ⅰ、Ⅱ母电压正常，各相电压为 57.7V。要求保护装置大小差电流平衡，屏上无任何告警、动作信号。

2）模拟现场工作，实施安全措施（仅对运行方式中提到的回路做安全措施），排除保护屏设置的故障，完成现场检验任务。

3）附试验定值清单（0 区）。

四、工作规范及要求

（1）工器具使用及安全措施。

（2）按要求进行保护校验。

（3）二次回路故障查找及排除。

（4）进行故障分析并填写试验报告。

五、考核及时间要求

（1）本考核操作时间为 60 分钟，时间到停止考评，包括试验接线、保护校验和报告整理时间。同一类现象故障不限一处故障点。

（2）故障查找和排除过程中，如确实不能查找出故障，可向考评员申请排除故障，该项故障项目不得分，但不影响其他项目。

（3）按照技能操作记录单的操作要求进行操作，正确记录操作结果，试验记录项目包括动作元件、相别、动作出口时间等。

技能等级评价专业技能考核操作评分标准

工种	继电保护员					评价等级	高级工
项目模块	缺陷处理与事故分析—保护调试—母线保护装置				编号	Jc0003361001－1	
单位			准考证号			姓名	
考试时限	60 分钟		题型	综合操作题		题分	100 分
成绩		考评员		考评组长		日期	
试题正文	BP－2B 母线保护调试检验及排故						
需要说明的问题和要求	（1）要求调试单人操作；故障查找及分析在调试过程中完成。 （2）操作应注意安全，按照标准化作业书的技术安全说明做好安全措施。 （3）装置调试检验在保护屏上完成操作。 （4）测试仪的选择可选考场提供的测试仪或自带测试仪						

序号	项目名称	质量要求	满分	扣分标准	扣分原因	得分
1	工具使用及安全措施					
1.1	各种工器具正确使用	熟练正确使用各种工器具	5	未正确使用一次扣 1 分，扣完为止		
1.2	相关安全措施的准备	试验仪器正确接地	2	试验仪器未正确接地扣 2 分		
		短接母线保护电流	3	未进行短接母线保护电流扣 3 分		
		断开交流电压	2	未断开交流电压扣 2 分		
		母线保护屏拆除跳闸二次线，并做好绝缘	3	未在母线保护屏拆除跳闸二次线，未做好绝缘扣 3 分（可口述）		
2	保护调试校验					
2.1	保护装置试验	母线保护处于正常运行状态，差动、失灵保护投入，大小差电流平衡，屏上无告警、动作信号。能按要求正确进行试验，试验仪故障设置正确，接线及压板等设置正确，测试正确并说明结果	30	试验接线错误扣 5 分； 压板等设置错误扣 5 分； 试验仪故障设置不正确扣 5 分； 试验项目未做出扣 15 分		

续表

序号	项目名称	质量要求	满分	扣分标准	扣分原因	得分
3	二次回路故障排查					
3.1	故障查找	能正确进行故障查找。 故障：端子排 X12：14 上的 3N1：08 和 X12：17 上的 3N1：20 交换，L3 支路 B 相电流极性接反	10	未查找出故障扣 10 分		
3.2	故障排除	能正确进行故障排除	10	未正确排除故障扣 10 分		
4	填写试验报告					
4.1	试验记录	正确填写试验结果	10	每少填写一项扣 5 分，扣完为止		
4.2	故障排除	将故障现象和具体故障（故障点及排除的方法）填写清楚	10	故障点及排除方法未填写，每项扣 2.5 分； 故障现象填写不清楚，每项扣 2.5 分； 以上扣分，扣完为止		
5	事故分析及判断					
5.1	保护录波报告分析及判断	查看故障录波报告，进行动作行为分析及综合判断	10	录波图查看不正确或漏项，每项扣 2 分（不超过 5 分）； 结果分析不正确扣 5 分		
6	现场恢复	恢复现场	5	未进行现场恢复扣 5 分		
合计			100			

Jc0003361001－2　BP－2B 母线保护调试检验及排故。（100 分）

考核知识点：母线保护

难易度：易

技能等级评价专业技能考核操作工作任务书

一、任务名称

BP－2B 母线保护调试检验及排故。

二、适用工种

继电保护员高级工。

三、具体任务

（1）母线运行方式：支路 L3 合于Ⅰ母，支路 L2、支路 L4 合于Ⅱ母，母联断路器合环运行。L2 支路的 TA 变比为 1200A/5A，其余支路的变比为 600A/5A。

注：运行方式的设置，不允许采用装置内部菜单对隔离开关的强制设置。

（2）工作任务：

1）检验装置正常运行工况下，保护装置复合电压闭锁功能，Ⅱ母母线上 L2 支路 A 相电流大于差动动作门槛值的情况，断路器跳合传动正确。

2）模拟现场工作，实施安全措施（仅对运行方式中提到的回路做安全措施），排除保护屏设置的故障，完成现场检验任务。

3）附试验定值清单（0 区）。

四、工作规范及要求

（1）工器具使用及安全措施。

（2）按要求进行保护校验。

（3）二次回路故障查找及排除。

（4）进行故障分析并填写试验报告。

五、考核及时间要求

（1）本考核操作时间为 60 分钟，时间到停止考评，包括试验接线、保护校验和报告整理时间。同一类现象故障不限一处故障点。

（2）故障查找和排除过程中，如确实不能查找出故障，可向考评员申请排除故障，该项故障项目不得分，但不影响其他项目。

（3）按照技能操作记录单的操作要求进行操作，正确记录操作结果，试验记录项目包括动作元件、相别、动作出口时间等。

技能等级评价专业技能考核操作评分标准

工种	继电保护员				评价等级	高级工	
项目模块	缺陷处理与事故分析—保护调试—母线保护装置			编号	Jc0003361001－2		
单位		准考证号			姓名		
考试时限	60 分钟	题型		综合操作题	题分	100 分	
成绩		考评员		考评组长		日期	
试题正文	BP－2B 母线保护调试检验及排故						
需要说明的问题和要求	（1）要求调试单人操作；故障查找及分析在调试过程中完成。 （2）操作应注意安全，按照标准化作业书的技术安全说明做好安全措施。 （3）装置调试检验在保护屏上完成操作。 （4）测试仪的选择可选考场提供的测试仪或自带测试仪						

序号	项目名称	质量要求	满分	扣分标准	扣分原因	得分
1	工具使用及安全措施					
1.1	各种工器具正确使用	熟练正确使用各种工器具	5	未正确使用一次扣 1 分，扣完为止		
1.2	相关安全措施的准备	试验仪器正确接地	2	试验仪器未正确接地扣 2 分		
		短接母线保护电流	3	未进行短接母线保护电流扣 3 分		
		断开交流电压	2	未断开交流电压扣 2 分		
		母线保护屏拆除跳闸二次线，并做好绝缘	3	未在母线保护屏拆除跳闸二次线，未做好绝缘扣 3 分（可口述）		
2	保护调试校验					
2.1	保护装置试验	母线电压正常时，L2 支路 A 相电流高于差动动作门槛值，保护不动作。复合电压满足要求时，差动保护动作，跳开相应的断路器，试验仪器故障设置正确，接线及压板等设置正确，测试正确并说明结果	30	试验接线错误扣 5 分； 压板等设置错误扣 5 分； 试验仪故障设置不正确扣 5 分； 试验项目未做出扣 15 分		
3	二次回路故障排查					
3.1	故障查找	能正确进行故障查找。 故障：端子排 X14：17 上的 3N7：4 和 X14：18 上的 3N7：5 交换，Ⅱ母 A 相、B 相电压相序接反	10	未查找出故障扣 10 分		
3.2	故障排除	能正确进行故障排除	10	未正确排除故障扣 10 分		
4	填写试验报告					
4.1	试验记录	正确填写试验结果	10	每少填写一项扣 5 分，扣完为止		
4.2	故障排除	将故障现象和具体故障（故障点及排除的方法）填写清楚	10	故障点及排除方法未填写，每项扣 2.5 分； 故障现象填写不清楚，每项扣 2.5 分； 以上扣分，扣完为止		

续表

序号	项目名称	质量要求	满分	扣分标准	扣分原因	得分
5	事故分析及判断					
5.1	保护录波报告分析及判断	查看故障录波报告，进行动作行为分析及综合判断	10	录波图查看不正确或漏项，每项扣2分（不超过5分）； 结果分析不正确扣5分		
6	现场恢复	恢复现场	5	未进行现场恢复扣5分		
合计			100			

Jc0003361001－3　BP－2B 母线保护调试检验及排故。（100 分）

考核知识点：母线保护

难易度：易

技能等级评价专业技能考核操作工作任务书

一、任务名称

BP－2B 母线保护调试检验及排故。

二、适用工种

继电保护员高级工。

三、具体任务

（1）母线运行方式：支路 L3 合于Ⅰ母，支路 L2、支路 L4 合于Ⅱ母，母联断路器分列运行。L2 支路的 TA 变比为 1200A/5A，其余支路的变比为 600A/5A。

注：运行方式的设置，不允许采用装置内部菜单对隔离开关的强制设置。

（2）工作任务：

1）验证Ⅰ母 B 相故障时母线保护大差比率制动系数的低值 K_r（3 个支路必须同时通流试验，做 2 点），断路器跳合传动正确。

2）模拟现场工作，实施安全措施（仅对运行方式中提到的回路做安全措施），排除保护屏设置的故障，完成现场检验任务。

3）附试验定值清单（0 区）。

四、工作规范及要求

（1）工器具使用及安全措施。

（2）按要求进行保护校验。

（3）二次回路故障查找及排除。

（4）进行故障分析并填写试验报告。

五、考核及时间要求

（1）本考核操作时间为 60 分钟，时间到停止考评，包括试验接线、保护校验和报告整理时间。同一类现象故障不限一处故障点。

（2）故障查找和排除过程中，如确实不能查找出故障，可向考评员申请排除故障，该项故障项目不得分，但不影响其他项目。

（3）按照技能操作记录单的操作要求进行操作，正确记录操作结果，试验记录项目包括动作元件、相别、动作出口时间等。

技能等级评价专业技能考核操作评分标准

工种	继电保护员				评价等级	高级工	
项目模块	缺陷处理与事故分析—保护调试—母线保护装置			编号	Jc0003361001－3		
单位		准考证号			姓名		
考试时限	60 分钟	题型	综合操作题		题分	100 分	
成绩		考评员		考评组长		日期	
试题正文	BP－2B 母线保护调试检验及排故						
需要说明的问题和要求	（1）要求调试单人操作；故障查找及分析在调试过程中完成。 （2）操作应注意安全，按照标准化作业书的技术安全说明做好安全措施。 （3）装置调试检验在保护屏上完成操作。 （4）测试仪的选择可选考场提供的测试仪或自带测试仪						

序号	项目名称	质量要求	满分	扣分标准	扣分原因	得分
1	工具使用及安全措施					
1.1	各种工器具正确使用	熟练正确使用各种工器具	5	未正确使用一次扣 1 分，扣完为止		
1.2	相关安全措施的准备	试验仪器正确接地	2	试验仪器未正确接地扣 2 分		
		短接母线保护电流	3	未进行短接母线保护电流扣 3 分		
		断开交流电压	2	未断开交流电压扣 2 分		
		母线保护屏拆除跳闸二次线，并做好绝缘	3	未在母线保护屏拆除跳闸二次线，未做好绝缘扣 3 分（可口述）		
2	保护调试校验					
2.1	保护装置试验	母线保护动作正确，断路器动作正确。能按要求正确进行试验，试验仪故障设置正确，接线及压板等设置正确，测试正确并说明结果	30	试验接线错误扣 5 分； 压板等设置错误扣 5 分； 试验仪故障设置不正确扣 5 分； 试验项目未做出扣 15 分		
3	二次回路故障排查					
3.1	故障查找	能正确进行故障查找。 故障 1：端子排 X12：7 上的 3N1：4 与 X12：8 上的 3N1：5 交换，L3 支路 A、B 相电流相序接反。 故障 2：端子排 X5：3 上的 LP13：1 虚接，保护动作，L3 支路断路器无法跳闸	10	未查找出故障每个扣 5 分		
3.2	故障排除	能正确进行故障排除	10	未正确排除故障每个扣 5 分		
4	填写试验报告					
4.1	试验记录	正确填写试验结果	10	每少填写一项扣 5 分，扣完为止		
4.2	故障排除	将故障现象和具体故障（故障点及排除的方法）填写清楚	10	故障点及排除方法未填写，每项扣 2.5 分； 故障现象填写不清楚，每项扣2.5 分； 以上扣分，扣完为止		
5	事故分析及判断					
5.1	保护录波报告分析及判断	查看故障录波报告，进行动作行为分析及综合判断	10	录波图查看不正确或漏项，每项扣 2 分（不超过 5 分）； 结果分析不正确扣 5 分		
6	现场恢复	恢复现场	5	未进行现场恢复扣 5 分		
	合计		100			

Jc0003361001－4　BP－2B 母线保护调试检验及排故。（100 分）

考核知识点：母线保护

难易度：易

技能等级评价专业技能考核操作工作任务书

一、任务名称

BP－2B 母线保护调试检验及排故。

二、适用工种

继电保护员高级工。

三、具体任务

（1）母线运行方式：支路 L3 合于Ⅰ母，支路 L2、支路 L4 合于Ⅱ母，母联断路器合环运行。L2 支路的 TA 变比为 1200A/5A，其余支路的变比为 600A/5A。

注：运行方式的设置，不允许采用装置内部菜单对隔离开关的强制设置。

（2）工作任务：

1）检验装置正常运行工况下，保护装置不平衡电流大小。各支路 A 相二次电流：L2 电流流进母线 3A，L3 电流流出母线 2A，L4 电流流出母线 4A。Ⅰ、Ⅱ母电压正常，各相电压为 57.7V。要求保护装置大小差电流平衡，屏上无任何告警、动作信号。

2）模拟现场工作，实施安全措施（仅对运行方式中提到的回路做安全措施），排除保护屏设置的故障，完成现场检验任务。

3）附试验定值清单（0 区）。

四、工作规范及要求

（1）工器具使用及安全措施。

（2）按要求进行保护校验。

（3）二次回路故障查找及排除。

（4）进行故障分析并填写试验报告。

五、考核及时间要求

（1）本考核操作时间为 60 分钟，时间到停止考评，包括试验接线、保护校验和报告整理时间。同一类现象故障不限一处故障点。

（2）故障查找和排除过程中，如确实不能查找出故障，可向考评员申请排除故障，该项故障项目不得分，但不影响其他项目。

（3）按照技能操作记录单的操作要求进行操作，正确记录操作结果，试验记录项目包括动作元件、相别、动作出口时间等。

技能等级评价专业技能考核操作评分标准

工种	继电保护员						评价等级	高级工
项目模块	缺陷处理与事故分析—保护调试—母线保护装置					编号	Jc0003361001－4	
单位			准考证号				姓名	
考试时限	60 分钟		题型	综合操作题			题分	100 分
成绩		考评员		考评组长			日期	
试题正文	BP－2B 母线保护调试检验及排故							
需要说明的问题和要求	（1）要求调试单人操作；故障查找及分析在调试过程中完成。 （2）操作应注意安全，按照标准化作业书的技术安全说明做好安全措施。 （3）装置调试检验在保护屏上完成操作。 （4）测试仪的选择可选考场提供的测试仪或自带测试仪							

续表

序号	项目名称	质量要求	满分	扣分标准	扣分原因	得分
1	工具使用及安全措施					
1.1	各种工器具正确使用	熟练正确使用各种工器具	5	未正确使用一次扣1分，扣完为止		
1.2	相关安全措施的准备	试验仪器正确接地	2	试验仪器未正确接地扣2分		
		短接母线保护电流	3	未进行短接母线保护电流扣3分		
		断开交流电压	2	未断开交流电压扣2分		
		母线保护屏拆除跳闸二次线，并做好绝缘	3	未在母线保护屏拆除跳闸二次线，未做好绝缘扣3分（可口述）		
2	保护调试校验					
2.1	保护装置试验	母线保护处于正常运行状态，差动、失灵保护投入，大小差电流平衡，屏上无告警、动作信号。能按要求正确进行试验，试验仪故障设置正确，接线及压板等设置正确，测试正确并说明结果	30	试验接线错误扣5分； 压板等设置错误扣5分； 试验仪故障设置不正确扣5分； 试验项目未做出扣15分		
3	二次回路故障排查					
3.1	故障查找	能正确进行故障查找。 故障：端子排X12：13和X12：14短接，L3支路A、B相电流分流	10	未查找出故障扣10分		
3.2	故障排除	能正确进行故障排除	10	未正确排除故障扣10分		
4	填写试验报告					
4.1	试验记录	正确填写试验结果	10	每少填写一项扣5分，扣完为止		
4.2	故障排除	将故障现象和具体故障（故障点及排除的方法）填写清楚	10	故障点及排除方法未填写，每项扣2.5分； 故障现象填写不清楚，每项扣2.5分； 以上扣分，扣完为止		
5	事故分析及判断					
5.1	保护录波报告分析及判断	查看故障录波报告，进行动作行为分析及综合判断	10	录波图查看不正确或漏项，每项扣2分（不超过5分）； 结果分析不正确扣5分		
6	现场恢复	恢复现场	5	未进行现场恢复扣5分		
合计			100			

Jc0003361001－5　BP－2B 母线保护调试检验及排故。（100 分）

考核知识点：母线保护

难易度：易

技能等级评价专业技能考核操作工作任务书

一、任务名称

BP－2B 母线保护调试检验及排故。

二、适用工种

继电保护员高级工。

三、具体任务

（1）母线运行方式：支路 L3 合于Ⅰ母，支路 L2、支路 L4 合于Ⅱ母，母联断路器分列运行。L2 支路的 TA 变比为 1200A/5A，其余支路的变比为 600A/5A。

注：运行方式的设置，不允许采用装置内部菜单对隔离开关的强制设置。

（2）工作任务：

1）模拟母联充电时 B 相故障，断路器跳合传动正确。

2）模拟现场工作，实施安全措施（仅对运行方式中提到的回路做安全措施），排除保护屏设置的故障，完成现场检验任务。

3）附试验定值清单（0 区）。

四、工作规范及要求

（1）工器具使用及安全措施。

（2）按要求进行保护校验。

（3）二次回路故障查找及排除。

（4）进行故障分析并填写试验报告。

五、考核及时间要求

（1）本考核操作时间为 60 分钟，时间到停止考评，包括试验接线、保护校验和报告整理时间。同一类现象故障不限一处故障点。

（2）故障查找和排除过程中，如确实不能查找出故障，可向考评员申请排除故障，该项故障项目不得分，但不影响其他项目。

（3）按照技能操作记录单的操作要求进行操作，正确记录操作结果，试验记录项目包括动作元件、相别、动作出口时间等。

技能等级评价专业技能考核操作评分标准

工种	继电保护员					评价等级	高级工
项目模块	缺陷处理与事故分析—保护调试—母线保护装置				编号	Jc0003361001－5	
单位			准考证号			姓名	
考试时限	60 分钟		题型	综合操作题		题分	100 分
成绩		考评员		考评组长		日期	
试题正文	BP－2B 母线保护调试检验及排故						
需要说明的问题和要求	（1）要求调试单人操作；故障查找及分析在调试过程中完成。 （2）操作应注意安全，按照标准化作业书的技术安全说明做好安全措施。 （3）装置调试检验在保护屏上完成操作。 （4）测试仪的选择可选考场提供的测试仪或自带测试仪						

序号	项目名称	质量要求	满分	扣分标准	扣分原因	得分
1	工具使用及安全措施					
1.1	各种工器具正确使用	熟练正确使用各种工器具	5	未正确使用一次扣 1 分，扣完为止		
1.2	相关安全措施的准备	试验仪器正确接地	2	试验仪器未正确接地扣 2 分		
		短接母线保护电流	3	未进行短接母线保护电流扣 3 分		
		断开交流电压	2	未断开交流电压扣 2 分		
		母线保护屏拆除跳闸二次线，并做好绝缘	3	未在母线保护屏拆除跳闸二次线，未做好绝缘扣 3 分（可口述）		
2	保护调试校验					
2.1	保护装置试验	试验仪故障设置正确，接线及压板等设置正确，测试正确并说明结果	30	试验接线错误扣 5 分； 压板等设置错误扣 5 分； 试验仪故障设置不正确扣 5 分； 试验项目未做出扣 15 分		

续表

序号	项目名称	质量要求	满分	扣分标准	扣分原因	得分
3	二次回路故障排查					
3.1	故障查找	能正确进行故障查找。 故障：端子排X12：2上的3N1：2虚接，L1支路（母联）B相无采样电流	10	未查找出故障扣10分		
3.2	故障排除	能正确进行故障排除	10	未正确排除故障扣10分		
4	填写试验报告					
4.1	试验记录	正确填写试验结果	10	每少填写一项扣5分，扣完为止		
4.2	故障排除	将故障现象和具体故障（故障点及排除的方法）填写清楚	10	故障点及排除方法未填写，每项扣2.5分； 故障现象填写不清楚，每项扣2.5分； 以上扣分，扣完为止		
5	事故分析及判断					
5.1	保护录波报告分析及判断	查看故障录波报告，进行动作行为分析及综合判断	10	录波图查看不正确或漏项，每项扣2分（不超过5分）； 结果分析不正确扣5分		
6	现场恢复	恢复现场	5	未进行现场恢复扣5分		
合计			100			

Jc0003361001－6　BP－2B 母线保护调试检验及排故。（100 分）

考核知识点：母线保护

难易度：易

技能等级评价专业技能考核操作工作任务书

一、任务名称

BP－2B 母线保护调试检验及排故。

二、适用工种

继电保护员高级工。

三、具体任务

（1）母线运行方式：支路 L3 合于Ⅰ母，支路 L2、支路 L4 合于Ⅱ母，母联断路器合环运行。L2 支路的 TA 变比为 1200A/5A，其余支路的变比为 600A/5A。

注：运行方式的设置，不允许采用装置内部菜单对隔离开关的强制设置。

（2）工作任务：

1）验证Ⅱ母 B 相故障时母线保护大差比率制动系数的高值 K_r（3 个支路必须同时通流试验，做 2 点），断路器跳合传动正确。

2）模拟现场工作，实施安全措施（仅对运行方式中提到的回路做安全措施），排除保护屏设置的故障，完成现场检验任务。

3）附试验定值清单（0 区）。

四、工作规范及要求

（1）工器具使用及安全措施。

（2）按要求进行保护校验。

（3）二次回路故障查找及排除。

（4）进行故障分析并填写试验报告。

五、考核及时间要求

（1）本考核操作时间为 60 分钟，时间到停止考评，包括试验接线、保护校验和报告整理时间。同一类现象故障不限一处故障点。

（2）故障查找和排除过程中，如确实不能查找出故障，可向考评员申请排除故障，该项故障项目不得分，但不影响其他项目。

（3）按照技能操作记录单的操作要求进行操作，正确记录操作结果，试验记录项目包括动作元件、相别、动作出口时间等。

技能等级评价专业技能考核操作评分标准

工种	继电保护员					评价等级	高级工
项目模块	缺陷处理与事故分析—保护调试—母线保护装置				编号	Jc0003361001－6	
单位		准考证号				姓名	
考试时限	60 分钟	题型		综合操作题		题分	100 分
成绩		考评员		考评组长		日期	
试题正文	BP－2B 母线保护调试检验及排故						
需要说明的问题和要求	（1）要求调试单人操作；故障查找及分析在调试过程中完成。 （2）操作应注意安全，按照标准化作业书的技术安全说明做好安全措施。 （3）装置调试检验在保护屏上完成操作。 （4）测试仪的选择可选考场提供的测试仪或自带测试仪						

序号	项目名称	质量要求	满分	扣分标准	扣分原因	得分
1	工具使用及安全措施					
1.1	各种工器具正确使用	熟练正确使用各种工器具	5	未正确使用一次扣 1 分，扣完为止		
1.2	相关安全措施的准备	试验仪器正确接地	2	试验仪器未正确接地扣 2 分		
		短接母线保护电流	3	未进行短接母线保护电流扣 3 分		
		断开交流电压	2	未断开交流电压扣 2 分		
		母线保护屏拆除跳闸二次线，并做好绝缘	3	未在母线保护屏拆除跳闸二次线，未做好绝缘扣 3 分（可口述）		
2	保护调试校验					
2.1	保护装置试验	母线保护动作正确，断路器动作正确。能按要求正确进行试验，试验仪故障设置正确，接线及压板等设置正确，测试正确并说明结果	30	试验接线错误扣 5 分； 压板等设置错误扣 5 分； 试验仪故障设置不正确扣 5 分； 试验项目未做出扣 15 分		
3	二次回路故障排查					
3.1	故障查找	能正确进行故障查找。 故障：短接 LP47“母线互联”压板，母线互联开入	10	未查找出故障扣 10 分		
3.2	故障排除	能正确进行故障排除	10	未正确排除故障扣 10 分		
4	填写试验报告					
4.1	试验记录	正确填写试验结果	10	每少填写一项扣 5 分，扣完为止		
4.2	故障排除	将故障现象和具体故障（故障点及排除的方法）填写清楚	10	故障点及排除方法未填写，每项扣 2.5 分； 故障现象填写不清楚，每项扣 2.5 分； 以上扣分，扣完为止		
5	事故分析及判断					
5.1	保护录波报告分析及判断	查看故障录波报告，进行动作行为分析及综合判断	10	录波图查看不正确或漏项，每项扣 2 分（不超过 5 分）； 结果分析不正确扣 5 分		
6	现场恢复	恢复现场	5	未进行现场恢复扣 5 分		
合计			100			

Jc0003363001－7　BP－2B 母线保护调试检验及排故。(100 分)

考核知识点：母线保护

难易度：难

技能等级评价专业技能考核操作工作任务书

一、任务名称

BP－2B 母线保护调试检验及排故。

二、适用工种

继电保护员高级工。

三、具体任务

（1）母线运行方式：支路 L3 合于Ⅰ母，支路 L2、支路 L4 合于Ⅱ母，母联断路器分列运行。L2 支路的 TA 变比为 1200A/5A，其余支路的变比为 600A/5A。

注：运行方式的设置，不允许采用装置内部菜单对隔离开关的强制设置。

（2）工作任务：

1）验证Ⅰ母 C 相故障时母线保护大差比率制动系数的低值 K_r（3 个支路必须同时通流试验，做 2 点），断路器跳合传动正确。

2）模拟现场工作，实施安全措施（仅对运行方式中提到的回路做安全措施），排除保护屏设置的故障，完成现场检验任务。

3）附试验定值清单（0 区）。

四、工作规范及要求

（1）工器具使用及安全措施。

（2）按要求进行保护校验。

（3）二次回路故障查找及排除。

（4）进行故障分析并填写试验报告。

五、考核及时间要求

（1）本考核操作时间为 60 分钟，时间到停止考评，包括试验接线、保护校验和报告整理时间。同一类现象故障不限一处故障点。

（2）故障查找和排除过程中，如确实不能查找出故障，可向考评员申请排除故障，该项故障项目不得分，但不影响其他项目。

（3）按照技能操作记录单的操作要求进行操作，正确记录操作结果，试验记录项目包括动作元件、相别、动作出口时间等。

技能等级评价专业技能考核操作评分标准

工种	继电保护员					评价等级	高级工
项目模块	缺陷处理与事故分析—保护调试—母线保护装置				编号	Jc0003363001－7	
单位			准考证号			姓名	
考试时限	60 分钟		题型	综合操作题		题分	100 分
成绩		考评员		考评组长		日期	
试题正文	BP－2B 母线保护调试检验及排故						
需要说明的问题和要求	（1）要求调试单人操作；故障查找及分析在调试过程中完成。 （2）操作应注意安全，按照标准化作业书的技术安全说明做好安全措施。 （3）装置调试检验在保护屏上完成操作。 （4）测试仪的选择可选考场提供的测试仪或自带测试仪						

续表

序号	项目名称	质量要求	满分	扣分标准	扣分原因	得分
1	工具使用及安全措施					
1.1	各种工器具正确使用	熟练正确使用各种工器具	5	未正确使用一次扣1分，扣完为止		
1.2	相关安全措施的准备	试验仪器正确接地	2	试验仪器未正确接地扣2分		
		短接母线保护电流	3	未进行短接母线保护电流扣3分		
		断开交流电压	2	未断开交流电压扣2分		
		母线保护屏拆除跳闸二次线，并做好绝缘	3	未在母线保护屏拆除跳闸二次线，未做好绝缘扣3分（可口述）		
2	保护调试校验					
2.1	保护装置试验	母线保护动作正确，断路器动作正确。能按要求正确进行试验，试验仪故障设置正确，接线及压板等设置正确，测试正确并说明结果	30	试验接线错误扣5分； 压板等设置错误扣5分； 试验仪故障设置不正确扣5分； 试验项目未做出扣15分		
3	二次回路故障排查					
3.1	故障查找	能正确进行故障查找。 故障：端子排X12：9上的3N1：6与X12：15上的3N1：9交换，L2、L3支路C相电流接反	10	未查找出故障扣10分		
3.2	故障排除	能正确进行故障排除	10	未正确排除故障扣10分		
4	填写试验报告					
4.1	试验记录	正确填写试验结果	10	每少填写一项扣5分，扣完为止		
4.2	故障排除	将故障现象和具体故障（故障点及排除的方法）填写清楚	10	故障点及排除方法未填写，每项扣2.5分； 故障现象填写不清楚，每项扣2.5分； 以上扣分，扣完为止		
5	事故分析及判断					
5.1	保护录波报告分析及判断	查看故障录波报告，进行动作行为分析及综合判断	10	录波图查看不正确或漏项，每项扣2分（不超过5分）； 结果分析不正确扣5分		
6	现场恢复	恢复现场	5	未进行现场恢复扣5分		
合计			100			

Jc0003362001－8　BP－2B母线保护调试检验及排故。（100分）

考核知识点：母线保护

难易度：中

技能等级评价专业技能考核操作工作任务书

一、任务名称

BP－2B母线保护调试检验及排故。

二、适用工种

继电保护员高级工。

三、具体任务

（1）母线运行方式：支路L3合于Ⅰ母，支路L2、支路L4合于Ⅱ母，母联断路器分列运行。L2支路的TA变比为1200A/5A，其余支路的变比为600A/5A。

注：运行方式的设置，不允许采用装置内部菜单对隔离开关的强制设置。

（2）工作任务：

1）模拟母联充电时 A 相故障，断路器跳合传动正确。

2）模拟现场工作，实施安全措施（仅对运行方式中提到的回路做安全措施），排除保护屏设置的故障，完成现场检验任务。

3）附试验定值清单（0 区）。

四、工作规范及要求

（1）工器具使用及安全措施。

（2）按要求进行保护校验。

（3）二次回路故障查找及排除。

（4）进行故障分析并填写试验报告。

五、考核及时间要求

（1）本考核操作时间为 60 分钟，时间到停止考评，包括试验接线、保护校验和报告整理时间。同一类现象故障不限一处故障点。

（2）故障查找和排除过程中，如确实不能查找出故障，可向考评员申请排除故障，该项故障项目不得分，但不影响其他项目。

（3）按照技能操作记录单的操作要求进行操作，正确记录操作结果，试验记录项目包括动作元件、相别、动作出口时间等。

技能等级评价专业技能考核操作评分标准

工种	继电保护员				评价等级	高级工
项目模块	缺陷处理与事故分析—保护调试—母线保护装置			编号	Jc0003362001－8	
单位		准考证号			姓名	
考试时限	60 分钟	题型	综合操作题		题分	100 分
成绩		考评员		考评组长	日期	
试题正文	BP－2B 母线保护调试检验及排故					
需要说明的问题和要求	（1）要求调试单人操作；故障查找及分析在调试过程中完成。 （2）操作应注意安全，按照标准化作业书的技术安全说明做好安全措施。 （3）装置调试检验在保护屏上完成操作。 （4）测试仪的选择可选考场提供的测试仪或自带测试仪					

序号	项目名称	质量要求	满分	扣分标准	扣分原因	得分
1	工具使用及安全措施					
1.1	各种工器具正确使用	熟练正确使用各种工器具	5	未正确使用一次扣 1 分，扣完为止		
1.2	相关安全措施的准备	试验仪器正确接地	2	试验仪器未正确接地扣 2 分		
		短接母线保护电流	3	未进行短接母线保护电流扣 3 分		
		断开交流电压	2	未断开交流电压扣 2 分		
		母线保护屏拆除跳闸二次线，并做好绝缘	3	未在母线保护屏拆除跳闸二次线，未做好绝缘扣 3 分（可口述）		
2	保护调试校验					
2.1	保护装置试验	试验仪故障设置正确，接线及压板等设置正确，测试正确并说明结果	30	试验接线错误扣 5 分； 压板等设置错误扣 5 分； 试验仪故障设置不正确扣 5 分； 试验项目未做出扣 15 分		

续表

序号	项目名称	质量要求	满分	扣分标准	扣分原因	得分
3	二次回路故障排查					
3.1	故障查找	能正确进行故障查找。 故障：定值区由“0 组”改为“1 组”，定值区整定错误	10	未查找出故障扣 10 分		
3.2	故障排除	能正确进行故障排除	10	未正确排除故障扣 10 分		
4	填写试验报告					
4.1	试验记录	正确填写试验结果	10	每少填写一项扣 5 分，扣完为止		
4.2	故障排除	将故障现象和具体故障（故障点及排除的方法）填写清楚	10	故障点及排除方法未填写，每项扣 2.5 分； 故障现象填写不清楚，每项扣 2.5 分； 以上扣分，扣完为止		
5	事故分析及判断					
5.1	保护录波报告分析及判断	查看故障录波报告，进行动作行为分析及综合判断	10	录波图查看不正确或漏项，每项扣 2 分（不超过 5 分）； 结果分析不正确扣 5 分		
6	现场恢复	恢复现场	5	未进行现场恢复扣 5 分		
合计			100			

Jc0003363001－9　BP－2B 母线保护调试检验及排故。（100 分）

考核知识点：母线保护

难易度：难

技能等级评价专业技能考核操作工作任务书

一、任务名称

BP－2B 母线保护调试检验及排故。

二、适用工种

继电保护员高级工。

三、具体任务

（1）母线运行方式：支路 L3 合于Ⅰ母，支路 L2、支路 L4 合于Ⅱ母，母联断路器分列运行。L2 支路的 TA 变比为 1200A/5A，其余支路的变比为 600A/5A。

注：运行方式的设置，不允许采用装置内部菜单对隔离开关的强制设置。

（2）工作任务：

1）验证Ⅰ母 A 相故障时母线保护大差比率制动系数的低值 K_r（3 个支路必须同时通流试验，做 2 点），断路器跳合传动正确。

2）模拟现场工作，实施安全措施（仅对运行方式中提到的回路做安全措施），排除保护屏设置的故障，完成现场检验任务。

3）附试验定值清单（0 区）。

四、工作规范及要求

（1）工器具使用及安全措施。

（2）按要求进行保护校验。

（3）二次回路故障查找及排除。

（4）进行故障分析并填写试验报告。

五、考核及时间要求

（1）本考核操作时间为 60 分钟，时间到停止考评，包括试验接线、保护校验和报告整理时间。同一类现象故障不限一处故障点。

（2）故障查找和排除过程中，如确实不能查找出故障，可向考评员申请排除故障，该项故障项目不得分，但不影响其他项目。

（3）按照技能操作记录单的操作要求进行操作，正确记录操作结果，试验记录项目包括动作元件、相别、动作出口时间等。

技能等级评价专业技能考核操作评分标准

工种	继电保护员					评价等级	高级工
项目模块	缺陷处理与事故分析—保护调试—母线保护装置				编号	Jc0003363001－9	
单位			准考证号			姓名	
考试时限	60 分钟		题型	综合操作题		题分	100 分
成绩		考评员		考评组长		日期	
试题正文	BP－2B 母线保护调试检验及排故						
需要说明的问题和要求	（1）要求调试单人操作；故障查找及分析在调试过程中完成。 （2）操作应注意安全，按照标准化作业书的技术安全说明做好安全措施。 （3）装置调试检验在保护屏上完成操作。 （4）测试仪的选择可选考场提供的测试仪或自带测试仪						

序号	项目名称	质量要求	满分	扣分标准	扣分原因	得分
1	工具使用及安全措施					
1.1	各种工器具正确使用	熟练正确使用各种工器具	5	未正确使用一次扣 1 分，扣完为止		
1.2	相关安全措施的准备	试验仪器正确接地	2	试验仪器未正确接地扣 2 分		
		短接母线保护电流	3	未进行短接母线保护电流扣 3 分		
		断开交流电压	2	未断开交流电压扣 2 分		
		母线保护屏拆除跳闸二次线，并做好绝缘	3	未在母线保护屏拆除跳闸二次线，未做好绝缘扣 3 分（可口述）		
2	保护调试校验					
2.1	保护装置试验	母线保护动作正确，断路器动作正确。能按要求正确进行试验，试验仪故障设置正确，接线及压板等设置正确，测试正确并说明结果	30	试验接线错误扣 5 分； 压板等设置错误扣 5 分； 试验仪故障设置不正确扣 5 分； 试验项目未做出扣 15 分		
3	二次回路故障排查					
3.1	故障查找	能正确进行故障查找。 故障：L3 支路变比由 600A/5A 改为 800A/5A，整定错误	10	未查找出故障扣 10 分		
3.2	故障排除	能正确进行故障排除	10	未正确排除故障扣 10 分		
4	填写试验报告					
4.1	试验记录	正确填写试验结果	10	每少填写一项扣 5 分，扣完为止		
4.2	故障排除	将故障现象和具体故障（故障点及排除的方法）填写清楚	10	故障点及排除方法未填写，每项扣 2.5 分； 故障现象填写不清楚，每项扣 2.5 分； 以上扣分，扣完为止		
5	事故分析及判断					
5.1	保护录波报告分析及判断	查看故障录波报告，进行动作行为分析及综合判断	10	录波图查看不正确或漏项，每项扣 2 分（不超过 5 分）； 结果分析不正确扣 5 分		
6	现场恢复	恢复现场	5	未进行现场恢复扣 5 分		
合计			100			

Jc0004362001－1 智能站设备调试检验及排故。（100分）

考核知识点：智能变电站保护

难易度：中

技能等级评价专业技能考核操作工作任务书

一、任务名称

PCS－931A线路保护调试检验及排故。

二、适用工种

继电保护员高级工。

三、具体任务

（1）工作状态为模拟220kV线路停电，工作内容为智能线路保护定检。

（2）工作任务：

1）在检修状态下进行以下工作：① 用常规继电保护测试仪加量，要求同时加入电压、电流模拟量，检查线路保护装置电流、电压采样。② 模拟A相瞬时性接地故障，校验接地距离Ⅰ段定值，断路器跳合传动正确。

2）根据上述要求模拟现场工作，实施安全措施（按照保护定检完成），排除设置的故障，完成现场检验任务。

四、工作规范及要求

（1）工器具使用及安全措施。

（2）按要求进行保护校验。

（3）二次回路故障查找及排除。

（4）进行故障分析并填写试验报告。

五、考核及时间要求

（1）本考核操作时间为60分钟，时间到停止考评，包括试验接线、保护校验和报告整理时间。同一类现象故障不限一处故障点。

（2）故障查找和排除过程中，如确实不能查找出故障，可向考评员申请排除故障，该项故障项目不得分，但不影响其他项目。

（3）按照技能操作记录单的操作要求进行操作，正确记录操作结果，试验记录项目包括动作元件、相别、动作出口时间等。

技能等级评价专业技能考核操作评分标准

工种	继电保护员					评价等级	高级工
项目模块	缺陷处理与事故分析—保护调试—线路保护装置				编号	Jc0004362001－1	
单位			准考证号			姓名	
考试时限	60分钟		题型	综合操作		题分	100分
成绩		考评员		考评组长		日期	
试题正文	PCS－931A线路保护调试检验及排故						
需要说明的问题和要求	（1）要求调试单人操作，故障查找及分析在调试过程中完成。 （2）操作应注意安全，按照标准化作业书的技术安全说明做好安全措施。 （3）装置调试检验在保护屏上完成操作。 （4）测试仪的选择可选考场提供的测试仪或自带测试仪						

续表

序号	项目名称	质量要求	满分	扣分标准	扣分原因	得分
1	工具使用及安全措施					
1.1	各种工器具正确使用	熟练正确使用各种工器具	5	未正确使用一次扣 1 分，扣完为止		
1.2	相关安全措施的准备	试验仪器正确接地	2	试验仪器未正确接地扣 2 分		
		退出母差保护 SV 接受本间隔 SV 软压板，并拆除母差保护直采本间隔 SV 光纤	3	未退出母差保护 SV 接受本间隔 SV 软压板，并拆除母差保护直采本间隔 SV 光纤扣 3 分		
		断开母线合并单元交流电压	2	未断开母线合并单元交流电压扣 2 分		
		退出线路保护启失灵 GOOSE 出口压板	3	未退出线路保护启失灵 GOOSE 出口压板扣 3 分（可口述）		
2	保护调试校验					
2.1	保护装置试验	保护装置采样正确，A 相接地距离 I 段保护动作正确，断路器分合动作正确，试验仪故障设置正确，接线及压板等设置正确	30	试验接线错误扣 5 分； 压板等设置错误扣 5 分； 试验仪故障设置不正确扣 5 分； 试验项目不全，每缺少一项扣 5 分（0.95 倍、1.05 倍、反方向）		
3	二次回路故障排查					
3.1	故障查找	能正确进行故障查找。 故障：隔离保护装置 SV 直采光纤	10	未查找出故障扣 10 分		
3.2	故障排除	能正确进行故障排除	10	未正确排除故障扣 10 分		
4	填写试验报告					
4.1	试验记录	正确填写试验结果	10	每少填写一项扣 3 分，扣完为止		
4.2	故障排除	将故障现象和具体故障（故障点及排除的方法）填写清楚	10	故障点及排除方法未填写，每项扣 2.5 分； 故障现象填写不清楚，每项扣 2.5 分； 以上扣分，扣完为止		
5	事故分析及判断					
5.1	保护录波报告分析及判断	查看故障录波报告，进行动作行为分析及综合判断	10	录波图查看不正确或漏项，每项扣 2 分（不超过 5 分）； 结果分析不正确扣 5 分		
6	现场恢复	恢复现场	5	未进行现场恢复扣 5 分		
合计			100			

Jc0004362001－2　智能站设备调试检验及排故。（100 分）

考核知识点：智能变电站保护

难易度：中

技能等级评价专业技能考核操作工作任务书

一、任务名称

PCS－931A 线路保护调试检验及排故。

二、适用工种

继电保护员高级工。

三、具体任务

（1）工作状态为模拟 220kV 线路停电，工作内容为智能线路保护定检。

（2）工作任务：

1）在检修状态下进行以下工作：① 用常规继电保护测试仪加量，要求同时加入电压、电流模拟量，检查线路保护装置电流、电压采样。② 模拟 A 相瞬时性接地故障，校验接地距离Ⅰ段定值，断路器跳合传动正确。

2）根据上述要求模拟现场工作，实施安全措施（按照保护定检完成），排除设置的故障，完成现场检验任务。

四、工作规范及要求

（1）工器具使用及安全措施。

（2）按要求进行保护校验。

（3）二次回路故障查找及排除。

（4）进行故障分析并填写试验报告。

五、考核及时间要求

（1）本考核操作时间为 60 分钟，时间到停止考评，包括试验接线、保护校验和报告整理时间。同一类现象故障不限一处故障点。

（2）故障查找和排除过程中，如确实不能查找出故障，可向考评员申请排除故障，该项故障项目不得分，但不影响其他项目。

（3）按照技能操作记录单的操作要求进行操作，正确记录操作结果，试验记录项目包括动作元件、相别、动作出口时间等。

技能等级评价专业技能考核操作评分标准

工种	继电保护员				评价等级	高级工
项目模块	缺陷处理与事故分析—保护调试—线路保护装置			编号	Jc0004362001－2	
单位		准考证号			姓名	
考试时限	60 分钟	题型	综合操作		题分	100 分
成绩	考评员		考评组长		日期	
试题正文	PCS－931A 线路保护调试检验及排故					
需要说明的问题和要求	（1）要求调试单人操作，故障查找及分析在调试过程中完成。 （2）操作应注意安全，按照标准化作业书的技术安全说明做好安全措施。 （3）装置调试检验在保护屏上完成操作。 （4）测试仪的选择可选考场提供的测试仪或自带测试仪					

序号	项目名称	质量要求	满分	扣分标准	扣分原因	得分
1	工具使用及安全措施					
1.1	各种工器具正确使用	熟练正确使用各种工器具	5	未正确使用一次扣 1 分，扣完为止		
1.2	相关安全措施的准备	试验仪器正确接地	2	试验仪器未正确接地扣 2 分		
		退出母差保护 SV 接受本间隔 SV 软压板，并拆除母差保护直采本间隔 SV 光纤	3	未退出母差保护 SV 接受本间隔 SV 软压板，并拆除母差保护直采本间隔 SV 光纤扣 3 分		
		断开母线合并单元交流电压	2	未断开母线合并单元交流电压扣 2 分		
		退出线路保护启失灵 GOOSE 出口压板	3	未退出线路保护启失灵 GOOSE 出口压板扣 3 分（可口述）		

续表

序号	项目名称	质量要求	满分	扣分标准	扣分原因	得分
2	保护调试校验					
2.1	保护装置试验	保护装置采样正确，A相接地距离Ⅰ段保护动作正确，断路器分合动作正确，试验仪故障设置正确，接线及压板等设置正确	30	试验接线错误扣5分； 压板等设置错误扣5分； 试验仪故障设置不正确扣5分； 试验项目不全，每缺少一项扣5分（0.95倍、1.05倍、反方向）		
3	二次回路故障排查					
3.1	故障查找	能正确进行故障查找。 故障：退出GOOSE跳闸出口软压板	10	未查找出故障扣10分		
3.2	故障排除	能正确进行故障排除	10	未正确排除故障扣10分		
4	填写试验报告					
4.1	试验记录	正确填写试验结果	10	每少填写一项扣3分，扣完为止		
4.2	故障排除	将故障现象和具体故障（故障点及排除的方法）填写清楚	10	故障点及排除方法未填写，每项扣2.5分； 故障现象填写不清楚，每项扣2.5分； 以上扣分，扣完为止		
5	事故分析及判断					
5.1	保护录波报告分析及判断	查看故障录波报告，进行动作行为分析及综合判断	10	录波图查看不正确或漏项，每项扣2分（不超过5分）； 结果分析不正确扣5分		
6	现场恢复	恢复现场	5	未进行现场恢复扣5分		
合计			100			

Jc0004361001－3　智能站设备调试检验及排故。（100分）

考核知识点： 智能变电站保护

难易度： 易

技能等级评价专业技能考核操作工作任务书

一、任务名称

PCS－931A线路保护调试检验及排故。

二、适用工种

继电保护员高级工。

三、具体任务

（1）工作状态为模拟220kV线路停电，工作内容为智能线路保护定检。

（2）工作任务：

1）在检修状态下进行以下工作：① 用常规继电保护测试仪加量，要求同时加入电压、电流模拟量，检查线路保护装置电流、电压采样。② 模拟A相瞬时性接地故障，校验接地距离Ⅰ段定值，断路器跳合传动正确。

2）根据上述要求模拟现场工作，实施安全措施（按照保护定检完成），排除设置的故障，完成现场检验任务。

四、工作规范及要求

（1）工器具使用及安全措施。

（2）按要求进行保护校验。

（3）二次回路故障查找及排除。

（4）进行故障分析并填写试验报告。

五、考核及时间要求

（1）本考核操作时间为 60 分钟，时间到停止考评，包括试验接线、保护校验和报告整理时间。同一类现象故障不限一处故障点。

（2）故障查找和排除过程中，如确实不能查找出故障，可向考评员申请排除故障，该项故障项目不得分，但不影响其他项目。

（3）按照技能操作记录单的操作要求进行操作，正确记录操作结果，试验记录项目包括动作元件、相别、动作出口时间等。

技能等级评价专业技能考核操作评分标准

<table>
<tr><td>工种</td><td colspan="5">继电保护员</td><td>评价等级</td><td>高级工</td></tr>
<tr><td>项目模块</td><td colspan="5">缺陷处理与事故分析—保护调试—线路保护装置</td><td>编号</td><td>Jc0004361001－3</td></tr>
<tr><td>单位</td><td colspan="2"></td><td>准考证号</td><td colspan="2"></td><td>姓名</td><td></td></tr>
<tr><td>考试时限</td><td colspan="2">60 分钟</td><td>题型</td><td colspan="2">综合操作</td><td>题分</td><td>100 分</td></tr>
<tr><td>成绩</td><td></td><td>考评员</td><td></td><td>考评组长</td><td></td><td>日期</td><td></td></tr>
<tr><td>试题正文</td><td colspan="7">PCS－931A 线路保护调试检验及排故</td></tr>
<tr><td>需要说明的问题和要求</td><td colspan="7">（1）要求调试单人操作，故障查找及分析在调试过程中完成。
（2）操作应注意安全，按照标准化作业书的技术安全说明做好安全措施。
（3）装置调试检验在保护屏上完成操作。
（4）测试仪的选择可选考场提供的测试仪或自带测试仪</td></tr>
</table>

序号	项目名称	质量要求	满分	扣分标准	扣分原因	得分
1	工具使用及安全措施					
1.1	各种工器具正确使用	熟练正确使用各种工器具	5	未正确使用一次扣 1 分，扣完为止		
1.2	相关安全措施的准备	试验仪器正确接地	2	试验仪器未正确接地扣 2 分		
		退出母差保护 SV 接受本间隔 SV 软压板，并拆除母差保护直采本间隔 SV 光纤	3	未退出母差保护 SV 接受本间隔 SV 软压板，并拆除母差保护直采本间隔 SV 光纤扣 3 分		
		断开母线合并单元交流电压	2	未断开母线合并单元交流电压扣 2 分		
		退出线路保护启失灵 GOOSE 出口压板	3	未退出线路保护启失灵 GOOSE 出口压板扣 3 分（可口述）		
2	保护调试校验					
2.1	保护装置试验	保护装置采样正确，A 相接地距离Ⅰ段保护动作正确，断路器分合动作正确，试验仪故障设置正确，接线及压板等设置正确	30	试验接线错误扣 5 分； 压板等设置错误扣 5 分； 试验仪故障设置不正确扣 5 分； 试验项目不全，每缺少一项扣 5 分（0.95 倍、1.05 倍、反方向）		
3	二次回路故障排查					
3.1	故障查找	能正确进行故障查找。 故障：退出合并单元检修压板，检修不一致	10	未查找出故障扣 10 分		
3.2	故障排除	能正确进行故障排除	10	未正确排除故障扣 10 分		
4	填写试验报告					
4.1	试验记录	正确填写试验结果	10	每少填写一项扣 3 分，扣完为止		

续表

序号	项目名称	质量要求	满分	扣分标准	扣分原因	得分
4.2	故障排除	将故障现象和具体故障（故障点及排除的方法）填写清楚	10	故障点及排除方法未填写，每项扣2.5分； 故障现象填写不清楚，每项扣2.5分； 以上扣分，扣完为止		
5	事故分析及判断					
5.1	保护录波报告分析及判断	查看故障录波报告，进行动作行为分析及综合判断	10	录波图查看不正确或漏项，每项扣2分（不超过5分）； 结果分析不正确扣5分		
6	现场恢复	恢复现场	5	未进行现场恢复扣5分		
合计			100			

Jc0004361001－4　智能站设备调试检验及排故。（100分）

考核知识点：智能变电站保护

难易度：易

技能等级评价专业技能考核操作工作任务书

一、任务名称

PCS－931A线路保护调试检验及排故。

二、适用工种

继电保护员高级工。

三、具体任务

（1）工作状态为模拟220kV线路停电，工作内容为智能线路保护定检。

（2）工作任务：

1）在检修状态下进行以下工作：① 用常规继电保护测试仪加量，要求同时加入电压、电流模拟量，检查线路保护装置电流、电压采样。② 模拟B相永久性接地故障，校验接地距离Ⅱ段定值，断路器传动正确。

2）根据上述要求模拟现场工作，实施安全措施（按照保护定检完成），排除设置的故障，完成现场检验任务。

四、工作规范及要求

（1）工器具使用及安全措施。

（2）按要求进行保护校验。

（3）二次回路故障查找及排除。

（4）进行故障分析并填写试验报告。

五、考核及时间要求

（1）本考核操作时间为60分钟，时间到停止考评，包括试验接线、保护校验和报告整理时间。同一类现象故障不限一处故障点。

（2）故障查找和排除过程中，如确实不能查找出故障，可向考评员申请排除故障，该项故障项目不得分，但不影响其他项目。

（3）按照技能操作记录单的操作要求进行操作，正确记录操作结果，试验记录项目包括动作元件、相别、动作出口时间等。

技能等级评价专业技能考核操作评分标准

工种	继电保护员					评价等级	高级工
项目模块	缺陷处理与事故分析—保护调试—线路保护装置				编号	Jc0004361001－4	
单位			准考证号			姓名	
考试时限	60 分钟		题型	综合操作		题分	100 分
成绩		考评员		考评组长		日期	
试题正文	PCS－931A 线路保护调试检验及排故						
需要说明的问题和要求	（1）要求调试单人操作，故障查找及分析在调试过程中完成。 （2）操作应注意安全，按照标准化作业书的技术安全说明做好安全措施。 （3）装置调试检验在保护屏上完成操作。 （4）测试仪的选择可选考场提供的测试仪或自带测试仪						

序号	项目名称	质量要求	满分	扣分标准	扣分原因	得分
1	工具使用及安全措施					
1.1	各种工器具正确使用	熟练正确使用各种工器具	5	未正确使用一次扣 1 分，扣完为止		
1.2	相关安全措施的准备	试验仪器正确接地	2	试验仪器未正确接地扣 2 分		
		退出母差保护 SV 接受本间隔 SV 软压板，并拆除母差保护直采本间隔 SV 光纤	3	未退出母差保护 SV 接受本间隔 SV 软压板，并拆除母差保护直采本间隔 SV 光纤扣 3 分		
		断开母线合并单元交流电压	2	未断开母线合并单元交流电压扣 2 分		
		退出线路保护启失灵 GOOSE 出口压板	3	未退出线路保护启失灵 GOOSE 出口压板扣 3 分（可口述）		
2	保护调试校验					
2.1	保护装置试验	保护装置采样正确，B 相接地距离Ⅱ段保护动作正确，断路器动作正确，试验仪故障设置正确，接线及压板等设置正确	30	试验接线错误扣 5 分； 压板等设置错误扣 5 分； 试验仪故障设置不正确扣 5 分； 试验项目不全，每缺少一项扣 5 分（0.95 倍、1.05 倍、反方向）		
3	二次回路故障排查					
3.1	故障查找	能正确进行故障查找。 故障：退出智能终端检修压板，检修不一致	10	未查找出故障扣 10 分		
3.2	故障排除	能正确进行故障排除	10	未正确排除故障扣 10 分		
4	填写试验报告					
4.1	试验记录	正确填写试验结果	10	每少填写一项扣 3 分，扣完为止		
4.2	故障排除	将故障现象和具体故障（故障点及排除的方法）填写清楚	10	故障点及排除方法未填写，每项扣 2.5 分； 故障现象填写不清楚，每项扣 2.5 分； 以上扣分，扣完为止		
5	事故分析及判断					
5.1	保护录波报告分析及判断	查看故障录波报告，进行动作行为分析及综合判断	10	录波图查看不正确或漏项，每项扣 2 分（不超过 5 分）； 结果分析不正确扣 5 分		
6	现场恢复	恢复现场	5	未进行现场恢复扣 5 分		
合计			100			

Jc0004361001－5 智能站设备调试检验及排故。（100 分）

考核知识点：智能变电站保护

难易度：易

技能等级评价专业技能考核操作工作任务书

一、任务名称

PCS-931A 线路保护调试检验及排故。

二、适用工种

继电保护员高级工。

三、具体任务

（1）工作状态为模拟 220kV 线路停电，工作内容为智能线路保护定检。

（2）工作任务：

1）在检修状态下进行以下工作：① 用常规继电保护测试仪加量，要求同时加入电压、电流模拟量，检查线路保护装置电流、电压采样。② 自环装置，模拟 C 相瞬时性接地故障，校验差动定值，断路器跳合传动正确。

2）根据上述要求模拟现场工作，实施安全措施（按照保护定检完成），排除设置的故障，完成现场检验任务。

四、工作规范及要求

（1）工器具使用及安全措施。

（2）按要求进行保护校验。

（3）二次回路故障查找及排除。

（4）进行故障分析并填写试验报告。

五、考核及时间要求

（1）本考核操作时间为 60 分钟，时间到停止考评，包括试验接线、保护校验和报告整理时间。同一类现象故障不限一处故障点。

（2）故障查找和排除过程中，如确实不能查找出故障，可向考评员申请排除故障，该项故障项目不得分，但不影响其他项目。

（3）按照技能操作记录单的操作要求进行操作，正确记录操作结果，试验记录项目包括动作元件、相别、动作出口时间等。

技能等级评价专业技能考核操作评分标准

<table>
<tr><td>工种</td><td colspan="5">继电保护员</td><td>评价等级</td><td colspan="2">高级工</td></tr>
<tr><td>项目模块</td><td colspan="4">缺陷处理与事故分析—保护调试—线路保护装置</td><td>编号</td><td colspan="3">Jc0004361001-5</td></tr>
<tr><td>单位</td><td colspan="3"></td><td>准考证号</td><td></td><td>姓名</td><td colspan="2"></td></tr>
<tr><td>考试时限</td><td colspan="2">60 分钟</td><td>题型</td><td colspan="2">综合操作</td><td>题分</td><td colspan="2">100 分</td></tr>
<tr><td>成绩</td><td></td><td>考评员</td><td></td><td>考评组长</td><td></td><td>日期</td><td colspan="2"></td></tr>
<tr><td>试题正文</td><td colspan="8">PCS-931A 线路保护调试检验及排故</td></tr>
<tr><td>需要说明的问题和要求</td><td colspan="8">（1）要求调试单人操作，故障查找及分析在调试过程中完成。
（2）操作应注意安全，按照标准化作业书的技术安全说明做好安全措施。
（3）装置调试检验在保护屏上完成操作。
（4）测试仪的选择可选考场提供的测试仪或自带测试仪</td></tr>
<tr><td>序号</td><td>项目名称</td><td colspan="2">质量要求</td><td>满分</td><td colspan="2">扣分标准</td><td>扣分原因</td><td>得分</td></tr>
<tr><td>1</td><td>工具使用及安全措施</td><td colspan="2"></td><td></td><td colspan="2"></td><td></td><td></td></tr>
<tr><td>1.1</td><td>各种工器具正确使用</td><td colspan="2">熟练正确使用各种工器具</td><td>5</td><td colspan="2">未正确使用一次扣 1 分，扣完为止</td><td></td><td></td></tr>
</table>

续表

序号	项目名称	质量要求	满分	扣分标准	扣分原因	得分
1.2	相关安全措施的准备	试验仪器正确接地	2	试验仪器未正确接地扣2分		
		退出母差保护SV接受本间隔SV软压板，并拆除母差保护直采本间隔SV光纤	3	未退出母差保护SV接受本间隔SV软压板，并拆除母差保护直采本间隔SV光纤扣3分		
		断开母线合并单元交流电压	2	未断开母线合并单元交流电压扣2分		
		退出线路保护启失灵GOOSE出口压板	3	未退出线路保护启失灵GOOSE出口压板扣3分（可口述）		
2	保护调试校验					
2.1	保护装置试验	用自环光纤自环装置差动通道，保护装置采样正确，C相差动保护及重合闸动作正确，断路器分合动作正确，试验仪故障设置正确，接线及压板等设置正确	30	试验接线及自环光纤错误扣5分； 压板等设置错误扣5分； 试验仪故障设置不正确扣5分； 试验项目不全，每缺少一项扣5分（0.95倍、1.05倍、反方向）		
3	二次回路故障排查					
3.1	故障查找	能正确进行故障查找。 故障：退出保护装置检修压板，检修不一致	10	未查找出故障扣10分		
3.2	故障排除	能正确进行故障排除	10	未正确排除故障扣10分		
4	填写试验报告					
4.1	试验记录	正确填写试验结果	10	每少填写一项扣3分，扣完为止		
4.2	故障排除	将故障现象和具体故障（故障点及排除的方法）填写清楚	10	故障点及排除方法未填写，每项扣2.5分； 故障现象填写不清楚，每项扣2.5分； 以上扣分，扣完为止		
5	事故分析及判断					
5.1	保护录波报告分析及判断	查看故障录波报告，进行动作行为分析及综合判断	10	录波图查看不正确或漏项，每项扣2分（不超过5分）； 结果分析不正确扣5分		
6	现场恢复	恢复现场	5	未进行现场恢复扣5分		
合计			100			

Jc0004363002 PST－1200UT3主变压器保护调试检验及排故。（100分）

考核知识点：智能变电站保护

难易度：难

技能等级评价专业技能考核操作工作任务书

一、任务名称

PST－1200UT3主变压器保护调试检验及排故。

二、适用工种

继电保护员高级工。

三、具体任务

（1）工作状态为主变压器停电，工作内容为主变压器保护定检。

（2）工作任务：

1）用光数字继电保护测试仪加量，要求高压侧同时加入电压、电流模拟量，检查主变压器保护装置电流、电压采样。

2）根据上述要求模拟现场工作，实施安全措施（按照保护定检完成），排除保护屏设置的故障，完成现场检验任务。

3）主变压器差动速断动作（模拟高压侧 A 相区内故障），断路器传动正确。

四、工作规范及要求

（1）工器具使用及安全措施。

（2）按要求进行保护校验。

（3）二次回路故障查找及排除。

（4）进行故障分析并填写试验报告。

五、考核及时间要求

（1）本考核操作时间为 60 分钟，时间到停止考评，包括试验接线、保护校验和报告整理时间。同一类现象故障不限一处故障点。

（2）故障查找和排除过程中，如确实不能查找出故障，可向考评员申请排除故障，该项故障项目不得分，但不影响其他项目。

（3）按照技能操作记录单的操作要求进行操作，正确记录操作结果，试验记录项目包括动作元件、相别、动作出口时间等。

技能等级评价专业技能考核操作评分标准

工种	继电保护员					评价等级	高级工
项目模块	缺陷处理与事故分析—保护调试—主变压器保护装置				编号	Jc0004363002	
单位			准考证号			姓名	
考试时限	60 分钟		题型	综合操作		题分	100 分
成绩		考评员		考评组长		日期	
试题正文	PST－1200UT3 主变压器保护调试检验及排故						
需要说明的问题和要求	（1）要求调试单人操作，故障查找及分析在调试过程中完成。 （2）操作应注意安全，按照标准化作业书的技术安全说明做好安全措施。 （3）装置调试检验在保护屏上完成操作。 （4）测试仪的选择可选考场提供的测试仪或自带测试仪						

序号	项目名称	质量要求	满分	扣分标准	扣分原因	得分
1	工具使用及安全措施					
1.1	各种工器具正确使用	熟练正确使用各种工器具	5	未正确使用一次扣 1 分，扣完为止		
1.2	相关安全措施的准备	试验仪器正确接地	2	试验仪器未正确接地扣 2 分		
		断开交流电压	2	未断开交流电压扣 2 分		
		退出主变压器保护跳母联出口压板，退出启失灵 GOOSE 出口压板	3	未退出线路保护启失灵 GOOSE 出口压板扣 3 分（可口述）		
		退出母差保护 SV 接受软压板，拔掉母差 SV 直采主变压器合并单元光纤	3	未退出母差保护 SV 接受本间隔 SV 软压板，并拆除母差保护直采本间隔 SV 光纤扣 3 分		
2	保护调试校验					
2.1	保护装置试验	主变压器差动速断（模拟高压侧 A 相区内故障）正确动作，断路器正确动作。能按要求正确进行试验，试验仪故障设置正确，接线及压板等设置正确，测试正确并说明结果	30	试验接线错误扣 5 分； 压板等设置错误扣 5 分； 试验仪故障设置不正确扣 5 分； 试验项目不全，每缺少一项扣 7.5 分（定值、动作区）		

续表

序号	项目名称	质量要求	满分	扣分标准	扣分原因	得分
3	二次回路故障排查					
3.1	故障查找	能正确进行故障查找。 故障：退出主变压器直采高压侧 SV 软压板	10	未查找出故障扣 10 分		
3.2	故障排除	能正确进行故障排除	10	未查找出故障扣 10 分		
4	填写试验报告					
4.1	试验记录	正确填写试验结果	10	每少填写一项扣 5 分，扣完为止		
4.2	故障排除	将故障现象和具体故障（故障点及排除的方法）填写清楚	10	故障点及排除方法未填写，每项扣 2.5 分； 故障现象填写不清楚，每项扣 2.5 分； 以上扣分，扣完为止		
5	事故分析及判断					
5.1	保护录波报告分析及判断	查看故障录波报告，进行动作行为分析及综合判断	10	录波图查看不正确或漏项，每项扣 2 分（不超过 5 分）； 结果分析不正确扣 5 分		
6	现场恢复	恢复现场	5	未进行现场恢复扣 5 分		
合计			100			

第四部分 技 师

第七章 继电保护员技师技能笔答

Jb0001231001 脱离电源后，触电伤员如意识丧失，应在开放气道后 10s 内用哪些方法判定伤员有无呼吸？（5 分）

考核知识点：基本技能

难易度：易

标准答案：

触电伤员如意识丧失，应在开放气道后 10s 内用看、听、试的方法判定伤员有无呼吸。

（1）看：看伤员的胸、腹壁有无呼吸起伏动作。

（2）听：用耳贴近伤员的口鼻处，听有无呼气声音。

（3）试：用颜面部的感觉测试口鼻部有无呼气气流。

Jb0001232002 现场试验工作结束前应做哪些工作？（5 分）

考核知识点：基本技能

难易度：中

标准答案：

现场试验工作结束前应做下述工作：

（1）工作负责人应会同工作人员检查试验记录有无漏试项目，整定值是否与定值通知单相符，试验结论、数据是否完整正确。经检查无误后，才能拆除试验接线。

（2）复查临时接线是否全部拆除，拆下的线头是否全部接好，图纸是否与实际接线相符，标志是否正确完备等。

Jb0001231003 什么叫潜供电流？对重合闸时间有什么影响？（5 分）

考核知识点：基本技能

难易度：易

标准答案：

当故障相跳开后，另两健全相通过电容耦合和磁感应耦合供给故障点的电流叫潜供电流。潜供电流使故障点的消弧时间延长，因此，重合闸的时间必须考虑消弧时间的延长。

Jb0001233004 什么叫对称分量法？（5 分）

考核知识点：基本技能

难易度：难

标准答案：

由于三相电气量系统是同频率按 120° 电角布置的对称旋转矢量，当发生不对称时，可以将一组不对称的三相系统分解为三组对称的正序、负序、零序三相系统；反之，将三组对称的正序、负序、零序三相系统也可合成一组不对称三相系统。这种分析计算方法叫对称分量法。

Jb0001231005　简述电力系统振荡和短路的区别。(5分)

考核知识点：基本技能

难易度：易

标准答案：

（1）当系统发生振荡时，系统各点电压和电流的幅值均作往复性摆动，变化速度慢；而短路时电压、电流幅值是突变的，变化的量很大。

（2）振荡时，系统任何一点电压和电流之间的相位角都随功角 θ 的变化而变化；而短路时电压和电流之间的相位角是基本不变的。

Jb0001223006　画出智能变电站继电保护工程配置流程图。(5分)

考核知识点：基本技能

难易度：难

标准答案：

智能变电站继电保护工程配置流程图见图 Jb0001223006。

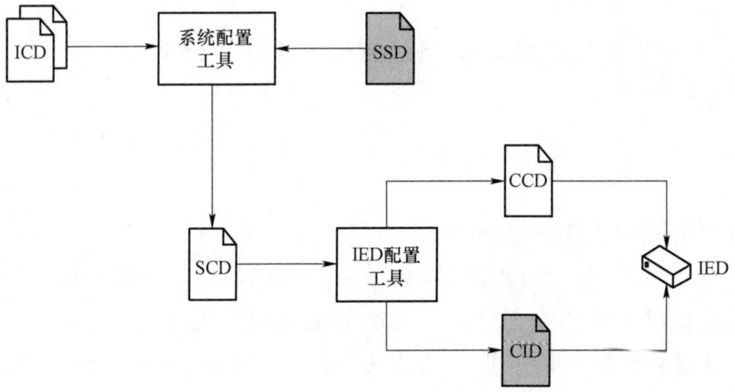

图 Jb0001223006

Jb0001231007　简述 Q/GDW 1175—2013《变压器、高压并联电抗器和母线保护及辅助装置标准化设计规范》中分相差动定义。(5分)

考核知识点：基本技能

难易度：易

标准答案：

分相差动保护是指将变压器的各相绕组分别作为被保护对象，由每相绕组的各侧 TA 构成的差动保护，该保护能反应变压器某一相各侧全部故障；本规范中分相差动保护是指由变压器高、中压侧外附 TA 和低压侧三角内部套管（绕组）TA 构成的差动保护。

Jb0001231008　简述 Q/GDW 1175—2013《变压器、高压并联电抗器和母线保护及辅助装置标准化设计规范》中分侧差动定义。(5分)

考核知识点：基本技能

难易度：易

标准答案：

分侧差动保护是指将变压器的各侧绕组分别作为被保护对象，由各侧绕组的首末端 TA 按相构成的差动保护，该保护不能反映变压器各侧绕组的全部故障。本规范中高、中压和公共绕组分侧差动保护指由自耦变压器高、中压侧外附TA和公共绕组TA构成的差动保护。

Jb0001231009 在电气设备上工作，保证安全的组织措施有哪些？（5分）

考核知识点：基本技能

难易度：易

标准答案：

（1）现场勘察制度。

（2）工作票制度。

（3）工作许可制度。

（4）工作监护制度。

（5）工作间断、转移和终结制度。

Jb0001231010 在原工作票的停电及安全措施范围内增加工作任务时，应遵守哪些规定？（5分）

考核知识点：基本技能

难易度：易

标准答案：

在原工作票的停电及安全措施范围内增加工作任务时，应由工作负责人征得工作票签发人和工作许可人同意，并在工作票上增添工作项目。

Jb0001232011 第一、二种工作票如何办理延期手续？（5分）

考核知识点：基本技能

难易度：中

标准答案：

第一、二种工作票需办理延期手续，应在工期尚未结束以前由工作负责人向运维负责人提出申请（属于调控中心管辖、许可的检修设备，还应通过值班调控人员批准），由运维负责人通知工作许可人给予办理。第一、二种工作票只能延期一次。

Jb0001232012 简述主保护与辅助保护的概念。（5分）

考核知识点：基本技能

难易度：中

标准答案：

主保护是指能满足电力系统稳定及电力设备安全要求、快速地、有选择地切除被保护设备故障的保护。

辅助保护是指为了弥补主保护和后备保护的性能或需要加速切除严重故障而增加的简单保护。

Jb0001232013 工作票的有效期与延期是如何规定的？（5分）

考核知识点：基本技能

难易度：中

标准答案：

第一、二种工作票和带电作业工作票的有效时间，以批准的检修期为限。

第一、二种工作票需办理延期手续，应在工期尚未结束以前由工作负责人向运维负责人提出申请

（属于调控中心管辖、许可的检修设备，还应通过值班调控人员批准），由运维负责人通知工作许可人给予办理。第一、二种工作票只能延期一次。带电作业工作票不准延期。

Jb0001232014　何种情况下，可采用总工作票和分工作票。（5 分）

考核知识点：基本技能

难易度：中

标准答案：

（1）所列工作地点超过两个。

（2）有两个及以上不同的工作单位（班组）在一起工作。

Jb0001232015　检修中遇有下列情况应填用二次工作安全措施票。（5 分）

考核知识点：基本技能

难易度：中

标准答案：

（1）在运行设备的二次回路上进行拆、接线工作。

（2）在对检修设备执行隔离措施时，需拆断、短接和恢复同运行设备有联系的二次回路的工作。

Jb0001231016　简述继电保护的“三误”？（5 分）

考核知识点：基本技能

难易度：易

标准答案：误碰、误整定、误接线。

Jb0001222017　结合图 Jb0001222017，以 $\dot{U}_A$ 为基准，电压超前电流为正，分析潮流方向。（5 分）

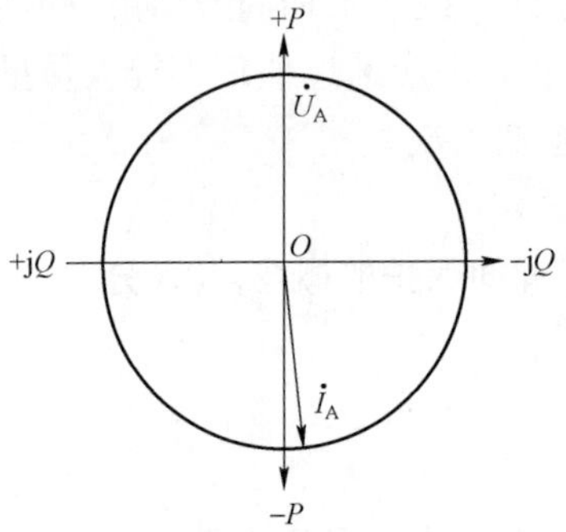

图 Jb0001222017

考核知识点：基本技能

难易度：中

标准答案：受有功，送无功。

Jb0002233018　试述光纤回路正确性检查的检验方法。（5 分）

考核知识点：相关技能

难易度：难

标准答案：

（1）离线校验：① 拔插待测光纤一端的通信端口，观察其对应另一端的通信接口信号灯是否正确熄灭和点亮。② 采用激光笔。照亮待测光纤而在另一端检查正确性。

（2）在线检验：通过装置面板的通信状态检查光纤通道的正确性；在光纤两端分别使用线序查找器。

Jb0002231019 直流系统两点接地对断路器有什么影响？（5 分）

考核知识点：相关技能

难易度：易

标准答案：

直流系统两点接地可能造成断路器“误动”或“拒动”。

Jb0002232020 变电站 220V 直流系统处于正常状态，控制回路正常带电，投入跳闸出口压板之前，若利用万用表测量其上口对地电位，设断路器为合闸位置，则正确的状态是什么？（5 分）

考核知识点：相关技能

难易度：中

标准答案：压板上口对地电压为－110V 左右。

Jb0002231021 为保证连接可靠，等电位地网与主地网应如何连接？（5 分）

考核知识点：相关技能

难易度：易

标准答案：为保证连接可靠，等电位地网与主地网的连接应使用 4 根及以上，每根截面积不小于 $50mm^2$ 的铜排（缆）。

Jb0002233022 调度自动化系统中采用的不间断电源（UPS）有何要求？（5 分）

考核知识点：相关技能

难易度：难

标准答案：

调度自动化系统应采用专用的、冗余配置的不间断电源（UPS）供电，UPS 单机负载率应不高于 40%。外供交流电消失后 UPS 电池满载供电时间应不小于 2h。UPS 应至少具备两路独立的交流供电电源，且每台 UPS 的供电开关应独立。

Jb0003232023 在双母线系统中电压切换的作用是什么？（5 分）

考核知识点：二次回路

难易度：中

标准答案：

对于双母线系统上所连接的电气元件，在两组母线分开运行时（如母线联络断路器断开），为了保证其一次系统和二次系统的电压保持对应，以免发生保护或自动装置误动、拒动，要求保护及自动装置的二次电压回路随同主接线一起进行切换。用隔离开关辅助触点去启动电压切换中间继电器，利用其触点实现电压回路的自动切换。

Jb0003233024 某双母线接线形式的变电站中，装设有母差保护和失灵保护，当一组母线电压互感器出现异常需要退出运行时，是否允许母线维持正常方式且仅将电压互感器二次并列运行？为什么？（5分）

考核知识点：二次回路

难易度：难

标准答案：

不允许，此时应将母线倒为单母线方式或将母联断路器闭锁，而不能仅简单将电压互感器二次并列运行。因为如果一次母线为双母线方式且母联断路器能够正常跳开，使用单组电压互感器且电压互感器二次并列运行时，当无电压互感器母线上的线路故障且断路器失灵时，失灵保护将断开母联断路器，此时，非故障母线的电压恢复，尽管故障元件依然还在母线上，但由于复合电压闭锁的作用，将可能使得失灵保护无法动作出口。

Jb0003231025 自动重合闸的启动方式有哪几种？（5分）

考核知识点：二次回路

难易度：易

标准答案：

（1）断路器控制开关位置与断路器位置不对应启动方式。

（2）保护启动方式。

Jb0003232026 防跳继电器的作用是什么？（5分）

考核知识点：二次回路

难易度：中

标准答案：

防止在触点粘连的情况下，跳、合闸命令同时施加到断路器的跳、合闸线圈上，造成断路器反复跳闸、合闸，损坏断路器。

Jb0003231027 电压互感器的零序电压回路是否装设熔断器，为什么？（5分）

考核知识点：二次回路

难易度：易

标准答案：

不能。因为正常运行时，电压互感器的零序电压回路无电压，不能监视熔断器是否断开，一旦熔丝熔断了，系统发生接地故障，则使用外部零序电压的保护将会不正确动作。

Jb0003231028 二次回路电缆敷设应符合哪些要求？（5分）

考核知识点：二次回路

难易度：易

标准答案：

合理规划二次电缆的路径，尽可能离开高压母线、避雷器和避雷针的接地点、并联电容器、电容式电压互感器、结合电容及电容式套管等设备，避免和减少迂回，缩短二次电缆的长度，与运行设备无关的电缆应予拆除。

（1） 交流电流和交流电压回路、不同交流电压回路、交流和直流回路、强电和弱电回路，以及来自开关场电压互感器二次的四根引入线和电压互感器开口三角绕组的两根引入线均应使用各自独立的电缆。

（2）双重化配置的保护装置、母差和断路器失灵等重要保护的启动和跳闸回路均应使用各自独立的电缆。

Jb0003232029 保护动作正确，智能终端无法实现跳闸时应检查哪些部位？（5分）

考核知识点：二次回路

难易度：中

标准答案：

（1）检查输入光纤的完好性。

（2）装置是否在正常工作状态。

（3）是否收到GOOSE跳闸报文。

（4）输出触点是否动作，输出二次回路的正确性，两侧检修压板位置是否一致，出口压板是否投入。

Jb0003231030 简述查找二次回路异常及故障的一般步骤。（5分）

考核知识点：二次回路

难易度：易

标准答案：

（1）掌握异常现状，弄清异常原因。

（2）根据异常现象和图纸进行分析，确定可能发生异常的元件、回路。

（3）确定检查的顺序。结合经验，判断发生故障可能性较大的部分，对这部分首先进行检查。

（4）采取正确的检查方法，查找发生异常的元件、回路。

（5）对发生异常及故障的元件回路进行处理。

Jb0003233031 为什么交直流回路不可以共用一条电缆？（5分）

考核知识点：二次回路

难易度：难

标准答案：

（1）交直流回路都是独立系统。直流回路是绝缘系统而交流回路是接地系统。若共用一条电缆，两者之间一旦发生短路就造成直流接地，同时影响了交、直流两个系统。

（2）平常也容易互相干扰，还有可能降低对直流回路的绝缘电阻。因此，交、直流回路不能共用一条电缆。

Jb0003233032 光纤的典型结构是怎样的？智能变电站中常见的光纤连接器有哪几种？（5分）

考核知识点：二次回路

难易度：难

标准答案：

（1）光纤的典型结构是由一种细长多层同轴圆形实体复合纤维分层构成，最外面的为加强用的涂敷层，也称树脂涂层，作用是保护裸纤；中间的一层为包裹层，作用是将光波限制在纤芯中；纤芯为光纤的中心，是由高折射率玻璃芯制作而成，它的作用是传输光波。纤芯和包裹层的组成称为裸纤。

（2）智能变电站中常见的光纤连接器有SC、ST、LC、FC等。

Jb0003231033 当两个及以上电流（电压）互感器二次回路间有直接电气联系时，其二次回路接地点设置应符合哪些要求？（5分）

考核知识点：二次回路

难易度：易

标准答案：

（1）便于运行中的检修维护。

（2）互感器或保护设备的故障、异常、停运、检修、更换等均不得造成运行中的互感器二次回路失去接地。

Jb0003232034 电流互感器在运行中为什么要严防二次侧开路？（5分）

考核知识点：二次回路

难易度：中

标准答案：

若二次侧开路，二次电流的去磁作用消失，其一次电流完全变成励磁电流，引起铁芯内磁通剧增，铁芯处于高度饱和状态，加之二次绕组的匝数很多，就会在二次绕组两端产生很高的电压，不但可能损坏二次绕组的绝缘，而且严重危及人身和设备的安全。

Jb0003232035 新投入或经更改的电压回路应利用工作电压进行哪些检验？（5分）

考核知识点：二次回路

难易度：中

标准答案：

电压互感器在接入系统电压以后应进行下列检验工作：定相，测量每一个二次绕组的电压；测量相间电压；检验相序；测量零序电压。

Jb0003233036 哪些设备的中性线（零线）不应接入保护专用的等电位接地网？（5分）

考核知识点：二次回路

难易度：难

标准答案：

直流电源系统绝缘监测装置的平衡桥和检测桥的接地端以及微机型继电保护装置柜屏内的交流供电电源（照明、打印机和调制解调器）的中性线（零线）不应接入保护专用的等电位接地网。

Jb0003233037 电压互感器二次侧Y侧N600和D侧N600应用两芯电缆分别引至主控室接地。为什么不能共线？（5分）

考核知识点：二次回路

难易度：难

标准答案：

因为当系统发生接地故障时，Y侧和D侧均出现零序电压，其电流流过各自的负载，如果共线，则两个电流均在一根电缆上产生压降，使接入保护的3‰在数值和相位上产生失真，影响保护正确工作。

Jb0003232038 所有涉及直接跳闸的重要回路对中间继电器的要求是什么？（5分）

考核知识点：二次回路

难易度：中

标准答案：

（1）应采用动作电压在额定直流电源电压的55%～70%范围以内的中间继电器。

（2）动作功率不低于5W。

Jb0003233039 电压互感器二次中性线两点接地，在系统正常运行或系统中发生两相短路时，对保护装置的动作行为是否有影响？（5分）

考核知识点：二次回路

难易度：难

标准答案：

电压互感器二次中性线两点接地，在系统正常运行时，由于三相电压对称，无零序分量，不会造成站内两点之间产生地电位差，因此，不会对保护装置的测量电压及其动作行为产生影响；同理，在系统发生相间故障时，只要不是接地故障，就不会对保护装置的动作行为产生影响。

Jb0003232040 简述35kV母联备用电源自动投入装置的主要充电条件和动作过程。（5分）

考核知识点：保护、安自装置的安装、调试及维护

难易度：中

标准答案：

充电条件：Ⅰ、Ⅱ段母线三相均有压，母联断路器在分位，工作电源断路器1QF、2QF在合位，经延时10～15s完成充电。

动作条件：Ⅰ（Ⅱ）段母线三相均无压，1号（2号）工作电源无流，经整定延时跳1号（2号）工作电源断路器，确认断路器跳开后，经短延时或程序固化时间合上母分3QF断路器。

Jb0003232041 为什么设置母线充电保护？（5分）

考核知识点：保护、安自装置的安装、调试及维护

难易度：中

标准答案：

母线差动保护应保证在一组母线或某一段母线合闸充电时，快速而有选择地断开有故障的母线。为了更可靠地切除被充电母线上的故障，在母联断路器或母线分段断路器上设置相电流或零序电流保护，作为母线充电保护。母线充电保护接线简单，在定值上可保证高的灵敏度。在有条件的地方，该保护可以作为专用母线单独带新建线路充电的临时保护。母线充电保护只在母线充电时投入，当充电良好后，应及时停用。

Jb0003233042 装有重合闸的断路器跳闸后，在哪些情况下不允许或不能重合闸？（5分）

考核知识点：保护、安自装置的安装、调试及维护

难易度：难

标准答案：

（1）手动跳闸。

（2）断路器失灵保护动作跳闸。

（3）远方跳闸。

（4）断路器操作气压下降到允许值以下时跳闸。

（5）重合闸停用时跳闸。

（6）重合闸在投运单重位置，三相跳闸时。

（7）重合与永久性故障又跳闸。

（8）母线保护动作跳闸不允许使用母线重合闸时。

（9）备自投、变压器、线路并联电抗器等设备的保护动作跳闸时。

Jb0003233043　简述双母线接线方式的断路器失灵保护的跳闸顺序，并简要说明其理由。（5分）

考核知识点： 保护、安自装置的安装、调试及维护

难易度： 难

标准答案：

双母线接线方式的断路器失灵时，失灵保护动作后，先跳开母联和分段开关，以第二延时跳开失灵断路器所在母线的其他所有断路器。先跳开母联和分段断路器，主要是为了尽快将故障隔离，减少对系统的影响，避免非故障母线线路对侧零序速动段保护误动。

Jb0003233044　低频减载，当不采用滑差闭锁时，躲负荷反馈的时限怎么考虑？（5分）

考核知识点： 保护、安自装置的安装、调试及维护

难易度： 难

标准答案：

由于负荷反馈电压衰减的时间常数与负荷的构成有关，最严重的情况是从额定电压下降到0.5倍额定电压的时间长达1s以上。在1s左右反馈电压的频率往往低于电磁式低频继电器的动作频率，为了防止误动作，其出口延时必须大于反馈电压从额定电压下降到0.15倍额定电压的时间，一般取1.5s，才能防止最严重情况下的误动，采用数字低频继电器因其有 50～60V 的电压闭锁，该时间可以降到0.5s。

Jb0003233045　变压器差动保护在稳态情况下的不平衡电流产生的原因是什么？（5分）

考核知识点： 保护、安自装置的安装、调试及维护

难易度： 难

标准答案：

（1）由于变压器各侧电流互感器型号不同，即各侧电流互感器的励磁电流不同而引起误差而产生的不平衡电流。

（2）由于实际的电流互感器变比和计算变比不同引起的不平衡电流。

（3）由于改变变压器调压分接头引起的不平衡电流。

（4）变压器本身的励磁电流造成的不平衡电流。

Jb0003232046　变压器差动保护通常采用哪几种方法躲励磁涌流？（5分）

考核知识点： 保护、安自装置的安装、调试及维护

难易度： 中

标准答案：

目前变压器保护主要采用以下方法躲励磁涌流：

（1）采用具有速饱和铁芯的差动继电器。

（2）鉴别间断角。

（3）二次谐波制动。

（4）波形不对称制动。

（5）励磁阻抗判别。

Jb0003231047 小接地电流系统中，故障线路和非故障线路的零序电流、零序电压的相位关系如何？（5分）

考核知识点：保护、安自装置的安装、调试及维护

难易度：易

标准答案：

故障线路的零序电流滞后零序电压90°，非故障线路的零序电流超前零序电压90°。

Jb0003233048 在RCS978变压器差动保护中，采取哪些措施，防止区外故障伴随TA饱和时，差动保护误动？（5分）

考核知识点：保护、安自装置的安装、调试及维护

难易度：难

标准答案：

采用稳态低值差动和稳态高值差动相配合，低值差动有TA饱和判据，而高值差动没有TA饱和判据。在下列几种故障情况下，区内故障保护灵敏动作，区外故障保护不误动：

（1）区内轻微故障，短路电流小，TA不饱和：低值比率差动灵敏动作。

（2）区内严重故障，短路电流大，TA饱和：低值闭锁，高值动作。

（3）区外轻微故障，短路电流小，TA不饱和：差流为0，低值和高值都不动作。

（4）区外严重故障，短路电流大，TA饱和：低值闭锁，高值差动由于定值比较高，差流进入不到动作区，也不会动作。

Jb0003232049 谐波制动的变压器保护为什么要设置差动速断元件？（5分）

考核知识点：保护、安自装置的安装、调试及维护

难易度：中

标准答案：

设置差动速断元件的主要原因是：为防止在较高的短路电流水平时，由于电流互感器饱和产生高次谐波量增加，产生极大的制动量而使差动保护拒动，因此，设置差动速断元件，当短路电流达到4～10倍额定电流时，速断元件不经谐波闭锁快速动作出口。

Jb0003231050 新安装的变压器差动保护在投运前应做哪些试验？（5分）

考核知识点：保护、安自装置的安装、调试及维护

难易度：易

标准答案：

应做如下检查：

（1）进行变压器充电合闸5次，以检查差动保护躲励磁涌流的性能。

（2）带一定负荷后测量各侧各相电流的有效值和相位，检查外部交流电流输入回路接线的正确性。

（3）测量或检查差动保护的差电压（或差电流），检查装置及电流回路接线的正确性。

Jb0003232051 变压器纵差保护主要反应何种故障，瓦斯保护主要反应何种故障和异常？（5分）

考核知识点：保护、安自装置的安装、调试及维护

难易度：中

标准答案：

纵差保护主要反应变压器绕组、引线的相间短路及大接地电流系统侧的绕组、引出线的接地短路。瓦斯保护主要反应变压器绕组匝间短路及油面降低、铁芯过热等本体内的任何故障。

Jb0003232052　为什么差动保护不能代替瓦斯保护？（5分）

考核知识点：保护、安自装置的安装、调试及维护

难易度：中

标准答案：

瓦斯保护能反应变压器油箱内的任何故障，如铁芯过热烧伤、油面降低等，但差动保护对此无反应。又如，变压器绕组发生少数线匝的匝间短路，虽然短路匝内短路电流很大会造成局部绕组严重过热产生强烈的油流向储油柜方向冲击，但表现在相电流上其量值却不大，因此差动保护没有反应，但瓦斯保护对此却能灵敏地加以反应，这就是差动保护不能代替瓦斯保护的原因。

Jb0003231053　变压器空载合闸时的励磁涌流有何特点？（5分）

考核知识点：保护、安自装置的安装、调试及维护

难易度：易

标准答案：

（1）波形有很大成分的非周期分量，往往使涌流偏于时间轴的一侧。

（2）包含有大量高次谐波，而以二次谐波为主。

（3）涌流波形之间出现间断。

Jb0003231054　纵联保护在电网中的重要作用是什么？（5分）

考核知识点：保护、安自装置的安装、调试及维护

难易度：易

标准答案：

由于纵联保护可以实现全线速动，因此，它可以保证电力系统并列运行的稳定性和提高输送功率、减小故障造成的损坏程度、改善与后备保护的配合性能。

Jb0003232055　什么是断路器失灵保护，什么条件下，断路器失灵保护方可启动？（5分）

考核知识点：保护、安自装置的安装、调试及维护

难易度：中

标准答案：

断路器失灵保护，在故障元件的继电保护装置动作而其断路器拒绝动作时，它能以较短的时限切除与失灵断路器相邻的其他断路器，以便尽快地将停电范围限制到最小。

下列条件同时具备时失灵保护方可启动：

（1）故障设备的保护能瞬时复归的出口继电器动作后不返回。

（2）断路器未跳开的判别元件动作。

Jb0003233056　主变压器零序后备保护中零序过电流与放电间隙过电流是否同时工作？各在什么条件下起作用？（5分）

考核知识点：保护、安自装置的安装、调试及维护

难易度：难

标准答案：

（1）两者不同时工作；

（2）当变压器中性点接地运行时零序过电流保护起作用，间隙过流应退出。

（3）当变压器中性点不接地时，放电间隙过电流起作用，零序过电流保护应退出。

Jb0003232057 电力系统中为什么采用低频低压解列装置？（5分）

考核知识点：保护、安自装置的安装、调试及维护

难易度：中

标准答案：

功率缺额的受端小电源系统中，当大电源切除后，发、供功率严重不平衡，将造成频率或电压的降低，如用低频减载不能满足发供电安全运行时，须在发供平衡的地点装设低频低压解列装置。

Jb0003232058 试述过电流保护为什么要加装低电压闭锁？什么样的过电流保护加装闭锁？（5分）

考核知识点：保护、安自装置的安装、调试及维护

难易度：中

标准答案：

过电流保护的动作电流是按躲过最大负荷电流整定的，在有些情况下不能满足灵敏度的要求。因此，为了提高过电流保护在发生短路故障时的灵敏度和改善躲过最大负荷电流的条件，所以，在过电流保护中加装低电压闭锁。不能满足灵敏度的要求过电流保护应加装低电压闭锁。

Jb0003232059 当距离保护接线路电压互感器时，手动合闸于出口三相短路故障，距离保护能否加速跳闸？为什么？（5分）

考核知识点：保护、安自装置的安装、调试及维护

难易度：中

标准答案：

能加速跳闸。因为手动合闸时，合闸触点闭合，将Ⅰ、Ⅱ段阻抗元件和Ⅲ段阻抗元件由方向阻抗切换在带偏移的阻抗元件。所以，手动合闸于出口三相短路时，阻抗元件就立即动作，实现手动合闸加速切除故障。

Jb0003231060 母线充电保护什么时候应投入？什么时候应退出？（5分）

考核知识点：保护、安自装置的安装、调试及维护

难易度：易

标准答案：

用母联对母线充电时应投入母线充电保护；充电正常后应退出。

Jb0003233061 变压器差动保护在暂态情况下的不平衡电流产生的原因是什么？（5分）

考核知识点：保护、安自装置的安装、调试及维护

难易度：难

标准答案：

由于短路电流的非周期分量，主要为电流互感器的励磁电流，使其铁芯饱和，误差增大而引起不

平衡电流。

Jb0003233062　220kV 线路断路器三相不一致保护为什么不启动失灵保护？（5 分）

考核知识点：保护、安自装置的安装、调试及维护

难易度：难

标准答案：

线路断路器三相不一致状态时虽然会出现零序电流，但是健全相仍然可以输送功率，线路输送功率下降并不多，对系统稳定影响不太大，允许短时出现。线路断路器三相不一致的主要危害是可能引起相邻线路的零序保护误动，与失灵保护动作切除整条母线相比，这一危害要轻得多，因此，线路断路器三相不一致保护不启动失灵保护。

Jb0003232063　全电缆线路是否采用重合闸？ 为什么？（5 分）

考核知识点：保护、安自装置的安装、调试及维护

难易度：中

标准答案：

一般不采用。它和架空线不一样，瞬时故障比较少，一般都是绝缘击穿的永久性故障。不但重合闸成功率不高，而且加剧绝缘损坏程度。

Jb0003231064　采用单相重合闸方式时，发生保护动作区区内 A 相永久性故障时，试回答保护装置及重合闸装置的动作过程。（5 分）

考核知识点：保护、安自装置的安装、调试及维护

难易度：易

标准答案：

保护动作跳 A 相，启动重合闸；重合闸延时到，重合 A 相，保护加速跳三相。

Jb0003231065　可能导致“控制回路断线”的异常有哪些？（5 分）

考核知识点：事故分析及二次设备异常处理

难易度：易

标准答案：

（1）断路器辅助开关转换不到位。

（2）触点动作不正确。

（3）断路器控制回路继电器损坏。

（4）控制把手、灯具或电阻等元件损坏。

（5）二次接线接触不良或短路、接地。

Jb0003232066　光纤差动保护通道不通或误码率较高时应检查哪些项目？（5 分）

考核知识点：事故分析及二次设备异常处理

难易度：中

标准答案：

（1）通道裕度是否满足要求。

（2）通过自环检查来确定是光端机问题还是通道问题。

（3）检查光纤头是否受潮或熔纤应力变化。

（4）检查光纤连接器是否插紧。

（5）检查光纤连接器是否污染，并用纯酒精擦拭接头部分。

Jb0003233067 智能站运行中的继电保护装置出现故障如何处理？（5分）

考核知识点：事故分析及二次设备异常处理

难易度：难

标准答案：

（1）当运行中的继电保护装置出现故障时，应汇报调度，投入装置检修状态硬压板，退出本装置GOOSE软压板，运行人员可以重启一次，恢复正常后，退出检修状态硬压板后，可以继续运行。

（2）当装置重启后无法恢复正常时，汇报调度许可后停用，投入检修状态硬压板，退出本装置GOOSE软压板，做好相应的安全措施，联系相关专业人员处理。

Jb0003233068 说明什么情况下，直流一点接地就可能造成保护误动或断路器跳闸？（5分）

考核知识点：事故分析及二次设备异常处理

难易度：难

标准答案：

直流系统所接电缆正、负极对地存在电容，直流系统所供静态保护装置的直流电源的抗干扰电容，两者之和构成了直流系统两极对地的综合电容。对于大型变电站、发电厂直流系统该电容量是不可忽视的。在直流系统某些部位发生一点接地，保护出口中间继电器线圈、断路器跳闸线圈与上述电容通过大地即可形成回路。如果保护出口中间继电器的动作电压低于“反措”所要求，或电容放电电流大于断路器跳闸电流就会造成保护误动作或断路器跳闸。

Jb0003232069 现场工作过程中遇到异常情况或断路器跳闸、阀闭锁时，应如何处理？（5分）

考核知识点：事故分析及二次设备异常处理

难易度：中

标准答案：

在现场工作过程中，凡遇到异常（如直流系统接地）或断路器跳闸、阀闭锁时，不论与本身工作是否有关，应立即停止工作，保持现状，待找出原因或确定与本工作无关后，方可继续工作。若异常情况或断路器跳闸、阀闭锁是本身工作所引起，应保留现场并立即通知运维人员，以便及时处理。

Jb0003232070 当TV断线后，微机保护中的哪些保护功能被闭锁？（5分）

考核知识点：事故分析及二次设备异常处理

难易度：中

标准答案：

TV断线后报“TV断线告警”，在TV断线条件下所有距离元件、负序方向元件、突变量方向元件退出工作，带方向的零序保护也退出工作，装置将继续监视TV电压，一旦电压恢复正常，各元件将自动重新投入运行。

Jb0003231071 系统振荡对距离保护有何影响？（5分）

考核知识点：事故分析及二次设备异常处理

难易度：易

标准答案：

电力系统振荡时，系统中的电流和电压在振荡过程中作周期性变化，因此，阻抗继电器的测量阻抗也作周期性变化，可能引起阻抗继电器误动作。

Jb0003233072 某 220kV 线路，采用单相重合闸方式，在线路单相瞬时故障时，一侧单跳单重，另一侧直接三相跳闸。排除断路器本体故障，试说出 5 种造成此现象的原因。（满分 5 分，答出 5 项即可得 5 分）

考核知识点：事故分析及二次设备异常处理

难易度：难

标准答案：

（1）保护感知沟通三相跳闸开关量输入。

（2）重合闸充电未满或重合闸停用，单相故障发三相跳闸令。

（3）保护选相失败。

（4）保护装置本身问题造成误动三相跳闸。

（5）电流互感器或电压互感器二次回路存在两个以上的接地点，造成保护误动三相跳闸。

（6）定值中跳闸方式整定为三相跳闸。

（7）分相跳闸保护未投入，由后备保护三相跳闸。

Jb0003223073 220kV 线路向新建负荷变电站在送电期间发生单相接地故障，故障录波见图 Jb0003223073，图中是负荷站变压器高压侧的 A、B、C 三相电流（变压器的中性点直接接地），描述该电流的性质是什么，并判断其正确性。（5 分）

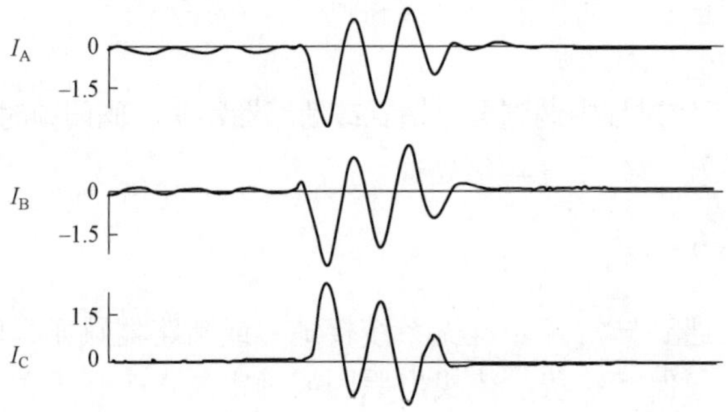

图 Jb0003223073

考核知识点：事故分析及二次设备异常处理

难易度：难

标准答案：

（1）图中 A、B、C 三相电流幅值相等，相位 A、B 相相同、C 相相反，是零序电流；

（2）C 相电流的极性接反。或 A、B 两相电流的极性接反。

Jb0003231074 小接地电流系统当发生一相接地时，其他两相的电压数值和相位发生什么变化？（5 分）

考核知识点：事故分析及二次设备异常处理

难易度：易

标准答案：

其他两相电压幅值升高 $\sqrt{3}$ 倍，超前相电压再向超前相移 30°，而落后相电压再向落后相移 30°。

Jb0003233075 非全相运行对哪些纵联保护有影响？如何解决非全相运行期间健全相在故障时快速切除故障的问题？（5分）

考核知识点：事故分析及二次设备异常处理

难易度：难

标准答案：

非全相运行对采用零序、负序等方向元件作为发停信控制的纵联保护有影响，对判断两侧电流幅值、相位关系的差动等纵联保护无影响。因此，非全相期间应自动将采用零序、负序等方向元件作为发停信控制的纵联保护退出运行，非全相运行期间健全相再故障时，应尽量使用不失去选择性的纵联保护。

Jb0003232076 变压器的不正常运行状态有哪些？（满分5分，答出5项即可得5分）

考核知识点：事故分析及二次设备异常处理

难易度：中

标准答案：

（1）由外部相间、接地短路引起的过电流。

（2）过电压。

（3）超过额定容量引起的过负荷。

（4）漏油引起的油面降低。

（5）冷却系统故障及由此而引起的温度过高。

（6）大容量变压器的过励磁和过电压问题等。

Jb0003232077 简述三相变压器空载合闸时励磁涌流的大小及波形特征与哪些因素有关。（5分）

考核知识点：事故分析及二次设备异常处理

难易度：中

标准答案：

三相变压器空载合闸的励磁涌流大小和波形与下列因素有关：

（1）系统电压大小和合闸初相角。

（2）系统等值电抗大小。

（3）铁芯剩磁、铁芯结构。

（4）铁芯材质（饱和特性、磁滞环）。

（5）合闸在高压或低压侧。

Jb0003233078 某输电线路光纤分相电流差动保护，一侧TA变比为1200A/5A，另一侧TA变比为600A/1A，因不慎误将1200A/5A的二次额定电流错设为1A，试分析正常运行、发生故障时有何问题发生？（5分）

考核知识点：事故分析及二次设备异常处理

难易度：难

标准答案：

正常运行时，因有差流存在，所以当线路负荷电流达到一定值时，差流会告警。外部短路故障时，此时线路两侧测量到的差动回路电流均增大，制动电流减小，故两侧保护均有可能发生误动作。内部短路故障时，两侧测量到的差动回路电流均减小，制动电流增大，故灵敏度降低，严重时可能发生拒动。

Jb0003231079　在一定的差动动作电流下，从躲过变压器励磁涌流的要求出发，整定二次谐波制动系数以大为好，还是以小为好？为什么？（5分）

考核知识点：事故分析及二次设备异常处理

难易度：易

标准答案：

以小为好。因为谐波制动系数是2次谐波电流和基波电流比值的百分数。因此，整定小的谐波制动系数能够更好地躲过励磁涌流。

Jb0003231080　如何判断SV数据是否有效？（5分）

考核知识点：智能变电站二次系统调试

难易度：易

标准答案：

SV采样值报文接收方应根据对应采样值报文中的validity、test品质位，来判断采样数据是否有效，以及是否为检修状态下的采样数据。

Jb0003231081　简述智能变电站继电保护"直接采样、直接跳闸"的含义。（5分）

考核知识点：智能变电站二次系统调试

难易度：易

标准答案：

"直接采样"是指智能电子设备不经过以太网交换机而以点对点光纤直联方式进行采样值（SV）的数字化采样传输。

"直接跳闸"是指智能电子设备不经过以太网交换机而以点对点光纤直联方式并用GOOSE进行跳合闸信号的传输。

Jb0003233082　单套配置与双套配置的合并单元、智能终端异常或故障时应分别如何处理？（5分）

考核知识点：智能变电站二次系统调试

难易度：难

标准答案：

合并单元异常或故障时，应退出对应的保护装置的出口软压板。单套配置的合并单元、智能终端故障时，应退出对应的保护装置，同时应退出母线保护等其他接入故障设备信息的保护装置（母线保护相应间隔软压板等），母联断路器和分段断路器根据具体情况进行处理。

（1）双套配置的合并单元、智能终端单台故障时，应退出对应的保护装置，并应退出对应的母线保护的该间隔软压板。

（2）智能终端异常或故障时应退出相应的智能终端出口压板，同时退出受智能终端影响的相关保护设备。

（3）双套配置的合并单元、智能终端异常或故障时应退出一次设备。

Jb0003231083　列举智能变电站中不破坏网络结构（不插拔光纤）的二次回路隔离措施。（5分）

考核知识点：智能变电站二次系统调试

难易度：易

标准答案：

（1）断开智能终端跳、合闸出口硬压板。

（2）投入间隔检修压板，利用检修机制隔离检修间隔及运行间隔。

（3）退出相关发送及接收装置的软压板。

Jb0003232084 IEC 61850 标准第六部分中，变电站配置描述语言（SCL）定义了四种配置文档类型，分别简述这四种文档的后缀名和含义。（5 分）

考核知识点：智能变电站二次系统调试

难易度：中

标准答案：

（1）ICD 文件，IED 能力描述文件，描述智能电子设备的能力。

（2）SSD 文件，系统规范文件，描述变电站电气主接线和所要求的逻辑节点。

（3）SCD 文件，变电站配置描述文件，描述全部实例化智能电子设备、通信配置和变电站信息。

（4）CID 文件，IED 实例配置文件，描述项目（工程）中一个实例化的智能电子设备。

Jb0003231085 GOOSE 报文在智能变电站中主要用以传输哪些实时数据？（5 分）

考核知识点：智能变电站二次系统调试

难易度：易

标准答案：

（1）保护装置的跳、合闸命令。

（2）测控装置的遥控命令。

（3）保护装置间信息（启动失灵、闭锁重合闸、远跳等）。

（4）一次设备的遥信信号（断路器、隔离开关位置、压力等）。

（5）间隔层的联锁信息。

Jb0003232086 简述智能变电站中如何隔离一台保护装置与站内其余装置的 GOOSE 报文的有效通信。（5 分）

考核知识点：智能变电站二次系统调试

难易度：中

标准答案：

（1）投入待隔离保护装置的“检修状态”硬压板。

（2）退出待隔离保护装置所有的“GOOSE 出口”软压板。

（3）退出所有与待隔离保护装置相关装置的“GOOSE 接收”软压板。

（4）解除待隔离保护装置背后的 GOOSE 光纤。

Jb0003233087 Q/GDW 441—2010《智能变电站继电保护技术规范》对变压器保护的采样和跳闸方式有什么要求？（5 分）

考核知识点：智能变电站二次系统调试

难易度：难

标准答案：

变压器保护直接采样，直接跳各侧断路器；变压器保护跳母联、分段断路器及闭锁备自投、启动失灵等可采用 GOOSE 网络传输。变压器保护可通过 GOOSE 网络接收失灵保护跳闸命令，并实现失灵跳变压器各侧断路器：变压器非电量保护采用就地直接电缆跳闸，信息通过本体智能终端上送过程层 GOOSE 网。

Jb0003231088　简述 Q/GDW 1161—2014《线路保护及辅助装置标准化设计规范》中智能站 GOOSE、SV 软压板设置原则。(5 分)

考核知识点：智能变电站二次系统调试

难易度：易

标准答案：

（1）宜简化保护装置之间、保护装置和智能终端之间的 GOOSE 软压板。

（2）保护装置应在发送端设置 GOOSE 输出软压板。

（3）线路保护及辅助装置不设 GOOSE 接收软压板。

（4）保护装置应按 MU 设置“SV 接收”软压板。

Jb0003231089　智能终端有哪几种运行状态？分别如何定义？（5 分）

考核知识点：智能变电站二次系统调试

难易度：易

标准答案：

智能终端运行状态分“跳闸”“停用”两种，定义如下：

（1）跳闸：装置电源投入，跳合闸出口硬压板放上，检修压板取下。

（2）停用：跳合闸出口硬压板取下，检修压板放上，装置电源关闭。

Jb0003232090　简述智能变电站内母线电压合并单元的配置方式。(5 分)

考核知识点：智能变电站二次系统调试

难易度：中

标准答案：

（1）母线电压应配置单独的母线电压合并单元。

（2）对于单母线接线，一台母线电压合并单元对应一段母线。

（3）对于双母线接线，一台母线电压合并单元宜同时接收两段母线电压。

Jb0003231091　智能变电站验收时应对跨间隔保护（主变压器保护、母线保护）着重检查哪些内容？（5 分）

考核知识点：智能变电站二次系统调试

难易度：易

标准答案：

（1）二次回路连接正确性和完整性检查。

（2）各间隔单元与实际一次设备相对应关系。

（3）间隔投入软压板功能的正确性。

（4）TA 变比和设计、现场、整定单的一致性。

Jb0003232092　智能变电站相关典设方案中对于时间同步有哪些具体要求？（5 分）

考核知识点：智能变电站二次系统调试

难易度：中

标准答案：

（1）智能变电站站控层设备选择 SNTP 方式对时，间隔层和过程层网络采用 IEEE 1588（TVP）对时方式。

（2）同时可扩展 IRIG–B 码（光 B 码、DC 码、AC 码）授时方式输出、串行口授时方式输出、秒脉冲授时方式输出以及网络 TVP/NTP/SNTP 等授时方式输出对需要授时的传统设备进行授时。

Jb0003233093 简述 SV 报文品质对母线差动保护的影响。（5 分）

考核知识点：智能变电站二次系统调试

难易度：难

标准答案：

母差保护运行时需要对母线所连的所有间隔的电流信息进行采样计算，所以，当任一间隔的电流 SV 报文中品质位为无效时，将会影响母差保护的计算，母线保护将闭锁差动保护。

当母线电压 SV 报文品质位与母差保护现状态不一致时，母差保护报母线电压无效，母差保护复合电压闭锁开放。

第八章　继电保护员技师技能操作

Jc0001261001-1　RCS-931 线路保护调试检验及排故。(100 分)

考核知识点：线路保护

难易度：易

技能等级评价专业技能考核操作工作任务书

一、任务名称

RCS-931 线路保护调试检验及排故。

二、适用工种

继电保护员技师。

三、具体任务

(1) 工作状态为模拟 220kV 线路停电，工作内容为线路保护定检。

(2) 工作任务：

1) 模拟 A 相瞬时性接地故障，校验接地距离 I 段的定值，要求开关跳合传动正确。

2) 模拟现场工作，实施安全措施（按照保护定检完成），排除设置的故障，完成现场检验任务。

3) 附试验定值清单（01 区）。

4) 接线方式为双母接线。保护配置为光纤差动保护、三段距离保护、两段零序保护。

四、工作规范及要求

(1) 工器具使用及安全措施。

(2) 按要求进行保护校验。

(3) 二次回路故障查找及排除。

(4) 进行故障分析并填写试验报告。

五、考核及时间要求

(1) 本考核操作时间为 60 分钟，时间到停止考评，包括试验接线、保护校验和报告整理时间。同一类现象故障不限一处故障点。

(2) 故障查找和排除过程中，如确实不能查找出故障，可向考评员申请排除故障，该项故障项目不得分，但不影响其他项目。

(3) 按照技能操作记录单的操作要求进行操作，正确记录操作结果，试验记录项目包括动作元件、相别、动作出口时间等。

技能等级评价专业技能考核操作评分标准

<table>
<tr><td>工种</td><td colspan="5">继电保护员</td><td>评价等级</td><td>技师</td></tr>
<tr><td>项目模块</td><td colspan="4">缺陷处理与事故分析—保护调试—线路保护装置</td><td>编号</td><td colspan="2">Jc0001261001-1</td></tr>
<tr><td>单位</td><td colspan="2"></td><td colspan="2">准考证号</td><td></td><td>姓名</td><td></td></tr>
<tr><td>考试时限</td><td colspan="2">60 分钟</td><td>题型</td><td colspan="2">综合操作</td><td>题分</td><td>100 分</td></tr>
<tr><td>成绩</td><td></td><td>考评员</td><td></td><td>考评组长</td><td></td><td>日期</td><td></td></tr>
</table>

续表

试题正文	RCS－931 线路保护调试检验及排故
需要说明的问题和要求	(1) 要求调试单人操作；故障查找及分析在调试过程中完成。 (2) 操作应注意安全，按照标准化作业书的技术安全说明做好安全措施。 (3) 装置调试检验在保护屏上完成操作。 (4) 测试仪的选择可选考场提供的测试仪或自带测试仪

序号	项目名称	质量要求	满分	扣分标准	扣分原因	得分
1	工具使用及安全措施					
1.1	各种工器具正确使用	熟练正确使用各种工器具	5	未正确使用一次扣1分，扣完为止		
1.2	相关安全措施的准备	试验仪器正确接地	2	试验仪器未正确接地扣2分		
		短接母线保护电流	3	未进行短接母线保护电流扣3分		
		断开交流电压	2	未断开交流电压扣2分		
		在母线保护屏拆除启动失灵二次线，并做好绝缘	3	未在母线保护屏拆除启动失灵二次线，未做好绝缘扣3分（可口述）		
2	保护调试检验					
2.1	保护装置试验	能按要求正确进行接地距离Ⅰ段保护测试，试验仪故障设置正确，接线及压板等设置正确，测试正确并说明结果	30	试验接线错误扣5分； 压板等设置错误扣5分； 试验仪故障设置不正确扣5分； 试验项目不全，每缺少一项扣5分（0.95倍、1.05倍、反方向）		
3	二次回路故障排查					
3.1	故障查找	能正确进行故障查找。 故障1：1D9上的1n209线头绝缘，A相无采样电压； 故障2：1D46上的1LP21－1线头绝缘，功能压板无开入正电	10	未查找出故障每个扣5分		
3.2	故障排除	能正确进行故障排除	10	未正确排除故障每个扣5分		
4	填写试验报告					
4.1	试验记录	正确填写试验结果	10	每少填写一项扣3分，扣完为止		
4.2	故障排除	将故障现象和具体故障（故障点及排除的方法）填写清楚	10	故障点及排除方法未填写，每项扣2.5分； 故障现象填写不清楚，每项扣2.5分； 以上扣分，扣完为止		
5	事故分析及判断					
5.1	保护录波报告分析及判断	查看故障录波报告，进行动作行为分析及综合判断	10	录波图查看不正确或漏项，每项扣2分（不超过5分）； 结果分析不正确扣5分		
6	现场恢复	恢复现场	5	未进行现场恢复扣5分		
合计			100			

Jc0001261001－2 RCS－931线路保护调试检验及排故。(100分)

考核知识点：线路保护

难易度：易

技能等级评价专业技能考核操作工作任务书

一、任务名称

RCS－931线路保护调试检验及排故。

二、适用工种

继电保护员技师。

三、具体任务

（1）工作状态为模拟220kV线路停电，工作内容为线路保护定检。

（2）工作任务：

1）模拟A相瞬时性接地故障，校验工频变化量阻抗定值，要求开关跳合传动正确。

2）模拟现场工作，实施安全措施（按照保护定检完成），排除设置的故障，完成现场检验任务。

3）附试验定值清单（01区）。

4）接线方式为双母接线。保护配置为光纤差动保护、三段距离保护、两段零序保护。

四、工作规范及要求

（1）工器具使用及安全措施。

（2）按要求进行保护校验。

（3）二次回路故障查找及排除。

（4）进行故障分析并填写试验报告。

五、考核及时间要求

（1）本考核操作时间为60分钟，时间到停止考评，包括试验接线、保护校验和报告整理时间。同一类现象故障不限一处故障点。

（2）故障查找和排除过程中，如确实不能查找出故障，可向考评员申请排除故障，该项故障项目不得分，但不影响其他项目。

（3）按照技能操作记录单的操作要求进行操作，正确记录操作结果，试验记录项目包括动作元件、相别、动作出口时间等。

技能等级评价专业技能考核操作评分标准

工种	继电保护员					评价等级	技师
项目模块	缺陷处理与事故分析—保护调试—线路保护装置				编号	Jc0001261001－2	
单位			准考证号			姓名	
考试时限	60分钟		题型	综合操作		题分	100分
成绩		考评员		考评组长		日期	
试题正文	RCS－931线路保护调试检验及排故						
需要说明的问题和要求	（1）要求调试单人操作；故障查找及分析在调试过程中完成。 （2）操作应注意安全，按照标准化作业书的技术安全说明做好安全措施。 （3）装置调试检验在保护屏上完成操作。 （4）测试仪的选择可选考场提供的测试仪或自带测试仪						

序号	项目名称	质量要求	满分	扣分标准	扣分原因	得分
1	工具使用及安全措施					
1.1	各种工器具正确使用	熟练正确使用各种工器具	5	未正确使用一次扣1分，扣完为止		

续表

序号	项目名称	质量要求	满分	扣分标准	扣分原因	得分
1.2	相关安全措施的准备	试验仪器正确接地	2	试验仪器未正确接地扣 2 分		
		短接母线保护电流	3	未进行短接母线保护电流扣 3 分		
		断开交流电压	2	未断开交流电压扣 2 分		
		在母线保护屏拆除启动失灵二次线，并做好绝缘	3	未在母线保护屏拆除启动失灵二次线，未做好绝缘扣 3 分（可口述）		
2	保护调试检验					
2.1	保护装置试验	能按要求正确进行工频变化量阻抗保护测试，试验仪故障设置正确，接线及压板等设置正确，测试正确并说明结果	30	试验接线错误扣 5 分； 压板等设置错误扣 5 分； 试验仪故障设置不正确扣 5 分； 试验项目不全，每缺少一项扣 5 分（1.1 倍、0.9 倍、反方向）		
3	二次回路故障排查					
3.1	故障查找	能正确进行故障查找。 故障 1：1D12 上的 1n212 线头绝缘，电压漂移，采样不正确； 故障 2：1D74 上的 1LP4－1 线头绝缘，重合闸动作，断路器无法合闸	10	未查找出故障每个扣 5 分		
3.2	故障排除	能正确进行故障排除	10	未正确排除故障每个扣 5 分		
4	填写试验报告					
4.1	试验记录	正确填写试验结果	10	每少填写一项扣 3 分，扣完为止		
4.2	故障排除	将故障现象和具体故障（故障点及排除的方法）填写清楚	10	故障点及排除方法未填写，每项扣 2.5 分； 故障现象填写不清楚，每项扣 2.5 分； 以上扣分，扣完为止		
5	事故分析及判断					
5.1	保护录波报告分析及判断	查看故障录波报告，进行动作行为分析及综合判断	10	录波图查看不正确或漏项，每项扣 2 分（不超过 5 分）； 结果分析不正确扣 5 分		
6	现场恢复	恢复现场	5	未进行现场恢复扣 5 分		
合计			100			

Jc0001261001－3 RCS－931 线路保护调试检验及排故。（100 分）

考核知识点：线路保护

难易度：易

技能等级评价专业技能考核操作工作任务书

一、任务名称

RCS－931 线路保护调试检验及排故。

二、适用工种

继电保护员技师。

三、具体任务

（1）工作状态为模拟 220kV 线路停电，工作内容为线路保护定检。

（2）工作任务：

1）模拟 B 相瞬时性接地故障，校验差动电流低定值，要求开关跳合传动正确。

2）模拟现场工作，实施安全措施（按照保护定检完成），排除设置的故障，完成现场检验任务。

3）附试验定值清单（01 区）。

4）接线方式为双母接线。保护配置为光纤差动保护、三段距离保护、两段零序保护。

四、工作规范及要求

（1）工器具使用及安全措施。

（2）按要求进行保护校验。

（3）二次回路故障查找及排除。

（4）进行故障分析并填写试验报告。

五、考核及时间要求

（1）本考核操作时间为 60 分钟，时间到停止考评，包括试验接线、保护校验和报告整理时间。同一类现象故障不限一处故障点。

（2）故障查找和排除过程中，如确实不能查找出故障，可向考评员申请排除故障，该项故障项目不得分，但不影响其他项目。

（3）按照技能操作记录单的操作要求进行操作，正确记录操作结果，试验记录项目包括动作元件、相别、动作出口时间等。

技能等级评价专业技能考核操作评分标准

<table>
<tr><td>工种</td><td colspan="5">继电保护员</td><td>评价等级</td><td>技师</td></tr>
<tr><td>项目模块</td><td colspan="4">缺陷处理与事故分析—保护调试—线路保护装置</td><td>编号</td><td colspan="2">Jc0001261001－3</td></tr>
<tr><td>单位</td><td colspan="2"></td><td>准考证号</td><td colspan="2"></td><td>姓名</td><td></td></tr>
<tr><td>考试时限</td><td colspan="2">60 分钟</td><td>题型</td><td colspan="2">综合操作</td><td>题分</td><td>100 分</td></tr>
<tr><td>成绩</td><td></td><td>考评员</td><td></td><td>考评组长</td><td></td><td>日期</td><td></td></tr>
<tr><td>试题正文</td><td colspan="7">RCS－931 线路保护调试检验及排故</td></tr>
<tr><td>需要说明的问题和要求</td><td colspan="7">（1）要求调试单人操作；故障查找及分析在调试过程中完成。
（2）操作应注意安全，按照标准化作业书的技术安全说明做好安全措施。
（3）装置调试检验在保护屏上完成操作。
（4）测试仪的选择可选考场提供的测试仪或自带测试仪</td></tr>
</table>

序号	项目名称	质量要求	满分	扣分标准	扣分原因	得分
1	工具使用及安全措施					
1.1	各种工器具正确使用	熟练正确使用各种工器具	5	未正确使用一次扣 1 分，扣完为止		
1.2	相关安全措施的准备	试验仪器正确接地	2	试验仪器未正确接地扣 2 分		
		短接母线保护电流	3	未进行短接母线保护电流扣 3 分		
		断开交流电压	2	未断开交流电压扣 2 分		
		在母线保护屏拆除启动失灵二次线，并做好绝缘	3	未在母线保护屏拆除启动失灵二次线，未做好绝缘扣 3 分（可口述）		
2	保护调试检验					
2.1	保护装置试验	能按要求正确进行差动保护测试，故障设置正确，试验仪接线及压板等设置正确，测试正确并说明结果	30	试验接线错误扣 5 分； 压板等设置错误扣 5 分； 试验仪故障设置不正确扣 5 分； 试验项目不全，每缺少一项扣 7.5 分（1.05 倍、0.95 倍）		
3	二次回路故障排查					

续表

序号	项目名称	质量要求	满分	扣分标准	扣分原因	得分
3.1	故障查找	能正确进行故障查找。 故障 1：1D1 上的 1n201 线头与 1D3 上的 1n203 线头接反，A、B 相电流相序接反； 故障 2：4D108′上的 37B 线头绝缘，B 相断路器无法分闸	10	未查找出故障每个扣 5 分		
3.2	故障排除	能正确进行故障排除	10	未正确排除故障每个扣 5 分		
4	填写试验报告					
4.1	试验记录	正确填写试验结果	10	每少填写一项扣 5 分，扣完为止		
4.2	故障排除	将故障现象和具体故障（故障点及排除的方法）填写清楚	10	故障点及排除方法未填写，每项扣 2.5 分； 故障现象填写不清楚，每项扣 2.5 分； 以上扣分，扣完为止		
5	事故分析及判断					
5.1	保护录波报告分析及判断	查看故障录波报告，进行动作行为分析及综合判断	10	录波图查看不正确或漏项，每项扣 2 分（不超过 5 分）； 结果分析不正确扣 5 分		
6	现场恢复	恢复现场	5	未进行现场恢复扣 5 分		
合计			100			

Jc0001261001－4 RCS－931 线路保护调试检验及排故。（100 分）

考核知识点：线路保护

难易度：易

技能等级评价专业技能考核操作工作任务书

一、任务名称

RCS－931 线路保护调试检验及排故。

二、适用工种

继电保护员技师。

三、具体任务

（1）工作状态为模拟 220kV 线路停电，工作内容为线路保护定检。

（2）工作任务：

1）模拟 C 相永久性接地故障，校验接地距离 I 段的定值，要求开关跳合传动正确。

2）模拟现场工作，实施安全措施（按照保护定检完成），排除设置的故障，完成现场检验任务。

3）附试验定值清单（01 区）。

4）接线方式为双母接线。保护配置为光纤差动保护、三段距离保护、两段零序保护。

四、工作规范及要求

（1）工器具使用及安全措施。

（2）按要求进行保护校验。

（3）二次回路故障查找及排除。

（4）进行故障分析并填写试验报告。

五、考核及时间要求

（1）本考核操作时间为 60 分钟，时间到停止考评，包括试验接线、保护校验和报告整理时间。

同一类现象故障不限一处故障点。

（2）故障查找和排除过程中，如确实不能查找出故障，可向考评员申请排除故障，该项故障项目不得分，但不影响其他项目。

（3）按照技能操作记录单的操作要求进行操作，正确记录操作结果，试验记录项目包括动作元件、相别、动作出口时间等。

技能等级评价专业技能考核操作评分标准

工种	继电保护员					评价等级	技师
项目模块	缺陷处理与事故分析—保护调试—线路保护装置				编号	Jc0001261001－4	
单位			准考证号			姓名	
考试时限	60 分钟		题型	综合操作		题分	100 分
成绩		考评员		考评组长		日期	
试题正文	RCS－931 线路保护调试检验及排故						
需要说明的问题和要求	（1）要求调试单人操作；故障查找及分析在调试过程中完成。 （2）操作应注意安全，按照标准化作业书的技术安全说明做好安全措施。 （3）装置调试检验在保护屏上完成操作。 （4）测试仪的选择可选考场提供的测试仪或自带测试仪						

序号	项目名称	质量要求	满分	扣分标准	扣分原因	得分
1	工具使用及安全措施					
1.1	各种工器具正确使用	熟练正确使用各种工器具	5	未正确使用一次扣 1 分，扣完为止		
1.2	相关安全措施的准备	试验仪器正确接地	2	试验仪器未正确接地扣 2 分		
		短接母线保护电流	3	未进行短接母线保护电流扣 3 分		
		断开交流电压	2	未断开交流电压扣 2 分		
		在母线保护屏拆除启动失灵二次线，并做好绝缘	3	未在母线保护屏拆除启动失灵二次线，未做好绝缘扣 3 分（可口述）		
2	保护调试检验					
2.1	保护装置试验	能按要求正确进行接地距离Ⅰ段保护测试，试验仪故障设置正确，接线及压板等设置正确，测试正确并说明结果	30	试验接线错误扣 5 分； 压板等设置错误扣 5 分； 试验仪故障设置不正确扣 5 分； 试验项目不全，每缺少一项扣 5 分（0.95 倍、1.05 倍、反方向）		
3	二次回路故障排查					
3.1	故障查找	能正确进行故障查找。 故障 1：控制字“内重合把手有效”整定为 1 且控制字“单重、三重、综重”均整定为 0，重合闸“充电”灯不亮； 故障 2：1D46 上的 1n104 线头绝缘，装置无开入正电	10	未查找出故障每个扣 5 分		
3.2	故障排除	能正确进行故障排除	10	未正确排除故障每个扣 5 分		
4	填写试验报告					
4.1	试验记录	正确填写试验结果	10	每少填写一项扣 3 分，扣完为止		
4.2	故障排除	将故障现象和具体故障（故障点及排除的方法）填写清楚	10	故障点及排除方法未填写，每项扣 2.5 分； 故障现象填写不清楚，每项扣 2.5 分； 以上扣分，扣完为止		

续表

序号	项目名称	质量要求	满分	扣分标准	扣分原因	得分
5	事故分析及判断					
5.1	保护录波报告分析及判断	查看故障录波报告，进行动作行为分析及综合判断	10	录波图查看不正确或漏项，每项扣2分（不超过5分）； 结果分析不正确扣5分		
6	现场恢复	恢复现场	5	未进行现场恢复扣5分		
合计			100			

Jc0001262001－5 RCS－931线路保护调试检验及排故。(100分)

考核知识点：线路保护

难易度：中

技能等级评价专业技能考核操作工作任务书

一、任务名称

RCS－931线路保护调试检验及排故。

二、适用工种

继电保护员技师。

三、具体任务

（1）工作状态为模拟220kV线路停电，工作内容为线路保护定检。

（2）工作任务：

1）模拟A相瞬时性接地故障，校验差动电流低定值，要求开关跳合传动正确。

2）模拟现场工作，实施安全措施（按照保护定检完成），排除设置的故障，完成现场检验任务。

3）附试验定值清单（01区）。

4）接线方式为双母接线。保护配置为光纤差动保护、三段距离保护、两段零序保护。

四、工作规范及要求

（1）工器具使用及安全措施。

（2）按要求进行保护校验。

（3）二次回路故障查找及排除。

（4）进行故障分析并填写试验报告。

五、考核及时间要求

（1）本考核操作时间为60分钟，时间到停止考评，包括试验接线、保护校验和报告整理时间。同一类现象故障不限一处故障点。

（2）故障查找和排除过程中，如确实不能查找出故障，可向考评员申请排除故障，该项故障项目不得分，但不影响其他项目。

（3）按照技能操作记录单的操作要求进行操作，正确记录操作结果，试验记录项目包括动作元件、相别、动作出口时间等。

技能等级评价专业技能考核操作评分标准

<table>
<tr><td>工种</td><td colspan="4">继电保护员</td><td>评价等级</td><td>技师</td></tr>
<tr><td>项目模块</td><td colspan="2">缺陷处理与事故分析—保护调试—线路保护装置</td><td>编号</td><td colspan="3">Jc0001262001－5</td></tr>
<tr><td>单位</td><td>准考证号</td><td colspan="3"></td><td>姓名</td><td></td></tr>
</table>

续表

考试时限	60 分钟		题型		综合操作	题分	100 分
成绩		考评员		考评组长		日期	
试题正文	RCS－931 线路保护调试检验及排故						
需要说明的问题和要求	（1）要求调试单人操作；故障查找及分析在调试过程中完成。 （2）操作应注意安全，按照标准化作业书的技术安全说明做好安全措施。 （3）装置调试检验在保护屏上完成操作。 （4）测试仪的选择可选考场提供的测试仪或自带测试仪						

序号	项目名称	质量要求	满分	扣分标准	扣分原因	得分
1	工具使用及安全措施					
1.1	各种工器具正确使用	熟练正确使用各种工器具	5	未正确使用一次扣 1 分，扣完为止		
1.2	相关安全措施的准备	试验仪器正确接地	2	试验仪器未正确接地扣 2 分		
		短接母线保护电流	3	未进行短接母线保护电流扣 3 分		
		断开交流电压	2	未断开交流电压扣 2 分		
		在母线保护屏拆除启动失灵二次线，并做好绝缘	3	未在母线保护屏拆除启动失灵二次线，未做好绝缘扣 3 分（可口述）		
2	保护调试检验					
2.1	保护装置试验	能按要求正确进行差动保护测试，试验仪故障设置正确，接线及压板等设置正确，测试正确并说明结果	30	试验接线错误扣 5 分； 压板等设置错误扣 5 分； 试验仪故障设置不正确扣 5 分； 试验项目不全，每缺少一项扣 7.5 分（0.95 倍、1.05 倍）		
3	二次回路故障排查					
3.1	故障查找	能正确进行故障查找。 故障 1：1D1 与 1D3 短接，A、B 相电流互相分流； 故障 2：1D17 上的 1nA02 线头绝缘，保护动作，断路器无法跳闸	10	未查找出故障每个扣 5 分		
3.2	故障排除	能正确进行故障排除	10	未正确排除故障每个扣 5 分		
4	填写试验报告					
4.1	试验记录	正确填写试验结果	10	每少填写一项扣 5 分，扣完为止		
4.2	故障排除	将故障现象和具体故障（故障点及排除的方法）填写清楚	10	故障点及排除方法未填写，每项扣 2.5 分； 故障现象填写不清楚，每项扣 2.5 分； 以上扣分，扣完为止		
5	事故分析及判断					
5.1	保护录波报告分析及判断	查看故障录波报告，进行动作行为分析及综合判断	10	录波图查看不正确或漏项，每项扣 2 分（不超过 5 分）； 结果分析不正确扣 5 分		
6	现场恢复	恢复现场	5	未进行现场恢复扣 5 分		
合计			100			

Jc0001263001－6　RCS－931 线路保护调试检验及排故。（100 分）

考核知识点：线路保护

难易度：难

技能等级评价专业技能考核操作工作任务书

一、任务名称

RCS－931 线路保护调试检验及排故。

二、适用工种

继电保护员技师。

三、具体任务

（1）工作状态为模拟 220kV 线路停电，工作内容为线路保护定检。

（2）工作任务：

1）模拟 A 相瞬时性接地故障，校验零序Ⅱ段定值，断路器跳合传动正确。

2）模拟现场工作，实施安全措施（按照保护定检完成），排除设置的故障，完成现场检验任务。

3）附试验定值清单（01 区）。

4）接线方式为双母接线。保护配置为光纤差动保护、三段距离保护、两段零序保护。

四、工作规范及要求

（1）工器具使用及安全措施。

（2）按要求进行保护校验。

（3）二次回路故障查找及排除。

（4）进行故障分析并填写试验报告。

五、考核及时间要求

（1）本考核操作时间为 60 分钟，时间到停止考评，包括试验接线、保护校验和报告整理时间。同一类现象故障不限一处故障点。

（2）故障查找和排除过程中，如确实不能查找出故障，可向考评员申请排除故障，该项故障项目不得分，但不影响其他项目。

（3）按照技能操作记录单的操作要求进行操作，正确记录操作结果，试验记录项目包括动作元件、相别、动作出口时间等。

技能等级评价专业技能考核操作评分标准

工种	继电保护员					评价等级	技师
项目模块	缺陷处理与事故分析—保护调试—线路保护装置				编号	Jc0001263001－6	
单位			准考证号			姓名	
考试时限	60 分钟		题型	综合操作		题分	100 分
成绩		考评员		考评组长		日期	
试题正文	RCS－931 线路保护调试检验及排故						
需要说明的问题和要求	（1）要求调试单人操作；故障查找及分析在调试过程中完成。 （2）操作应注意安全，按照标准化作业书的技术安全说明做好安全措施。 （3）装置调试检验在保护屏上完成操作。 （4）测试仪的选择可选考场提供的测试仪或自带测试仪						

序号	项目名称	质量要求	满分	扣分标准	扣分原因	得分
1	工具使用及安全措施					
1.1	各种工器具正确使用	熟练正确使用各种工器具	5	未正确使用一次扣 1 分，扣完为止		

续表

序号	项目名称	质量要求	满分	扣分标准	扣分原因	得分
1.2	相关安全措施的准备	试验仪器正确接地	2	试验仪器未正确接地扣2分		
		短接母线保护电流	3	未进行短接母线保护电流扣3分		
		断开交流电压	2	未断开交流电压扣2分		
		在母线保护屏拆除启动失灵二次线，并做好绝缘	3	未在母线保护屏拆除启动失灵二次线，未做好绝缘扣3分（可口述）		
2	保护调试检验					
2.1	保护装置试验	能按要求正确进行零序Ⅱ段保护测试，试验仪故障设置正确，接线及压板等设置正确，测试正确并说明结果	30	试验接线错误扣5分； 压板等设置错误扣5分； 试验仪故障设置不正确扣5分； 试验项目不全，每缺少一项扣5分（0.95倍、1.05倍、反方向）		
3	二次回路故障排查					
3.1	故障查找	能正确进行故障查找。 故障1：1D1上的1n201与1D2上的1n202交换，零序保护正方向不动作； 故障2：1D54与1D59短接，A相保护动作同时闭锁重合闸开入，断路器无法重合	10	未查找出故障每个扣5分		
3.2	故障排除	能正确进行故障排除	10	未正确排除故障每个扣5分		
4	填写试验报告					
4.1	试验记录	正确填写试验结果	10	每少填写一项扣3分，扣完为止		
4.2	故障排除	将故障现象和具体故障（故障点及排除的方法）填写清楚	10	故障点及排除方法未填写，每项扣2.5分； 故障现象填写不清楚，每项扣2.5分； 以上扣分，扣完为止		
5	事故分析及判断					
5.1	保护录波报告分析及判断	查看故障录波报告，进行动作行为分析及综合判断	10	录波图查看不正确或漏项，每项扣2分（不超过5分）； 结果分析不正确扣5分		
6	现场恢复	恢复现场	5	未进行现场恢复扣5分		
合计			100			

Jc0001263001-7　RCS-931线路保护调试检验及排故。（100分）

考核知识点：线路保护

难易度：难

技能等级评价专业技能考核操作工作任务书

一、任务名称

RCS-931线路保护调试检验及排故。

二、适用工种

继电保护员技师。

三、具体任务

（1）工作状态为模拟220kV线路停电，工作内容为线路保护定检。

（2）工作任务：

1）模拟 C 相瞬时性接地故障，校验接地距离Ⅱ段定值，断路器跳合传动正确。

2）模拟现场工作，实施安全措施（按照保护定检完成），排除设置的故障，完成现场检验任务。

3）附试验定值清单（01 区）。

4）接线方式为双母接线。保护配置为光纤差动保护、三段距离保护、两段零序保护。

四、工作规范及要求

（1）工器具使用及安全措施。

（2）按要求进行保护校验。

（3）二次回路故障查找及排除。

（4）进行故障分析并填写试验报告。

五、考核及时间要求

（1）本考核操作时间为 60 分钟，时间到停止考评，包括试验接线、保护校验和报告整理时间。同一类现象故障不限一处故障点。

（2）故障查找和排除过程中，如确实不能查找出故障，可向考评员申请排除故障，该项故障项目不得分，但不影响其他项目。

（3）按照技能操作记录单的操作要求进行操作，正确记录操作结果，试验记录项目包括动作元件、相别、动作出口时间等。

技能等级评价专业技能考核操作评分标准

<table>
<tr><td>工种</td><td colspan="9">继电保护员</td><td>评价等级</td><td>技师</td></tr>
<tr><td>项目模块</td><td colspan="7">缺陷处理与事故分析—保护调试—线路保护装置</td><td>编号</td><td colspan="3">Jc0001263001－7</td></tr>
<tr><td>单位</td><td colspan="3"></td><td colspan="2">准考证号</td><td colspan="4"></td><td>姓名</td><td></td></tr>
<tr><td>考试时限</td><td colspan="2">60 分钟</td><td colspan="2">题型</td><td colspan="5">综合操作</td><td>题分</td><td>100 分</td></tr>
<tr><td>成绩</td><td></td><td>考评员</td><td colspan="2"></td><td colspan="2">考评组长</td><td colspan="3"></td><td>日期</td><td></td></tr>
<tr><td>试题正文</td><td colspan="11">RCS－931 线路保护调试检验及排故</td></tr>
<tr><td>需要说明的问题和要求</td><td colspan="11">（1）要求调试单人操作；故障查找及分析在调试过程中完成。
（2）操作应注意安全，按照标准化作业书的技术安全说明做好安全措施。
（3）装置调试检验在保护屏上完成操作。
（4）测试仪的选择可选考场提供的测试仪或自带测试仪</td></tr>
</table>

序号	项目名称	质量要求	满分	扣分标准	扣分原因	得分
1	工具使用及安全措施					
1.1	各种工器具正确使用	熟练正确使用各种工器具	5	未正确使用一次扣 1 分，扣完为止		
1.2	相关安全措施的准备	试验仪器正确接地	2	试验仪器未正确接地扣 2 分		
		短接母线保护电流	3	未进行短接母线保护电流扣 3 分		
		断开交流电压	2	未断开交流电压扣 2 分		
		在母线保护屏拆除启动失灵二次线，并做好绝缘	3	未在母线保护屏拆除启动失灵二次线，未做好绝缘扣 3 分（可口述）		
2	保护调试检验					
2.1	保护装置试验	能按要求正确进行接地距离Ⅱ段保护测试，试验仪故障设置正确，接线及压板等设置正确，测试正确并说明结果	30	试验接线错误扣 5 分； 压板等设置错误扣 5 分； 试验仪故障设置不正确扣 5 分； 试验项目不全，每缺少一项扣 5 分（0.95 倍、1.05 倍、反方向）		
3	二次回路故障排查					

续表

序号	项目名称	质量要求	满分	扣分标准	扣分原因	得分
3.1	故障查找	能正确进行故障查找。 故障 1：4D98 与 4D88 短接，重合闸出口时启动 TJQ，断路器三相跳闸； 故障 2：4D114 上的 4n19 虚接，保护动作跳闸，C 相断路器无法跳闸	10	未查找出故障每个扣 5 分		
3.2	故障排除	能正确进行故障排除	10	未正确排除故障每个扣 5 分		
4	填写试验报告					
4.1	试验记录	正确填写试验结果	10	每少填写一项扣 3 分，扣完为止		
4.2	故障排除	将故障现象和具体故障（故障点及排除的方法）填写清楚	10	故障点及排除方法未填写，每项扣 2.5 分； 故障现象填写不清楚，每项扣 2.5 分； 以上扣分，扣完为止		
5	事故分析及判断					
5.1	保护录波报告分析及判断	查看故障录波报告，进行动作行为分析及综合判断	10	录波图查看不正确或漏项，每项扣 2 分（不超过 5 分）； 结果分析不正确扣 5 分		
6	现场恢复	恢复现场	5	未进行现场恢复扣 5 分		
合计			100			

Jc0001261002－1　WXH－803B/G 线路保护调试检验及排故。（100 分）

考核知识点： 线路保护

难易度： 易

技能等级评价专业技能考核操作工作任务书

一、任务名称

WXH－803B/G 线路保护调试检验及排故。

二、适用工种

继电保护员技师。

三、具体任务

（1）工作状态为模拟 330kV 线路停电，工作内容为线路保护定检。

（2）工作任务：

1）在检修状态下进行以下工作。① 用数字测试仪加量，要求中断路器 TA、边断路器 TA 同时加入数字量，检查线路保护装置电流、电压采样。② 边断路器直采口加量，模拟 A 相瞬时性接地故障，校验接地距离 I 段定值，断路器跳合传动正确。

2）根据上述要求模拟现场工作，实施安全措施（按照保护定检完成），排除设置的故障，完成现场检验任务。

3）附试验定值清单（0 区）及主接线图，保护装置设定为 330kV 线路保护装置，采用 3/2 接线，动作于 3321、3320 两台断路器，两台断路器的 TA 变比都为 800A/5A。

四、工作规范及要求

（1）工器具使用及安全措施。

（2）按要求进行保护校验。

（3）二次回路故障查找及排除。

（4）进行故障分析并填写试验报告。

五、考核及时间要求

（1）本考核操作时间为 60 分钟，时间到停止考评，包括试验接线、保护校验和报告整理时间。同一类现象故障不限一处故障点。

（2）故障查找和排除过程中，如确实不能查找出故障，可向考评员申请排除故障，该项故障项目不得分，但不影响其他项目。

（3）按照技能操作记录单的操作要求进行操作，正确记录操作结果，试验记录项目包括动作元件、相别、动作出口时间等。

技能等级评价专业技能考核操作评分标准

<table>
<tr><td>工种</td><td colspan="5">继电保护员</td><td>评价等级</td><td>技师</td></tr>
<tr><td>项目模块</td><td colspan="4">缺陷处理与事故分析—保护调试—线路保护装置</td><td>编号</td><td colspan="2">Jc0001261002－1</td></tr>
<tr><td>单位</td><td colspan="2"></td><td>准考证号</td><td colspan="2"></td><td>姓名</td><td></td></tr>
<tr><td>考试时限</td><td colspan="2">60 分钟</td><td>题型</td><td colspan="2">综合操作</td><td>题分</td><td>100 分</td></tr>
<tr><td>成绩</td><td></td><td>考评员</td><td></td><td>考评组长</td><td></td><td>日期</td><td></td></tr>
<tr><td>试题正文</td><td colspan="7">WXH－803B/G 线路保护调试检验及排故</td></tr>
<tr><td>需要说明的问题和要求</td><td colspan="7">（1）要求调试单人操作，故障查找及分析在调试过程中完成。
（2）操作应注意安全，按照标准化作业书的技术安全说明做好安全措施。
（3）装置调试检验在保护屏上完成操作。
（4）测试仪的选择可选考场提供的测试仪或自带测试仪</td></tr>
</table>

序号	项目名称	质量要求	满分	扣分标准	扣分原因	得分
1	工具使用及安全措施					
1.1	各种工器具正确使用	熟练正确使用各种工器具	5	未正确使用一次扣 1 分，扣完为止		
1.2	相关安全措施的准备	试验仪器正确接地	2	试验仪器未正确接地扣 2 分		
		退出线路保护动作启边断路器失灵软压板	4	未退出线路保护动作启边断路器失灵软压板扣 4 分		
		退出线路保护动作启中断路器失灵软压板	4	未退出线路保护动作启中断路器失灵软压板扣 4 分		
2	保护调试校验					
2.1	保护装置试验	试验仪故障设置正确，接线及压板等设置正确，保护装置采样正确，A 相接地距离Ⅰ段保护动作正确，断路器动作正确	30	试验接线错误扣 5 分； 压板等设置错误扣 5 分； 试验仪故障设置不正确扣 5 分； 试验项目不全，每缺少一项扣 5 分（0.95 倍、1.05 倍、反方向）		
3	二次回路故障排查					
3.1	故障查找	能正确进行故障查找。 故障 1：将运行定值“中断路器 TA 极性”改为 0，使得中断路器极性与边断路器极性相反，从而使保护装置电流采样的角度变成反向； 故障 2：验证 SV 检修机制（退出合并单元、保护装置任一检修压板）	10	未查找出故障每个扣 5 分		
3.2	故障排除	能正确进行故障排除	10	未正确排除故障每个扣 5 分		
4	填写试验报告					
4.1	试验记录	正确填写试验结果	10	每少填写一项扣 3 分，扣完为止		

续表

序号	项目名称	质量要求	满分	扣分标准	扣分原因	得分
4.2	故障排除	将故障现象和具体故障（故障点及排除的方法）填写清楚	10	故障点及排除方法未填写，每项扣2.5分； 故障现象填写不清楚，每项扣2.5分； 以上扣分，扣完为止		
5	事故分析及判断					
5.1	保护录波报告分析及判断	查看故障录波报告，进行动作行为分析及综合判断	10	录波图查看不正确或漏项，每项扣2分（不超过5分）； 结果分析不正确扣5分		
6	现场恢复	恢复现场	5	未进行现场恢复扣5分		
合计			100			

Jc0001261002－2　WXH－803B/G 线路保护调试检验及排故。（100分）

考核知识点：线路保护

难易度：易

技能等级评价专业技能考核操作工作任务书

一、任务名称

WXH－803B/G 线路保护调试检验及排故。

二、适用工种

继电保护员技师。

三、具体任务

（1）工作状态为模拟 330kV 线路停电，工作内容为线路保护定检。

（2）工作任务：

1）在检修状态下进行以下工作。① 用数字测试仪加量，要求中断路器 TA、边断路器 TA 同时加入数字量，检查线路保护装置电流、电压采样。② 中断路器直采口加量，模拟 B 相瞬时性接地故障，校验差动电流定值，断路器跳合传动正确。

2）根据上述要求模拟现场工作，实施安全措施（按照保护定检完成），排除设置的故障，完成现场检验任务。

3）附试验定值清单（0 区）及主接线图，保护装置设定为 330kV 线路保护装置，采用 3/2 接线，动作于 3321、3320 两台断路器，两台断路器的 TA 变比都为 800A/5A。

四、工作规范及要求

（1）工器具使用及安全措施。

（2）按要求进行保护校验。

（3）二次回路故障查找及排除。

（4）进行故障分析并填写试验报告。

五、考核及时间要求

（1）本考核操作时间为 60 分钟，时间到停止考评，包括试验接线、保护校验和报告整理时间。同一类现象故障不限一处故障点。

（2）故障查找和排除过程中，如确实不能查找出故障，可向考评员申请排除故障，该项故障项目不得分，但不影响其他项目。

（3）按照技能操作记录单的操作要求进行操作，正确记录操作结果，试验记录项目包括动作元件、相别、动作出口时间等。

技能等级评价专业技能考核操作评分标准

工种	继电保护员					评价等级	技师
项目模块	缺陷处理与事故分析—保护调试—线路保护装置				编号	Jc0001261002－2	
单位		准考证号				姓名	
考试时限	60分钟	题型	综合操作			题分	100分
成绩		考评员		考评组长		日期	
试题正文	WXH－803B/G线路保护调试检验及排故						
需要说明的问题和要求	（1）要求调试单人操作，故障查找及分析在调试过程中完成。 （2）操作应注意安全，按照标准化作业书的技术安全说明做好安全措施。 （3）装置调试检验在保护屏上完成操作。 （4）测试仪的选择可选考场提供的测试仪或自带测试仪						

序号	项目名称	质量要求	满分	扣分标准	扣分原因	得分
1	工具使用及安全措施					
1.1	各种工器具正确使用	熟练正确使用各种工器具	5	未正确使用一次扣1分，扣完为止		
1.2	相关安全措施的准备	试验仪器正确接地	2	试验仪器未正确接地扣2分		
		退出线路保护动作启边断路器失灵软压板	4	未退出线路保护动作启边断路器失灵软压板扣4分		
		退出线路保护动作启中断路器失灵软压板	4	未退出线路保护动作启中断路器失灵软压板扣4分		
2	保护调试校验					
2.1	保护装置试验	试验仪故障设置正确，接线及压板等设置正确，保护装置采样正确，B相差动保护动作正确，断路器动作正确	30	试验接线错误扣5分； 压板等设置错误扣5分； 试验仪故障设置不正确扣5分； 试验项目不全，每缺少一项扣7.5分（0.95倍、1.05倍）		
3	二次回路故障排查					
3.1	故障查找	能正确进行故障查找。 故障1：将端子1－1QD2上1－KLP1－1虚接，投入检修压板后，保护装置“检修状态”灯不亮； 故障2：验证GOOSE检修机制（退出智能终端、保护装置任一检修压板）	10	未查找出故障每个扣5分		
3.2	故障排除	能正确进行故障排除	10	未正确排除故障每个扣5分		
4	填写试验报告					
4.1	试验记录	正确填写试验结果	10	每少填写一项扣5分，扣完为止		
4.2	故障排除	将故障现象和具体故障（故障点及排除的方法）填写清楚	10	故障点及排除方法未填写，每项扣2.5分； 故障现象填写不清楚，每项扣2.5分； 以上扣分，扣完为止		
5	事故分析及判断					
5.1	保护录波报告分析及判断	查看故障录波报告，进行动作行为分析及综合判断	10	录波图查看不正确或漏项，每项扣2分（不超过5分）； 结果分析不正确扣5分		
6	现场恢复	恢复现场	5	未进行现场恢复扣5分		
合计			100			

Jc0001262002－3　WXH－803B/G 线路保护调试检验及排故。（100 分）

考核知识点：线路保护

难易度：中

技能等级评价专业技能考核操作工作任务书

一、任务名称

WXH－803B/G 线路保护调试检验及排故。

二、适用工种

继电保护员技师。

三、具体任务

（1）工作状态为模拟 330kV 线路停电，工作内容为线路保护定检。

（2）工作任务：

1）在检修状态下进行以下工作。① 用数字测试仪加量，要求中断路器 TA、边断路器 TA 同时加入数字量，检查线路保护装置电流、电压采样。② 边断路器直采口加量，模拟 A 相瞬时性故障，校验差动保护电流定值，断路器跳合传动正确。

2）根据上述要求模拟现场工作，实施安全措施（按照保护定检完成），排除设置的故障，完成现场检验任务。

3）附试验定值清单（0 区）及主接线图，保护装置设定为 330kV 线路保护装置，采用 3/2 接线，动作于 3321、3320 两台断路器，两台断路器的 TA 变比都为 800A/5A。

四、工作规范及要求

（1）工器具使用及安全措施。

（2）按要求进行保护校验。

（3）二次回路故障查找及排除。

（4）进行故障分析并填写试验报告。

五、考核及时间要求

（1）本考核操作时间为 60 分钟，时间到停止考评，包括试验接线、保护校验和报告整理时间。同一类现象故障不限一处故障点。

（2）故障查找和排除过程中，如确实不能查找出故障，可向考评员申请排除故障，该项故障项目不得分，但不影响其他项目。

（3）按照技能操作记录单的操作要求进行操作，正确记录操作结果，试验记录项目包括动作元件、相别、动作出口时间等。

技能等级评价专业技能考核操作评分标准

<table>
<tr><td>工种</td><td colspan="5">继电保护员</td><td>评价等级</td><td>技师</td></tr>
<tr><td>项目模块</td><td colspan="4">缺陷处理与事故分析—保护调试—线路保护装置</td><td>编号</td><td colspan="2">Jc0001262002－3</td></tr>
<tr><td>单位</td><td colspan="2"></td><td>准考证号</td><td colspan="2"></td><td>姓名</td><td></td></tr>
<tr><td>考试时限</td><td colspan="2">60 分钟</td><td>题型</td><td colspan="2">综合操作</td><td>题分</td><td>100 分</td></tr>
<tr><td>成绩</td><td></td><td>考评员</td><td></td><td>考评组长</td><td></td><td>日期</td><td></td></tr>
<tr><td>试题正文</td><td colspan="7">WXH－803B/G 线路保护调试检验及排故</td></tr>
<tr><td>需要说明的问题和要求</td><td colspan="7">（1）要求调试单人操作，故障查找及分析在调试过程中完成。
（2）操作应注意安全，按照标准化作业书的技术安全说明做好安全措施。
（3）装置调试检验在保护屏上完成操作。
（4）测试仪的选择可选考场提供的测试仪或自带测试仪</td></tr>
</table>

续表

序号	项目名称	质量要求	满分	扣分标准	扣分原因	得分
1	工具使用及安全措施					
1.1	各种工器具正确使用	熟练正确使用各种工器具	5	未正确使用一次扣1分，扣完为止		
1.2	相关安全措施的准备	试验仪器正确接地	2	试验仪器未正确接地扣2分		
		退出线路保护动作启边断路器失灵软压板	4	未退出线路保护动作启边断路器失灵软压板扣4分		
		退出线路保护动作启中断路器失灵软压板	4	未退出线路保护动作启中断路器失灵软压板扣4分		
2	保护调试校验					
2.1	保护装置试验	试验仪故障设置正确，接线及压板等设置正确，保护装置采样正确，A相差动保护动作正确，断路器动作正确	30	试验接线错误扣5分； 压板等设置错误扣5分； 试验仪故障设置不正确扣5分； 试验项目不全，每缺少一项扣7.5分（0.95倍、1.05倍）		
3	二次回路故障排查					
3.1	故障查找	能正确进行故障查找。 故障1：将“边断路器电流MU投入”软压板退出，使3321断路器的电流值不参与保护计算，差动保护无法动作； 故障2：验证GOOSE检修机制（退出智能终端、保护装置任一检修压板）	10	未查找出故障每个扣5分		
3.2	故障排除	能正确进行故障排除	10	未正确排除故障每个扣5分		
4	填写试验报告					
4.1	试验记录	正确填写试验结果	10	每少填写一项扣5分，扣完为止		
4.2	故障排除	将故障现象和具体故障（故障点及排除的方法）填写清楚	10	故障点及排除方法未填写，每项扣2.5分； 故障现象填写不清楚，每项扣2.5分； 以上扣分，扣完为止		
5	事故分析及判断					
5.1	保护录波报告分析及判断	查看故障录波报告，进行动作行为分析及综合判断	10	录波图查看不正确或漏项，每项扣2分（不超过5分）； 结果分析不正确扣5分		
6	现场恢复	恢复现场	5	未进行现场恢复扣5分		
合计			100			

Jc0001262002-4 WXH-803B/G线路保护调试检验及排故。（100分）

考核知识点：线路保护

难易度：中

技能等级评价专业技能考核操作工作任务书

一、任务名称

WXH-803B/G线路保护调试检验及排故。

二、适用工种

继电保护员技师。

三、具体任务

（1）工作状态为模拟 330kV 线路停电，工作内容为线路保护定检。

（2）工作任务：

1）在检修状态下进行以下工作。① 用数字测试仪加量，要求中断路器 TA、边断路器 TA 同时加入数字量，检查线路保护装置电流、电压采样。② 边断路器直采口加量，模拟 B 相瞬时性接地故障，校验差动保护定值，断路器跳合传动正确。

2）根据上述要求模拟现场工作，实施安全措施（按照保护定检完成），排除设置的故障，完成现场检验任务。

3）附试验定值清单（0 区）及主接线图，保护装置设定为 330kV 线路保护装置，采用 3/2 接线，动作于 3321、3320 两台断路器，两台断路器的 TA 变比都为 800A/5A。

四、工作规范及要求

（1）工器具使用及安全措施。

（2）按要求进行保护校验。

（3）二次回路故障查找及排除。

（4）进行故障分析并填写试验报告。

五、考核及时间要求

（1）本考核操作时间为 60 分钟，时间到停止考评，包括试验接线、保护校验和报告整理时间。同一类现象故障不限一处故障点。

（2）故障查找和排除过程中，如确实不能查找出故障，可向考评员申请排除故障，该项故障项目不得分，但不影响其他项目。

（3）按照技能操作记录单的操作要求进行操作，正确记录操作结果，试验记录项目包括动作元件、相别、动作出口时间等。

技能等级评价专业技能考核操作评分标准

<table>
<tr><td>工种</td><td colspan="5">继电保护员</td><td>评价等级</td><td>技师</td></tr>
<tr><td>项目模块</td><td colspan="4">缺陷处理与事故分析—保护调试—线路保护装置</td><td>编号</td><td colspan="2">Jc0001262002－4</td></tr>
<tr><td>单位</td><td colspan="2"></td><td>准考证号</td><td colspan="2"></td><td>姓名</td><td></td></tr>
<tr><td>考试时限</td><td colspan="2">60 分钟</td><td>题型</td><td colspan="2">综合操作</td><td>题分</td><td>100 分</td></tr>
<tr><td>成绩</td><td></td><td>考评员</td><td></td><td>考评组长</td><td></td><td>日期</td><td></td></tr>
<tr><td>试题正文</td><td colspan="7">WXH－803B/G 线路保护调试检验及排故</td></tr>
<tr><td>需要说明的问题和要求</td><td colspan="7">（1）要求调试单人操作；故障查找及分析在调试过程中完成。
（2）操作应注意安全，按照标准化作业书的技术安全说明做好安全措施。
（3）装置调试检验在保护屏上完成操作。
（4）测试仪的选择可选考场提供的测试仪或自带测试仪</td></tr>
</table>

<table>
<tr><td>序号</td><td>项目名称</td><td>质量要求</td><td>满分</td><td>扣分标准</td><td>扣分原因</td><td>得分</td></tr>
<tr><td>1</td><td>工具使用及安全措施</td><td></td><td></td><td></td><td></td><td></td></tr>
<tr><td>1.1</td><td>各种工器具正确使用</td><td>熟练正确使用各种工器具</td><td>5</td><td>未正确使用一次扣 1 分，扣完为止</td><td></td><td></td></tr>
<tr><td rowspan="3">1.2</td><td rowspan="3">相关安全措施的准备</td><td>试验仪器正确接地</td><td>2</td><td>试验仪器未正确接地扣 2 分</td><td></td><td></td></tr>
<tr><td>退出线路保护动作启边断路器失灵软压板</td><td>4</td><td>未退出线路保护动作启边断路器失灵软压板扣 4 分</td><td></td><td></td></tr>
<tr><td>退出线路保护动作启中断路器失灵软压板</td><td>4</td><td>未退出线路保护动作启中断路器失灵软压板扣 4 分</td><td></td><td></td></tr>
</table>

续表

序号	项目名称	质量要求	满分	扣分标准	扣分原因	得分
2	保护调试检验					
2.1	保护装置试验	试验仪故障设置正确，接线及压板等设置正确，保护装置采样正确，B相差动保护动作正确，断路器动作正确	30	试验接线错误扣5分； 压板等设置错误扣5分； 试验仪故障设置不正确扣5分； 试验项目不全，每缺少一项扣7.5分（0.95倍、1.05倍）		
3	二次回路故障排查					
3.1	故障查找	能正确进行故障查找。 故障1："跳3321出口软压板"退出，保护动作，但不出口； 故障2：验证GOOSE检修机制（退出智能终端、保护装置任一检修压板）	10	未查找出故障每个扣5分		
3.2	故障排除	能正确进行故障排除	10	未正确排除故障每个扣5分		
4	填写试验报告					
4.1	试验记录	正确填写试验结果	10	每少填写一项扣5分，扣完为止		
4.2	故障排除	将故障现象和具体故障（故障点及排除的方法）填写清楚	10	故障点及排除方法未填写，每项扣2.5分； 故障现象填写不清楚，每项扣2.5分； 以上扣分，扣完为止		
5	事故分析及判断					
5.1	保护录波报告分析及判断	查看故障录波报告，进行动作行为分析及综合判断	10	录波图查看不正确或漏项，每项扣2分（不超过5分）； 结果分析不正确扣5分		
6	现场恢复	恢复现场	5	未进行现场恢复扣5分		
合计			100			

Jc0001262002-5 WXH-803B/G 线路保护调试检验及排故。(100 分)

考核知识点：线路保护

难易度：中

技能等级评价专业技能考核操作工作任务书

一、任务名称

WXH-803B/G 线路保护调试检验及排故。

二、适用工种

继电保护员技师。

三、具体任务

（1）工作状态为模拟330kV线路停电，工作内容为线路保护定检。

（2）工作任务：

1）在检修状态下进行以下工作。① 用数字测试仪加量，要求中断路器TA、边断路器TA同时加入数字量，检查线路保护装置电流、电压采样。② 边断路器直采口加量，模拟C相永久性故障，校验零序Ⅱ段保护定值，断路器跳合传动正确。

2）根据上述要求模拟现场工作，实施安全措施（按照保护定检完成），排除设置的故障，完成现场检验任务。

3）附试验定值清单（0区）及主接线图，保护装置设定为330kV线路保护装置，采用3/2接线，动作于3321、3320两台断路器，两台断路器的TA变比都为800A/5A。

四、工作规范及要求

（1）工器具使用及安全措施。

（2）按要求进行保护校验。

（3）二次回路故障查找及排除。

（4）进行故障分析并填写试验报告。

五、考核及时间要求

（1）本考核操作时间为60分钟，时间到停止考评，包括试验接线、保护校验和报告整理时间。同一类现象故障不限一处故障点。

（2）故障查找和排除过程中，如确实不能查找出故障，可向考评员申请排除故障，该项故障项目不得分，但不影响其他项目。

（3）按照技能操作记录单的操作要求进行操作，正确记录操作结果，试验记录项目包括动作元件、相别、动作出口时间等。

技能等级评价专业技能考核操作评分标准

<table>
<tr><td>工种</td><td colspan="5">继电保护员</td><td>评价等级</td><td>技师</td></tr>
<tr><td>项目模块</td><td colspan="4">缺陷处理与事故分析—保护调试—线路保护装置</td><td>编号</td><td colspan="2">Jc0001262002－5</td></tr>
<tr><td>单位</td><td colspan="2"></td><td>准考证号</td><td colspan="2"></td><td>姓名</td><td></td></tr>
<tr><td>考试时限</td><td colspan="2">60分钟</td><td>题型</td><td colspan="2">综合操作</td><td>题分</td><td>100分</td></tr>
<tr><td>成绩</td><td></td><td>考评员</td><td></td><td>考评组长</td><td></td><td>日期</td><td></td></tr>
<tr><td>试题正文</td><td colspan="7">WXH－803B/G线路保护调试检验及排故</td></tr>
<tr><td>需要说明的问题和要求</td><td colspan="7">（1）要求调试单人操作，故障查找及分析在调试过程中完成。
（2）操作应注意安全，按照标准化作业书的技术安全说明做好安全措施。
（3）装置调试检验在保护屏上完成操作。
（4）测试仪的选择可选考场提供的测试仪或自带测试仪</td></tr>
</table>

<table>
<tr><td>序号</td><td>项目名称</td><td>质量要求</td><td>满分</td><td>扣分标准</td><td>扣分原因</td><td>得分</td></tr>
<tr><td>1</td><td>工具使用及安全措施</td><td></td><td></td><td></td><td></td><td></td></tr>
<tr><td>1.1</td><td>各种工器具正确使用</td><td>熟练正确使用各种工器具</td><td>5</td><td>未正确使用一次扣1分，扣完为止</td><td></td><td></td></tr>
<tr><td rowspan="3">1.2</td><td rowspan="3">相关安全措施的准备</td><td>试验仪器正确接地</td><td>2</td><td>试验仪器未正确接地扣2分</td><td></td><td></td></tr>
<tr><td>退出线路保护动作启边断路器失灵软压板</td><td>4</td><td>未退出线路保护动作启边断路器失灵软压板扣4分</td><td></td><td></td></tr>
<tr><td>退出线路保护动作启中断路器失灵软压板</td><td>4</td><td>未退出线路保护动作启中断路器失灵软压板扣4分</td><td></td><td></td></tr>
<tr><td>2</td><td>保护调试校验</td><td></td><td></td><td></td><td></td><td></td></tr>
<tr><td>2.1</td><td>保护装置试验</td><td>试验仪故障设置正确，接线及压板等设置正确，保护装置采样正确，C相零序Ⅱ段保护动作正确，断路器动作正确</td><td>30</td><td>试验接线错误扣5分；
压板等设置错误扣5分；
试验仪故障设置不正确扣5分；
试验项目不全，每缺少一项扣5分（0.95倍、1.05倍、反方向）</td><td></td><td></td></tr>
<tr><td>3</td><td>二次回路故障排查</td><td></td><td></td><td></td><td></td><td></td></tr>
</table>

续表

序号	项目名称	质量要求	满分	扣分标准	扣分原因	得分
3.1	故障查找	能正确进行故障查找。 故障 1：将边断路器直采光纤和中断路器直采光纤交换，保护装置报 SV 断链； 故障 2：验证 SV 检修机制（退出合并单元、保护装置任一检修压板）	10	未查找出故障每个扣 5 分		
3.2	故障排除	能正确进行故障排除	10	未正确排除故障每个扣 5 分		
4	填写试验报告					
4.1	试验记录	正确填写试验结果	10	每少填写一项扣 3 分，扣完为止		
4.2	故障排除	将故障现象和具体故障（故障点及排除的方法）填写清楚	10	故障点及排除方法未填写，每项扣 2.5 分； 故障现象填写不清楚，每项扣 2.5 分； 以上扣分，扣完为止		
5	事故分析及判断					
5.1	保护录波报告分析及判断	查看故障录波报告，进行动作行为分析及综合判断	10	录波图查看不正确或漏项，每项扣 2 分（不超过 5 分）； 结果分析不正确扣 5 分		
6	现场恢复	恢复现场	5	未进行现场恢复扣 5 分		
合计			100			

Jc0002261001－1 PST－1200 主变压器保护调试检验及排故。（100 分）

考核知识点：变压器保护

难易度：易

技能等级评价专业技能考核操作工作任务书

一、任务名称

PST－1200 主变压器保护调试检验及排故。

二、适用工种

继电保护员技师。

三、具体任务

（1）工作状态为主变压器停电，工作内容为主变压器保护定检。

（2）工作任务：

1）高压侧零序方向过电流Ⅰ段（模拟高压侧 A 相区内、区外故障），断路器跳合传动正确。

2）根据上述要求模拟现场工作，实施安全措施（按照保护定检完成），排除保护屏设置的故障，完成现场检验任务。

3）附试验定值清单（0 区）。

四、工作规范及要求

（1）工器具使用及安全措施。

（2）按要求进行保护校验。

（3）二次回路故障查找及排除。

（4）进行故障分析并填写试验报告。

五、考核及时间要求

（1）本考核操作时间为 60 分钟，时间到停止考评，包括试验接线、保护校验和报告整理时间。同一类现象故障不限一处故障点。

（2）故障查找和排除过程中，如确实不能查找出故障，可向考评员申请排除故障，该项故障项目不得分，但不影响其他项目。

（3）按照技能操作记录单的操作要求进行操作，正确记录操作结果，试验记录项目包括动作元件、相别、动作出口时间等。

技能等级评价专业技能考核操作评分标准

工种	继电保护员					评价等级	技师
项目模块	缺陷处理与事故分析—保护调试—变压器保护装置				编号	Jc0002261001－1	
单位			准考证号			姓名	
考试时限	60 分钟		题型	综合操作		题分	100 分
成绩		考评员		考评组长		日期	
试题正文	PST－1200 主变压器保护调试检验及排故						
需要说明的问题和要求	（1）要求调试单人操作；故障查找及分析在调试过程中完成。 （2）操作应注意安全，按照标准化作业书的技术安全说明做好安全措施。 （3）装置调试检验在保护屏上完成操作。 （4）测试仪的选择可选考场提供的测试仪或自带测试仪						

序号	项目名称	质量要求	满分	扣分标准	扣分原因	得分
1	工具使用及安全措施					
1.1	各种工器具正确使用	熟练正确使用各种工器具	5	未正确使用一次扣 1 分，扣完为止		
1.2	相关安全措施的准备	试验仪器正确接地	2	试验仪器未正确接地扣 2 分		
		断开交流电压试验端子	2	未断开交流电压扣 2 分		
		在主变压器保护屏拆除中、低压侧母联断路器跳闸二次线，并做好绝缘	2	未拆除中、低压侧母联断路器跳闸二次线扣 2 分		
		短接母线保护电流	2	未进行短接母线保护电流扣 2 分		
		在母线保护屏拆除启动失灵二次线，并做好绝缘	2	未在母线保护屏拆除启动失灵二次线，未做好绝缘扣 2 分（可口述）		
2	保护调试校验					
2.1	保护装置试验	保护正确动作，开关分合正确。能按要求正确进行试验，试验仪故障设置正确，接线及压板等设置正确，测试正确并说明结果	30	试验接线错误扣 5 分； 压板等设置错误扣 5 分； 试验仪故障设置不正确扣 5 分； 试验项目不全，每缺少一项扣 7.5 分（定值、动作区）		
3	二次回路故障排查					
3.1	故障查找	能正确进行故障查找。 故障 1：端子排 2X：1 上的 101：A1 与 2X：2 上的 101：A3 交换，高压侧 A、B 相电流相序接反； 故障 2：端子排 8X：12 上的 202：29 线头绝缘，高压侧断路器无法分闸	10	未查找出故障每个扣 5 分		
3.2	故障排除	能正确进行故障排除	10	未正确排除故障每个扣 5 分		
4	填写试验报告					
4.1	试验记录	正确填写试验结果	10	每少填写一项扣 5 分，扣完为止		

续表

序号	项目名称	质量要求	满分	扣分标准	扣分原因	得分
4.2	故障排除	将故障现象和具体故障（故障点及排除的方法）填写清楚	10	故障点及排除方法未填写，每项扣2.5分； 故障现象填写不清楚，每项扣2.5分； 以上扣分，扣完为止		
5	事故分析及判断					
5.1	保护录波报告分析及判断	查看故障录波报告，进行动作行为分析及综合判断	10	录波图查看不正确或漏项，每项扣2分（不超过5分）； 结果分析不正确扣5分		
6	现场恢复	恢复现场	5	未进行现场恢复扣5分		
合计			100			

Jc0002261001－2 PST－1200主变压器保护调试检验及排故。（100分）

考核知识点：变压器保护

难易度：易

技能等级评价专业技能考核操作工作任务书

一、任务名称

PST－1200主变压器保护调试检验及排故。

二、适用工种

继电保护员技师。

三、具体任务

（1）工作状态为主变压器停电，工作内容为主变压器保护定检。

（2）工作任务：

1）差动保护比率制动整组试验，跳变压器各侧断路器。

要求：① 制动电流分别为$2I_e$和$3.5I_e$；开关跳合传动正确；② 电流加在高压侧和低压侧（高压侧A相区外故障）。

2）根据上述要求模拟现场工作，实施安全措施（按照保护定检完成），排除保护屏设置的故障，完成现场检验任务。

3）附试验定值清单（0区）。

四、工作规范及要求

（1）工器具使用及安全措施。

（2）按要求进行保护校验。

（3）二次回路故障查找及排除。

（4）进行故障分析并填写试验报告。

五、考核及时间要求

（1）本考核操作时间为60分钟，时间到停止考评，包括试验接线、保护校验和报告整理时间。同一类现象故障不限一处故障点。

（2）故障查找和排除过程中，如确实不能查找出故障，可向考评员申请排除故障，该项故障项目不得分，但不影响其他项目。

（3）按照技能操作记录单的操作要求进行操作，正确记录操作结果，试验记录项目包括动作元件、相别、动作出口时间等。

技能等级评价专业技能考核操作评分标准

工种	继电保护员					评价等级	技师
项目模块	缺陷处理与事故分析—保护调试—变压器保护装置				编号	Jc0002261001－2	
单位			准考证号			姓名	
考试时限	60 分钟		题型		综合操作	题分	100 分
成绩		考评员		考评组长		日期	
试题正文	PST－1200 主变压器保护调试检验及排故						
需要说明的问题和要求	（1）要求调试单人操作；故障查找及分析在调试过程中完成。 （2）操作应注意安全，按照标准化作业书的技术安全说明做好安全措施。 （3）装置调试检验在保护屏上完成操作。 （4）测试仪的选择可选考场提供的测试仪或自带测试仪						

序号	项目名称	质量要求	满分	扣分标准	扣分原因	得分
1	工具使用及安全措施					
1.1	各种工器具正确使用	熟练正确使用各种工器具	5	未正确使用一次扣 1 分，扣完为止		
1.2	相关安全措施的准备	试验仪器正确接地	2	试验仪器未正确接地扣 2 分		
		断开交流电压试验端子	2	未断开交流电压扣 2 分		
		在主变压器保护屏拆除中、低压侧母联断路器跳闸二次线，并做好绝缘	2	未拆除中、低压侧母联断路器跳闸二次线扣 2 分		
		短接母线保护电流	2	未进行短接母线保护电流扣 2 分		
		在母线保护屏拆除启动失灵二次线，并做好绝缘	2	未在母线保护屏拆除启动失灵二次线，未做好绝缘扣 2 分（可口述）		
2	保护调试校验					
2.1	保护装置试验	保护正确动作，开关分合正确。能按要求正确进行试验，试验仪故障设置正确，接线及压板等设置正确，测试正确并说明结果	30	试验接线错误扣 5 分； 压板等设置错误扣 5 分； 试验仪故障设置不正确扣 5 分； 试验项目不全，每缺少一项扣 7.5 分（$2I_e$、$3.5I_e$）		
3	二次回路故障排查					
3.1	故障查找	能正确进行故障查找。 故障 1：端子排 2X：1 与 2X：2 短接，A、B 相电流分流； 故障：2：端子排 9X：12 上的 203：29 绝缘，中压侧断路器无法分闸	10	未查找出故障每个扣 5 分		
3.2	故障排除	能正确进行故障排除	10	未正确排除故障每个扣 5 分		
4	填写试验报告					
4.1	试验记录	正确填写试验结果	10	每少填写一项扣 5 分，扣完为止		
4.2	故障排除	将故障现象和具体故障（故障点及排除的方法）填写清楚	10	故障点及排除方法未填写，每项扣 2.5 分； 故障现象填写不清楚，每项扣 2.5 分； 以上扣分，扣完为止		
5	事故分析及判断					
5.1	保护录波报告分析及判断	查看故障录波报告，进行动作行为分析及综合判断	10	录波图查看不正确或漏项，每项扣 2 分（不超过 5 分）； 结果分析不正确扣 5 分		
6	现场恢复	恢复现场	5	未进行现场恢复扣 5 分		
合计			100			

Jc0002262001-3　PST－1200 主变压器保护调试检验及排故。（100 分）

考核知识点：变压器保护

难易度：中

技能等级评价专业技能考核操作工作任务书

一、任务名称

PST－1200 主变压器保护调试检验及排故。

二、适用工种

继电保护员技师。

三、具体任务

（1）工作状态为主变压器停电，工作内容为主变压器保护定检。

（2）工作任务：

1）高压侧零序方向过流Ⅰ段（模拟高压侧 C 相区内、区外故障），断路器跳合传动正确。

2）根据上述要求模拟现场工作，实施安全措施（按照保护定检完成），排除保护屏设置的故障，完成现场检验任务。

3）附试验定值清单（0 区）。

四、工作规范及要求

（1）工器具使用及安全措施。

（2）按要求进行保护校验。

（3）二次回路故障查找及排除。

（4）进行故障分析并填写试验报告。

五、考核及时间要求

（1）本考核操作时间为 60 分钟，时间到停止考评，包括试验接线、保护校验和报告整理时间。同一类现象故障不限一处故障点。

（2）故障查找和排除过程中，如确实不能查找出故障，可向考评员申请排除故障，该项故障项目不得分，但不影响其他项目。

（3）按照技能操作记录单的操作要求进行操作，正确记录操作结果，试验记录项目包括动作元件、相别、动作出口时间等。

技能等级评价专业技能考核操作评分标准

工种	继电保护员					评价等级	技师	
项目模块	缺陷处理与事故分析—保护调试—变压器保护装置				编号	Jc0002262001－3		
单位			准考证号			姓名		
考试时限	60 分钟		题型	综合操作		题分	100 分	
成绩		考评员		考评组长		日期		
试题正文	PST－1200 主变压器保护调试检验及排故							
需要说明的问题和要求	（1）要求调试单人操作；故障查找及分析在调试过程中完成。 （2）操作应注意安全，按照标准化作业书的技术安全说明做好安全措施。 （3）装置调试检验在保护屏上完成操作。 （4）测试仪的选择可选考场提供的测试仪或自带测试仪							

序号	项目名称	质量要求	满分	扣分标准	扣分原因	得分
1	工具使用及安全措施					

续表

序号	项目名称	质量要求	满分	扣分标准	扣分原因	得分
1.1	各种工器具正确使用	熟练正确使用各种工器具	5	未正确使用一次扣1分，扣完为止		
1.2	相关安全措施的准备	试验仪器正确接地	2	试验仪器未正确接地扣2分		
		断开交流电压试验端子	2	未断开交流电压扣2分		
		在主变压器保护屏拆除中、低压侧母联断路器跳闸二次线，并做好绝缘	2	未拆除中、低压侧母联断路器跳闸二次线扣2分		
		短接母线保护电流	2	未进行短接母线保护电流扣2分		
		在母线保护屏拆除启动失灵二次线，并做好绝缘	2	未在母线保护屏拆除启动失灵二次线，未做好绝缘扣2分（可口述）		
2	保护调试校验					
2.1	保护装置试验	保护正确动作，断路器分合正确。能按要求正确进行试验，试验仪故障设置正确，接线及压板等设置正确，测试正确并说明结果	30	试验接线错误扣5分； 压板等设置错误扣5分； 试验仪故障设置不正确扣5分； 试验项目不全，每缺少一项扣7.5分（动作区、定值）		
3	二次回路故障排查					
3.1	故障查找	能正确进行故障查找。 故障1：1ZKK：1上的3X：1与1ZKK：5上的3X：3交换，高压侧A、C相电压相序接反； 故障2：8X：27上的202：34虚接，高压侧断路器绿灯不亮	10	未查找出故障每个扣5分		
3.2	故障排除	能正确进行故障排除	10	未正确排除故障每个扣5分		
4	填写试验报告					
4.1	试验记录	正确填写试验结果	10	每少填写一项扣5分，扣完为止		
4.2	故障排除	将故障现象和具体故障（故障点及排除的方法）填写清楚	10	故障点及排除方法未填写，每项扣2.5分； 故障现象填写不清楚，每项扣2.5分； 以上扣分，扣完为止		
5	事故分析及判断					
5.1	保护录波报告分析及判断	查看故障录波报告，进行动作行为分析及综合判断	10	录波图查看不正确或漏项，每项扣2分（不超过5分）； 结果分析不正确扣5分		
6	现场恢复	恢复现场	5	未进行现场恢复扣5分		
合计			100			

Jc0002262001－4　PST－1200主变压器保护调试检验及排故。（100分）

考核知识点：变压器保护

难易度：中

技能等级评价专业技能考核操作工作任务书

一、任务名称

PST－1200主变压器保护调试检验及排故。

二、适用工种

继电保护员技师。

三、具体任务

（1）工作状态为主变压器停电，工作内容为主变压器保护定检。

（2）工作任务：

1）中压侧零序方向过电流Ⅰ段（模拟中压侧B相区内、区外故障），断路器跳合传动正确。

2）根据上述要求模拟现场工作，实施安全措施（按照保护定检完成），排除保护屏设置的故障，完成现场检验任务。

3）附试验定值清单（0区）。

四、工作规范及要求

（1）工器具使用及安全措施。

（2）按要求进行保护校验。

（3）二次回路故障查找及排除。

（4）进行故障分析并填写试验报告。

五、考核及时间要求

（1）本考核操作时间为60分钟，时间到停止考评，包括试验接线、保护校验和报告整理时间。同一类现象故障不限一处故障点。

（2）故障查找和排除过程中，如确实不能查找出故障，可向考评员申请排除故障，该项故障项目不得分，但不影响其他项目。

（3）按照技能操作记录单的操作要求进行操作，正确记录操作结果，试验记录项目包括动作元件、相别、动作出口时间等。

技能等级评价专业技能考核操作评分标准

工种	继电保护员					评价等级	技师
项目模块	缺陷处理与事故分析—保护调试—变压器保护装置				编号	Jc0002262001－4	
单位			准考证号			姓名	
考试时限	60分钟		题型	综合操作		题分	100分
成绩		考评员		考评组长		日期	
试题正文	PST－1200主变压器保护调试检验及排故						
需要说明的问题和要求	（1）要求调试单人操作；故障查找及分析在调试过程中完成。 （2）操作应注意安全，按照标准化作业书的技术安全说明做好安全措施。 （3）装置调试检验在保护屏上完成操作。 （4）测试仪的选择可选考场提供的测试仪或自带测试仪						

序号	项目名称	质量要求	满分	扣分标准	扣分原因	得分
1	工具使用及安全措施					
1.1	各种工器具正确使用	熟练正确使用各种工器具	5	未正确使用一次扣1分，扣完为止		
1.2	相关安全措施的准备	试验仪器正确接地	2	试验仪器未正确接地扣2分		
		断开交流电压试验端子	2	未断开交流电压扣2分		
		在主变压器保护屏拆除中、低压侧母联断路器跳闸二次线，并做好绝缘	2	未拆除中、低压侧母联断路器跳闸二次线扣2分		
		短接母线保护电流	2	未进行短接母线保护电流扣2分		
		在母线保护屏拆除启动失灵二次线，并做好绝缘	2	未在母线保护屏拆除启动失灵二次线，未做好绝缘扣2分（可口述）		
2	保护调试校验					

续表

序号	项目名称	质量要求	满分	扣分标准	扣分原因	得分
2.1	保护装置试验	保护正确动作，断路器分合正确。能按要求正确进行试验，试验仪故障设置正确，接线及压板等设置正确，测试正确并说明结果	30	试验接线错误扣5分； 压板等设置错误扣5分； 试验仪故障设置不正确扣5分； 试验项目不全，每缺少一项扣7.5分（动作区、定值）		
3	二次回路故障排查					
3.1	故障查找	能正确进行故障查找。 故障1：端子排3X：10上的102：U4与3X：11上的102：U5交换，中压侧电压采样不正确； 故障2：端子排9X：26上的203：19虚接，中压侧断路器红绿灯不亮	10	未查找出故障每个扣5分		
3.2	故障排除	能正确进行故障排除	10	未正确排除故障每个扣5分		
4	填写试验报告					
4.1	试验记录	正确填写试验结果	10	每少填写一项扣5分，扣完为止		
4.2	故障排除	将故障现象和具体故障（故障点及排除的方法）填写清楚	10	故障点及排除方法未填写，每项扣2.5分； 故障现象填写不清楚，每项扣2.5分； 以上扣分，扣完为止		
5	事故分析及判断					
5.1	保护录波报告分析及判断	查看故障录波报告，进行动作行为分析及综合判断	10	录波图查看不正确或漏项，每项扣2分（不超过5分）； 结果分析不正确扣5分		
6	现场恢复	恢复现场	5	未进行现场恢复扣5分		
合计			100			

Jc0002262001－5　PST－1200主变压器保护调试检验及排故。（100分）

考核知识点：变压器保护

难易度：中

技能等级评价专业技能考核操作工作任务书

一、任务名称

PST－1200主变压器保护调试检验及排故。

二、适用工种

继电保护员技师。

三、具体任务

（1）工作状态为主变压器停电，工作内容为主变压器保护定检。

（2）工作任务：

1）高压侧复压方向过电流Ⅱ段（模拟高压侧AB相区、内区外故障），断路器跳合传动正确。

2）根据上述要求模拟现场工作，实施安全措施（按照保护定检完成），排除保护屏设置的故障，完成现场检验任务。

3）附试验定值清单（0区）。

四、工作规范及要求

（1）工器具使用及安全措施。

（2）按要求进行保护校验。

（3）二次回路故障查找及排除。

（4）进行故障分析并填写试验报告。

五、考核及时间要求

（1）本考核操作时间为 60 分钟，时间到停止考评，包括试验接线、保护校验和报告整理时间。同一类现象故障不限一处故障点。

（2）故障查找和排除过程中，如确实不能查找出故障，可向考评员申请排除故障，该项故障项目不得分，但不影响其他项目。

（3）按照技能操作记录单的操作要求进行操作，正确记录操作结果，试验记录项目包括动作元件、相别、动作出口时间等。

技能等级评价专业技能考核操作评分标准

<table>
<tr><td>工种</td><td colspan="5">继电保护员</td><td>评价等级</td><td>技师</td></tr>
<tr><td>项目模块</td><td colspan="4">缺陷处理与事故分析—保护调试—变压器保护装置</td><td>编号</td><td colspan="2">Jc0002262001－5</td></tr>
<tr><td>单位</td><td colspan="2"></td><td colspan="2">准考证号</td><td></td><td>姓名</td><td></td></tr>
<tr><td>考试时限</td><td colspan="2">60 分钟</td><td>题型</td><td colspan="2">综合操作</td><td>题分</td><td>100 分</td></tr>
<tr><td>成绩</td><td></td><td>考评员</td><td></td><td>考评组长</td><td></td><td>日期</td><td></td></tr>
<tr><td>试题正文</td><td colspan="7">PST－1200 主变压器保护调试检验及排故</td></tr>
<tr><td>需要说明的问题和要求</td><td colspan="7">（1）要求调试单人操作；故障查找及分析在调试过程中完成。
（2）操作应注意安全，按照标准化作业书的技术安全说明做好安全措施。
（3）装置调试检验在保护屏上完成操作。
（4）测试仪的选择可选考场提供的测试仪或自带测试仪</td></tr>
</table>

序号	项目名称	质量要求	满分	扣分标准	扣分原因	得分
1	工具使用及安全措施					
1.1	各种工器具正确使用	熟练正确使用各种工器具	5	未正确使用一次扣 1 分，扣完为止		
1.2	相关安全措施的准备	试验仪器正确接地	2	试验仪器未正确接地扣 2 分		
		断开交流电压试验端子	2	未断开交流电压扣 2 分		
		在主变压器保护屏拆除中、低压侧母联断路器跳闸二次线，并做好绝缘	2	未拆除中、低压侧母联断路器跳闸二次线扣 2 分		
		短接母线保护电流	2	未进行短接母线保护电流扣 2 分		
		在母线保护屏拆除启动失灵二次线，并做好绝缘	2	未在母线保护屏拆除启动失灵二次线，未做好绝缘扣 2 分（可口述）		
2	保护调试校验					
2.1	保护装置试验	保护正确动作，断路器分合正确。能按要求正确进行试验，试验仪故障设置正确，接线及压板等设置正确，测试正确并说明结果	30	试验接线错误扣 5 分； 压板等设置错误扣 5 分； 试验仪故障设置不正确扣 5 分； 试验项目不全，每缺少一项扣 7.5 分（动作区、定值）		
3	二次回路故障排查					
3.1	故障查找	能正确进行故障查找。 故障 1：端子排 5X：3 上的 21XB：1 接至 5X：4，保护动作，高压侧断路器无法跳闸； 故障 2：端子排 8X：26 上的 202：19 虚接，高压侧断路器红绿灯不亮	10	未查找出故障每个扣 5 分		
3.2	故障排除	能正确进行故障排除	10	未正确排除故障每个扣 5 分		

续表

序号	项目名称	质量要求	满分	扣分标准	扣分原因	得分
4	填写试验报告					
4.1	试验记录	正确填写试验结果	10	每少填写一项扣5分，扣完为止		
4.2	故障排除	将故障现象和具体故障（故障点及排除的方法）填写清楚	10	故障点及排除方法未填写，每项扣2.5分； 故障现象填写不清楚，每项扣2.5分； 以上扣分，扣完为止		
5	事故分析及判断					
5.1	保护录波报告分析及判断	查看故障录波报告，进行动作行为分析及综合判断	10	录波图查看不正确或漏项，每项扣2分（不超过5分）； 结果分析不正确扣5分		
6	现场恢复	恢复现场	5	未进行现场恢复扣5分		
合计			100			

Jc0002263001－6　PST－1200主变压器保护调试检验及排故。（100分）

考核知识点：变压器保护

难易度：难

技能等级评价专业技能考核操作工作任务书

一、任务名称

PST－1200主变压器保护调试检验及排故。

二、适用工种

继电保护员技师。

三、具体任务

（1）工作状态为主变压器停电，工作内容为主变压器保护定检。

（2）工作任务：

1）高压侧复压方向过电流Ⅰ段（模拟高压侧BC相区内、区外故障），断路器跳合传动正确。

2）根据上述要求模拟现场工作，实施安全措施（按照保护定检完成），排除保护屏设置的故障，完成现场检验任务。

3）附试验定值清单（0区）。

四、工作规范及要求

（1）工器具使用及安全措施。

（2）按要求进行保护校验。

（3）二次回路故障查找及排除。

（4）进行故障分析并填写试验报告。

五、考核及时间要求

（1）本考核操作时间为60分钟，时间到停止考评，包括试验接线、保护校验和报告整理时间。同一类现象故障不限一处故障点。

（2）故障查找和排除过程中，如确实不能查找出故障，可向考评员申请排除故障，该项故障项目不得分，但不影响其他项目。

（3）按照技能操作记录单的操作要求进行操作，正确记录操作结果，试验记录项目包括动作元件、相别、动作出口时间等。

技能等级评价专业技能考核操作评分标准

工种	继电保护员					评价等级	技师
项目模块	缺陷处理与事故分析—保护调试—变压器保护装置				编号	Jc0002263001－6	
单位			准考证号			姓名	
考试时限	60分钟		题型	综合操作		题分	100分
成绩		考评员		考评组长		日期	
试题正文	PST－1200主变压器保护调试检验及排故						
需要说明的问题和要求	（1）要求调试单人操作；故障查找及分析在调试过程中完成。 （2）操作应注意安全，按照标准化作业书的技术安全说明做好安全措施。 （3）装置调试检验在保护屏上完成操作。 （4）测试仪的选择可选考场提供的测试仪或自带测试仪						

序号	项目名称	质量要求	满分	扣分标准	扣分原因	得分
1	工具使用及安全措施					
1.1	各种工器具正确使用	熟练正确使用各种工器具	5	未正确使用一次扣1分，扣完为止		
1.2	相关安全措施的准备	试验仪器正确接地	2	试验仪器未正确接地扣2分		
		断开交流电压试验端子	2	未断开交流电压扣2分		
		在主变压器保护屏拆除中、低压侧母联断路器跳闸二次线，并做好绝缘	2	未拆除中、低压侧母联断路器跳闸二次线扣2分		
		短接母线保护电流	2	未进行短接母线保护电流扣2分		
		在母线保护屏拆除启动失灵二次线，并做好绝缘	2	未在母线保护屏拆除启动失灵二次线，未做好绝缘扣2分（可口述）		
2	保护调试校验					
2.1	保护装置试验	保护正确动作，断路器分合正确。能按要求正确进行试验，试验仪故障设置正确，接线及压板等设置正确，测试正确并说明结果	30	试验接线错误扣5分； 压板等设置错误扣5分； 试验仪故障设置不正确扣5分； 试验项目不全，每缺少一项扣7.5分（动作区、定值）		
3	二次回路故障排查					
3.1	故障查找	能正确进行故障查找。 故障1：端子排2X：4上的101：A6虚接，高压侧电流采样不正确； 故障2：端子排5X：2上的8X：3虚接，保护动作，高压侧断路器无法跳闸	10	未查找出故障每个扣5分		
3.2	故障排除	能正确进行故障排除	10	未正确排除故障每个扣5分		
4	填写试验报告					
4.1	试验记录	正确填写试验结果	10	每少填写一项扣5分，扣完为止		
4.2	故障排除	将故障现象和具体故障（故障点及排除的方法）填写清楚	10	故障点及排除方法未填写，每项扣2.5分； 故障现象填写不清楚，每项扣2.5分； 以上扣分，扣完为止		
5	事故分析及判断					
5.1	保护录波报告分析及判断	查看故障录波报告，进行动作行为分析及综合判断	10	录波图查看不正确或漏项，每项扣2分（不超过5分）； 结果分析不正确扣5分		
6	现场恢复	恢复现场	5	未进行现场恢复扣5分		
合计			100			

Jc0002263001－7　PST－1200 主变压器保护调试检验及排故。（100 分）

考核知识点：变压器保护

难易度：难

技能等级评价专业技能考核操作工作任务书

一、任务名称

PST－1200 主变压器保护调试检验及排故。

二、适用工种

继电保护员技师。

三、具体任务

（1）工作状态为主变压器停电，工作内容为主变压器保护定检。

（2）工作任务：

1）中压侧零序方向过电流 I 段（模拟中压侧 A 相区内、区外故障），断路器跳合传动正确。

2）根据上述要求模拟现场工作，实施安全措施（按照保护定检完成），排除保护屏设置的故障，完成现场检验任务。

3）附试验定值清单（0 区）。

四、工作规范及要求

（1）工器具使用及安全措施。

（2）按要求进行保护校验。

（3）二次回路故障查找及排除。

（4）进行故障分析并填写试验报告。

五、考核及时间要求

（1）本考核操作时间为 60 分钟，时间到停止考评，包括试验接线、保护校验和报告整理时间。同一类现象故障不限一处故障点。

（2）故障查找和排除过程中，如确实不能查找出故障，可向考评员申请排除故障，该项故障项目不得分，但不影响其他项目。

（3）按照技能操作记录单的操作要求进行操作，正确记录操作结果，试验记录项目包括动作元件、相别、动作出口时间等。

技能等级评价专业技能考核操作评分标准

<table>
<tr><td>工种</td><td colspan="5">继电保护员</td><td>评价等级</td><td>技师</td></tr>
<tr><td>项目模块</td><td colspan="4">缺陷处理与事故分析—保护调试—变压器保护装置</td><td>编号</td><td colspan="2">Jc0002263001－7</td></tr>
<tr><td>单位</td><td colspan="2"></td><td>准考证号</td><td colspan="2"></td><td>姓名</td><td></td></tr>
<tr><td>考试时限</td><td colspan="2">60 分钟</td><td>题型</td><td colspan="2">综合操作</td><td>题分</td><td>100 分</td></tr>
<tr><td>成绩</td><td></td><td>考评员</td><td></td><td>考评组长</td><td></td><td>日期</td><td></td></tr>
<tr><td>试题正文</td><td colspan="7">PST－1200 主变压器保护调试检验及排故</td></tr>
<tr><td>需要说明的问题和要求</td><td colspan="7">（1）要求调试单人操作；故障查找及分析在调试过程中完成。
（2）操作应注意安全，按照标准化作业书的技术安全说明做好安全措施。
（3）装置调试检验在保护屏上完成操作。
（4）测试仪的选择可选考场提供的测试仪或自带测试仪</td></tr>
</table>

续表

序号	项目名称	质量要求	满分	扣分标准	扣分原因	得分
1	工具使用及安全措施					
1.1	各种工器具正确使用	熟练正确使用各种工器具	5	未正确使用一次扣1分，扣完为止		
1.2	相关安全措施的准备	试验仪器正确接地	2	试验仪器未正确接地扣2分		
		断开交流电压试验端子	2	未断开交流电压扣2分		
		在主变压器保护屏拆除中、低压侧母联断路器跳闸二次线，并做好绝缘	2	未拆除中低压侧二次线扣2分		
		短接母线保护电流	2	未进行短接母线保护电流扣2分		
		在母线保护屏拆除启动失灵二次线，并做好绝缘	2	未在母线保护屏拆除启动失灵二次线，未做好绝缘扣2分（可口述）		
2	保护调试校验					
2.1	保护装置试验	保护正确动作，断路器分合正确。能按要求正确进行试验，试验仪故障设置正确，接线及压板等设置正确，测试正确并说明结果	30	试验接线错误扣5分； 压板等设置错误扣5分； 试验仪故障设置不正确扣5分； 试验项目不全，每缺少一项扣7.5分（动作区、定值）		
3	二次回路故障排查					
3.1	故障查找	能正确进行故障查找。 故障1：端子排2X：6与2X：7短接，中压侧A、B相电流分流； 故障2：端子排5X：11上的25XB：1虚接，保护动作，中压侧断路器无法跳闸	10	未查找出故障每个扣5分		
3.2	故障排除	能正确进行故障排除	10	未正确排除故障每个扣5分		
4	填写试验报告					
4.1	试验记录	正确填写试验结果	10	每少填写一项扣5分，扣完为止		
4.2	故障排除	将故障现象和具体故障（故障点及排除的方法）填写清楚	10	故障点及排除方法未填写，每项扣2.5分； 故障现象填写不清楚，每项扣2.5分； 以上扣分，扣完为止		
5	事故分析及判断					
5.1	保护录波报告分析及判断	查看故障录波报告，进行动作行为分析及综合判断	10	录波图查看不正确或漏项，每项扣2分（不超过5分）； 结果分析不正确扣5分		
6	现场恢复	恢复现场	5	未进行现场恢复扣5分		
合计			100			

Jc0002261002-1　WBH-801B 主变压器保护调试检验及排故。（100分）

考核知识点：变压器保护

难易度：易

技能等级评价专业技能考核操作工作任务书

一、任务名称

WBH-801B 主变压器保护调试检验及排故。

二、适用工种

继电保护员技师。

三、具体任务

（1）工作状态为模拟330kV主变压器停电，工作内容为主变压器保护定检。

（2）工作任务：

1）在检修状态下进行以下工作。采用第一组通道作为高压侧3310采样输出，模拟变压器内部A相接地故障，校验差动速断保护，断路器跳合传动正确。

2）根据上述要求模拟现场工作，实施安全措施（按照保护定检完成），排除设置的故障，完成现场检验任务。

3）附试验定值清单（0区）及主接线图，保护装置设定为330kV电压等级主变压器保护装置，高压侧采用3/2接线，动作于3311、3310两台断路器；中压侧动作于101断路器；低压侧动作于301断路器。

四、工作规范及要求

（1）工器具使用及安全措施。

（2）按要求进行保护校验。

（3）二次回路故障查找及排除。

（4）进行故障分析并填写试验报告。

五、考核及时间要求

（1）本考核操作时间为60分钟，时间到停止考评，包括试验接线、保护校验和报告整理时间。同一类现象故障不限一处故障点。

（2）故障查找和排除过程中，如确实不能查找出故障，可向考评员申请排除故障，该项故障项目不得分，但不影响其他项目。

（3）按照技能操作记录单的操作要求进行操作，正确记录操作结果，试验记录项目包括动作元件、相别、动作出口时间等。

技能等级评价专业技能考核操作评分标准

工种	继电保护员					评价等级	技师
项目模块	缺陷处理与事故分析—保护调试—变压器保护装置				编号	Jc0002261002－1	
单位			准考证号			姓名	
考试时限	60分钟		题型	综合操作		题分	100分
成绩		考评员		考评组长		日期	
试题正文	WBH－801B主变压器保护调试检验及排故						
需要说明的问题和要求	（1）要求调试单人操作，故障查找及分析在调试过程中完成。 （2）操作应注意安全，按照标准化作业书的技术安全说明做好安全措施。 （3）装置调试检验在保护屏上完成操作。 （4）测试仪的选择可选考场提供的测试仪或自带测试仪						

序号	项目名称	质量要求	满分	扣分标准	扣分原因	得分
1	工具使用及安全措施					
1.1	各种工器具正确使用	熟练正确使用各种工器具	5	未正确使用一次扣1分，扣完为止		
1.2	相关安全措施的准备	试验仪器正确接地	1	试验仪器未正确接地扣1分		
		退出主变压器保护动作启各侧断路器失灵软压板	3	未退出主变压器保护动作启各侧断路器失灵软压板扣3分		

续表

序号	项目名称	质量要求	满分	扣分标准	扣分原因	得分
1.2	相关安全措施的准备	退出主变压器保护动作跳中压侧母联软压板	3	未退出主变压器保护动作跳中压侧母联软压板扣3分		
		退出主变压器保护动作跳低压侧母联软压板	3	未退出主变压器保护动作跳低压侧母联软压板扣3分		
2	保护调试校验					
2.1	保护装置试验	试验仪故障设置正确，接线及压板等设置正确，保护装置采样正确，A相差动速断保护动作正确，断路器动作正确	30	试验接线错误扣5分； 压板等设置错误扣5分； 试验仪故障设置不正确扣5分； 试验项目未作出扣15分		
3	二次回路故障排查					
3.1	故障查找	能正确进行故障查找。 故障1：端子排将装置背板SV采样光口3311与3310的输入尾纤交换，此时测试仪输出后装置采样无显示，报相关SV断链； 故障2：端子排验证SV检修机制（退出合并单元、保护装置任一检修压板）	10	未查找出故障每个扣5分		
3.2	故障排除	能正确进行故障排除	10	未正确排除故障每个扣5分		
4	填写试验报告					
4.1	试验记录	正确填写试验结果	10	每少填写一项扣5分，扣完为止		
4.2	故障排除	将故障现象和具体故障（故障点及排除的方法）填写清楚	10	故障点及排除方法未填写，每项扣2.5分； 故障现象填写不清楚，每项扣2.5分； 以上扣分，扣完为止		
5	事故分析及判断					
5.1	保护录波报告分析及判断	查看故障录波报告，进行动作行为分析及综合判断	10	录波图查看不正确或漏项，每项扣2分（不超过5分）； 结果分析不正确扣5分		
6	现场恢复	恢复现场	5	未进行现场恢复扣5分		
合计			100			

Jc0002261002-2 WBH-801B主变压器保护调试检验及排故。（100分）

考核知识点：变压器保护

难易度：易

技能等级评价专业技能考核操作工作任务书

一、任务名称

WBH-801B主变压器保护调试检验及排故。

二、适用工种

继电保护员技师。

三、具体任务

（1）工作状态为模拟330kV主变压器停电，工作内容为主变压器保护定检。

（2）工作任务：

1）在检修状态下进行以下工作。采用第三组通道作为高压侧3311采样输出，模拟变压器中性点接地运行时C相接地故障，高压侧零序方向过电流Ⅰ段保护动作（正向灵敏角可靠动作，反向灵敏角可靠不动作）。断路器跳合传动正确。

2）根据上述要求模拟现场工作，实施安全措施（按照保护定检完成），排除设置的故障，完成现场检验任务。

3）附试验定值清单（0区）及主接线图，保护装置设定为330kV电压等级主变压器保护装置，高压侧采用3/2接线，动作于3311、3310两台断路器；中压侧动作于101断路器；低压侧动作于301断路器。

四、工作规范及要求

（1）工器具使用及安全措施。

（2）按要求进行保护校验。

（3）二次回路故障查找及排除。

（4）进行故障分析并填写试验报告。

五、考核及时间要求

（1）本考核操作时间为60分钟，时间到停止考评，包括试验接线、保护校验和报告整理时间。同一类现象故障不限一处故障点。

（2）故障查找和排除过程中，如确实不能查找出故障，可向考评员申请排除故障，该项故障项目不得分，但不影响其他项目。

（3）按照技能操作记录单的操作要求进行操作，正确记录操作结果，试验记录项目包括动作元件、相别、动作出口时间等。

技能等级评价专业技能考核操作评分标准

工种	继电保护员				评价等级	技师
项目模块	缺陷处理与事故分析—保护调试—变压器保护装置			编号	Jc0002261002－2	
单位		准考证号			姓名	
考试时限	60分钟	题型	综合操作		题分	100分
成绩		考评员	考评组长		日期	
试题正文	WBH－801B主变压器保护调试检验及排故					
需要说明的问题和要求	（1）要求调试单人操作，故障查找及分析在调试过程中完成。 （2）操作应注意安全，按照标准化作业书的技术安全说明做好安全措施。 （3）装置调试检验在保护屏上完成操作。 （4）测试仪的选择可选考场提供的测试仪或自带测试仪					

序号	项目名称	质量要求	满分	扣分标准	扣分原因	得分
1	工具使用及安全措施					
1.1	各种工器具正确使用	熟练正确使用各种工器具	5	未正确使用一次扣1分，扣完为止		
1.2	相关安全措施的准备	试验仪器正确接地	1	试验仪器未正确接地扣1分		
		退出主变压器保护动作启各侧断路器失灵软压板	3	未退出主变压器保护动作启各侧断路器失灵软压板扣3分		
		退出主变压器保护动作跳中压侧母联软压板	3	未退出主变压器保护动作跳中压侧母联软压板扣3分		
		退出主变压器保护动作跳低压侧母联软压板	3	未退出主变压器保护动作跳低压侧母联软压板扣3分		
2	保护调试校验					

续表

序号	项目名称	质量要求	满分	扣分标准	扣分原因	得分
2.1	保护装置试验	试验仪故障设置正确，接线及压板等设置正确，保护装置采样正确，高压侧 C 相零序方向过电流 I 段保护动作正确，断路器动作正确	30	试验接线错误扣 5 分； 压板等设置错误扣 5 分； 试验仪故障设置不正确扣 5 分； 试验项目未作出扣 15 分		
3	二次回路故障排查					
3.1	故障查找	能正确进行故障查找。 故障 1：端子排将高压侧电压投入和高压侧 3311TA 投入软压板改为退出状态，装置高压侧采样不显示； 故障 2：端子排验证 SV 检修机制（退出合并单元、保护装置任一检修压板）	10	未查找出故障每个扣 5 分		
3.2	故障排除	能正确进行故障排除	10	未正确排除故障每个扣 5 分		
4	填写试验报告					
4.1	试验记录	正确填写试验结果	10	每少填写一项扣 5 分，扣完为止		
4.2	故障排除	将故障现象和具体故障（故障点及排除的方法）填写清楚	10	故障点及排除方法未填写，每项扣 2.5 分； 故障现象填写不清楚，每项扣 2.5 分； 以上扣分，扣完为止		
5	事故分析及判断					
5.1	保护录波报告分析及判断	查看故障录波报告，进行动作行为分析及综合判断	10	录波图查看不正确或漏项，每项扣 2 分（不超过 5 分）； 结果分析不正确扣 5 分		
6	现场恢复	恢复现场	5	未进行现场恢复扣 5 分		
合计			100			

Jc0002262002－3 WBH－801B 主变压器保护调试检验及排故。（100 分）

考核知识点：变压器保护

难易度：中

技能等级评价专业技能考核操作工作任务书

一、任务名称

WBH－801B 主变压器保护调试检验及排故。

二、适用工种

继电保护员技师。

三、具体任务

（1）工作状态为模拟 330kV 主变压器停电，工作内容为主变压器保护定检。

（2）工作任务：

1）在检修状态下进行以下工作。① 主变压器保护装置 3311 采样检查，试验仪接口 3 作为主变压器保护装置直采 3311 断路器采样输入接口。② 模拟高压侧 B 相接地故障，校验复压过电流保护定值，断路器跳合传动正确。

2）根据上述要求模拟现场工作，实施安全措施（按照保护定检完成），排除设置的故障，完成现场检验任务。

3）附试验定值清单（0 区）及主接线图，保护装置设定为 330kV 电压等级主变压器保护装置，高压侧采用 3/2 接线，动作于 3311、3310 两台断路器；中压侧动作于 101 断路器；低压侧动作于 301 断路器。

四、工作规范及要求

（1）工器具使用及安全措施。

（2）按要求进行保护校验。

（3）二次回路故障查找及排除。

（4）进行故障分析并填写试验报告。

五、考核及时间要求

（1）本考核操作时间为 60 分钟，时间到停止考评，包括试验接线、保护校验和报告整理时间。同一类现象故障不限一处故障点。

（2）故障查找和排除过程中，如确实不能查找出故障，可向考评员申请排除故障，该项故障项目不得分，但不影响其他项目。

（3）按照技能操作记录单的操作要求进行操作，正确记录操作结果，试验记录项目包括动作元件、相别、动作出口时间等。

技能等级评价专业技能考核操作评分标准

工种	继电保护员					评价等级	技师
项目模块	缺陷处理与事故分析—保护调试—变压器保护装置				编号	Jc0002262002－3	
单位			准考证号			姓名	
考试时限	60 分钟		题型	综合操作		题分	100 分
成绩		考评员		考评组长		日期	
试题正文	WBH－801B 主变压器保护调试检验及排故						
需要说明的问题和要求	（1）要求调试单人操作，故障查找及分析在调试过程中完成。 （2）操作应注意安全，按照标准化作业书的技术安全说明做好安全措施。 （3）装置调试检验在保护屏上完成操作。 （4）测试仪的选择可选考场提供的测试仪或自带测试仪						

序号	项目名称	质量要求	满分	扣分标准	扣分原因	得分
1	工具使用及安全措施					
1.1	各种工器具正确使用	熟练正确使用各种工器具	5	未正确使用一次扣 1 分，扣完为止		
1.2	相关安全措施的准备	试验仪器正确接地	1	试验仪器未正确接地扣 1 分		
		退出主变压器保护动作启各侧断路器失灵软压板	3	未退出主变压器保护动作启各侧断路器失灵软压板扣 3 分		
		退出主变压器保护动作跳中压侧母联软压板	3	未退出主变压器保护动作跳中压侧母联软压板扣 3 分		
		退出主变压器保护动作跳低压侧母联软压板	3	未退出主变压器保护动作跳低压侧母联软压板扣 3 分		
2	保护调试校验					
2.1	保护装置试验	试验仪故障设置正确，接线及压板等设置正确，保护装置采样正确，高压侧复压过电流保护动作正确，断路器动作正确	30	试验接线错误扣 5 分； 压板等设置错误扣 5 分； 试验仪故障设置不正确扣 5 分； 试验项目未作出扣 15 分		
3	二次回路故障排查					

续表

序号	项目名称	质量要求	满分	扣分标准	扣分原因	得分
3.1	故障查找	能正确进行故障查找。 故障1：端子排将“高压侧电压投入”“中压侧电压投入”“低压侧电压投入”修改为退出状态； 故障2：端子排验证SV检修机制（退出合并单元、保护装置任一检修压板）	10	未查找出故障每个扣5分		
3.2	故障排除	能正确进行故障排除	10	未正确排除故障每个扣5分		
4	填写试验报告					
4.1	试验记录	正确填写试验结果	10	每少填写一项扣5分，扣完为止		
4.2	故障排除	将故障现象和具体故障（故障点及排除的方法）填写清楚	10	故障点及排除方法未填写，每项扣2.5分； 故障现象填写不清楚，每项扣2.5分； 以上扣分，扣完为止		
5	事故分析及判断					
5.1	保护录波报告分析及判断	查看故障录波报告，进行动作行为分析及综合判断	10	录波图查看不正确或漏项，每项扣2分（不超过5分）； 结果分析不正确扣5分		
6	现场恢复	恢复现场	5	未进行现场恢复扣5分		
合计			100			

Jc0002263002－4 WBH－801B 主变压器保护调试检验及排故。（100 分）

考核知识点：变压器保护

难易度：难

技能等级评价专业技能考核操作工作任务书

一、任务名称

WBH－801B 主变压器保护调试检验及排故。

二、适用工种

继电保护员技师。

三、具体任务

（1）工作状态为模拟 330kV 主变压器停电，工作内容为主变压器保护定检。

（2）工作任务：

1）在检修状态下进行以下工作。① 试验仪接口 2 作为输出接口，进行主变压器保护装置直采 3311 断路器采样检查。② 模拟高压侧 C 相接地故障，校验接地阻抗 1 时限保护定值，断路器跳合传动正确。

2）根据上述要求模拟现场工作，实施安全措施（按照保护定检完成），排除设置的故障，完成现场检验任务。

3）附试验定值清单（0 区）及主接线图，保护装置设定为 330kV 主变压器保护装置，保护装置设定为 330kV 电压等级主变压器保护装置，高压侧采用 3/2 接线，动作于 3311、3310 两台断路器；中压侧动作于 101 断路器；低压侧动作于 301 断路器。

四、工作规范及要求

（1）工器具使用及安全措施。

（2）按要求进行保护校验。

（3）二次回路故障查找及排除。

（4）进行故障分析并填写试验报告。

五、考核及时间要求

（1）本考核操作时间为 60 分钟，时间到停止考评，包括试验接线、保护校验和报告整理时间。同一类现象故障不限一处故障点。

（2）故障查找和排除过程中，如确实不能查找出故障，可向考评员申请排除故障，该项故障项目不得分，但不影响其他项目。

（3）按照技能操作记录单的操作要求进行操作，正确记录操作结果，试验记录项目包括动作元件、相别、动作出口时间等。

技能等级评价专业技能考核操作评分标准

<table>
<tr><td>工种</td><td colspan="5">继电保护员</td><td>评价等级</td><td>技师</td></tr>
<tr><td>项目模块</td><td colspan="4">缺陷处理与事故分析—保护调试—变压器保护装置</td><td>编号</td><td colspan="2">Jc0002263002－4</td></tr>
<tr><td>单位</td><td colspan="3"></td><td>准考证号</td><td></td><td>姓名</td><td></td></tr>
<tr><td>考试时限</td><td>60 分钟</td><td colspan="2">题型</td><td colspan="2">综合操作</td><td>题分</td><td>100 分</td></tr>
<tr><td>成绩</td><td></td><td>考评员</td><td></td><td>考评组长</td><td></td><td>日期</td><td></td></tr>
<tr><td>试题正文</td><td colspan="7">WBH－801B 主变压器保护调试检验及排故</td></tr>
<tr><td>需要说明的问题和要求</td><td colspan="7">（1）要求调试单人操作，故障查找及分析在调试过程中完成。
（2）操作应注意安全，按照标准化作业书的技术安全说明做好安全措施。
（3）装置调试检验在保护屏上完成操作。
（4）测试仪的选择可选考场提供的测试仪或自带测试仪</td></tr>
</table>

序号	项目名称	质量要求	满分	扣分标准	扣分原因	得分
1	工具使用及安全措施					
1.1	各种工器具正确使用	熟练正确使用各种工器具	5	未正确使用一次扣 1 分，扣完为止		
1.2	相关安全措施的准备	试验仪器正确接地	1	试验仪器未正确接地扣 1 分		
		退出主变压器保护动作启各侧断路器失灵软压板	3	未退出主变压器保护动作启各侧断路器失灵软压板扣 3 分		
		退出主变压器保护动作跳中压侧母联软压板	3	未退出主变压器保护动作跳中压侧母联软压板扣 3 分		
		退出主变压器保护动作跳低压侧母联软压板	3	未退出主变压器保护动作跳低压侧母联软压板扣 3 分		
2	保护调试校验					
2.1	保护装置试验	试验仪故障设置正确，接线及压板等设置正确，保护装置采样正确，高压侧 C 接地阻抗 1 时限保护动作正确，断路器动作正确	30	试验接线错误扣 5 分； 压板等设置错误扣 5 分； 试验仪故障设置不正确扣 5 分； 试验项目未作出扣 15 分		
3	二次回路故障排查					
3.1	故障查找	能正确进行故障查找。 故障 1：端子排在接地阻抗 1 时限出口矩阵中将“跳高压侧中断路器”退出； 故障 2：端子排验证 SV 检修机制（退出合并单元、保护装置任一检修压板）	10	未查找出故障每个扣 5 分		
3.2	故障排除	能正确进行故障排除	10	未正确排除故障每个扣 5 分		

续表

序号	项目名称	质量要求	满分	扣分标准	扣分原因	得分
4	填写试验报告					
4.1	试验记录	正确填写试验结果	10	每少填写一项扣 5 分，扣完为止		
4.2	故障排除	将故障现象和具体故障（故障点及排除的方法）填写清楚	10	故障点及排除方法未填写，每项扣 2.5 分； 故障现象填写不清楚，每项扣 2.5 分； 以上扣分，扣完为止		
5	事故分析及判断					
5.1	保护录波报告分析及判断	查看故障录波报告，进行动作行为分析及综合判断	10	录波图查看不正确或漏项，每项扣 2 分（不超过 5 分）； 结果分析不正确扣 5 分		
6	现场恢复	恢复现场	5	未进行现场恢复扣 5 分		
合计			100			

Jc0002263002－5 WBH－801B 主变压器保护调试检验及排故。（100 分）

考核知识点：变压器保护

难易度：难

技能等级评价专业技能考核操作工作任务书

一、任务名称

WBH－801B 主变压器保护调试检验及排故。

二、适用工种

继电保护员技师。

三、具体任务

（1）工作状态为模拟 330kV 主变压器停电，工作内容为主变压器保护定检。

（2）工作任务：

1）在检修状态下进行以下工作。① 试验仪接口 2 作为输出接口，进行主变压器保护装置直采 3311 断路器采样检查。② 模拟高压侧 BC 相短路故障，校验相间阻抗 1 时限保护定值，断路器跳合传动正确。

2）根据上述要求模拟现场工作，实施安全措施（按照保护定检完成），排除设置的故障，完成现场检验任务。

3）附试验定值清单（0 区）及主接线图，保护装置设定为 330kV 电压等级主变压器保护装置，高压侧采用 3/2 接线，动作于 3311、3310 两台断路器；中压侧动作于 101 断路器；低压侧动作于 301 断路器。

四、工作规范及要求

（1）工器具使用及安全措施。

（2）按要求进行保护校验。

（3）二次回路故障查找及排除。

（4）进行故障分析并填写试验报告。

五、考核及时间要求

（1）本考核操作时间为 60 分钟，时间到停止考评，包括试验接线、保护校验和报告整理时间。

同一类现象故障不限一处故障点。

（2）故障查找和排除过程中，如确实不能查找出故障，可向考评员申请排除故障，该项故障项目不得分，但不影响其他项目。

（3）按照技能操作记录单的操作要求进行操作，正确记录操作结果，试验记录项目包括动作元件、相别、动作出口时间等。

技能等级评价专业技能考核操作评分标准

<table>
<tr><td>工种</td><td colspan="5">继电保护员</td><td>评价等级</td><td>技师</td></tr>
<tr><td>项目模块</td><td colspan="4">缺陷处理与事故分析—保护调试—变压器保护装置</td><td>编号</td><td colspan="2">Jc0002263002－5</td></tr>
<tr><td>单位</td><td colspan="3"></td><td>准考证号</td><td></td><td>姓名</td><td></td></tr>
<tr><td>考试时限</td><td colspan="2">60 分钟</td><td>题型</td><td colspan="2">综合操作</td><td>题分</td><td>100 分</td></tr>
<tr><td>成绩</td><td></td><td>考评员</td><td></td><td>考评组长</td><td></td><td>日期</td><td></td></tr>
<tr><td>试题正文</td><td colspan="7">WBH－801B 主变压器保护调试检验及排故</td></tr>
<tr><td>需要说明的问题和要求</td><td colspan="7">（1）要求调试单人操作，故障查找及分析在调试过程中完成。
（2）操作应注意安全，按照标准化作业书的技术安全说明做好安全措施。
（3）装置调试检验在保护屏上完成操作。
（4）测试仪的选择可选考场提供的测试仪或自带测试仪</td></tr>
</table>

序号	项目名称	质量要求	满分	扣分标准	扣分原因	得分
1	工具使用及安全措施					
1.1	各种工器具正确使用	熟练正确使用各种工器具	5	未正确使用一次扣 1 分，扣完为止		
1.2	相关安全措施的准备	试验仪器正确接地	1	试验仪器未正确接地扣 1 分		
		退出主变压器保护动作启各侧断路器失灵软压板	3	未退出主变压器保护动作启各侧断路器失灵软压板扣 3 分		
		退出主变压器保护动作跳中压侧母联软压板	3	未退出主变压器保护动作跳中压侧母联软压板扣 3 分		
		退出主变压器保护动作跳低压侧母联软压板	3	未退出主变压器保护动作跳低压侧母联软压板扣 3 分		
2	保护调试校验					
2.1	保护装置试验	试验仪故障设置正确，接线及压板等设置正确，保护装置采样正确，高压侧 BC 相间阻抗 1 时限保护动作正确，断路器动作正确	30	试验接线错误扣 5 分； 压板等设置错误扣 5 分； 试验仪故障设置不正确扣 5 分； 试验项目未作出扣 15 分		
3	二次回路故障排查					
3.1	故障查找	能正确进行故障查找。 故障 1：端子排将“跳中压侧断路器”出口软压板退出； 故障 2：端子排验证 GOOSE 检修机制（退出智能终端、保护装置任一检修压板）	10	未查找出故障每个扣 5 分		
3.2	故障排除	能正确进行故障排除	10	未正确排除故障每个扣 5 分		
4	填写试验报告					
4.1	试验记录	正确填写试验结果	10	每少填写一项扣 5 分，扣完为止		
4.2	故障排除	将故障现象和具体故障（故障点及排除的方法）填写清楚	10	故障点及排除方法未填写，每项扣 2.5 分； 故障现象填写不清楚，每项扣 2.5 分； 以上扣分，扣完为止		

续表

序号	项目名称	质量要求	满分	扣分标准	扣分原因	得分
5	事故分析及判断					
5.1	保护录波报告分析及判断	查看故障录波报告，进行动作行为分析及综合判断	10	录波图查看不正确或漏项，每项扣2分（不超过5分）； 结果分析不正确扣5分		
6	现场恢复	恢复现场	5	未进行现场恢复扣5分		
合计			100			

Jc0003261001－1 BP－2B 母线保护调试检验及排故。(100 分)

考核知识点：母线保护

难易度：易

技能等级评价专业技能考核操作工作任务书

一、任务名称

BP－2B 母线保护调试检验及排故。

二、适用工种

继电保护员技师。

三、具体任务

（1）母线运行方式：支路 L3 合于Ⅰ母，支路 L2、支路 L4 合于Ⅱ母，母联断路器合环运行。L2 支路的 TA 变比为 1200A/5A，其余支路的变比为 600A/5A。

注：运行方式的设置，不允许采用装置内部菜单对隔离开关的强制设置。

（2）工作任务：

1）检验装置正常运行工况下，保护装置复合电压闭锁功能，Ⅱ母母线上 L2 支路 A 相电流大于差动动作门槛值的情况，断路器跳合传动正确。

2）模拟现场工作，实施安全措施（仅对运行方式中提到的回路做安全措施），排除保护屏设置的故障，完成现场检验任务。

3）附试验定值清单（0 区）。

四、工作规范及要求

（1）工器具使用及安全措施。

（2）按要求进行保护校验。

（3）二次回路故障查找及排除。

（4）进行故障分析并填写试验报告。

五、考核及时间要求

（1）本考核操作时间为 60 分钟，时间到停止考评，包括试验接线、保护校验和报告整理时间。同一类现象故障不限一处故障点。

（2）故障查找和排除过程中，如确实不能查找出故障，可向考评员申请排除故障，该项故障项目不得分，但不影响其他项目。

（3）按照技能操作记录单的操作要求进行操作，正确记录操作结果，试验记录项目包括动作元件、相别、动作出口时间等。

技能等级评价专业技能考核操作评分标准

工种	继电保护员					评价等级	技师
项目模块	缺陷处理与事故分析—保护调试—母线保护装置				编号	Jc0003261001－1	
单位			准考证号			姓名	
考试时限	60 分钟	题型	综合操作			题分	100 分
成绩		考评员		考评组长		日期	
试题正文	BP－2B 母线保护调试检验及排故						
需要说明的问题和要求	（1）要求调试单人操作；故障查找及分析在调试过程中完成。 （2）操作应注意安全，按照标准化作业书的技术安全说明做好安全措施。 （3）装置调试检验在保护屏上完成操作。 （4）测试仪的选择可选考场提供的测试仪或自带测试仪						

序号	项目名称	质量要求	满分	扣分标准	扣分原因	得分
1	工具使用及安全措施					
1.1	各种工器具正确使用	熟练正确使用各种工器具	5	未正确使用一次扣 1 分，扣完为止		
1.2	相关安全措施的准备	试验仪器正确接地	2	试验仪器未正确接地扣 2 分		
		短接母线保护电流	3	未进行短接母线保护电流扣 3 分		
		断开交流电压	2	未断开交流电压扣 2 分		
		母线保护屏拆除跳闸二次线，并做好绝缘	3	未在母线保护屏拆除跳闸二次线，未做好绝缘扣 3 分（可口述）		
2	保护调试校验					
2.1	保护装置试验	母线电压正常时，L2 支路 A 相电流高于差动动作门槛值，保护不动作。复合电压满足要求时，差动保护动作，跳开相应的断路器，试验仪故障设置正确，接线及压板等设置正确	30	试验接线错误扣 5 分； 压板等设置错误扣 5 分； 试验仪故障设置不正确扣 5 分； 试验项目未做出扣 15 分		
3	二次回路故障排查					
3.1	故障查找	能正确进行故障查找。 故障 1：端子排 X14：17 上的 3N7：4 和 X14：18 上的 3N7：5 交换，Ⅱ母 A 相、B 相电压相序接反； 故障 2：端子排 X5：2 上的 LP12：1 虚接，保护动作，L2 支路断路器无法跳闸	10	未查找出故障每个扣 5 分		
3.2	故障排除	能正确进行故障排除	10	未正确排除故障每个扣 5 分		
4	填写试验报告					
4.1	试验记录	正确填写试验结果	10	每少填写一项扣 5 分，扣完为止		
4.2	故障排除	将故障现象和具体故障（故障点及排除的方法）填写清楚	10	故障点及排除方法未填写，每项扣 2.5 分； 故障现象填写不清楚，每项扣 2.5 分； 以上扣分，扣完为止		
5	事故分析及判断					
5.1	保护录波报告分析及判断	查看故障录波报告，进行动作行为分析及综合判断	10	录波图查看不正确或漏项，每项扣 2 分（不超过 5 分）； 结果分析不正确扣 5 分		
6	现场恢复	恢复现场	5	未进行现场恢复扣 5 分		
合计			100			

Jc0003261001－2 BP－2B 母线保护调试检验及排故。(100 分)

考核知识点：母线保护

难易度：易

技能等级评价专业技能考核操作工作任务书

一、任务名称

BP－2B 母线保护调试检验及排故。

二、适用工种

继电保护员技师。

三、具体任务

(1) 母线运行方式：支路 L3 合于Ⅰ母，支路 L2、支路 L4 合于Ⅱ母，母联断路器合环运行。L2 支路的 TA 变比为 1200A/5A，其余支路的变比为 600A/5A。

注：运行方式的设置，不允许采用装置内部菜单对隔离开关的强制设置。

(2) 工作任务：

1) 检验装置正常运行工况下，保护装置不平衡电流大小。各支路 A 相二次电流：L2 电流流进母线 3A，L3 电流流出母线 2A，L4 电流流出母线 4A。Ⅰ、Ⅱ母电压正常，各相电压 57.7V。要求保护装置大小差电流平衡，屏上无任何告警、动作信号。

2) 模拟现场工作，实施安全措施（仅对运行方式中提到的回路做安全措施），排除保护屏设置的故障，完成现场检验任务。

3) 附试验定值清单（0 区）。

四、工作规范及要求

(1) 工器具使用及安全措施。

(2) 按要求进行保护校验。

(3) 二次回路故障查找及排除。

(4) 进行故障分析并填写试验报告。

五、考核及时间要求

(1) 本考核操作时间为 60 分钟，时间到停止考评，包括试验接线、保护校验和报告整理时间。同一类现象故障不限一处故障点。

(2) 故障查找和排除过程中，如确实不能查找出故障，可向考评员申请排除故障，该项故障项目不得分，但不影响其他项目。

(3) 按照技能操作记录单的操作要求进行操作，正确记录操作结果，试验记录项目包括动作元件、相别、动作出口时间等。

技能等级评价专业技能考核操作评分标准

工种	继电保护员					评价等级	技师
项目模块	缺陷处理与事故分析—保护调试—母线保护装置				编号	Jc0003261001－2	
单位			准考证号			姓名	
考试时限	60 分钟		题型	综合操作		题分	100 分
成绩		考评员		考评组长		日期	
试题正文	BP－2B 母线保护调试检验及排故						

续表

需要说明的问题和要求	（1）要求调试单人操作；故障查找及分析在调试过程中完成。 （2）操作应注意安全，按照标准化作业书的技术安全说明做好安全措施。 （3）装置调试检验在保护屏上完成操作。 （4）测试仪的选择可选考场提供的测试仪或自带测试仪

序号	项目名称	质量要求	满分	扣分标准	扣分原因	得分
1	工具使用及安全措施					
1.1	各种工器具正确使用	熟练正确使用各种工器具	5	未正确使用一次扣1分，扣完为止		
1.2	相关安全措施的准备	试验仪器正确接地	2	试验仪器未正确接地扣2分		
		短接母线保护电流	3	未进行短接母线保护电流扣3分		
		断开交流电压	2	未断开交流电压扣2分		
		母线保护屏拆除跳闸二次线，并做好绝缘	3	未在母线保护屏拆除跳闸二次线，未做好绝缘扣3分（可口述）		
2	保护调试校验					
2.1	保护装置试验	母线保护处于正常运行状态，差动、失灵保护投入，大小差电流平衡，屏上无告警、动作信号。能按要求正确进行试验，试验仪故障设置正确，接线及压板等设置正确，测试正确并说明结果	30	试验接线错误扣5分； 压板等设置错误扣5分； 试验仪故障设置不正确扣5分； 试验项目未做出扣15分		
3	二次回路故障排查					
3.1	故障查找	能正确进行故障查找。 故障1：端子排X12：13和X12：14短接，L3支路A、B相电流分流； 故障2：端子排X12：1上的3N1：1与和X12：4上的3N1：13交换，L1支路（母联）A相极性接反	10	未查找出故障每个扣5分		
3.2	故障排除	能正确进行故障排除	10	未正确排除故障每个扣5分		
4	填写试验报告					
4.1	试验记录	正确填写试验结果	10	每少填写一项扣5分，扣完为止		
4.2	故障排除	将故障现象和具体故障（故障点及排除的方法）填写清楚	10	故障点及排除方法未填写，每项扣2.5分； 故障现象填写不清楚，每项扣2.5分； 以上扣分，扣完为止		
5	事故分析及判断					
5.1	保护录波报告分析及判断	查看故障录波报告，进行动作行为分析及综合判断	10	录波图查看不正确或漏项，每项扣2分（不超过5分）； 结果分析不正确扣5分		
6	现场恢复	恢复现场	5	未进行现场恢复扣5分		
合计			100			

Jc0003261001－3　BP－2B母线保护调试检验及排故。（100分）

考核知识点：母线保护

难易度：易

技能等级评价专业技能考核操作工作任务书

一、任务名称

BP－2B 母线保护调试检验及排故。

二、适用工种

继电保护员技师。

三、具体任务

（1）母线运行方式：支路 L3 合于Ⅰ母，支路 L2、支路 L4 合于Ⅱ母，母联断路器分列运行。L2 支路的 TA 变比为 1200A/5A，其余支路的变比为 600A/5A。

注：运行方式的设置，不允许采用装置内部菜单对隔离开关的强制设置。

（2）工作任务：

1）验证Ⅰ母 B 相故障时母线保护大差比率制动系数的低值 K_r（3 个支路必须同时通流试验，做 2 点），断路器跳合传动正确。

2）模拟现场工作，实施安全措施（仅对运行方式中提到的回路做安全措施），排除保护屏设置的故障，完成现场检验任务。

3）附试验定值清单（0 区）。

四、工作规范及要求

（1）工器具使用及安全措施。

（2）按要求进行保护校验。

（3）二次回路故障查找及排除。

（4）进行故障分析并填写试验报告。

五、考核及时间要求

（1）本考核操作时间为 60 分钟，时间到停止考评，包括试验接线、保护校验和报告整理时间。同一类现象故障不限一处故障点。

（2）故障查找和排除过程中，如确实不能查找出故障，可向考评员申请排除故障，该项故障项目不得分，但不影响其他项目。

（3）按照技能操作记录单的操作要求进行操作，正确记录操作结果，试验记录项目包括动作元件、相别、动作出口时间等。

技能等级评价专业技能考核操作评分标准

<table>
<tr><td>工种</td><td colspan="8">继电保护员</td><td>评价等级</td><td>技师</td></tr>
<tr><td>项目模块</td><td colspan="7">缺陷处理与事故分析—保护调试—母线保护装置</td><td>编号</td><td colspan="2">Jc0003261001－3</td></tr>
<tr><td>单位</td><td colspan="3"></td><td colspan="2">准考证号</td><td colspan="3"></td><td>姓名</td><td></td></tr>
<tr><td>考试时限</td><td colspan="2">60 分钟</td><td colspan="2">题型</td><td colspan="4">综合操作</td><td>题分</td><td>100 分</td></tr>
<tr><td>成绩</td><td></td><td>考评员</td><td colspan="2"></td><td colspan="2">考评组长</td><td colspan="2"></td><td>日期</td><td></td></tr>
<tr><td>试题正文</td><td colspan="10">BP－2B 母线保护调试检验及排故</td></tr>
<tr><td>需要说明的问题和要求</td><td colspan="10">（1）要求调试单人操作；故障查找及分析在调试过程中完成。
（2）操作应注意安全，按照标准化作业书的技术安全说明做好安全措施。
（3）装置调试检验在保护屏上完成操作。
（4）测试仪的选择可选考场提供的测试仪或自带测试仪</td></tr>
</table>

续表

序号	项目名称	质量要求	满分	扣分标准	扣分原因	得分
1	工具使用及安全措施					
1.1	各种工器具正确使用	熟练正确使用各种工器具	5	未正确使用一次扣1分，扣完为止		
1.2	相关安全措施的准备	试验仪器正确接地	2	试验仪器未正确接地扣2分		
		短接母线保护电流	3	未进行短接母线保护电流扣3分		
		断开交流电压	2	未断开交流电压扣2分		
		母线保护屏拆除跳闸二次线，并做好绝缘	3	未在母线保护屏拆除跳闸二次线，未做好绝缘扣3分（可口述）		
2	保护调试校验					
2.1	保护装置试验	母线保护动作正确，断路器动作正确。能按要求正确进行试验，试验仪故障设置正确，接线及压板等设置正确，测试正确并说明结果	30	试验接线错误扣5分； 压板等设置错误扣5分； 试验仪故障设置不正确扣5分； 试验项目未做出扣15分		
3	二次回路故障排查					
3.1	故障查找	能正确进行故障查找。 故障1：端子排“强制母线互联”控制字改为1，母线互联开入； 故障2：端子排X4：1上的X1：22虚接，跳闸回路无正电	10	未查找出故障每个扣5分		
3.2	故障排除	能正确进行故障排除	10	未正确排除故障每个扣5分		
4	填写试验报告					
4.1	试验记录	正确填写试验结果	10	每少填写一项扣5分，扣完为止		
4.2	故障排除	将故障现象和具体故障（故障点及排除的方法）填写清楚	10	故障点及排除方法未填写，每项扣2.5分； 故障现象填写不清楚，每项扣2.5分； 以上扣分，扣完为止		
5	事故分析及判断					
5.1	保护录波报告分析及判断	查看故障录波报告，进行动作行为分析及综合判断	10	录波图查看不正确或漏项，每项扣2分（不超过5分）； 结果分析不正确扣5分		
6	现场恢复	恢复现场	5	未进行现场恢复扣5分		
合计			100			

Jc0003262001-4　BP-2B母线保护调试检验及排故。（100分）

考核知识点： 母线保护

难易度： 中

技能等级评价专业技能考核操作工作任务书

一、任务名称

BP-2B母线保护调试检验及排故。

二、适用工种

继电保护员技师。

三、具体任务

（1）母线运行方式：支路 L3 合于Ⅰ母，支路 L2、支路 L4 合于Ⅱ母，母联断路器分列运行。L2 支路的 TA 变比为 1200A/5A，其余支路的变比为 600A/5A。

注：运行方式的设置，不允许采用装置内部菜单对隔离开关的强制设置。

（2）工作任务：

1）验证Ⅰ母 C 相故障时母线保护大差比率制动系数的低值 K_r（3 个支路必须同时通流试验，做 2 点），断路器跳合传动正确。

2）模拟现场工作，实施安全措施（仅对运行方式中提到的回路做安全措施），排除保护屏设置的故障，完成现场检验任务。

3）附试验定值清单（0 区）。

四、工作规范及要求

（1）工器具使用及安全措施。

（2）按要求进行保护校验。

（3）二次回路故障查找及排除。

（4）进行故障分析并填写试验报告。

五、考核及时间要求

（1）本考核操作时间为 60 分钟，时间到停止考评，包括试验接线、保护校验和报告整理时间。同一类现象故障不限一处故障点。

（2）故障查找和排除过程中，如确实不能查找出故障，可向考评员申请排除故障，该项故障项目不得分，但不影响其他项目。

（3）按照技能操作记录单的操作要求进行操作，正确记录操作结果，试验记录项目包括动作元件、相别、动作出口时间等。

技能等级评价专业技能考核操作评分标准

工种	继电保护员					评价等级	技师
项目模块	缺陷处理与事故分析—保护调试—母线保护装置			编号		Jc0003262001－4	
单位			准考证号			姓名	
考试时限	60 分钟		题型	综合操作		题分	100 分
成绩		考评员		考评组长		日期	
试题正文	BP－2B 母线保护调试检验及排故						
需要说明的问题和要求	（1）要求调试单人操作；故障查找及分析在调试过程中完成。 （2）操作应注意安全，按照标准化作业书的技术安全说明做好安全措施。 （3）装置调试检验在保护屏上完成操作。 （4）测试仪的选择可选考场提供的测试仪或自带测试仪						

序号	项目名称	质量要求	满分	扣分标准	扣分原因	得分
1	工具使用及安全措施					
1.1	各种工器具正确使用	熟练正确使用各种工器具	5	未正确使用一次扣 1 分，扣完为止		
1.2	相关安全措施的准备	试验仪器正确接地	2	试验仪器未正确接地扣 2 分		
		短接母线保护电流	3	未进行短接母线保护电流扣 3 分		
		断开交流电压	2	未断开交流电压扣 2 分		
		母线保护屏拆除跳闸二次线，并做好绝缘	3	未在母线保护屏拆除跳闸二次线，未做好绝缘扣 3 分（可口述）		

续表

序号	项目名称	质量要求	满分	扣分标准	扣分原因	得分
2	保护调试校验					
2.1	保护装置试验	母线保护动作正确，断路器动作正确。能按要求正确进行试验，试验仪故障设置正确，接线及压板等设置正确，测试正确并说明结果	30	试验接线错误扣5分； 压板等设置错误扣5分； 试验仪故障设置不正确扣5分； 试验项目未做出扣15分		
3	二次回路故障排查					
3.1	故障查找	能正确进行故障查找。 故障1：端子排X12：9上的3N1：6与X12：15上的3N1：9交换，L2、L3支路C相电流接反； 故障2：端子排X11：5上的RT：1绝缘，装置信号无法复归	10	未查找出故障每个扣5分		
3.2	故障排除	能正确进行故障排除	10	未正确排除故障每个扣5分		
4	填写试验报告					
4.1	试验记录	正确填写试验结果	10	每少填写一项扣5分，扣完为止		
4.2	故障排除	将故障现象和具体故障（故障点及排除的方法）填写清楚	10	故障点及排除方法未填写，每项扣2.5分； 故障现象填写不清楚，每项扣2.5分； 以上扣分，扣完为止		
5	事故分析及判断					
5.1	保护录波报告分析及判断	查看故障录波报告，进行动作行为分析及综合判断	10	录波图查看不正确或漏项，每项扣2分（不超过5分）； 结果分析不正确扣5分		
6	现场恢复	恢复现场	5	未进行现场恢复扣5分		
合计			100			

Jc0003262001－5　BP－2B母线保护调试检验及排故。（100分）

考核知识点：母线保护

难易度：中

技能等级评价专业技能考核操作工作任务书

一、任务名称

BP－2B母线保护调试检验及排故。

二、适用工种

继电保护员技师。

三、具体任务

（1）母线运行方式：支路L3合于Ⅰ母，支路L2、支路L4合于Ⅱ母，母联断路器分列运行。L2支路的TA变比为1200A/5A，其余支路的变比为600A/5A。

注：运行方式的设置，不允许采用装置内部菜单对隔离开关的强制设置。

（2）工作任务：

1）模拟母联充电时A相故障，断路器跳合传动正确。

2）模拟现场工作，实施安全措施（仅对运行方式中提到的回路做安全措施），排除保护屏设置的故障，完成现场检验任务。

3）附试验定值清单（0 区）。

四、工作规范及要求

（1）工器具使用及安全措施。

（2）按要求进行保护校验。

（3）二次回路故障查找及排除。

（4）进行故障分析并填写试验报告。

五、考核及时间要求

（1）本考核操作时间为 60 分钟，时间到停止考评，包括试验接线、保护校验和报告整理时间。同一类现象故障不限一处故障点。

（2）故障查找和排除过程中，如确实不能查找出故障，可向考评员申请排除故障，该项故障项目不得分，但不影响其他项目。

（3）按照技能操作记录单的操作要求进行操作，正确记录操作结果，试验记录项目包括动作元件、相别、动作出口时间等。

技能等级评价专业技能考核操作评分标准

工种	继电保护员					评价等级	技师
项目模块	缺陷处理与事故分析—保护调试—母线保护装置				编号	Jc0003262001－5	
单位			准考证号			姓名	
考试时限	60 分钟		题型	综合操作		题分	100 分
成绩		考评员		考评组长		日期	
试题正文	BP－2B 母线保护调试检验及排故						
需要说明的问题和要求	（1）要求调试单人操作；故障查找及分析在调试过程中完成。 （2）操作应注意安全，按照标准化作业书的技术安全说明做好安全措施。 （3）装置调试检验在保护屏上完成操作。 （4）测试仪的选择可选考场提供的测试仪或自带测试仪						

序号	项目名称	质量要求	满分	扣分标准	扣分原因	得分
1	工具使用及安全措施					
1.1	各种工器具正确使用	熟练正确使用各种工器具	5	未正确使用一次扣 1 分，扣完为止		
1.2	相关安全措施的准备	试验仪器正确接地	2	试验仪器未正确接地扣 2 分		
		短接母线保护电流	3	未进行短接母线保护电流扣 3 分		
		断开交流电压	2	未断开交流电压扣 2 分		
		母线保护屏拆除跳闸二次线，并做好绝缘	3	未在母线保护屏拆除跳闸二次线，未做好绝缘扣 3 分（可口述）		
2	保护调试校验					
2.1	保护装置试验	母线保护动作正确，断路器动作正确。能按要求正确进行试验，试验仪故障设置正确，接线及压板等设置正确，测试正确并说明结果	30	试验接线错误扣 5 分； 压板等设置错误扣 5 分； 试验仪故障设置不正确扣 5 分； 试验项目未做出扣 15 分		
3	二次回路故障排查					
3.1	故障查找	能正确进行故障查找。 故障 1：定值区由“0 组”改为“1 组”，定值区整定错误； 故障 2：端子排 X12：1 上的 3N1：1 与 X12：2 上的 3N1：2 交换，L1（母联）支路 A、B 相电流极性接反	10	未查找出故障每个扣 5 分		

续表

序号	项目名称	质量要求	满分	扣分标准	扣分原因	得分
3.2	故障排除	能正确进行故障排除	10	未正确排除故障每个扣5分		
4	填写试验报告					
4.1	试验记录	正确填写试验结果	10	每少填写一项扣5分，扣完为止		
4.2	故障排除	将故障现象和具体故障（故障点及排除的方法）填写清楚	10	故障点及排除方法未填写，每项扣2.5分； 故障现象填写不清楚，每项扣2.5分； 以上扣分，扣完为止		
5	事故分析及判断					
5.1	保护录波报告分析及判断	查看故障录波报告，进行动作行为分析及综合判断	10	录波图查看不正确或漏项，每项扣2分（不超过5分）； 结果分析不正确扣5分		
6	现场恢复	恢复现场	5	未进行现场恢复扣5分		
合计			100			

Jc0003262001-6　BP-2B 母线保护调试检验及排故。（100分）

考核知识点：母线保护

难易度：中

技能等级评价专业技能考核操作工作任务书

一、任务名称

BP-2B 母线保护调试检验及排故。

二、适用工种

继电保护员技师。

三、具体任务

（1）母线运行方式：支路 L3 合于Ⅰ母，支路 L2、支路 L4 合于Ⅱ母，母联断路器分列运行。L2 支路的 TA 变比为 1200A/5A，其余支路的变比为 600A/5A。

注：运行方式的设置，不允许采用装置内部菜单对隔离开关的强制设置。

（2）工作任务：

1）验证Ⅰ母 A 相故障时母线保护大差比率制动系数的低值 K_r（3 个支路必须同时通流试验，做 2 点），断路器跳合传动正确。

2）模拟现场工作，实施安全措施（仅对运行方式中提到的回路做安全措施），排除保护屏设置的故障，完成现场检验任务。

3）附试验定值清单（0 区）。

四、工作规范及要求

（1）工器具使用及安全措施。

（2）按要求进行保护校验。

（3）二次回路故障查找及排除。

（4）进行故障分析并填写试验报告。

五、考核及时间要求

（1）本考核操作时间为 60 分钟，时间到停止考评，包括试验接线、保护校验和报告整理时间。同一类现象故障不限一处故障点。

（2）故障查找和排除过程中，如确实不能查找出故障，可向考评员申请排除故障，该项故障项目不得分，但不影响其他项目。

（3）按照技能操作记录单的操作要求进行操作，正确记录操作结果，试验记录项目包括动作元件、相别、动作出口时间等。

技能等级评价专业技能考核操作评分标准

工种	继电保护员					评价等级	技师
项目模块	缺陷处理与事故分析—保护调试—母线保护装置				编号	Jc0003262001－6	
单位			准考证号			姓名	
考试时限	60分钟		题型	综合操作		题分	100分
成绩		考评员		考评组长		日期	
试题正文	BP－2B母线保护调试检验及排故						
需要说明的问题和要求	（1）要求调试单人操作；故障查找及分析在调试过程中完成。 （2）操作应注意安全，按照标准化作业书的技术安全说明做好安全措施。 （3）装置调试检验在保护屏上完成操作。 （4）测试仪的选择可选考场提供的测试仪或自带测试仪						

序号	项目名称	质量要求	满分	扣分标准	扣分原因	得分
1	工具使用及安全措施					
1.1	各种工器具正确使用	熟练正确使用各种工器具	5	未正确使用一次扣1分，扣完为止		
1.2	相关安全措施的准备	试验仪器正确接地	2	试验仪器未正确接地扣2分		
		短接母线保护电流	3	未进行短接母线保护电流扣3分		
		断开交流电压	2	未断开交流电压扣2分		
		母线保护屏拆除跳闸二次线，并做好绝缘	3	未在母线保护屏拆除跳闸二次线，未做好绝缘扣3分（可口述）		
2	保护调试校验					
2.1	保护装置试验	母线保护动作正确，断路器动作正确。能按要求正确进行试验，试验仪故障设置正确，接线及压板等设置正确，测试正确并说明结果	30	试验接线错误扣5分； 压板等设置错误扣5分； 试验仪故障设置不正确扣5分； 试验项目未做出扣15分		
3	二次回路故障排查					
3.1	故障查找	能正确进行故障查找。 故障1：L3支路变比由600A/5A改为800A/5A，整定错误； 故障2：端子排X11：1上的X1：20虚接，无开入正电	10	未查找出故障每个扣5分		
3.2	故障排除	能正确进行故障排除	10	未正确排除故障每个扣5分		
4	填写试验报告					
4.1	试验记录	正确填写试验结果	10	每少填写一项扣5分，扣完为止		
4.2	故障排除	将故障现象和具体故障（故障点及排除的方法）填写清楚	10	故障点及排除方法未填写，每项扣2.5分； 故障现象填写不清楚，每项扣2.5分； 以上扣分，扣完为止		
5	事故分析及判断					
5.1	保护录波报告分析及判断	查看故障录波报告，进行动作行为分析及综合判断	10	录波图查看不正确或漏项，每项扣2分（不超过5分）； 结果分析不正确扣5分		
6	现场恢复	恢复现场	5	未进行现场恢复扣5分		
合计			100			

Jc0003262001－7　BP－2B 母线保护调试检验及排故。（100 分）

考核知识点：母线保护

难易度：中

技能等级评价专业技能考核操作工作任务书

一、任务名称

BP－2B 母线保护调试检验及排故。

二、适用工种

继电保护员技师。

三、具体任务

（1）母线运行方式：支路 L3 合于Ⅰ母，支路 L2、支路 L4 合于Ⅱ母，母联断路器分列运行。L2 支路的 TA 变比为 1200A/5A，其余支路的变比为 600A/5A。

注：运行方式的设置，不允许采用装置内部菜单对隔离开关的强制设置。

（2）工作任务：

1）验证Ⅰ母 A 相故障时母线保护大差比率制动系数的低值 K_r（3 个支路必须同时通流试验，做 2 点），断路器跳合传动正确。

2）模拟现场工作，实施安全措施（仅对运行方式中提到的回路做安全措施），排除保护屏设置的故障，完成现场检验任务。

3）附试验定值清单（0 区）。

四、工作规范及要求

（1）工器具使用及安全措施。

（2）按要求进行保护校验。

（3）二次回路故障查找及排除。

（4）进行故障分析并填写试验报告。

五、考核及时间要求

（1）本考核操作时间为 60 分钟，时间到停止考评，包括试验接线、保护校验和报告整理时间。同一类现象故障不限一处故障点。

（2）故障查找和排除过程中，如确实不能查找出故障，可向考评员申请排除故障，该项故障项目不得分，但不影响其他项目。

（3）按照技能操作记录单的操作要求进行操作，正确记录操作结果，试验记录项目包括动作元件、相别、动作出口时间等。

技能等级评价专业技能考核操作评分标准

<table>
<tr><td>工种</td><td colspan="5">继电保护员</td><td>评价等级</td><td>技师</td></tr>
<tr><td>项目模块</td><td colspan="4">缺陷处理与事故分析—保护调试—母线保护装置</td><td>编号</td><td colspan="2">Jc0003262001－7</td></tr>
<tr><td>单位</td><td colspan="2"></td><td>准考证号</td><td colspan="2"></td><td>姓名</td><td></td></tr>
<tr><td>考试时限</td><td colspan="2">60 分钟</td><td>题型</td><td colspan="2">综合操作</td><td>题分</td><td>100 分</td></tr>
<tr><td>成绩</td><td></td><td>考评员</td><td></td><td>考评组长</td><td></td><td>日期</td><td></td></tr>
<tr><td>试题正文</td><td colspan="7">BP－2B 母线保护调试检验及排故</td></tr>
<tr><td>需要说明的问题和要求</td><td colspan="7">（1）要求调试单人操作；故障查找及分析在调试过程中完成。
（2）操作应注意安全，按照标准化作业书的技术安全说明做好安全措施。
（3）装置调试检验在保护屏上完成操作。
（4）测试仪的选择可选考场提供的测试仪或自带测试仪</td></tr>
</table>

续表

序号	项目名称	质量要求	满分	扣分标准	扣分原因	得分
1	工具使用及安全措施					
1.1	各种工器具正确使用	熟练正确使用各种工器具	5	未正确使用一次扣1分，扣完为止		
1.2	相关安全措施的准备	试验仪器正确接地	2	试验仪器未正确接地扣2分		
		短接母线保护电流	3	未进行短接母线保护电流扣3分		
		断开交流电压	2	未断开交流电压扣2分		
		母线保护屏拆除跳闸二次线，并做好绝缘	3	未在母线保护屏拆除跳闸二次线，未做好绝缘扣3分（可口述）		
2	保护调试校验					
2.1	保护装置试验	母线保护动作正确，断路器动作正确。能按要求正确进行试验，试验仪故障设置正确，接线及压板等设置正确，测试正确并说明结果	30	试验接线错误扣5分； 压板等设置错误扣5分； 试验仪故障设置不正确扣5分； 试验项目未做出扣15分		
3	二次回路故障排查					
3.1	故障查找	能正确进行故障查找。 故障1：端子排X11：6上的QB：6虚接，功能转换把手无法投入； 故障2：端子排X9：2上的2N1：218虚接，母联断路器分位无开入正电	10	未查找出故障每个扣5分		
3.2	故障排除	能正确进行故障排除	10	未正确排除故障每个扣5分		
4	填写试验报告					
4.1	试验记录	正确填写试验结果	10	每少填写一项扣5分，扣完为止		
4.2	故障排除	将故障现象和具体故障（故障点及排除的方法）填写清楚	10	故障点及排除方法未填写，每项扣2.5分； 故障现象填写不清楚，每项扣2.5分； 以上扣分，扣完为止		
5	事故分析及判断					
5.1	保护录波报告分析及判断	查看故障录波报告，进行动作行为分析及综合判断	10	录波图查看不正确或漏项，每项扣2分（不超过5分）； 结果分析不正确扣5分		
6	现场恢复	恢复现场	5	未进行现场恢复扣5分		
合计			100			

Jc0003261002－1 WMH－800B 母线保护调试检验及排故。（100 分）

考核知识点：母线保护

难易度：易

技能等级评价专业技能考核操作工作任务书

一、任务名称

WMH－800B 母线保护调试检验及排故。

二、适用工种

继电保护员技师。

三、具体任务

（1）工作状态为模拟 330kV Ⅰ 母母线停电，工作内容为母线保护定检。

（2）工作任务：

1）在检修状态下进行以下工作。① 母线保护装置 3311、3321 支路采样检查，要求试验仪接口 1 作为母线保护装置直采 3311 断路器电流输入接口，输出正向序电流，幅值为 0.5A；试验仪接口 2 作为母线保护装置直采 3321 断路器电流输入接口，输出反向序电流，幅值为 0.5A；母线保护装置差流为 0。② 母线保护装置主保护功能检查，要求在两条支路加入 B 相电流，验证差动比率制动系数 K；断路器跳合传动正确。

2）根据上述要求模拟现场工作，实施安全措施（按照保护定检完成），排除设置的故障，完成现场检验任务。

3）附试验定值清单（0 区）及主接线图，保护装置设定为 330kV Ⅰ 母母线保护装置，采用 3/2 接线，动作于 3311（第六支路）、3321（第七支路）两台断路器，两台断路器的 TA 变比都为 800A/5A。

四、工作规范及要求

（1）工器具使用及安全措施。

（2）按要求进行保护校验。

（3）二次回路故障查找及排除。

（4）进行故障分析并填写试验报告。

五、考核及时间要求

（1）本考核操作时间为 60 分钟，时间到停止考评，包括试验接线、保护校验和报告整理时间。同一类现象故障不限一处故障点。

（2）故障查找和排除过程中，如确实不能查找出故障，可向考评员申请排除故障，该项故障项目不得分，但不影响其他项目。

（3）按照技能操作记录单的操作要求进行操作，正确记录操作结果，试验记录项目包括动作元件、相别、动作出口时间等。

技能等级评价专业技能考核操作评分标准

工种	继电保护员					评价等级	技师
项目模块	缺陷处理与事故分析—保护调试—母线保护装置				编号	Jc0003261002－1	
单位			准考证号			姓名	
考试时限	60 分钟		题型	综合操作		题分	100 分
成绩		考评员		考评组长		日期	
试题正文	WMH－800B 母线保护调试检验及排故						
需要说明的问题和要求	（1）要求调试单人操作，故障查找及分析在调试过程中完成。 （2）操作应注意安全，按照标准化作业书的技术安全说明做好安全措施。 （3）装置调试检验在保护屏上完成操作。 （4）测试仪的选择可选考场提供的测试仪或自带测试仪						

序号	项目名称	质量要求	满分	扣分标准	扣分原因	得分
1	工具使用及安全措施					
1.1	各种工器具正确使用	熟练正确使用各种工器具	5	未正确使用一次扣 1 分，扣完为止		
1.2	相关安全措施的准备	试验仪器正确接地	2	试验仪器未正确接地扣 2 分		
		退出相关边断路器失灵启动线路远传软压板	4	未退出相关边断路器失灵启动线路远传软压板扣 4 分		
		退出不相关支路投入的软压板	4	未退出不相关支路投入的软压板扣 4 分		

续表

序号	项目名称	质量要求	满分	扣分标准	扣分原因	得分
2	保护调试校验					
2.1	保护装置试验	试验仪故障设置正确，接线及压板等设置正确，保护装置采样正确，B相差动保护动作正确，比率制动系数正确，断路器动作正确	30	试验接线错误扣5分； 压板等设置错误扣5分； 试验仪故障设置不正确扣5分； 试验项目未做出扣15分		
3	二次回路故障排查					
3.1	故障查找	能正确进行故障查找。 故障1："3321元件投入"软压板退出。3321不参与差流计算，不出口跳闸； 故障2：验证SV检修机制（退出合并单元、保护装置任一检修压板）	10	未查找出故障每个扣5分		
3.2	故障排除	能正确进行故障排除	10	未正确排除故障每个扣5分		
4	填写试验报告					
4.1	试验记录	正确填写试验结果	10	每少填写一项扣5分，扣完为止		
4.2	故障排除	将故障现象和具体故障（故障点及排除的方法）填写清楚	10	故障点及排除方法未填写，每项扣2.5分； 故障现象填写不清楚，每项扣2.5分； 以上扣分，扣完为止		
5	事故分析及判断					
5.1	保护录波报告分析及判断	查看故障录波报告，进行动作行为分析及综合判断	10	录波图查看不正确或漏项，每项扣2分（不超过5分）； 结果分析不正确扣5分		
6	现场恢复	恢复现场	5	未进行现场恢复扣5分		
合计			100			

Jc0003261002－2　WMH－800B母线保护调试检验及排故。（100分）

考核知识点：母线保护

难易度：易

技能等级评价专业技能考核操作工作任务书

一、任务名称

WMH－800B母线保护调试检验及排故。

二、适用工种

继电保护员技师。

三、具体任务

（1）工作状态为模拟330kVⅠ母母线停电，工作内容为母线保护定检。

（2）工作任务：

1）在检修状态下进行以下工作。① 母线保护装置3311、3321支路采样检查，要求试验仪接口2作为母线保护装置直采3311断路器电流输入接口，输出正向序电流，幅值为1A；试验仪接口1作为母线保护装置直采3321断路器电流输入接口，输出反向序电流，幅值为1A；母线保护装置差流为0。② 母线保护装置主保护功能检查，在3311支路上加故障电流使差动保护动作，要求在3311断路器保护装置（装置检修）上看到母线失灵保护开入相关信号、同时装置保护启动；断路器跳合传动正确。

2）根据上述要求模拟现场工作，实施安全措施（按照保护定检完成），排除设置的故障，完成现场检验任务。

3）附试验定值清单（0 区）及主接线图，保护装置设定为 330kV Ⅰ 母母线保护装置，采用 3/2 接线，动作于 3311（第六支路）、3321（第七支路）两台断路器，两台断路器的 TA 变比都为 800A/5A。

四、工作规范及要求

（1）工器具使用及安全措施。

（2）按要求进行保护校验。

（3）二次回路故障查找及排除。

（4）进行故障分析并填写试验报告。

五、考核及时间要求

（1）本考核操作时间为 60 分钟，时间到停止考评，包括试验接线、保护校验和报告整理时间。同一类现象故障不限一处故障点。

（2）故障查找和排除过程中，如确实不能查找出故障，可向考评员申请排除故障，该项故障项目不得分，但不影响其他项目。

（3）按照技能操作记录单的操作要求进行操作，正确记录操作结果，试验记录项目包括动作元件、相别、动作出口时间等。

技能等级评价专业技能考核操作评分标准

工种	继电保护员			评价等级	技师
项目模块	缺陷处理与事故分析—保护调试—母线保护装置		编号	Jc0003261002－2	
单位		准考证号		姓名	
考试时限	60 分钟	题型	综合操作	题分	100 分
成绩		考评员		考评组长		日期	
试题正文	WMH－800B 母线保护调试检验及排故				
需要说明的问题和要求	（1）要求调试单人操作，故障查找及分析在调试过程中完成。 （2）操作应注意安全，按照标准化作业书的技术安全说明做好安全措施。 （3）装置调试检验在保护屏上完成操作。 （4）测试仪的选择可选考场提供的测试仪或自带测试仪				

序号	项目名称	质量要求	满分	扣分标准	扣分原因	得分
1	工具使用及安全措施					
1.1	各种工器具正确使用	熟练正确使用各种工器具	5	未正确使用一次扣 1 分，扣完为止		
1.2	相关安全措施的准备	试验仪器正确接地	2	试验仪器未正确接地扣 2 分		
		退出相关边断路器失灵启动线路远传软压板	4	未退出相关边断路器失灵启动线路远传软压板扣 4 分		
		退出不相关支路投入的软压板	4	未退出不相关支路投入的软压板扣 4 分		
2	保护调试校验					
2.1	保护装置试验	试验仪故障设置正确，接线及压板设置正确，保护装置采样正确，差动保护动作正确，失灵开入正确，断路器动作正确	30	试验接线错误扣 5 分； 压板等设置错误扣 5 分； 试验仪故障设置不正确扣 5 分； 试验项目未做出扣 15 分		

续表

序号	项目名称	质量要求	满分	扣分标准	扣分原因	得分
3	二次回路故障排查					
3.1	故障查找	能正确进行故障查找。 故障 1：保护装置主 NPI 插件上组网口光纤收发接反，装置告警链路异常。断路器保护装置无法收到母线保护闭重以及失灵信号； 故障 2：验证 GOOSE 检修机制（退出智能终端、保护装置任一检修压板）	10	未查找出故障每个扣 5 分		
3.2	故障排除	能正确进行故障排除	10	未正确排除故障每个扣 5 分		
4	填写试验报告					
4.1	试验记录	正确填写试验结果	10	每少填写一项扣 5 分，扣完为止		
4.2	故障排除	将故障现象和具体故障（故障点及排除的方法）填写清楚	10	故障点及排除方法未填写，每项扣 2.5 分； 故障现象填写不清楚，每项扣 2.5 分； 以上扣分，扣完为止		
5	事故分析及判断					
5.1	保护录波报告分析及判断	查看故障录波报告，进行动作行为分析及综合判断	10	录波图查看不正确或漏项，每项扣 2 分（不超过 5 分）； 结果分析不正确扣 5 分		
6	现场恢复	恢复现场	5	未进行现场恢复扣 5 分		
合计			100			

Jc0003262002－3 WMH－800B 母线保护调试检验及排故。（100 分）

考核知识点：母线保护

难易度：中

技能等级评价专业技能考核操作工作任务书

一、任务名称

WMH－800B 母线保护调试检验及排故。

二、适用工种

继电保护员技师。

三、具体任务

（1）工作状态为模拟 330kV Ⅰ母母线停电，工作内容为母线保护定检。

（2）工作任务：

1）在检修状态下进行以下工作。① 母线保护装置 3311、3321 支路采样检查，要求试验仪接口 3 作为母线保护装置直采 3311 断路器电流输入接口，输出正向序电流，幅值为 1A；试验仪接口 2 作为母线保护装置直采 3321 断路器电流输入接口，输出反向序电流，幅值为 1A；母线保护装置差流为 0。② 母线保护装置主保护功能检查，要求在两条支路加入 B 相电流，差流幅值为 3 倍差动保护启动电流定值，模拟母线区内故障，断路器跳合传动正确。

2）根据上述要求模拟现场工作，实施安全措施（按照保护定检完成），排除设置的故障，完成现场检验任务。

3）附试验定值清单（0 区）及主接线图，保护装置设定为 330kV Ⅰ母母线保护装置，采用 3/2 断路器接线，动作于3311（第六支路）、3321（第七支路）两台断路器，两台断路器的TA变比都为800A/5A。

四、工作规范及要求

（1）工器具使用及安全措施。

（2）按要求进行保护校验。

（3）二次回路故障查找及排除。

（4）进行故障分析并填写试验报告。

五、考核及时间要求

（1）本考核操作时间为60分钟，时间到停止考评，包括试验接线、保护校验和报告整理时间。同一类现象故障不限一处故障点。

（2）故障查找和排除过程中，如确实不能查找出故障，可向考评员申请排除故障，该项故障项目不得分，但不影响其他项目。

（3）按照技能操作记录单的操作要求进行操作，正确记录操作结果，试验记录项目包括动作元件、相别、动作出口时间等。

技能等级评价专业技能考核操作评分标准

工种	继电保护员					评价等级	技师
项目模块	缺陷处理与事故分析—保护调试—母线保护装置				编号	Jc0003262002－3	
单位			准考证号			姓名	
考试时限	60分钟		题型	综合操作		题分	100分
成绩		考评员		考评组长		日期	
试题正文	WMH－800B母线保护调试检验及排故						
需要说明的问题和要求	（1）要求调试单人操作，故障查找及分析在调试过程中完成。 （2）操作应注意安全，按照标准化作业书的技术安全说明做好安全措施。 （3）装置调试检验在保护屏上完成操作。 （4）测试仪的选择可选考场提供的测试仪或自带测试仪						

序号	项目名称	质量要求	满分	扣分标准	扣分原因	得分
1	工具使用及安全措施					
1.1	各种工器具正确使用	熟练正确使用各种工器具	5	未正确使用一次扣1分，扣完为止		
1.2	相关安全措施的准备	试验仪器正确接地	2	试验仪器未正确接地扣2分		
		退出相关边断路器失灵启动线路远传软压板	4	未退出相关边断路器失灵启动线路远传软压板扣4分		
		退出不相关支路投入的软压板	4	未退出不相关支路投入的软压板扣4分		
2	保护调试校验					
2.1	保护装置试验	试验仪故障设置正确，接线及压板等设置正确，保护装置采样正确，B相差动保护动作正确，断路器动作正确	30	试验接线错误扣5分； 压板等设置错误扣5分； 试验仪故障设置不正确扣5分； 试验项目未做出扣15分		
3	二次回路故障排查					
3.1	故障查找	能正确进行故障查找。 故障1："0001元件投入"软压板投入。0001元件未配置，投入元件后，告警链路异常，闭锁差动保护； 故障2：验证GOOSE检修机制（退出智能终端、保护装置任一检修压板）	10	未查找出故障每个扣5分		

续表

序号	项目名称	质量要求	满分	扣分标准	扣分原因	得分
3.2	故障排除	能正确进行故障排除	10	未正确排除故障每个扣5分		
4	填写试验报告					
4.1	试验记录	正确填写试验结果	10	每少填写一项扣5分，扣完为止		
4.2	故障排除	将故障现象和具体故障（故障点及排除的方法）填写清楚	10	故障点及排除方法未填写，每项扣2.5分； 故障现象填写不清楚，每项扣2.5分； 以上扣分，扣完为止		
5	事故分析及判断					
5.1	保护录波报告分析及判断	查看故障录波报告，进行动作行为分析及综合判断	10	录波图查看不正确或漏项，每项扣2分（不超过5分）； 结果分析不正确扣5分		
6	现场恢复	恢复现场	5	未进行现场恢复扣5分		
合计			100			

Jc0003262002－4 WMH－800B母线保护调试检验及排故。（100分）

考核知识点：母线保护

难易度：中

技能等级评价专业技能考核操作工作任务书

一、任务名称

WMH－800B母线保护调试检验及排故。

二、适用工种

继电保护员技师。

三、具体任务

（1）工作状态为模拟330kV Ⅰ母母线停电，工作内容为母线保护定检。

（2）工作任务：

1）在检修状态下进行以下工作。① 母线保护装置3311、3321支路采样检查，要求试验仪接口1作为母线保护装置直采3311断路器电流输入接口，输出正向序电流，幅值为1A；试验仪接口2作为母线保护装置直采3321断路器电流输入接口，输出反向序电流，幅值为1A；母线保护装置差流为0。② 母线保护装置主保护功能检查，要求在两条支路加入A相电流，验证差动比率制动系数K；断路器跳合传动正确。

2）根据上述要求模拟现场工作，实施安全措施（按照保护定检完成），排除设置的故障，完成现场检验任务。

3）附试验定值清单（0区）及主接线图，保护装置设定为330kV Ⅰ母母线保护装置，采用3/2接线，动作于3311（第六支路）、3321（第七支路）两台断路器，两台断路器的TA变比都为800A/5A。

四、工作规范及要求

（1）工器具使用及安全措施。

（2）按要求进行保护校验。

（3）二次回路故障查找及排除。

（4）进行故障分析并填写试验报告。

五、考核及时间要求

（1）本考核操作时间为 60 分钟，时间到停止考评，包括试验接线、保护校验和报告整理时间。同一类现象故障不限一处故障点。

（2）故障查找和排除过程中，如确实不能查找出故障，可向考评员申请排除故障，该项故障项目不得分，但不影响其他项目。

（3）按照技能操作记录单的操作要求进行操作，正确记录操作结果，试验记录项目包括动作元件、相别、动作出口时间等。

技能等级评价专业技能考核操作评分标准

工种	继电保护员					评价等级	技师
项目模块	缺陷处理与事故分析—保护调试—母线保护装置				编号	Jc0003262002－4	
单位			准考证号			姓名	
考试时限	60 分钟		题型	综合操作		题分	100 分
成绩		考评员		考评组长		日期	
试题正文	WMH－800B 母线保护调试检验及排故						
需要说明的问题和要求	（1）要求调试单人操作，故障查找及分析在调试过程中完成。 （2）操作应注意安全，按照标准化作业书的技术安全说明做好安全措施。 （3）装置调试检验在保护屏上完成操作。 （4）测试仪的选择可选考场提供的测试仪或自带测试仪						

序号	项目名称	质量要求	满分	扣分标准	扣分原因	得分
1	工具使用及安全措施					
1.1	各种工器具正确使用	熟练正确使用各种工器具	5	未正确使用一次扣 1 分，扣完为止		
1.2	相关安全措施的准备	试验仪器正确接地	2	试验仪器未正确接地扣 2 分		
		退出相关边断路器失灵启动线路远传软压板	4	未退出相关边断路器失灵启动线路远传软压板扣 4 分		
		退出不相关支路投入的软压板	4	未退出不相关支路投入的软压板扣 4 分		
2	保护调试校验					
2.1	保护装置试验	试验仪故障设置正确，接线及压板等设置正确，保护装置采样正确，A 相差动保护动作正确，比率制动系数正确，断路器动作正确	30	试验接线错误扣 5 分； 压板等设置错误扣 5 分； 试验仪故障设置不正确扣 5 分； 试验项目未做出扣 15 分		
3	二次回路故障排查					
3.1	故障查找	能正确进行故障查找。 故障 1：出口软压板中“3311 出口软压板”退出，3311 不出口跳闸； 故障 2：验证 SV 检修机制（退出合并单元、保护装置任一检修压板）	10	未查找出故障每个扣 5 分		
3.2	故障排除	能正确进行故障排除	10	未正确排除故障每个扣 5 分		
4	填写试验报告					
4.1	试验记录	正确填写试验结果	10	每少填写一项扣 5 分，扣完为止		
4.2	故障排除	将故障现象和具体故障（故障点及排除的方法）填写清楚	10	故障点及排除方法未填写，每项扣 2.5 分； 故障现象填写不清楚，每项扣 2.5 分； 以上扣分，扣完为止		

续表

序号	项目名称	质量要求	满分	扣分标准	扣分原因	得分
5	事故分析及判断					
5.1	保护录波报告分析及判断	查看故障录波报告，进行动作行为分析及综合判断	10	录波图查看不正确或漏项，每项扣2分（不超过5分）； 结果分析不正确扣5分		
6	现场恢复	恢复现场	5	未进行现场恢复扣5分		
合计			100			

Jc0003263002－5 WMH－800B 母线保护调试检验及排故。（100 分）

考核知识点：母线保护

难易度：难

技能等级评价专业技能考核操作工作任务书

一、任务名称

WMH－800B 母线保护调试检验及排故。

二、适用工种

继电保护员技师。

三、具体任务

（1）工作状态为模拟 330kV Ⅰ母母线停电，工作内容为母线保护装置定检。

（2）工作任务：

1）在检修状态下进行以下工作。① 母线保护装置 3311、3321 支路采样检查，要求试验仪接口 1 作为母线保护装置直采 3311 断路器电流输入接口，输出正向序电流，幅值为 0.5A；试验仪接口 2 作为母线保护装置直采 3321 断路器电流输入接口，输出反向序电流，幅值为 0.5A；母线保护装置差流为 0。② 母线保护装置主保护功能检查，在 3321 支路上加故障电流使差动保护动作，要求在 3311 断路器保护装置（装置检修）上看到母线失灵保护开入相关信号、同时装置保护启动；断路器跳合传动正确。

2）根据上述要求模拟现场工作，实施安全措施（按照保护定检完成），排除设置的故障，完成现场检验任务。

3）附试验定值清单（0 区）及主接线图，保护装置设定为 330kV Ⅰ母母线保护装置，采用 3/2 接线，动作于 3311（第六支路）、3321（第七支路）两台断路器，两台断路器的 TA 变比都为 800A/5A。

四、工作规范及要求

（1）工器具使用及安全措施。

（2）按要求进行保护校验。

（3）二次回路故障查找及排除。

（4）进行故障分析并填写试验报告。

五、考核及时间要求

（1）本考核操作时间为 60 分钟，时间到停止考评，包括试验接线、保护校验和报告整理时间。同一类现象故障不限一处故障点。

（2）故障查找和排除过程中，如确实不能查找出故障，可向考评员申请排除故障，该项故障项目不得分，但不影响其他项目。

（3）按照技能操作记录单的操作要求进行操作，正确记录操作结果，试验记录项目包括动作元件、相别、动作出口时间等。

技能等级评价专业技能考核操作评分标准

工种	继电保护员				评价等级	技师
项目模块	缺陷处理与事故分析—保护调试—母线保护装置			编号	Jc0003263002－5	
单位		准考证号			姓名	
考试时限	60 分钟	题型	综合操作		题分	100 分
成绩	考评员		考评组长		日期	
试题正文	WMH－800B 母线保护调试检验及排故					
需要说明的问题和要求	（1）要求调试单人操作，故障查找及分析在调试过程中完成。 （2）操作应注意安全，按照标准化作业书的技术安全说明做好安全措施。 （3）装置调试检验在保护屏上完成操作。 （4）测试仪的选择可选考场提供的测试仪或自带测试仪					

序号	项目名称	质量要求	满分	扣分标准	扣分原因	得分
1	工具使用及安全措施					
1.1	各种工器具正确使用	熟练正确使用各种工器具	5	未正确使用一次扣 1 分，扣完为止		
1.2	相关安全措施的准备	试验仪器正确接地	2	试验仪器未正确接地扣 2 分		
		退出相关边断路器失灵启动线路远传软压板	4	未退出相关边断路器失灵启动线路远传软压板扣 4 分		
		退出不相关支路投入的软压板	4	未退出不相关支路投入的软压板扣 4 分		
2	保护装置调试					
2.1	保护装置试验	试验仪故障设置正确，接线及压板等设置正确，保护装置采样正确，差动保护动作正确，失灵保护开入正确，断路器动作正确	30	试验接线错误扣 5 分； 压板等设置错误扣 5 分； 试验仪故障设置不正确扣 5 分； 试验项目未做出扣 15 分		
3	二次回路故障排查					
3.1	故障查找	能正确进行故障查找。 故障 1：出口软压板中“3311 启失灵保护出口”退出，断路器保护装置无法接收母差启失灵保护开入； 故障 2：验证 SV 检修机制（退出合并单元、保护装置任一检修压板）	10	未查找出故障每个扣 5 分		
3.2	故障排除	能正确进行故障排除	10	未正确排除故障每个扣 5 分		
4	填写试验报告					
4.1	试验记录	正确填写试验结果	10	每少填写一项扣 5 分，扣完为止		
4.2	故障排除	将故障现象和具体故障（故障点及排除的方法）填写清楚	10	故障点及排除方法未填写，每项扣 2.5 分； 故障现象填写不清楚，每项扣 2.5 分； 以上扣分，扣完为止		
5	事故分析及判断					
5.1	保护录波报告分析及判断	查看故障录波报告，进行动作行为分析及综合判断	10	录波图查看不正确或漏项，每项扣 2 分（不超过 5 分）； 结果分析不正确扣 5 分		
6	现场恢复	恢复现场	5	未进行现场恢复扣 5 分		
合计			100			

第五部分
高级技师

第九章　继电保护员高级技师技能笔答

Jb0001131001　简述 VLAN 并分析其优点。（5 分）

考核知识点：智能变电站过程层交换机原理

难易度：易

标准答案：

VLAN（virtual local area network）即虚拟局域网，是一种通过将局域网内的设备逻辑地址而不是物理地址划分成一个个网段从而实现虚拟工作组的技术，即在不改变物理连接的条件下，对网络做逻辑分组。VLAN 的优点主要有三个：

（1）端口的分隔。即便在同一个交换机上，处于不同 VLAN 的端口也是不能通信的。这样一个物理的交换机可以当作多个逻辑的交换机使用。

（2）网络的安全。不同 VLAN 不能直接通信，杜绝了广播信息的不安全性。

（3）灵活的管理。更改用户所属的网络不必换端口和连线，只更改软件配置。

Jb0001133002　简述交换机网络风暴对站内网络通信的影响及测试方法。（5 分）

考核知识点：智能变电站过程层交换机原理

难易度：难

标准答案：

本测试项在被测试的智能变电站网络系统中加入网络风暴，站内风暴的报文为 GOOSE 或 SV 报文，报文 MAC 地址为 01-0C-CD-01-**-**。测试在不同负载的网络风暴下整站通信状态。

（1）配置站内报文的网络风暴（无 VLAN 标记），验证此类网络风暴对站内网络通信的影响。

（2）配置默认优先级站内报文（VLAN 优先级为 4）的网络风暴，验证此类网络风暴对站内网络通信的影响。

（3）配置高优先级站内报文（VLAN 优先级为 7）的网络风暴，验证此类网络风暴对站内网络通信的影响。

Jb0001132003　智能变电站验收时对过程层交换机的检查内容有哪些？（5 分）

考核知识点：智能变电站过程层交换机原理

难易度：中

标准答案：

（1）检查过程层交换机配置文本正确性，并备份。

（2）检查过程层交换机优先级 QOS 功能。

（3）检查过程层交换机 VLAN 配置及功能。

（4）检查过程层交换机端口镜像功能。

（5）检查过程层交换机静态组播配置。

（6）检查过程层交换机传输延时检查，交换时延应小于 10μs。

Jb0001132004　简述智能变电站过程层交换机网络性能测试主要包括哪几个测试项目。（5 分）

考核知识点：智能变电站过程层交换机原理

难易度：中

标准答案：

（1）过程层网络组播报文隔离功能检验。

（2）过程层网络优先传输功能检验。

（3）SV 组网级联性能检验。

（4）GOOSE 组网级联测试。

（5）网络重载、传动性能测试。

（6）网络流量检查。

Jb0001121005　画出智能变电站的配置流程图。（5 分）

考核知识点：智能变电站组态配置技术

难易度：易

标准答案：

智能变电站的配置流程图见图 Jb0001121005。

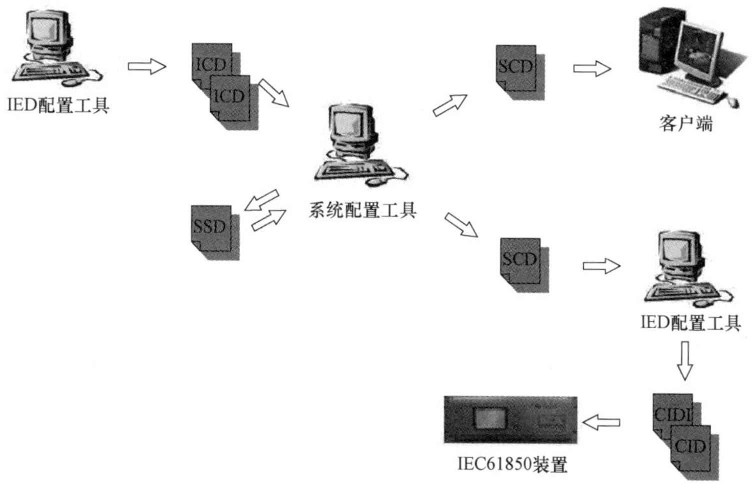

图 Jb0001121005

注：全部画对即得 5 分，画到 SCD 得 3 分，画出其他得满分。

Jb0001131006　全站 SCD 文件中的 GOOSE 虚端子连线用以传输哪些实时数据？（5 分）

考核知识点：智能变电站组态配置技术

难易度：易

标准答案：

（1）保护装置的跳、合闸命令。

（2）测控装置的遥控命令。

（3）保护装置间信息（启动失灵、闭锁重合闸、远跳等）。

（4）一次设备的遥信信号（断路器位置、隔离开关位置、压力等）。

（5）间隔层的联锁信息。

Jb0001133007　装置虚端子信号如何检查？（5 分）

考核知识点：智能变电站组态配置技术

难易度：难

标准答案：

（1）检查设备的虚端子是否按照设计图纸正确配置，检查设备的虚端子是否与功能设计相符，并进行 ICD 文件的一致性检测。

（2）通过保护测试仪加量使设备发出 GOOSE 开出虚端子信号，抓取相应的 GOOSE 发送报文并分析，以判断 GOOSE 虚端子信号是否能正确发送；并通过配置测试仪接收相应 GOOSE 开出以判断 GOOSE 虚端子信号是否能正确发送。

（3）通过保护测试仪发出 GOOSE 开出信号，通过待测设备的面板显示来判断 GOOSE 虚端子信号是否能正确接收。

（4）通过保护测试仪发出 SV 信号，通过待测设备的面板显示来判断 SV 虚端子信号是否能正确接收。

Jb0001131008　智能变电站采样值需要注意哪些方面的同步？（5 分）

考核知识点：智能变电站对时技术

难易度：易

标准答案：

（1）同一间隔内电流电压量的同步。

（2）关联多间隔保护的同步。

（3）变电站间的同步，如线路纵差保护。

（4）广域同步。

Jb0001133009　试简述合并单元与继电保护间采用点对点 DL/T 860.92（IEC 61850-9-2）传输采样相对采用组网方式采样有哪些优缺点（至少回答 3 点）。（5 分）

考核知识点：智能变电站对时技术

难易度：难

标准答案：

优点：

（1）继电保护装置的正常工作不依赖交换机，避免交换机异常造成全站保护异常。

（2）继电保护采样数据同步不依赖外同步时钟。

（3）回路清晰，数据流向单一。

缺点：

（1）光纤数量增多，相关二次设备光口数量多。

（2）数据共享复杂，不宜直接监视数据流。

Jb0001133010　简述多间隔保护采用直接采样和网络采样的同步原理，以及保护采用直采和网采对 smpcnt、smpsynch 位处理的差异。（5 分）

考核知识点：智能变电站对时技术

难易度：难

标准答案：

（1）直接采样不依赖于外部时钟，采用差值算法可以做到多间隔模拟量的同步。

（2）保护根据各间隔 SV 报文的延时进行同步。

（3）网络采样依赖于外部时钟，各合并单元通过外部时钟在同一时刻基准下发出采样脉冲，保护严格根据 SV 报文中 smpcnt、smpsynch 位进行同步，采用直采的保护不判 smpcnt、smpsynch 状态，但会根据 SV 报文的抖动时间、SV 报文延时的变化等发出告警信号。

Jb0001131011　简述 SV 检修机制。（5 分）

考核知识点：智能变电站检修机制

难易度：易

标准答案：

（1）当合并单元装置检修压板投入时，发送采样值报文中采样值数据的品质 q 的 Test 位应置 True。

（2）SV 接收端装置应将接收的 SV 报文中的 test 位与装置自身的检修压板状态进行比较，只有两者一致时才将该信号用于保护逻辑，否则应按相关通道采样异常进行处理。

（3）对于多路 SV 输入的保护装置，一个 SV 接收软压板退出时应退出该路采样值，该 SV 中断或检修均不影响本装置运行。

Jb0001131012　简述 GOOSE 报文检修处理机制。（5 分）

考核知识点：智能变电站检修机制

难易度：易

标准答案：

（1）当装置检修压板投入时，装置发送的 GOOSE 报文中的 test 应置 True。

（2）GOOSE 接收端装置应将接收的 GOOSE 报文中的 test 位与装置自身的检修压板状态进行比较，只有两者一致时才将信号作为有效进行处理或动作，不一致时宜保持一致前状态。

（3）当发送方 GOOSE 报文中 test 置位时发生 GOOSE 中断，接收装置应报具体的 GOOSE 中断告警，但不应报“装置告警（异常）”信号，不应点“装置告警（异常）”灯。

Jb0001131013　简述 MMS 报文检修处理机制。（5 分）

考核知识点：智能变电站检修机制

难易度：易

标准答案：

（1）装置应将检修压板状态上送客户端。

（2）当装置检修压板投入时，本装置上送的所有报文中信号的品质 q 的 Test 位应置 1。

（3）当装置检修压板退出时，经本装置转发的信号应能反应 GOOSE 信号的原始检修状态。

（4）客户端根据上送报文中的品质 q 的 Test 位判断报文是否为检修报文并作出相应处理。

（5）当报文为检修报文，报文内容应不显示在简报窗中，不发出音响告警，但应该刷新画面，保证画面的状态与实际相符。检修报文应存储，并可通过单独的窗口进行查询。

Jb0001132014　在对 220kV 线路间隔第一套保护的定值进行修改时，需采取哪些安全措施？（5 分）

考核知识点：智能变电站安全措施

难易度：中

标准答案：

考虑一次设备不停运，仅 220kV 线路第一套保护功能退出，需采取的安全措施：

（1）投入该间隔第一套保护装置检修压板。

（2）退出该间隔第一套保护装置GOOSE发送软压板、GOOSE跳闸出口软压板、GOOSE启动失灵压板、GOOSE重合闸出口压板。

（3）投入保测装置硬压板：装置检修。

（4）退出该线路间隔第一套智能终端保护出口硬压板：A相跳闸压板、B相跳闸压板、C相跳闸压板、A相合闸压板、B相合闸压板、C相合闸压板（但第一套母差无法跳该线路间隔智能终端，仅依靠第二套母差保证安全性）。

Jb0001133015　智能变电站中双重化配置的220kV第一套主变压器保护装置因异常退出时需做的安全措施有哪些？（5分）

考核知识点：智能变电站安全措施

难易度：难

标准答案：

（1）退出该变压器保护装置所有功能及GOOSE出口、启动失灵软压板。

（2）退出主变压器各侧A套智能终端出口压板。

（3）退出相应220kV A套母联智能终端出口压板。

（4）退出相应220kV A套母线保护的该间隔的失灵接收软压板。

Jb0001131016　智能变电站220kV线路单间隔保护定检时的二次安全措施有哪些？（5分）

考核知识点：智能变电站安全措施

难易度：易

标准答案：

（1）母线保护：本间隔投入软压板退出；本间隔GOOSE接收软压板退出；本间隔GOOSE发送软压板退出。

（2）线路保护：检修压板投入；启动失灵软压板退出。

（3）测控装置投入检修压板。

（4）合并单元投入检修压板。

（5）智能终端：投入检修压板；退出出口跳/合闸压板。

（6）安稳装置：本间隔元件投入压板退出；本间隔检修压板投入。

Jb0001131017　智能变电站中220kV主变压器保护定检时需做的二次安全措施有哪些？（5分）

考核知识点：智能变电站安全措施

难易度：易

标准答案：

（1）退出该变压器保护装置GOOSE母联、分段出口软压板；失灵保护启动母差出口软压板。

（2）将母差保护中将该间隔失灵接收软压板及间隔投入压板全部退出。

（3）将主变压器保护装置至母联、分段GOOSE光纤全部拔出。

（4）将主变压器保护装置、各侧合并单元、智能终端检修压板投入。

Jb0001131018　智能变电站220kV母差保护是否需要配置启动失灵GOOSE接收软压板？（5分）

考核知识点：继电保护配置

难易度： 易

标准答案：

智能变电站220kV母差保护需要配置启动失灵GOOSE接收软压板，原因是智能化母差保护装置失灵保护需要接收线路保护装置、主变压器保护装置、母联保护装置的失灵启动开入，为防止误开入，对应支路应配置失灵启动软压板，只有压板投入的情况下，失灵开入才计算入失灵逻辑，此法提高保护的可靠性。

Jb0001132019 双母线接线的母差保护，采用点对点连接时，哪些信号采用点对点连接的GOOSE传输，哪些信息采用GOOSE组网传输？（5分）

考核知识点： 继电保护配置

难易度： 中

标准答案：

（1）对双母线接线的母线保护，如果采用点对点连接时，母差保护与每个间隔的智能终端有点对点物理连接通道（点对点 GOOSE 跳闸），因此，与间隔相关的开关量信息直接通过点对点连接的GOOSE传输，如线路/主变压器间隔的隔离开关、母联间隔的TWJ/SHJ等，而母差保护装置与线路保护装置、主变压器保护装置之间一般不设点对点连接的物理通道，因此，各间隔至母差保护的“启动失灵”通过GOOSE组网传输。

（2）所有开关量信息均可通过GOOSE组网传输（所有信息均在网络上共享），为管理、运维以及可靠性的考虑，已经有链路连接的，直接走专有点对点通道，没有相互物理连接的，走网络通道。

Jb0001131020 大接地电流系统为什么不利用三相相间电流保护兼作零序电流保护，而要单独采用零序电流保护？（5分）

考核知识点： 继电保护配置

难易度： 易

标准答案：

（1）三相式星形接线的相间电流保护，虽然也能反应接地短路，但用来保护接地短路时，在定值上要躲过最大负荷电流，在动作时间上要由用户到电源方向按阶梯原则逐级递增一个时间级差来配合。

（2）专门反映接地短路的零序电流保护，则不需要按此原则来整定，故其灵敏度高，动作时限短，且因线路的零序阻抗比正序阻抗大得多，零序电流保护的保护范围长，上下级保护之间容易配合。故一般不用相间电流保护兼作零序电流保护。

Jb0001131021 母线保护中，某元件投入压板退出时对保护的影响有哪些？（5分）

考核知识点： 继电保护调试及校验

难易度： 易

标准答案：

（1）退出该元件TA异常判别。

（2）该元件电流退出差流计算。

（3）退出该元件失灵保护。

（4）退出与该元件有关的SV、GOOSE通道异常和检修不一致判别。

（5）退出与该元件有关的SV品质为判别异常。

（6）退出与该元件有关的 GOOSE 开入异常判别。

Jb0001131022　某常规变电站和智能变电站解决断路器失灵保护电压闭锁元件灵敏度不足的问题有什么区别？（5 分）

考核知识点：继电保护调试及校验

难易度：易

标准答案：

（1）对于常规站，变压器支路应具备独立于失灵保护启动的解除电压闭锁的开入回路。

（2）常规站“解除电压闭锁”开入长期存在时应告警，宜采用变压器保护“跳闸触点”解除失灵保护的电压闭锁，不采用变压器保护“各侧复合电压动作”触点解除失灵保护电压闭锁，启动失灵保护和解除失灵保护电压闭锁应采用变压器保护不同继电器的跳闸触点。

（3）对于智能站，母线保护收到变压器支路变压器保护“启动失灵”的 GOOSE 命令同时启动失灵保护和解除电压闭锁。

Jb0001133023　某 220kV 线路保护装置配合对侧新建变电站而升级为“六统一”保护装置，升级后发现该装置取消了原有的失灵出口触点及失灵启动电流定值项，需改用“备用跳闸”出口触点启 220kV 母差失灵。作为本次工作负责人，还需要确认哪些工作以确保失灵回路的可靠完善？（5 分）

考核知识点：继电保护调试及校验

难易度：难

标准答案：

（1）更换完备用跳闸触点后，还需进行传动试验验证该触点的可靠性。

（2）检查对应的 220kV 母线保护定值是否该支路失灵电流定值项，如果有，可以直接改造，如果没有，则需加装断路器失灵保护装置，或考虑母差保护是否可以升级为带有支路失灵定值的版本。

Jb0001132024　对保护信息系统子站检验时应进行哪些检查？（5 分）

考核知识点：继电保护调试及校验

难易度：中

标准答案：

（1）保护信息系统子站应具备主接线及保护配置示意图，具备保护装置通信状态监视、告警功能。

（2）检查保护信息系统子站与保护通信正常，与各级调度通信正常。

（3）检查保护信息系统子站调取保护信息功能正常，满足相关技术规范的要求。

（4）结合保护验收核对保护装置上送到保护信息系统子站所有报文信息正确，同一型号装置抽检一台。

（5）保护信息系统子站具备保护远方操作功能的，验收时应逐项验证。

Jb0001132025　Q/GDW 11486—2015《智能变电站继电保护和安全自动装置验收规范》中关于故障录波器验收项目有哪些？（5 分）

考核知识点：继电保护调试及校验

难易度：中

标准答案：

（1）SV 数据采集检查。

（2）GOOSE 配置文本检查。

（3）GOOSE 开入检查。

（4）检查故障录波器通道配置与接线一致，通道名称符合调度命名。

（5）检查录波功能正常，就地分析功能正常。

（6）站内配有故障录波器工程师站的，检查其手动录波功能，录波文件调取、查阅，故障分析各项功能正常，与各级调度通信正常。

（7）检查故障录波器与保信系统子站通信及各级调度通信正常。

Jb0001132026　简述 110（66）kV 线路保护产品的弱馈检测项目的技术要求。（5 分）

考核知识点：继电保护技术规程

难易度：中

标准答案：

技术要求如下：

（1）发生区内瞬时金属性故障，保护装置应正确切除故障。

（2）纵联电流差动保护在任何弱馈情况下，应正确动作。

（3）纵联距离保护应具备弱馈功能。

（4）发生保护区外故障，两侧保护装置不误动。

Jb0001131027　简述 Q/GDW 11286—2014《智能变电站智能终端检测规范》中断路器智能终端操作回路继电器检查检验方法及技术要求。（5 分）

考核知识点：继电保护技术规程

难易度：易

标准答案：

（1）检查检验方法：

根据不同智能终端操作回路的特点，用继电保护试验仪在智能终端的操作回路上加上直流电压或直流电流，调节直流电压或直流电流的大小，检测相关继电器的动作情况。

（2）技术要求：

与断路器跳合闸线圈和控制器相连的继电器，电流型继电器的启动电流值不大于 0.5 倍额定电流；电压型继电器的动作电压范围为 55%～70%额定电压。

Jb0001132028　根据 Q/GDW 11056.3—2013《继电保护及安全自动装置检测技术规范》内容，依据现场工程实际情况，稳控装置的启动判据可能有一种或几种，简述稳控装置的各种启动判据。（满分 5 分，答出 5 项即可得 5 分）

考核知识点：继电保护技术规程

难易度：中

标准答案：

（1）电流突变量启动判据。

（2）功率突变量启动判据。

（3）过电流启动判据。

（4）过功率启动判据。

（5）频率升高或降低启动判据。

（6）低电压启动判据。
（7）开关量启动判据。
（8）远方命令启动判据。

Jb0001133029　简述智能化保护软压板的分类？（5分）
考核知识点：继电保护配置
难易度：难
标准答案：
（1）保护功能投退软压板：实现某保护功能的完整投入或退出。
（2）定值控制软状态：标记定值、软压板的远方控制模式，如定值切换、修改等操作。
（3）SV接收软压板：本端是否接收处理合并单元采样数据。
（4）信号复归控制：信号远方复归功能。
（5）GOOSE软压板：实现保护装置动作输出的跳合闸信号隔离。所有保护出口端设置GOOSE出口软压板，母差保护失灵开入接收端增设GOOSE开入软压板。
（6）其他软压板：该部分压板设置有利于系统调试、故障隔离，如母差保护接入隔离开关位置强制软压板。

Jb0001131030　《电力监控系统安全防护总体方案》(国能安全〔2015〕36号)中要求电力调度数据网应当采用哪些安全防护措施？（5分）
考核知识点：自动化相关
难易度：易
标准答案：
（1）网络路由防护。
（2）网络边界防护。
（3）网络设备的安全配置。
（4）数据网络安全的分层分区设置。

Jb0001133031　论述IEC 61850标准关于MMS站控层的遥控类型。（5分）
考核知识点：自动化相关
难易度：难
标准答案：
遥控的类型主要有加强型控制和普通控制两大类，其中加强型控制需要对控制的结果进行校验，以判断执行过程是否成功；普通控制不需要校验执行结果，控制过程随着执行的结束而结束。
加强型控制又分为带预置和不带预置两种类型，即加强型选择控制、加强型直控。
普通控制也分为带预置和不带预置两种类型，即选择型控制、直控。
四种控制方式中以加强型选择控制用得最多，多用于对执行过程要求较高的场合，如断路器及隔离开关遥控、保护软压板遥控等；另外，在一些要求快速执行，不要进行任何校验的场合会选用直控，直接对控制对象进行控制，一步执行完毕即控制结束，如保护装置及智能终端的远程复归遥控、挡位升降、急停遥控等。

Jb0001133032　从调试手段、试验仪器、调试人员知识成分、调试原理几个方面简述智能站与常规变电站调试变化的相关内容。（5分）

考核知识点： 继电保护调试及校验

难易度： 难

标准答案：

（1）调试手段改变——传统电气量检测改为网络终端设备抓取报文分析。

（2）测试仪器改变——传统电气量试验仪改为数字化试验仪。

（3）对调试人员的要求——需要掌握二次设备配置文件的解读，需要掌握基本通信报文的分析，需要了解交换机工作机理。

（4）调试原理没有改变——继电保护的原理性和功能性等外部特性没有改变，不会从根本上改变调试原理。

Jb0001132033 简述电力系统量测误差的主要来源有哪些。（满分 5 分，答出 5 项即可得 5 分）

考核知识点： 自动化相关

难易度： 中

标准答案：

（1）电流互感器、电压互感器等测量设备的误差。

（2）变送器或测控装置的误差。

（3）远动装置传送单个数据最大值的限制及传送数据速度带来的量测数据的非同时性。

（4）模/数转换器的误差。

（5）电力系统快速变化中个别测点间的非同时测量。

（6）量测与传输系统受到干扰或出现故障。

（7）人为数据定义的错误。

Jb0001132034 简述电力二次安全防护的通用安全防护技术类型及作用。（满分 5 分，答出 5 项即可得 5 分）

考核知识点： 自动化相关

难易度： 中

标准答案：

（1）防火墙：实现逻辑隔离。

（2）防病毒：以离线的方式及时更新。

（3）入侵检测：部署在区域边界。

（4）备份恢复：定期备份，确保能够恢复。

（5）主机防护：对关键服务器和网关进行安全配置。

（6）安全补丁、主机加固。

（7）访问控制：采用强口令、调度证书等。

（8）安全审计：对系统及安全设施日志等进行审计。

（9）安全蜜罐：迷惑攻击者，收集攻击者相关信息。

Jb0001131035 根据 Q/GDW 678—2011《智能变电站一体化监控系统功能规范》告警信息分类规范，在表 Jb0001131035（1）中填写典型告警信号的分类。（5 分）

考核知识点： 自动化相关

难易度： 易

典型告警信号见表 Jb0001131035（1）。

表 Jb0001131035（1）

序号	告警信号名称	告警分类
1	控制回路状态：控制回路断线、控制电源消失	
2	母联（分）保护动作信号：充电解列保护动作	
3	测控装置：异常运行告警信号、装置电源消失	
4	开关分闸	
5	母线接地信号	
6	厂站全站远动通信中断	
7	直流系统：全站直流消失	
8	主变压器油温越限	
9	测控装置操作方式就地	
10	主变压器本体：冷却器全停、本体轻瓦斯告警、有载轻瓦斯告警	

标准答案：

典型告警信号的分类见表 Jb0001131035（2）。

表 Jb0001131035（2）

序号	告警信号名称	告警分类
1	控制回路状态：控制回路断线、控制电源消失	异常
2	母联（分）保护动作信号：充电解列保护动作	事故
3	测控装置：异常运行告警信号、装置电源消失	异常
4	开关分闸	变位
5	母线接地信号	事故
6	厂站全站远动通信中断	事故
7	直流系统：全站直流消失	事故
8	主变压器油温越限	越限
9	测控装置操作方式就地	告知
10	主变压器本体：冷却器全停、本体轻瓦斯告警、有载轻瓦斯告警	异常

Jb0001131036　在 110～220kV 中性点直接接地电网中，后备保护的装设应遵循哪些原则？（5 分）

考核知识点：继电保护配置

难易度：易

标准答案：

（1）110kV 线路保护宜采用远后备方式。

（2）220kV 线路保护宜采用近后备方式。但某些线路如能实现远后备，则宜采用远后备方式，或同时采用远、近结合的后备方式。

Jb0001131037　简述 220kV 智能变电站变压器的保护配置方案。（5 分）

考核知识点：继电保护配置

难易度：易

标准答案：

（1）每台主变压器保护配置2套含有完整主、后备保护功能的变压器电量保护装置。

（2）合并单元、智能终端均应采用双套配置并分别接入保护装置，两套保护及其合并单元、智能终端在物理和保护应用上都应完全独立。

（3）非电量保护就地布置，采用直接电缆跳闸方式，动作信息通过本体智能终端上GOOSE网，用于测控及故障录波。

Jb0001132038　简述网络交换机的组网方式，并给出架构建议。（5分）

考核知识点：智能变电站交换机原理

难易度：中

标准答案：

组网方式有总线型、星形、环形。

（1）该网络是取代原来的二次接线，对实时性、安全性和可靠性要求很高。

（2）一个交换机的故障要尽可能减少影响保护的套数。

基于上述两点，总线型网络的可靠性不能满足过程层网络的要求，因为一台交换机故障有可能导致失去多串设备保护。环形网络，其一有产生网络风暴的可能，其二环形网中普遍采用快速生成树技术实现网络的冗余，其网络故障恢复的时间是秒级的，在此期间电网发生故障，将延缓电网切除时间，对电网极为不利。所以，星形网是目前过程层网络较好选择。

Jb0001133039　简述220kV智能变电站母线保护的典型配置方案及与其他装置的配合方式。（5分）

考核知识点：继电保护配置

难易度：难

标准答案：

（1）母线保护按双重化进行配置。

（2）各间隔合并单元、智能终端均采用双重化配置。采用分布式母线保护方案时，各间隔合并单元、智能终端以点对点方式接入对应子单元。

（3）母线保护与其他保护时间的联闭锁信号［失灵启动、母联（分段）断路器过电流保护启动失灵、主变压器保护动作解除电压闭锁等］采用GOOSE网络传输。

Jb0001131040　简述220kV智能变电站线路保护配置方案。（5分）

考核知识点：继电保护配置

难易度：易

标准答案：

（1）每回线路应配置2套包含有完整的主、后备保护功能的线路保护装置。

（2）合并单元、智能终端均应采用双套配置，保护采用安装在线路上的ECVT获得电流、电压。

（3）用于检同期的母线电压由母线合并单元点对点通过间隔合并单元转接给各间隔保护装置。

Jb0001133041　简述合并单元发送SV报文检验内容及其要求。（5分）

考核知识点：继电保护调试及校验

难易度：难

标准答案：

（1）SV 报文丢帧率测试。检验 SV 报文的丢帧率，应满足 10min 内不丢帧。

（2）SV 报文完整性测试。检验 SV 报文中序号的联系性。SV 报文的序号应从 0 连续增加到 $50N-1$（N 为每周波的采样点），再恢复到 0，任意相邻两帧 SV 报文的序号应连续。

（3）SV 报文发送频率测试。80 点采样时，SV 报文应每一个采样点一帧报文，SV 报文发送频率应与采样点频率一致，即一个 APDU 包含一个 ASDU。

（4）SV 报文间隔离散度检查。检验 SV 报文发送间隔离散度是否等于理论值（$20/N$ms，N 为每工频周期采样的点数）。

（5）SV 报文品质位检查。在电子式互感器工作正常时，SV 报文品质位应无置位；在电子式互感器工作异常时，SV 报文品质位应不附加任何延时正确置位。

Jb0001132042　为什么距离保护的Ⅰ段保护范围通常选择为被保护线路全长的 80%～85%？（5 分）

考核知识点：继电保护整定原则

难易度：中

标准答案：

（1）距离保护Ⅰ段的动作时限为保护装置本身的固有动作时间，为了和相邻的下一线路的距离保护Ⅰ段有选择性地配合，两者的保护范围不能有重叠的部分，否则，本线路Ⅰ段的保护范围会延伸到下一线路，造成无选择性动作。

（2）保护定值计算用的线路参数有误差，电压互感器和电流互感器的测量也有误差。考虑最不利的情况，若这些误差为正值相加，如果Ⅰ段的保护范围为被保护线路的全长，就不可避免地要延伸到下一线路。此时，若下一线路出口故障，则相邻的两条线路的Ⅰ段会同时动作，造成无选择性地切断故障。因此，距离保护的Ⅰ段通常取被保护线路全长的 80%～85%。

Jb0001131043　断路器失灵保护时间定值如何整定？（5 分）

考核知识点：继电保护整定原则

难易度：易

标准答案：

断路器失灵保护时间定值的基本要求：断路器失灵保护所需动作延时，必须保证让故障线路设备的保护装置先可靠动作跳闸，应为断路器跳闸时间和保护返回时间之和再加裕度时间。以较短时间动作于断开母联断路器或分段断路器，再经一时限动作于连接在同一母线上的所有有电源支路的断路器。一般使用精度高的时间元件，两段时限分别整定为 0.3s 和 0.5s。

Jb0001132044　定值整定应注意哪些问题？（5 分）

考核知识点：继电保护整定原则

难易度：中

标准答案：

（1）依据电网结构和继电保护配置情况，按相关规定进行继电保护的整定计算。

（2）当灵敏性与选择性难以兼顾时，应首先考虑以保灵敏度为主，防止保护拒动，并备案报主管领导批准。

（3）宜设置不经任何闭锁的、长延时的线路后备保护。

（4）发电厂应按相关规定进行继电保护整定计算，并认真校核与系统保护的配合关系。

（5）加强发电厂厂用系统的继电保护整定计算与管理，防止因厂用系统保护不正确动作，扩大事故范围。定期对所辖设备的整定值进行全面复算和校核。

Jb0001133045　什么是变电站“一键顺控”？如何实现？有哪些优点？（答出3项即可得5分）

考核知识点：新设备新技术的发展动态及特点

难易度：难

标准答案：

一键顺控是将繁琐、重复、易误的传统人工倒闸操作模式转变为自动模式，可节省操作时间，减轻工作强度，降低误操作、漏操作风险，缩短用户停电时间。具有以下优点：

（1）节省操作时间。

（2）采用模块化的操作票，只需在编制一键顺控操作票时加强操作票审查和现场实际操作传动试验，就能够保证操作票内容的完善性、正确性，避免了由于操作人员技术素质高低和对设备认识情况不同对运行操作安全性和正确性的影响，避免了操作人员现场编制操作票时可能产生的误操作。

（3）采用监控后台顺序控制，由计算机按照程序自动执行操作票的遥控操作和状态检查，不会出现操作漏项、缺项，操作速度快、效率高，节省了操作时间，降低了操作人员的劳动强度，也提高了变电站操作的自动化水平。

（4）采用“按钮”操作模式，如果将一键顺控与设备状态可视化系统紧密结合，进一步完善设备状态检查功能，就可以使集控站或调度远方操作成为可能，在一定程度上节约了人力资源，解决了运行人员不足的问题。

Jb0001133046　简述保护装置光纤复用通道光纤直连技术及其优点。（5分）

考核知识点：新设备新技术的发展动态及特点

难易度：难

标准答案：

光纤直连技术是指保护装置与SDH通信设备的通信光口直接连接的技术，如图Jb0001133046所示，该技术在保护装置光纤复用通道中去掉MUX机的光电转换环节。

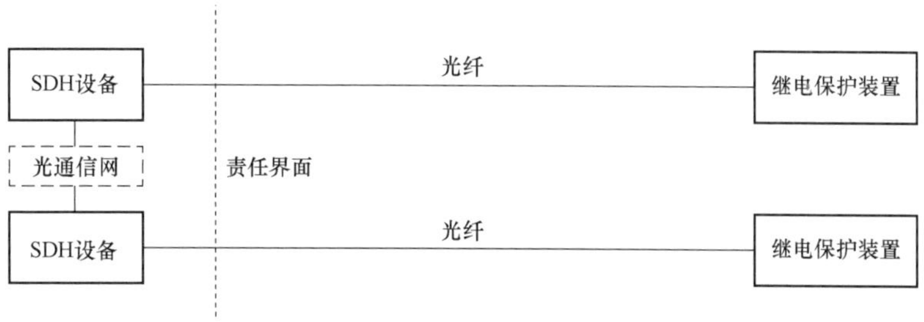

图 Jb0001133046

优点如下：

（1）通道可靠性明显提升。再不会出现接地问题、干扰问题以及电源对应问题，彻底消除了这一环节的安全隐患。方便缺陷排查。取消复用接口装置，减少中间环节，便于维护和故障定位。

（2）实现全路径监视。中间传输节点统一网管，避免了网管盲点。

（3）节省空间和资源。节省复用接口装置所占用的通信机房空间，降低复用接口装置对站内通信电源的供电压力。

Jb0002122047　电压互感器二次绕组及三次绕组接线如图 Jb0002122047（1）所示，则 U_{Aa+}、U_{Bb+}、U_{Cc+}电压值是多少？（电压互感器的二次和三次电压为 $\frac{100}{\sqrt{3}}$V 和 100V，“•”表示极性端，请保留小数点后一位）（5 分）

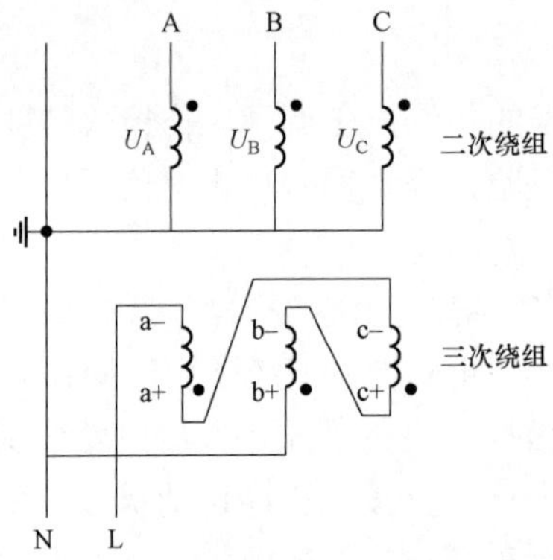

图 Jb0002122047（1）

考核知识点：一次设备的构造原理、性能和运行要求

难易度：中

标准答案：

解：依题意画出二次电压矢量图，见图 Jb0002122047（2）。

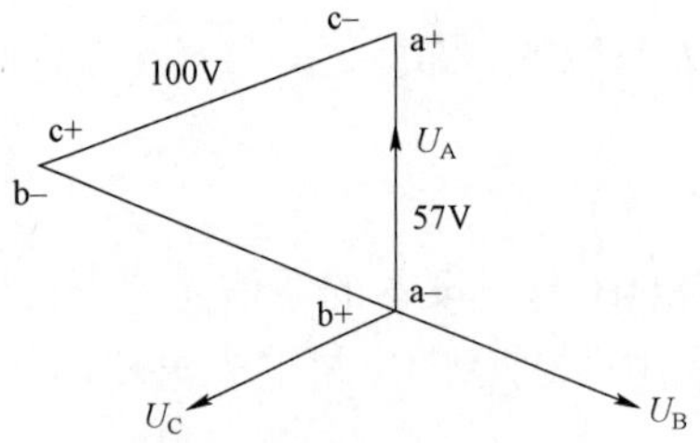

图 Jb0002122047（2）

从图中分析可得：

U_{Aa+} 电压值：

$$U_{Aa+}=|U_{a+}-U_A|=|100-57|=43\text{（V）}$$

U_{Bb+} 电压值：

$$U_{Bb+}=|U_{b+}-U_B|=|0-57|=57\text{（V）}$$

U_{Cc+} 电压值：

$$\begin{aligned}U_{Cc+}&=\sqrt{U_C^2+U_{c+}^2-2\times U_C U_{c+}\cos 60^\circ}\\&=\sqrt{100^2+57^2-2\times 100\times 57\times\cos 60^\circ}\\&=86.8\text{（V）}\end{aligned}$$

Jb0002133048　试分析直流系统事故。（5 分）

某变电站有两套相互独立的直流系统，同时出现了直流接地告警信号，其中，第一组直流电源为正极接地；第二组直流电源为负极接地。现场利用拉、合直流熔断器的方法检查直流接地情况时发现：

在当断开某断路器（该断路器具有两组跳闸线圈）的任一控制电源时，两套直流电源系统的直流接地信号又同时消失，问如何判断故障的大致位置？为什么？

考核知识点：一次设备的构造原理、性能和运行要求

难易度：难

标准答案：

（1）因为任意断开一组直流电源接地现象消失，所以直流系统可能没有接地。

（2）故障原因为第一组直流系统的正极与第二组直流系统的负极短接或相反。

（3）两组直流短接后形成一个端电压为440V的电池组，中点对地电压为零。

（4）每一组直流系统的绝缘检查装置均有一个接地点，短接后直流系统中存在两个接地点。故一组直流系统的绝缘检查装置判断为正极接地；另一组直流系统的绝缘检查装置判断为负极接地。

Jb0002133049　电子式互感器准确精度有偏差，主要影响因素有哪些？（5分）

考核知识点：一次设备的构造原理、性能和运行要求

难易度：难

标准答案：

电子式电压互感器包含光电传感器和光纤二次回路，由模拟电路和数字部分组成。光学传感材料、传感头的组装技术、微弱信号检测、温度、振动、长期运行稳定性都对准确度带来影响。不同原理实现方式的数字式量测系统影响准确度因素不同。

光电效应互感器的主要影响因素有：

（1）光线性双折射将造成对偏振光的检测产生误差。

（2）LED发光头老化使其产生的偏差有可能逐渐加大。

（3）光纤的偏振效应使偏振角发生变化带来的影响。

（4）温度变化对检测准确度的影响。

罗氏线圈的电子式互感器的主要影响因素有：

（1）电磁干扰的影响。

（2）不能测量非周期分量，因为罗氏线圈直接输出信号是电流微分信号。

（3）高压传感头需电源供给，一旦掉电将停止工作。

（4）长期大功率激光供能影响光器件的寿命。

Jb0002132050　分析合并单元异常后，对220kV双绕组主变压器保护的影响有哪些？（5分）

考核知识点：继电保护和自动装置的构造原理、性能和运行要求

难易度：中

标准答案：

数据异常有以下方面：

（1）变压器差动相关的电流通道异常，闭锁相应的差动保护和该侧的后备保护。

（2）变压器中性点零序电流、间隙电流异常时，闭锁该侧后备保护中对应使用该电流通道的零序保护、间隙保护。

（3）相电压异常时，保护逻辑按照该侧TV断线处理，若该侧零序电压采用自产电压，则闭锁该侧的间隙保护和零序过电压保护。

（4）零序电压异常时，闭锁该侧的间隙保护和零序过电压保护。

Jb0002132051　引起光纤差动保护差流异常有哪些可能因素？（满分5分，答出5项即得5分）

考核知识点：继电保护和自动装置的构造原理、性能和运行要求

难易度：中

标准答案：

（1）光纤纵联通道双向来回路由不一致。

（2）光纤差动保护两侧采样不同步。

（3）TA 极性接反。

（4）TA 变比整定错误。

（5）装置交流插件型号配置错误（1A、5A）。

（6）智能站保护装置电流正反极性虚端子配置错。

Jb0002131052　双母线接线的微机母差保护具有大差和小差，小差能区分故障母线，为什么还要设大差？（5 分）

考核知识点：继电保护和自动装置的构造原理、性能和运行要求

难易度：易

标准答案：

母线进行倒闸操作时，两段母线被隔离开关短接，此时如发生区外故障，小差会出现较大的差流，而大差没有，有大差闭锁就不会误动。微机母差保护利用隔离开关辅助触点的位置识别母线的连接状态，若辅助触点接触不良，小差会出现较大的差流，有大差闭锁就不会误动。

Jb0002132053　简述智能变电站中如何隔离一台保护装置与站内其余装置的 GOOSE 报文有效通信。（5 分）

考核知识点：继电保护和自动装置的构造原理、性能和运行要求

难易度：中

标准答案：

（1）投入待隔离保护装置的“检修状态”硬压板。

（2）退出待隔离保护装置所有的“GOOSE 出口”软压板。

（3）退出所有与待隔离保护装置相关装置的“GOOSE 接收”软压板。

（4）解除待隔离保护装置背后的 GOOSE 光纤。

Jb0002131054　双绕组变压器保护通入电流，且产生的差流超过保护动作定值，各侧合并单元及装置检修压板见表 Jb0002131054（1）所示，主变压器保护中各侧合并单元接收软压板按正常运行投入，试问主变压器差动保护动作情况？（5 分）

表 Jb0002131054（1）

高压合并单元（检修位）	低压合并单元（检修位）	保护装置（检修位）	保护动作情况
0	0	0	
0	0	1	
0	1	1	
1	1	0	
1	0	0	
1	1	1	

考核知识点：继电保护和自动装置的构造原理、性能和运行要求

难易度：易

标准答案：

主变压器差动保护动作情况见表 Jb0002131054（2）。

表 Jb0002131054（2）

高压合并单元（检修位）	低压合并单元（检修位）	保护装置（检修位）	保护动作情况
0	0	0	动作
0	0	1	不动作
0	1	1	不动作
1	1	0	不动作
1	0	0	不动作
1	1	1	动作，但出口报文置检修

Jb0002132055 为什么在调度端允许进行远方投退智能保护重合闸、远方切换智能保护定值区，但不宜对智能保护其他软压板进行远方投退操作？（5 分）

考核知识点：继电保护和自动装置的构造原理、性能和运行要求

难易度：中

标准答案：

（1）重合闸功能远方投退操作中，重合闸软压板状态可以返回，保护装置充电状态可以返回，有两个不同源做对比来判断操作是否成功。

（2）定值区远方切换操作中，保护装置返送定值区号至调度端，调度端能调取定值项，有两个不同源做对比来判断操作是否成功。

（3）对于其他软压板操作，保护装置仅能返送该软压板状态，没有可以对比的不同源信息，无法确定操作是否成功，因此不宜使用。

Jb0002133056 当母线保护报开入异常信号时，试列举排除异常信号步骤。（5 分）

考核知识点：继电保护和自动装置的构造原理、性能和运行要求

难易度：难

标准答案：

（1）检查隔离开关辅助触点是否与一次系统不对应。在事件记录中查看是否有隔离开关变化，如果有变化，判断隔离开关是否与一次系统一致，当出现不一致时，进入“参数——运行方式设置”，使用强制功能恢复保护与系统的对应关系，然后复归信号并检查出错的隔离开关辅助触点输入回路。

（2）检查是否有失灵触点误启动。如果有误启动，则断开与错误触点相对应的失灵启动压板，然后复归信号并检查相应的失灵启动回路。

（3）检查是否有“主变压器失灵解闭锁”的信号误启动。查看失灵闭锁电压是否正常，如果正常，但此时“失灵开放Ⅰ”和“失灵开放Ⅱ”灯亮，则有可能是误启动。此时解开“主变压器失灵解闭锁”压板，看失灵开放灯是否熄灭，如果熄灭则需要检查“主变压器失灵解闭锁”回路。

（4）检查联络断路器动合与动断触点是否不对应，此时装置默认联络断路器处于合位，需要检查断路器接点输入回路。

（5）检查是否误投“母线分列运行”压板。

Jb0002133057　试分析母线全停事故：某大型火力发电厂，一条 220kV 线路发生 B 相接地故障，保护及重合闸动作信号表示正确，但 B 相断路器拒绝跳闸（断路器失灵保护未投运），重合闸使用综重方式，引起 220kV 双母线 7 台机组和 4 条线路对侧保护动作跳闸，造成母线全停事故。故障录波器录波中显示 B 相有故障电流，C 相断路器跳闸，试分析事故情况及采取对策。（5 分）

考核知识点：电力系统故障分析

难易度：难

标准答案：

（1）事故情况分析：从故障录波器得知，B 相接地故障，C 相跳闸，则断路器跳闸线圈相别接错，造成 B 相故障未消除，引起母线上的其他机组和线路对侧保护动作切除故障。造成双母线上所有机组和线路跳闸的原因是断路器失灵保护未投运，这是扩大停电范围的一个主要原因。

（2）采取的对策：使用综重或单重方式的重合闸，当断路器检修完毕或者更改有关回路时，一定要传动继电保护，做断路器的分相跳、合闸试验，保证回路的正确性。断路器失灵保护必须投入运行。

Jb0002132058　为什么线路发生单相接地故障进行三相重合闸时，会比单重产生更大的操作过电压？（5 分）

考核知识点：电力系统故障分析

难易度：中

标准答案：

（1）三相跳闸时，电流过零时断电，在非故障相上会保留相当于相电压峰值的残余电荷电压。由于重合闸的断电时间较短，上述非故障相的电压变化不大，因而，在重合时会产生较大的操作过电压。

（2）当使用单相重合闸时，重合时的故障相电压一般只有 17%左右（由于线路本身电容分压产生），因而没有操作过电压问题。

（3）从较长时间在 110kV 及 220kV 电网采用三相重合闸的运行情况来看，对一般中、短线路操作过电压方面的问题并不突出。

Jb0002133059　简述负序、零序分量和工频变化量这两类故障分量的同异及在构成保护时应特别注意的地方。（5 分）

考核知识点：电力系统故障分析

难易度：难

标准答案：

（1）零序和负序分量及工频变化量都是故障分量，正常时为零，仅在故障时出现，它们仅由施加于故障点的一个电动势产生，但它们是两种类型的故障分量。零序、负序分量是稳定的故障分量，只要不对称故障存在，它们就存在，它们只能保护不对称故障。

（2）工频变化量是短暂的故障分量，只能短时存在，但在不对称、对称故障开始时都存在，可以保护各类故障，尤其是它不反应负荷和振荡，是其他反应对称故障量保护无法比拟的。

（3）由于它们各自特点决定：由零序、负序分量构成的保护既可以实现快速保护，也可以实现延时的后备保护；工频变化量保护一般只能作为瞬时动作的主保护，不能作为延时的保护。

Jb0002132060　某智能变电站 220kV 母差保护配置按实际规划配置，现需新增一个间隔。试问母差保护需要完成哪些工作？（5 分）

考核知识点：电力系统的接线方式及相关理论知识

难易度：中

标准答案：

（1）退出相应差动、失灵保护功能软压板，投入检修压板（保护退出运行），并保证检修压板处于可靠合位，直到步骤（7）。

（2）更新与这个增加间隔相关的配置（SV、GOOSE 等）。

（3）投入该支路 SV 接收压板，在该支路合并单元加相应电流，核对母线保护装置显示的电流幅值和相位信息。

（4）需要开出传动本间隔操作箱，验证跳闸回路的正确性。

（5）投入该支路失灵接收软压板，核对 GOOSE 信息输入的正确性。

（6）在该支路做相应保护试验，验证逻辑以及回路的正确性（投上相应保护功能软压板）；其余间隔也要测试。

（7）验证结束后，修改相关定值，并将该支路相关的软压板按要求置合位，母差保护功能压板置合位，退出检修状态。

Jb0002131061　为什么 220kV 及以上系统要装设断路器失灵保护，其作用是什么？（5 分）

考核知识点：电力系统的接线方式及相关理论知识

难易度：易

标准答案：

220kV 以上的输电线路一般输送的功率大，输送距离远，为提高线路的输送能力和系统的稳定性，往往采用分相断路器和快速保护。由于断路器存在操作失灵的可能性，当线路发生故障而断路器又拒动时，将给电网带来很大威胁，故应装设断路器失灵保护装置，有选择地将失灵拒动的断路器所在（连接）母线的断路器断开，以减少设备损坏，缩小停电范围，提高系统的安全稳定性。

Jb0002133062　某 220kV 智能变电站 220kV 线路间隔合并单元更换，工作结束后，恢复 220kV 母差保护的过程中，操作人员错误地先投入母差保护功能，提前退出“投检修”压板，在批量投入各间隔“GOOSE 发送软压板”及“间隔投入软压板”过程中，使母差保护具备了跳闸出口条件，母差保护出现差流并达到动作门槛，母差保护动作，跳开已投入间隔软压板，试分析造成母差动作的原因，并描述如何正确投退。（5 分）

考核知识点：电力系统的接线方式及相关理论知识

难易度：难

标准答案：

（1）母差动作原因：恢复母差保护过程中，在先投入母差保护功能的情况下，提前退出母线差动保护检修压板，依次投入各间隔 GOOSE 发送软压板及间隔投入软压板，母线各支路一次设备运行正常，母差保护只计算投入的间隔采样值，依次投入过程中导致母线计算中出现差流，达到动作门槛值；在依次投入各间隔的间隔投入软压板过程中，未投入母线电压投入软压板，导致母线保护装置未采到母线电压，复合电压开放；电压、电流满足差动保护动作条件后，上述各间隔 GOOSE 发送软压板已投入，导致差动保护出口，跳开已投入间隔断路器。

（2）母线差动保护正确投退顺序：① 投入各支路间隔投入软压板；② 检查装置内母线电压及各间隔采样值正常，退出检修压板；③ 检查装置差流为零，投入母线差动保护功能压板；④ 检查装置无异常开入量输入信息，投入各间隔 GOOSE 发送软压板。

Jb0002122063 某 Yd11 变压器故障录波图如图 Jb0002122063 所示，试分析故障特点及类型。（5 分）

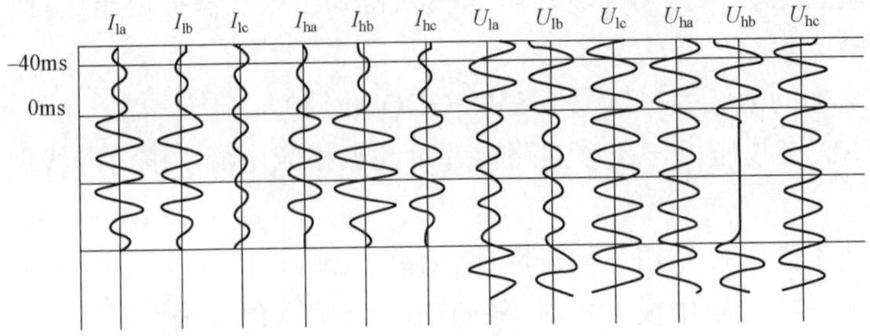

图 Jb0002122063

考核知识点：电力系统故障分析

难易度：中

标准答案：

（1）故障发生后，主变压器低压侧 A、B 两相电流增大，A、B 两相基本反向，C 相电流基本不变。

（2）故障时主变压器低压侧 A、B 两相电压降低，A、B 两相方向相同，C 相电压基本不变。

（3）故障时主变压器高压侧 B 相电流与其他两相电流方向相反，且 B 相电流大小为其他两相（A、C）电流的 2 倍左右。

（4）故障时高压侧 B 相电压严重降低至很小值，A、C 两相小幅降低。

综上所述，变压器低压侧发生两相短路故障。

Jb0002121064 母线三相电压录波如图 Jb0002121064 所示，说明此为何种系统发生了何种故障。（5 分）

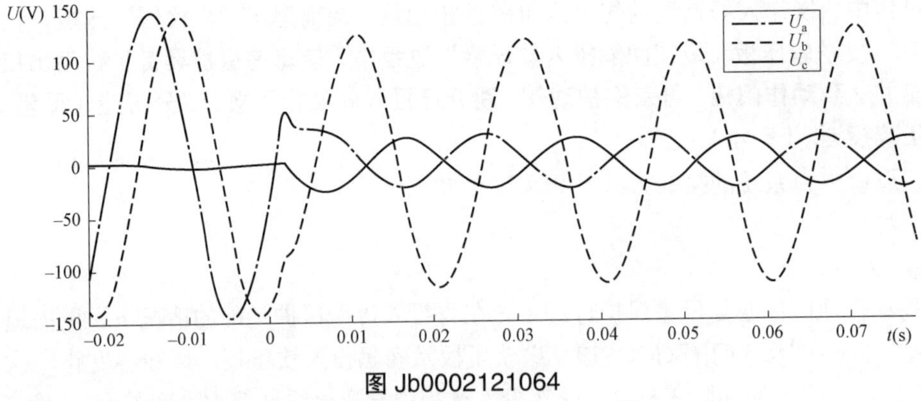

图 Jb0002121064

考核知识点：电力系统故障分析

难易度：易

标准答案：

（1）电压在 0s 前后发生显著变化，说明发生发展性故障，0s 前 U_c 接近于零，且 U_a、U_b 幅值达到 100V（峰值 141V）左右即线电压，此为小电流系统电压特征，说明此系统为小电流系统。

（2）0s 后 U_b 幅值较大，U_a 和 U_c 幅值较低，且三相电压和不为零，有零序电压，表明 C 相接地故障发展为 CA 接地故障。

综上所述，此为小电流系统 C 相接地发展为 CA 相接地故障后波形。

Jb0003132065 微机继电保护装置投运时，应具备哪些技术文件？（5 分）

考核知识点：专业技术管理

难易度：中

标准答案：

（1）竣工原理图、安装图、设计说明、电缆清册等设计资料。

（2）制造厂商提供的装置说明书、保护柜（屏）电原理图、装置电原理图、故障检测手册、合格证明和出厂试验报告等技术文件。

（3）新安装检验报告和验收报告。

（4）微机继电保护装置定值通知单。

（5）制造厂商提供的软件逻辑框图和有效软件版本说明。

（6）微机继电保护装置的专用检验规程或制造厂商保护装置调试大纲。

Jb0003132066 《国家电网公司防止变电站全停十六项措施（试行）》中为防止站用电系统故障导致变电站全停，在规划设计时，应注意哪些事项？（5 分）

考核知识点：专业技术管理

难易度：中

标准答案：

（1）变电站应至少配置两路不同的站用电源，不同外接站用电源不能取至同一个上级变电站。

（2）每个站用变压器应按带全站负荷选择容量，当失去一路站用电源时应尽快恢复其供电。

（3）站用电系统重要负荷（如主变压器冷却器、直流系统等）应采用双回路供电，且接于不同的站用电母线段上，并能实现自动切换。

Jb0003113067 如图 Jb0003113067 所示系统中，在整定 MN 线路 M 侧保护阻抗继电器Ⅱ段定值计算助增系数时短路点设在 P 母线上。不考虑线路停运则助增系数应为多少？（保留小数点后两位）（5 分）

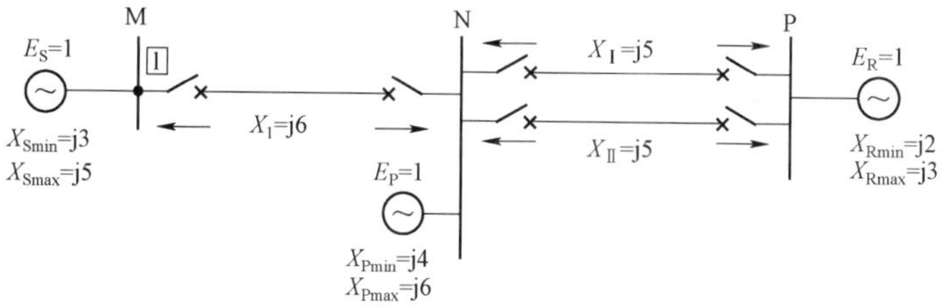

图 Jb0003113067

考核知识点：继电保护整定原则

难易度：难

标准答案：

运行方式：N−P 之间双回线运行、电源 E_s 大方式运行（X_{Smin}=j3）、电源 E_P 小方式运行（X_{Pmax}=j6）。

线路 NP 一回线流过的短路电流为

$$I_{NP1}=\frac{1}{2}\left\{\frac{1}{(X_Ⅰ+X_Ⅱ)+[(X_{MN}+X_{Smin})//X_{Pmax}]}\right\}=0.082\text{（A）}$$

保护所在的 MN 线流过的短路电流 I_{MN} 为

$$I_{MN}=2\times I_{NP1}\times\frac{X_{Pmax}}{X_{MN}+X_{Smin}+X_{Pmax}}=0.0656\text{（A）}$$

分支系数为：$k_{fz}=\frac{I_{NP1}}{I_{MN}}=\frac{0.082}{0.0656}=1.25$

答：不考虑线停运，则应选取的助增系数为 1.25。

Jb0003121068　如图 Jb0003121068 所示是中性点接地系统 BC 两相短路时的 A 相等值复合序网图，BC 两相短路时 B 相电流的相量图，其中 a 是 B 相正序电流、c 是 B 相负序电流，是否正确。（5 分）

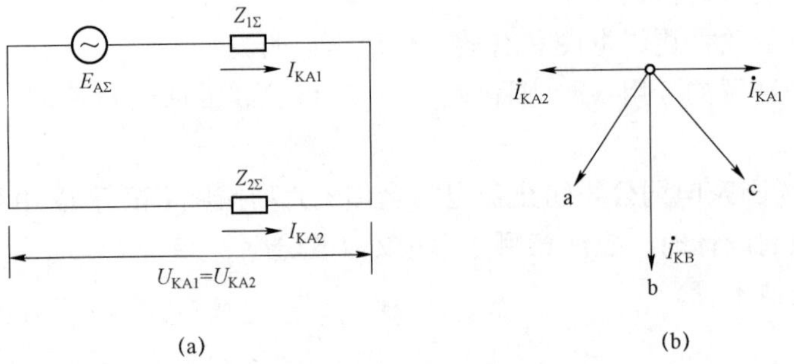

图 Jb0003121068

A. 正确
B. 错误
考核知识点： 继电保护整定原则
难易度： 易
标准答案： A

Jb0003132069　二次回路总体验收的重点是什么？（5 分）
考核知识点： 专业技术管理
难易度： 中
标准答案：
（1）检查施工质量、工艺、反措的执行等，回路功能检验随保护装置进行。
（2）检查二次接线的正确性，二次回路应符合设计和运行要求。
（3）验收工作中应进行全回路按图查线工作，杜绝错线、缺线、多线、接触不良、标识错误。
（4）可以利用传动方式进行二次回路正确性、完整性检查，传动方案应尽可能考虑周全。
（5）在验收工作中，应加强对保护本身不易检测到的二次回路的检验检查，以提高继电保护及相关二次回路的整体可靠性、安全性。

Jb0003132070　对二次回路接线的验收应符合哪些要求？（5 分）
考核知识点： 专业技术管理
难易度： 中
标准答案：
（1）应按有效图纸施工，接线应正确。

（2）导线与电气元件间应采用螺栓连接、插接、焊接或压接等，且均应牢固可靠。

（3）盘、柜内的导线不应有接头，芯线应无损伤。

（4）多股导线与端子、设备连接应压终端附件。

（5）电缆芯线和所配导线的端部均应标明其同路编号，编号应正确，字迹应清晰，不易脱色。

（6）配线应整齐、清晰、美观，导线绝缘应良好。

（7）每个接线端子的每侧接线宜为1根，不得超过2根；对于插接式端子，不同截面的两根导线不得接在同一端子中；螺栓连接端子接两根导线时，中间应加平垫片。

Jb0003132071　直流电源系统断路器的配置要求有哪些？（5分）

考核知识点：专业技术管理

难易度：中

标准答案：

（1）直流电源系统必须使用直流专用断路器，应具有自动脱扣功能，不能用普通交流开关替代。

（2）当直流专用断路器与熔断器配合时，应考虑动作特性的不同，以对级差做适当调整，在条件具备时，应尽量避免直流断路器下一级再接熔断器。

（3）直流专用断路器必须选用定点厂生产，并满足有关标准的合格产品。

（4）直流专用断路器壳体表面必须有该断路器的型号、额定电压、额定电流、短路脱扣电流整定值及额定极限短路电流分断能力等明显标记。

Jb0003131072　新设备验收时，二次部分应具备哪些图纸、资料？（5分）

考核知识点：专业技术管理

难易度：易

标准答案：

（1）装置的原理图及与之相符合的二次回路安装图。

（2）电缆敷设图，电缆编号图。

（3）断路器操动机构二次回路图，电流、电压互感器端子箱图及二次回路部分线箱图等。

（4）完整的成套保护、自动装置的技术说明书。

（5）断路器操动机构说明书，电流、电压互感器的出厂试验书等。

Jb0003133073　新建工程投运时，继电保护系统应满足哪些条件？（5分）

考核知识点：专业技术管理

难易度：难

标准答案：

（1）新安装检验项目齐全。

（2）图纸、资料、验收报告齐全完整。

（3）所有备品备件、专用工具、仪器仪表齐全完好。

（4）设备及回路没有缺陷，性能指标、安装质量及施工工艺满足要求。

（5）按照运行和维护管理的要求，继电保护系统的各设备、各线缆，包括备用设备和线缆，已进行规范命名和标识。

（6）全站继电保护系统的配置文件、软件版本等已确认并备份，已按规定上报备案。

（7）继电保护系统维护手册已编制完成，且其技术措施、安全措施已验证。

（8）继电保护定值已按调度机构正式定值单执行，并核对无误。

Jb0003132074　对于采用单相重合闸的 220kV 及以上线路接地保护（无论是零序电流保护或接地距离保护）的第Ⅱ段时间整定应考虑哪些因素？（5 分）

考核知识点：继电保护整定原则

难易度：中

标准答案：

（1）与失灵保护的配合。

（2）当相邻保护采用单相重合闸方式时，如果选相元件在单相接地故障时拒动，将经一短延时（如 0.25s 左右）转为跳三相，第Ⅱ段接地保护的整定也应当可靠地躲开这种特殊故障。

（3）总之第Ⅱ段时间可整定为 0.5s，如果与相邻线路第Ⅱ段时间配合应再增合一个 Δt（时间阶梯）。

Jb0003132075　为保证灵敏度，接地故障保护最末一段定值应如何整定？（5 分）

考核知识点：继电保护整定原则

难易度：中

标准答案：

（1）接地故障保护最末一段（如零序电流Ⅳ段），应以适应下述短路点接地电阻值的接地故障为整定条件：220kV 线路，100Ω；330kV 线路，150Ω；500kV 线路，300Ω；750kV 线路，400Ω。

（2）对应上述条件，零序电流保护最末一段的动作电流定值一般应不大于 300A，对不满足精确工作电流要求的情况，可适当抬高定值。

（3）对 110kV 电网线路，考虑到在可能的高电阻接地故障情况下的动作灵敏系数要求，其最末一段零序电流保护的电流定值一般不应大于 300A（一次值），此时，允许线路两侧零序保护相继动作切除故障。

Jb0003133076　用于整定计算的哪些一次设备参数必须采用实测值？（5 分）

考核知识点：零序、距离保护整定原则

难易度：难

标准答案：

（1）三相三柱式变压器的零序阻抗。

（2）66kV 及以上架空线路和电缆线路的阻抗。

（3）平行线之间的零序互感阻抗。

（4）双回线路的同名相间和零序的差电流系数。

（5）其他对继电保护影响较大的有关参数。

Jb0003133077　电磁环网对电网运行有何弊端？（5 分）

考核知识点：电网运行方式

难易度：难

标准答案：

（1）易造成系统热稳定破坏。如果主要的负荷中心用高低压电磁环网供电，当高一级电压线路断开后，则所有的负荷通过低一级电压线路送出，容易出现导线热稳定电流问题。

（2）易造成系统稳定破坏。正常情况下，两侧系统间的联系阻抗将略小于高压线路的阻抗，当高压线路因故障断开，则最新系统阻抗将显著增大，易超过该联络线的暂态稳定极限而发生系统振荡。

（3）不利于经济运行。由于不同电压等级线路的自然功率值相差极大，因此，系统潮流分配难以达到最经济。

（4）需要架设高压线路，因故障停运后联锁切机、切负荷等安全自动装置，而这种安全自动装置的拒动、误动影响电网的安全运行。

一般情况下，往往在高一级电压线路投入运行初期，由于高一级电压网络尚未形成或网络尚薄弱，需要保证输电能力或为保重要负荷而不得不电磁环网运行。

Jb0003132078 大电流接地系统中的变压器中性点有的接地，也有的不接地，取决于什么因素？（5分）

考核知识点：电网运行方式

难易度：中

标准答案：

（1）保证零序保护有足够的灵敏度和很好的选择性，保证接地短路电流的稳定性。

（2）为防止过电压损坏设备，应保证在各种操作和自动掉闸使系统解列时，不致造成部分系统变压器为中性点不接地系统。

（3）变压器绝缘水平及结构决定的接地点。

Jb0003113079 如图Jb0003113079所示，计算220kV 1XL线路M侧的相间距离Ⅰ、Ⅱ、Ⅲ段保护定值。（10分）

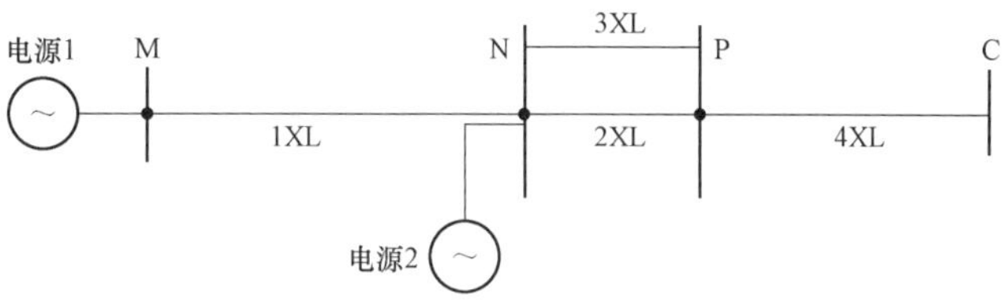

图Jb0003113079

已知：（1）2XL与3XL为同杆并架双回线，且参数一致，均为标幺值（最终计算结果以标幺值表示），可靠系数 K_c 均取0.8，相间距离Ⅱ段的灵敏度 K_r 不小于1.5。

（2）发电机以100MVA为基准容量，230kV为基准电压，1XL的线路阻抗 Z_1 为0.04，2XL、3XL的线路阻抗 Z_2 为0.03，2XL、3XL的N侧的相间距离Ⅱ段定值 $Z_{\rm IIN}$ 为0.08，t_2=0.5s。

（3）P母线故障，线路1XL的故障电流 I_1 为18，线路2XL、3XL的故障电流 I 各为20。

（4）1XL的最大负荷电流 I_m 为1200A（Ⅲ段仅按最大负荷电流整定即可，不要求整定时间）。

考核知识点：继电保护整定原则

难易度：难

标准答案：

（1）1XL线路Ⅰ段定值 $Z_{\rm I1XL}=K_cZ_1=0.8\times0.04=0.032$，$t=0$。

（2）计算Ⅱ段距离，考虑电源2停运，取得最小助增系数 $K_{\rm FZ}=9/18=0.5$。

1XL线路与线路2XL的Ⅰ段配合：$Z_{\rm II}=0.8\times0.04+0.8\times0.5\times Z_{\rm I2XL}=0.032+0.8\times0.5\times0.8\times0.03=0.041\ 6$。

灵敏度 K_m：$K_m=K_rZ_1=1.5\times0.04=0.06$，0.041 6小于0.06，灵敏度不符合要求。

与线路2XL的Ⅱ段配合：$Z_{\rm II}=Z_{\rm I1XL}=K_cK_{\rm FZ}Z_2=0.8\times0.04+0.8\times0.5\times0.08=0.064$，$t=0.8\sim1.0$s。

灵敏度符合要求。

（3）1XL线路与Ⅲ段定值：$Z_{\rm III}=0.8\times0.9\times230/(1.73\times1.2)=79.7$。

换算成标幺值 $Z_{\rm III}=79.7\times100/(230\times230)=0.151$。

Jb0003113080　试计算如图 Jb0003113080 所示系统方式下断路器 A 处的相间距离保护Ⅱ段定值，并校验本线末灵敏度。（10 分）

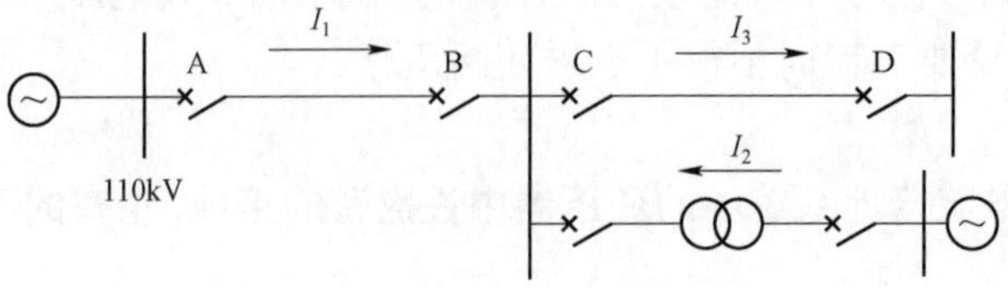

图 Jb0003113080

已知：线路参数（一次有名值）为：$Z_{AB}=20\Omega$（实测值），$Z_{CD}=30\Omega$（计算值）

变压器参数为：$Z_T=100\Omega$（归算到 110kV 有名值）

D 母线相间故障时：$I_1=1000A$，$I_2=500A$

可靠系数：对于线路取 $K_K=0.8\sim0.85$，对于变压器取 $K_K=0.7$

配合系数：取 K_{ph}=0.8

考核知识点：继电保护整定原则

难易度：难

标准答案：

（1）与相邻线距离Ⅰ段配合：

$$Z_{CI}=K_{ph}Z_{CD}=0.8\times30=24\ (\Omega)$$

$$Z_{AII}=K_K Z_{AB}+K_{ph}\frac{I_1+I_2}{I_1}Z_{CI}=0.85\times20+0.8\times\frac{1000+500}{1000}\times24=45.8\ (\Omega)$$

（2）按躲变压器低压侧故障整定：

$$Z_{AII}=K_K Z_{AB}+K_K Z_T=0.85\times20+0.7\times100=87\ (\Omega)$$

综合（1）、（2），取 $Z_{AII}=45.8\Omega$（一次值）

（3）灵敏度校验：$K_m=\dfrac{45.8}{20}=2.29>1.5$，符合规程要求。

Jb0003111081　如图 Jb0003111081 所示某一 YNd11 接线升压变压器，YN 侧装有过电流保护，保护的 TA 采用不完全星接线方式，当 YN 侧发生 AC 相间短路时，故障电流 I_k 达到 800A，经计算可得出此时流过 d 侧过电流保护三相故障电流 I_{ka}、I_{kb}、I_{kc} 分别是多少？（10 分）

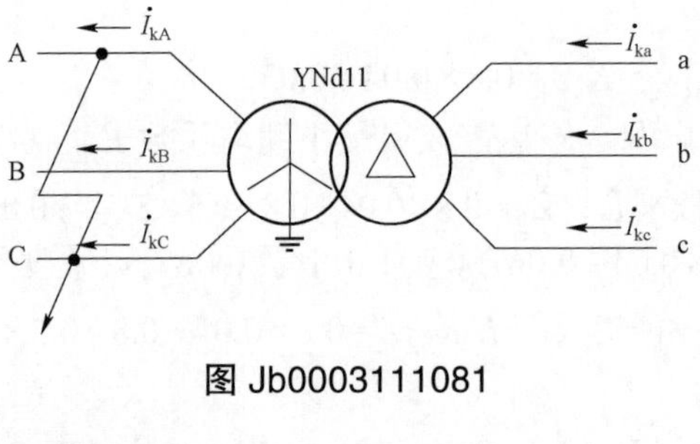

图 Jb0003111081

考核知识点：继电保护整定原则

难易度：易

标准答案：

A 相故障电流 I_{ka}：

$$I_{ka}=\frac{I_k}{\sqrt{3}}=\frac{800}{\sqrt{3}}=461.88\text{（A）}$$

B 相故障电流 I_{kb}：

$$I_{kb}=\frac{I_k}{\sqrt{3}}=\frac{800}{\sqrt{3}}=461.88\text{（A）}$$

C 相故障电流 I_{kc}：

$$I_{kc}=-\frac{2I_k}{\sqrt{3}}=-\frac{2\times800}{\sqrt{3}}=-923.76\text{（A）}$$

Jb0003111082　如果采用单相电压做试验电源对负序电压元件进行试验。如果短接 BC 相电压的输入端子，在 A 相与 BC 相电压端子间通入 8V 电压，相当于对该元件通入每相多少伏的负序电压值（小数点保留 1 位小数）。（10 分）

考核知识点：继电保护整定原则

难易度：易

标准答案：

依题意，AB 线电压失量：$\dot{U}_{AB}=U$，CA 线电压失量：$\dot{U}_{CA}=-\dot{U}_{AC}=-U$（V），BC 线电压失量：$\dot{U}_{BC}=0$

所以 $\dot{U}_{AB2}=(U_{AB}+a^2U_{BC}+aU_{CA})/3=U-aU/3=U\dfrac{\sqrt{3}}{3}e^{-j30^\circ}\ \dot{U}_{BC}=0V$

因此，通入负序电压元件每相的负序电压值为 $|U_{A2}|=|U_{AB2}|/\sqrt{3}\ \dfrac{U}{3}=\dfrac{8}{3}=2.7$（V）

Jb0003132083　智能变电站一体化监控（综自后台）系统关于主站/操作员站集成功能性检测项目应包括哪些？（5 分）

考核知识点：专业技术管理

难易度：中

标准答案：

（1）实时数据库。

（2）历史数据库。

（3）图形显示。

（4）CVT 监测报警。

（5）报表打印。

（6）事件记录。

（7）报警状态显示和查询。

（8）设备状态和参数查询。

（9）操作指导。

（10）操作控制令的解释和下达等。

Jb0003132084　智能变电站相关典设方案中对于时间同步有哪些具体要求？（5 分）

考核知识点：专业技术管理

难易度：中

标准答案：

（1）智能变电站站控层设备选择 SNTP 方式对时，间隔层和过程层网络采用 IEEE 1588（TVP）对时方式。

（2）同时可扩展 IRIG−B 码（光 B 码、DC 码、AC 码）授时方式输出。

（3）串行口授时方式输出。

（4）秒脉冲授时方式输出。

（5）以及网络 TVP/NTP/SNTP 等授时方式输出对需要授时的传统设备进行授时。

Jb0003131085　GB/T 14285—2006《继电保护和安全自动装置技术规程》有关规定，对自动重合闸有哪些基本要求？（5 分）

考核知识点：技术文件编制

难易度：易

标准答案：

（1）自动重合闸可由保护启动/断路器控制状态与位置不对应启动。

（2）用控制断路器或通过遥控装置将断路器断开，或将断路器投于故障线路上并随即又保护将其断开时，自动重合闸装置均不应动作。

（3）在任何情况下（包括装置本身元件损坏，以及重合闸输出接点粘住），自动重合闸的动作次数应符合预先的规定（如一次重合闸只应重合一次）。

Jb0001132086　《国家电网有限公司十八项电网重大反事故措施（2018 年修订版）及编制说明》中对主变压器非电量保护有哪些要求？（5 分）

考核知识点：专业技术管理

难易度：中

标准答案：

（1）主变压器的非电量保护应防水、防油渗漏、密封性好。气体继电器至保护柜的电缆应尽量减少中间转接环节。

（2）当变压器、电抗器的非电量保护采用就地跳闸方式时，应向监控系统发送动作信号。未采用就地跳闸方式的非电量保护应设置独立的电源回路（包括直流空气开关及其直流电源监视回路）和出口跳闸回路，且必须与电气量保护完全分开。

（3）220kV 及以上电压等级变压器、电抗器的非电量保护应同时作用于断路器的两个跳闸线圈。

（4）外部开入直接启动，不经闭锁便可直接跳闸（如变压器和电抗器的非电量保护、不经就地判别的远方跳闸等），或虽经有限闭锁条件限制，但一旦跳闸影响较大（如失灵保护启动等）的重要回路，应在启动开入端采用动作电压在额定直流电源电压的 55%～70%范围以内的中间继电器，并要求其动作功率不低于 5W。

Jb0001132087　《国家电网有限公司十八项电网重大反事故措施（2018 年修订版）及编制说明》中对电流互感器、电压互感器的二次回路接地点是如何规定的？（5 分）

考核知识点：专业技术管理

难易度：中

标准答案：

（1）电流互感器或电压互感器的二次回路，均必须且只能有一个接地点。

（2）当两个及以上电流（电压）互感器二次回路间有直接电气联系时，其二次回路接地点设置应符合以下要求：

1）便于运行中的检修维护。

2）互感器或保护设备的故障、异常、停运、检修、更换等均不得造成运行中的互感器二次回路失去接地。

（3）未在开关场接地的电压互感器二次回路，宜在电压互感器端子箱处将每组二次回路中性点分别经放电间隙或氧化锌阀片接地，其击穿电压峰值应大于 $30I_{max}$ V（I_{max} 为电网接地故障时通过变电站的可能最大接地电流有效值，单位为 kA）。应定期检查放电间隙或氧化锌阀片，防止造成电压二次回路出现多点接地。为保证接地可靠，各电压互感器的中性线不得接有可能断开的断路器或熔断器等。

（4）独立的、与其他互感器二次回路没有电气联系的电流互感器二次回路可在开关场一点接地，但应考虑将开关场不同点地电位引至同一保护柜时对二次回路绝缘的影响。

Jb0001132088　220kV 及以上电压等级的线路应充分考虑合理的电流互感器配置和二次绕组分配，消除主保护死区，具体有什么要求？（5 分）

考核知识点：专业技术管理

难易度：中

标准答案：

（1）当采用 3/2、4/3、角形接线等多断路器接线形式时，应在断路器两侧均配置电流互感器。

（2）对经计算影响电网安全稳定运行重要变电站的 220kV 及以上电压等级双母线接线方式的母联、分段断路器，应在断路器两侧配置电流互感器。

（3）对确实无法快速切除故障的保护动作死区，在满足系统稳定要求的前提下，可采取启动失灵和远方跳闸等后备措施加以解决；经系统方式计算可能对系统稳定造成较严重的威胁时，应进行改造。

Jb0002132089　编制一份将中级工培训为高级工的培训方案。（5 分）

考核知识点：培训与指导

难易度：中

标准答案：

要求：培训时间 3 年，在取得中级职业资格的基础上累计不少于 400 标准学时。

（1）培训目的：通过培训达到《国家电网有限公司技能等级评价标准》对高级工的职业知识和技能要求。

（2）培训目标及内容，见表 Jb0002132089。

表 Jb0002132089

培训项目	培训目标	培训内容	培训方式	参考学时
安全措施	熟悉安全规定及现场工作保安规定	（1）电气工作人员具备的条件； （2）现场工作注意事项； （3）保证安全的组织措施； （4）安全工器具使用及触电急救	自学	不少于 10 学时
技术措施	掌握工作中的安全技术措施，并做好安全工作	（1）保证安全的技术措施； （2）断开检修设备与运行设备之间的联系	自学	不少于 20 学时
规程规范	掌握继电保护相关的技术规程、校验规程、反措等	（1）继电保护及安全自动装置技术规程； （2）继电保护及安全自动装置检验规程； （3）十八项反事故措施	自学	不少于 40 学时

续表

培训项目	培训目标	培训内容	培训方式	参考学时
二次设备	掌握二次设备，熟悉二次接线图	变电站内控制、信号、测量及公用设备等二次接线图	讲课与现场自学结合	不少于50学时
识图绘图	熟悉和掌握系统一二次接线以及继电保护和自动装置原理图	（1）继电保护与自动装置原理图、展开图及安装图； （2）变电站一次接线图及二次接线图； （3）掌握较复杂的继电保护与自动装置的原理图及识绘知识	讲课	不少于20学时
继电保护原理	了解高压电网继电保护及自动装置原理、元件保护的原理、结构以及电力系统各电压等级继电保护和自动装置配置情况，并能进行正确的调试和事故处理	（1）220kV及以下各种类型继电保护及自动装置动作原理和用途； （2）电力系统内各电压等级的继电保护及自动装置配置情况； （3）厂用电及变电站的备用电源自动投入装置的工作原理及各种接线； （4）管辖区内各种继电保护与自动装置的基本工作原理，微机保护装置的性能、维护和运行知识	讲课	不少于40学时
继电保护调试	掌握220kV及以下继电保护与自动装置的接线原理及其校验方法	（1）220kV及以下继电保护与自动装置的接线原理及其校验方法； （2）电流互感器变比、极性及二次绕组伏安特性试验	讲课	不少于70学时
继电保护整定原则及配置	了解继电保护整定知识，理解本地区继电保护整定原则及配置情况	（1）110kV及以下线路保护和简单元件保护的整定计算知识； （2）本地区电力系统继电保护与自动装置的整定原则、整定方案以及管辖区内继电保护与自动装置的配置情况	讲课	不少于70学时
缺陷处理	掌握和熟悉继电保护及自动装置的二次接线，并能处理和判断二次回路故障	（1）110kV及以下微机继电保护与自动装置二次接线图； （2）110kV及以下设备二次回路缺陷处理	讲课与现场自学结合	不少于50学时
智能变电站二次系统调试	熟悉智能变电站配置文件结构及配置方法，掌握智能变电站单设备调试，并能进行智能变电站工程测试	（1）熟悉智能变电站配置文件结构及配置方法，正确理解三层两网； （2）掌握智能变电站单设备（合并单元、智能终端等）调试，熟悉掌握智能变电站工程测试	讲课与现场自学结合	不少于30学时

（3）培训方式：以自学和集中培训相结合的方式，进行基础知识讲课和技能培训。

（4）培训时间：××××年×月×日—××××年×月×日。

（5）培训场所：××××××。

（6）培训设备：××××××。

Jb0002133090　编制一份将高级工培训为技师的培训方案。（5分）

要求：培训时间3年，在取得高级职业资格的基础上累计不少于400标准学时。

考核知识点：培训与指导

难易度：难

标准答案：

（1）培训目的：通过培训达到《国家电网有限公司技能等级评价标准》对技师的职业知识和技能要求。

（2）培训目标及内容，见表Jb0002133090。

表 Jb0002133090

培训项目	培训目标	培训内容	培训方式	参考学时
安全措施	熟悉安全规定及现场工作保安规定	（1）电气工作人员具备的条件； （2）现场工作注意事项； （3）保证安全的组织措施； （4）安全工器具使用及触电急救	自学	不少于 10 学时
技术措施	掌握工作中的安全技术措施，并做好安全工作	（1）保证安全的技术措施； （2）断开检修设备与运行设备之间的联系	自学	不少于 10 学时
规程规范	掌握继电保护相关的技术规程、校验规程、反措等	（1）继电保护及安全自动装置技术规程； （2）继电保护及安全自动装置检验规程； （3）十八项反事故措施； （4）继电保护及安全自动装置设计规范	自学	不少于 30 学时
二次设备	掌握二次设备，熟悉二次接线图	变电站内控制、信号、测量及公用设备等二次接线图	自学	不少于 10 学时
识图与操作	熟悉一次接线图；能熟练地按图查线，并能判断其回路接线的正确性	（1）330kV 及以下控制信号、测量以及继电保护与自动装置等二次回路图，并能熟练地按图查线、判断其回路接线的正确性； （2）大型试验项目，能编制试验方案，并组织实施	讲课与现场自学结合	不少于 30 学时
继电保护原理	了解高压电网继电保护及自动装置原理、元件保护的原理、结构以及电力系统各电压等级继电保护和自动装置配置情况，并能进行正确的调试和事故处理	（1）750kV 及以下各种类型继电保护及自动装置动作原理和用途； （2）电力系统内各电压等级的继电保护及自动装置配置情况； （3）厂用电及变电站的备用电源自动投入装置的工作原理及各种接线； （4）管辖区内各种继电保护与自动装置的基本工作原理，微机保护装置的性能、维护和运行知识	讲课	不少于 50 学时
检修与调试	熟悉常用继电器的性能和技术参数以及二次接线的各种图纸，能参加一般的保护安装、检修和组屏工作。并能组织领导继电保护装置与自动装置的检验与检修工作	（1）管辖区内各种类型保护与自动装置的检验、维护、施工及验收； （2）二次电缆的敷设和接线，测控屏、保护屏配线； （3）继电保护与自动装置反事故措施内容，排除装置故障，对发生的一般故障能调查、分析和处理； （4）系统潮流分布和继电保护原理，运用矢量法，准确判断方向、距离、纵差等继电保护装置中电压与电流相位关系的正确性； （5）继电保护与自动装置中的跨线连接和连片投切等各项要求措施	讲课与现场自学结合	不少于 50 学时
继电保护整定原则及配置	了解继电保护整定知识，理解本地区继电保护整定原则及配置情况	（1）110kV 及以下线路保护和简单元件保护的整定计算知识； （2）本地区电力系统继电保护与自动装置的整定原则、整定方案以及管辖区内继电保护与自动装置的配置情况	讲课	不少于 50 学时
事故分析及运行规程	能正确分析事故原因，消除重大缺陷，能进行微机保护的现场调试、整定和一般性故障的处理，能编写继电保护与自动装置的现场规程	（1）各种继电保护与自动装置的事故调查，分析事故原因，继电保护与自动装置的重大缺陷； （2）继电保护现场调试、整定以及一般性故障的排除； （3）继电保护与自动装置的现场运行规程； （4）故障报告的打印及故障报告的分析	现场讲课与自学结合	不少于 70 学时
智能变电站二次系统调试	掌握智能变电站配置文件结构及配置方法，掌握智能变电站单设备调试，并能进行智能变电站工程测试	（1）掌握智能变电站配置文件结构及配置方法，能完成智能变电站单设备（合并单元、智能终端等）配置下装； （2）掌握智能变电站单设备（合并单元、智能终端等）调试，掌握智能变电站工程测试方法	讲课与现场自学结合	不少于 30 学时
管理及技术把关	能全面组织指导继电保护与自动装置的安装调试检修验收工作以及工程图的审核、设计，能进行事故分析、缺陷处理并能提出改进意见和防范措施	（1）继电保护与自动装置的安装、调试、检修、验收规范，并能解决安装调试较复杂的技术难题和工艺问题； （2）继电保护与自动装置的工程图纸及审核，并能承担一般继电保护与自动装置的设计； （3）各种保护装置的特性分析和事故分析； （4）根据试验结果和装置的动作情况，分析装置存在的缺陷，提出改进意见和防范措施	讲课与自学	不少于 60 学时

（3）培训方式：以自学和集中培训相结合的方式，进行基础知识讲课和技能培训。

（4）培训时间：××××年×月×日—××××年×月×日。

（5）培训场所：××××××。

（6）培训设备：××××××。

第十章　继电保护员高级技师技能操作

Jc0001161001－1　RCS－931 线路保护调试检验及排故。（100 分）

考核知识点：线路保护

难易度：易

技能等级评价专业技能考核操作工作任务书

一、任务名称

RCS－931 线路保护调试检验及排故。

二、适用工种

继电保护员高级技师。

三、具体任务

（1）工作状态为模拟 220kV 线路停电，工作内容为线路保护定检。

（2）工作任务：

1）模拟 A 相瞬时性接地故障，校验接地距离Ⅰ段的定值，断路器跳合传动正确。

2）模拟现场工作，实施安全措施（按照保护定检完成），排除设置的故障，完成现场检验任务。

3）接线方式为双母接线。保护配置为光纤差动保护、三段距离保护、两段零序保护。

四、工作规范及要求

（1）工器具使用及安全措施。

（2）按要求进行保护校验。

（3）二次回路故障查找及排除。

（4）进行故障分析并填写试验报告。

五、考核及时间要求

（1）本考核操作时间为 60 分钟，时间到停止考评，包括试验接线、保护校验和报告整理时间。同一类现象故障不限一处故障点。

（2）故障查找和排除过程中，如确实不能查找出故障，可向考评员申请排除故障，该项故障项目不得分，但不影响其他项目。

（3）按照技能操作记录单的操作要求进行操作，正确记录操作结果，试验记录项目包括动作元件、相别、动作出口时间等。

技能等级评价专业技能考核操作评分标准

工种	继电保护员					评价等级	高级技师
项目模块	缺陷处理与事故分析—保护调试—线路保护装置				编号	Jc0001161001－1	
单位			准考证号			姓名	
考试时限	60 分钟		题型	综合操作		题分	100 分
成绩		考评员		考评组长		日期	
试题正文	RCS－931 线路保护调试检验及排故						

续表

需要说明的问题和要求	（1）要求调试单人操作；故障查找及分析在调试过程中完成。 （2）操作应注意安全，按照标准化作业书的技术安全说明做好安全措施。 （3）装置调试检验在保护屏上完成操作。 （4）测试仪的选择可选考场提供的测试仪或自带测试仪

序号	项目名称	质量要求	满分	扣分标准	扣分原因	得分
1	工具使用及安全措施					
1.1	各种工器具正确使用	熟练正确使用各种工器具	5	未正确使用一次扣1分，扣完为止		
1.2	相关安全措施的准备	试验仪器正确接地	2	试验仪器未正确接地扣2分		
		短接母线保护电流	3	未进行短接母线保护电流扣3分		
		断开交流电压	2	未断开交流电压扣2分		
		在母线保护屏拆除启动失灵二次线，并做好绝缘	3	未在母线保护屏拆除启动失灵二次线，未做好绝缘扣3分（可口述）		
2	保护调试检验					
2.1	保护装置试验	能按要求正确进行接地距离Ⅰ段保护测试，试验仪故障设置正确，接线及压板等设置正确，测试正确并说明结果	30	试验接线错误扣5分； 压板等设置错误扣5分； 试验仪故障设置不正确扣5分； 试验项目不全，每缺少一项扣5分（0.95倍、1.05倍、反方向）		
3	二次回路故障排查					
3.1	故障查找	能正确进行故障查找。 故障1：将端子排1D9上的1n209接线虚接，A相无采样电压； 故障2：将端子排1D46上的1LP21－1接线虚接，功能压板无开入正电	10	未查找出故障每个扣5分		
3.2	故障排除	能正确进行故障排除	10	未正确排除故障每个扣5分		
4	填写试验报告					
4.1	试验记录	正确填写试验结果	10	每少填写一项扣3分，扣完为止		
4.2	故障排除	将故障现象和具体故障（故障点及排除的方法）填写清楚	10	故障点及排除方法未填写，每项扣2.5分； 故障现象填写不清楚，每项扣2.5分； 以上扣分，扣完为止		
5	事故分析及判断					
5.1	保护录波报告分析及判断	查看故障录波报告，进行动作行为分析及综合判断	10	录波图查看不正确或漏项，每项扣2分（不超过5分）； 结果分析不正确扣5分		
6	现场恢复	恢复现场	5	未进行现场恢复扣5分		
合计			100			

Jc0001161001－2　RCS－931线路保护调试检验及排故。（100分）

考核知识点：线路保护

难易度：易

技能等级评价专业技能考核操作工作任务书

一、任务名称

RCS－931线路保护调试检验及排故。

二、适用工种

继电保护员高级技师。

三、具体任务

（1）工作状态为模拟220kV线路停电，工作内容为线路保护定检。

（2）工作任务：

1）模拟C相永久性接地故障，校验接地距离Ⅰ段的定值，断路器跳合传动正确。

2）模拟现场工作，实施安全措施（按照保护定检完成），排除设置的故障，完成现场检验任务。

3）接线方式为双母接线。保护配置为光纤差动保护、三段距离保护、两段零序保护。

四、工作规范及要求

（1）工器具使用及安全措施。

（2）按要求进行保护校验。

（3）二次回路故障查找及排除。

（4）进行故障分析并填写试验报告。

五、考核及时间要求

（1）本考核操作时间为60分钟，时间到停止考评，包括试验接线、保护校验和报告整理时间。同一类现象故障不限一处故障点。

（2）故障查找和排除过程中，如确实不能查找出故障，可向考评员申请排除故障，该项故障项目不得分，但不影响其他项目。

（3）按照技能操作记录单的操作要求进行操作，正确记录操作结果，试验记录项目包括动作元件、相别、动作出口时间等。

技能等级评价专业技能考核操作评分标准

工种	继电保护员					评价等级	高级技师
项目模块	缺陷处理与事故分析—保护调试—线路保护装置				编号	Jc0001161001－2	
单位			准考证号			姓名	
考试时限	60分钟		题型	综合操作		题分	100分
成绩		考评员		考评组长		日期	
试题正文	RCS－931线路保护调试检验及排故						
需要说明的问题和要求	（1）要求调试单人操作；故障查找及分析在调试过程中完成。 （2）操作应注意安全，按照标准化作业书的技术安全说明做好安全措施。 （3）装置调试检验在保护屏上完成操作。 （4）测试仪的选择可选考场提供的测试仪或自带测试仪						

序号	项目名称	质量要求	满分	扣分标准	扣分原因	得分
1	工具使用及安全措施					
1.1	各种工器具正确使用	熟练正确使用各种工器具	5	未正确使用一次扣1分，扣完为止		
1.2	相关安全措施的准备	试验仪器正确接地	2	试验仪器未正确接地扣2分		
		短接母线保护电流	3	未进行短接母线保护电流扣3分		
		断开交流电压	2	未断开交流电压扣2分		
		在母线保护屏拆除启动失灵二次线，并做好绝缘	3	未在母线保护屏拆除启动失灵二次线，未做好绝缘扣3分（可口述）		
2	保护调试检验					
2.1	保护装置试验	能按要求正确进行接地距离Ⅰ段保护测试，试验仪故障设置正确，接线及压板等设置正确，测试正确并说明结果	30	试验接线错误扣5分； 压板等设置错误扣5分； 试验仪故障设置不正确扣5分； 试验项目不全，每缺少一项扣5分（0.95倍、1.05倍、反方向）		

续表

序号	项目名称	质量要求	满分	扣分标准	扣分原因	得分
3	二次回路故障排查					
3.1	故障查找	能正确进行故障查找。 故障1：控制字“内重合把手有效”整定为1且控制字“单重、三重、综重”均整定为0，重合闸“充电”灯不亮； 故障2：将端子排1D46上的1n104接线虚接，装置无开入正电	10	未查找出故障每个扣5分		
3.2	故障排除	能正确进行故障排除	10	未正确排除故障每个扣5分		
4	填写试验报告					
4.1	试验记录	正确填写试验结果	10	每少填写一项扣3分，扣完为止		
4.2	故障排除	将故障现象和具体故障（故障点及排除的方法）填写清楚	10	故障点及排除方法未填写，每项扣2.5分； 故障现象填写不清楚，每项扣2.5分； 以上扣分，扣完为止		
5	事故分析及判断					
5.1	保护录波报告分析及判断	查看故障录波报告，进行动作行为分析及综合判断	10	录波图查看不正确或漏项，每项扣2分（不超过5分）； 结果分析不正确扣5分		
6	现场恢复	恢复现场	5	未进行现场恢复扣5分		
合计			100			

Jc0001162001－3　RCS－931线路保护调试检验及排故。（100分）

考核知识点：线路保护

难易度：中

技能等级评价专业技能考核操作工作任务书

一、任务名称

RCS－931线路保护调试检验及排故。

二、适用工种

继电保护员高级技师。

三、具体任务

（1）工作状态为模拟220kV线路停电，工作内容为线路保护定检。

（2）工作任务：

1）模拟AB相短路故障，校验相间距离Ⅰ段的定值，断路器跳合传动正确。

2）模拟现场工作，实施安全措施（按照保护定检完成），排除设置的故障，完成现场检验任务。

3）接线方式为双母接线。保护配置为光纤差动保护、三段距离保护、两段零序保护。

四、工作规范及要求

（1）工器具使用及安全措施。

（2）按要求进行保护校验。

（3）二次回路故障查找及排除。

（4）进行故障分析并填写试验报告。

五、考核及时间要求

（1）本考核操作时间为60分钟，时间到停止考评，包括试验接线、保护校验和报告整理时间。同一类现象故障不限一处故障点。

（2）故障查找和排除过程中，如确实不能查找出故障，可向考评员申请排除故障，该项故障项目不得分，但不影响其他项目。

（3）按照技能操作记录单的操作要求进行操作，正确记录操作结果，试验记录项目包括动作元件、相别、动作出口时间等。

技能等级评价专业技能考核操作评分标准

工种	继电保护员				评价等级	高级技师
项目模块	缺陷处理与事故分析—保护调试—线路保护装置			编号	Jc0001162001－3	
单位		准考证号			姓名	
考试时限	60分钟	题型	综合操作		题分	100分
成绩		考评员		考评组长	日期	
试题正文	RCS－931线路保护调试检验及排故					
需要说明的问题和要求	（1）要求调试单人操作；故障查找及分析在调试过程中完成。 （2）操作应注意安全，按照标准化作业书的技术安全说明做好安全措施。 （3）装置调试检验在保护屏上完成操作。 （4）测试仪的选择可选考场提供的测试仪或自带测试仪					

序号	项目名称	质量要求	满分	扣分标准	扣分原因	得分
1	工具使用及安全措施					
1.1	各种工器具正确使用	熟练正确使用各种工器具	5	未正确使用一次扣1分，扣完为止		
1.2	相关安全措施的准备	试验仪器正确接地	2	试验仪器未正确接地扣2分		
		短接母线保护电流	3	未进行短接母线保护电流扣3分		
		断开交流电压	2	未断开交流电压扣2分		
		在母线保护屏拆除启动失灵二次线，并做好绝缘	3	未在母线保护屏拆除启动失灵二次线，未做好绝缘扣3分（可口述）		
2	保护调试检验					
2.1	保护装置试验	能按要求正确进行相间距离Ⅰ段保护测试，试验仪故障设置正确，接线及压板等设置正确，测试正确并说明结果	30	试验接线错误扣5分； 压板等设置错误扣5分； 试验仪故障设置不正确扣5分； 试验项目不全，每缺少一项扣5分（0.95倍、1.05倍、反方向）		
3	二次回路故障排查					
3.1	故障查找	能正确进行故障查找。 故障1：将端子排1D10上的1n210与1D11接线上的1n211接线交换，B、C相电压相序接反； 故障2：将端子排1D70上的4D111接线虚接，保护动作，A相断路器无法跳闸	10	未查找出故障每个扣5分		
3.2	故障排除	能正确进行故障排除	10	未正确排除故障每个扣5分		
4	填写试验报告					
4.1	试验记录	正确填写试验结果	10	每少填写一项扣3分，扣完为止		
4.2	故障排除	将故障现象和具体故障（故障点及排除的方法）填写清楚	10	故障点及排除方法未填写，每项扣2.5分； 故障现象填写不清楚，每项扣2.5分； 以上扣分，扣完为止		
5	事故分析及判断					
5.1	保护录波报告分析及判断	查看故障录波报告，进行动作行为分析及综合判断	10	录波图查看不正确或漏项，每项扣2分（不超过5分）； 结果分析不正确扣5分		
6	现场恢复	恢复现场	5	未进行现场恢复扣5分		
合计			100			

Jc0001163001－4　RCS－931 线路保护调试检验及排故。（100 分）

考核知识点：线路保护

难易度：难

技能等级评价专业技能考核操作工作任务书

一、任务名称

RCS－931 线路保护调试检验及排故。

二、适用工种

继电保护员高级技师。

三、具体任务

（1）工作状态为模拟 220kV 线路停电，工作内容为线路保护定检。

（2）工作任务：

1）模拟 BC 短路故障，校验工频变化量阻抗定值，断路器跳合传动正确。

2）模拟现场工作，实施安全措施（按照保护定检完成），排除设置的故障，完成现场检验任务。

3）接线方式为双母接线。保护配置为光纤差动保护、三段距离保护、两段零序保护。

四、工作规范及要求

（1）工器具使用及安全措施。

（2）按要求进行保护校验。

（3）二次回路故障查找及排除。

（4）进行故障分析并填写试验报告。

五、考核及时间要求

（1）本考核操作时间为 60 分钟，时间到停止考评，包括试验接线、保护校验和报告整理时间。同一类现象故障不限一处故障点。

（2）故障查找和排除过程中，如确实不能查找出故障，可向考评员申请排除故障，该项故障项目不得分，但不影响其他项目。

（3）按照技能操作记录单的操作要求进行操作，正确记录操作结果，试验记录项目包括动作元件、相别、动作出口时间等。

技能等级评价专业技能考核操作评分标准

<table>
<tr><td>工种</td><td colspan="5">继电保护员</td><td>评价等级</td><td>高级技师</td></tr>
<tr><td>项目模块</td><td colspan="4">缺陷处理与事故分析—保护调试—线路保护装置</td><td>编号</td><td colspan="2">Jc0001163001－4</td></tr>
<tr><td>单位</td><td colspan="2"></td><td>准考证号</td><td colspan="2"></td><td>姓名</td><td></td></tr>
<tr><td>考试时限</td><td colspan="2">60 分钟</td><td>题型</td><td colspan="2">综合操作</td><td>题分</td><td>100 分</td></tr>
<tr><td>成绩</td><td></td><td>考评员</td><td></td><td>考评组长</td><td></td><td>日期</td><td></td></tr>
<tr><td>试题正文</td><td colspan="7">RCS－931 线路保护调试检验及排故</td></tr>
<tr><td>需要说明的问题和要求</td><td colspan="7">（1）要求调试单人操作；故障查找及分析在调试过程中完成。
（2）操作应注意安全，按照标准化作业书的技术安全说明做好安全措施。
（3）装置调试检验在保护屏上完成操作。
（4）测试仪的选择可选考场提供的测试仪或自带测试仪</td></tr>
</table>

序号	项目名称	质量要求	满分	扣分标准	扣分原因	得分
1	工具使用及安全措施					
1.1	各种工器具正确使用	熟练正确使用各种工器具	5	未正确使用一次扣 1 分，扣完为止		

续表

序号	项目名称	质量要求	满分	扣分标准	扣分原因	得分
1.2	相关安全措施的准备	试验仪器正确接地	2	试验仪器未正确接地扣2分		
		短接母线保护电流	3	未进行短接母线保护电流扣3分		
		断开交流电压	2	未断开交流电压扣2分		
		在母线保护屏拆除启动失灵二次线，并做好绝缘	3	未在母线保护屏拆除启动失灵二次线，未做好绝缘扣3分（可口述）		
2	保护调试检验					
2.1	保护装置试验	能按要求正确进行工频变化量保护测试，试验仪故障设置正确，接线及压板等设置正确，测试正确并说明结果	30	试验接线错误扣5分； 压板等设置错误扣5分； 试验仪故障设置不正确扣5分； 试验项目不全，每缺少一项扣5分（0.9倍、1.1倍、反方向）		
3	二次回路故障排查					
3.1	故障查找	能正确进行故障查找。 故障1：将定值区由“01区”改为“00区”，定值区错误； 故障2：将端子排4D99上的4n34接线虚接，无法手动合闸断路器	10	未查找出故障每个扣5分		
3.2	故障排除	能正确进行故障排除	10	未正确排除故障每个扣5分		
4	填写试验报告					
4.1	试验记录	正确填写试验结果	10	每少填写一项扣3分，扣完为止		
4.2	故障排除	将故障现象和具体故障（故障点及排除的方法）填写清楚	10	故障点及排除方法未填写，每项扣2.5分； 故障现象填写不清楚，每项扣2.5分； 以上扣分，扣完为止		
5	事故分析及判断					
5.1	保护录波报告分析及判断	查看故障录波报告，进行动作行为分析及综合判断	10	录波图查看不正确或漏项，每项扣2分（不超过5分）； 结果分析不正确扣5分		
6	现场恢复	恢复现场	5	未进行现场恢复扣5分		
	合计		100			

Jc0001162001－5　RCS－931 线路保护调试检验及排故。（100分）

考核知识点：线路保护

难易度：中

技能等级评价专业技能考核操作工作任务书

一、任务名称

RCS－931线路保护调试检验及排故。

二、适用工种

继电保护员高级技师。

三、具体任务

（1）工作状态为模拟220kV线路停电，工作内容为线路保护定检。

（2）工作任务：

1）模拟 B 相瞬时性接地故障，校验差动保护高定值，断路器跳合传动正确。

2）模拟现场工作，实施安全措施（按照保护定检完成），排除设置的故障，完成现场检验任务。

3）接线方式为双母接线。保护配置为光纤差动保护、三段距离保护、两段零序保护。

四、工作规范及要求

（1）工器具使用及安全措施。

（2）按要求进行保护校验。

（3）二次回路故障查找及排除。

（4）进行故障分析并填写试验报告。

五、考核及时间要求

（1）本考核操作时间为 60 分钟，时间到停止考评，包括试验接线、保护校验和报告整理时间。同一类现象故障不限一处故障点。

（2）故障查找和排除过程中，如确实不能查找出故障，可向考评员申请排除故障，该项故障项目不得分，但不影响其他项目。

（3）按照技能操作记录单的操作要求进行操作，正确记录操作结果，试验记录项目包括动作元件、相别、动作出口时间等。

技能等级评价专业技能考核操作评分标准

工种	继电保护员					评价等级	高级技师
项目模块	缺陷处理与事故分析—保护调试—线路保护装置				编号	Jc0001162001－5	
单位		准考证号				姓名	
考试时限	60 分钟		题型	综合操作		题分	100 分
成绩		考评员		考评组长		日期	
试题正文	RCS－931 线路保护调试检验及排故						
需要说明的问题和要求	（1）要求调试单人操作；故障查找及分析在调试过程中完成。 （2）操作应注意安全，按照标准化作业书的技术安全说明做好安全措施。 （3）装置调试检验在保护屏上完成操作。 （4）测试仪的选择可选考场提供的测试仪或自带测试仪						

序号	项目名称	质量要求	满分	扣分标准	扣分原因	得分
1	工具使用及安全措施					
1.1	各种工器具正确使用	熟练正确使用各种工器具	5	未正确使用一次扣 1 分，扣完为止		
1.2	相关安全措施的准备	试验仪器正确接地	2	试验仪器未正确接地扣 2 分		
		短接母线保护电流	3	未进行短接母线保护电流扣 3 分		
		断开交流电压	2	未断开交流电压扣 2 分		
		在母线保护屏拆除启动失灵二次线，并做好绝缘	3	未在母线保护屏拆除启动失灵二次线，未做好绝缘扣 3 分（可口述）		
2	保护调试检验					
2.1	保护装置试验	能按要求正确进行差动保护测试，试验仪故障设置正确，接线及压板等设置正确，测试正确并说明结果	30	试验接线错误扣 5 分； 压板等设置错误扣 5 分； 试验仪故障设置不正确扣 5 分； 试验项目不全，每缺少一项扣 7.5 分（0.95 倍、1.05 倍）		
3	二次回路故障排查					
3.1	故障查找	能正确进行故障查找。 故障 1：将控制字“投三相跳闸方式”整定为 1，任何故障均跳三相； 故障 2：将端子排 1D74 上的 4D98 接线虚接，重合闸动作，断路器无法合闸	10	未查找出故障每个扣 5 分		

续表

序号	项目名称	质量要求	满分	扣分标准	扣分原因	得分
3.2	故障排除	能正确进行故障排除	10	未正确排除故障每个扣5分		
4	填写试验报告					
4.1	试验记录	正确填写试验结果	10	每少填写一项扣5分，扣完为止		
4.2	故障排除	将故障现象和具体故障（故障点及排除的方法）填写清楚	10	故障点及排除方法未填写，每项扣2.5分； 故障现象填写不清楚，每项扣2.5分； 以上扣分，扣完为止		
5	事故分析及判断					
5.1	保护录波报告分析及判断	查看故障录波报告，进行动作行为分析及综合判断	10	录波图查看不正确或漏项，每项扣2分（不超过5分）； 结果分析不正确扣5分		
6	现场恢复	恢复现场	5	未进行现场恢复扣5分		
合计			100			

Jc0001162001－6　RCS－931线路保护调试检验及排故。(100分)

考核知识点：线路保护

难易度：中

技能等级评价专业技能考核操作工作任务书

一、任务名称

RCS－931线路保护调试检验及排故。

二、适用工种

继电保护员高级技师。

三、具体任务

（1）工作状态为模拟220kV线路停电，工作内容为线路保护定检。

（2）工作任务：

1）模拟C相永久性接地故障，校验接地距离Ⅱ段定值，断路器跳合传动正确。

2）模拟现场工作，实施安全措施（按照保护定检完成），排除设置的故障，完成现场检验任务。

3）接线方式为双母接线。保护配置为光纤差动保护、三段距离保护、两段零序保护。

四、工作规范及要求

（1）工器具使用及安全措施。

（2）按要求进行保护校验。

（3）二次回路故障查找及排除。

（4）进行故障分析并填写试验报告。

五、考核及时间要求

（1）本考核操作时间为60分钟，时间到停止考评，包括试验接线、保护校验和报告整理时间。同一类现象故障不限一处故障点。

（2）故障查找和排除过程中，如确实不能查找出故障，可向考评员申请排除故障，该项故障项目不得分，但不影响其他项目。

（3）按照技能操作记录单的操作要求进行操作，正确记录操作结果，试验记录项目包括动作元件、相别、动作出口时间等。

技能等级评价专业技能考核操作评分标准

工种	继电保护员					评价等级	高级技师
项目模块	缺陷处理与事故分析—保护调试—线路保护装置				编号	Jc0001162001－6	
单位			准考证号			姓名	
考试时限	60 分钟		题型	综合操作		题分	100 分
成绩		考评员		考评组长		日期	
试题正文	RCS－931 线路保护调试检验及排故						
需要说明的问题和要求	（1）要求调试单人操作；故障查找及分析在调试过程中完成。 （2）操作应注意安全，按照标准化作业书的技术安全说明做好安全措施。 （3）装置调试检验在保护屏上完成操作。 （4）测试仪的选择可选考场提供的测试仪或自带测试仪						

序号	项目名称	质量要求	满分	扣分标准	扣分原因	得分
1	工具使用及安全措施					
1.1	各种工器具正确使用	熟练正确使用各种工器具	5	未正确使用一次扣 1 分，扣完为止		
1.2	相关安全措施的准备	试验仪器正确接地	2	试验仪器未正确接地扣 2 分		
		短接母线保护电流	3	未进行短接母线保护电流扣 3 分		
		断开交流电压	2	未断开交流电压扣 2 分		
		在母线保护屏拆除启动失灵二次线，并做好绝缘	3	未在母线保护屏拆除启动失灵二次线，未做好绝缘扣 3 分（可口述）		
2	保护调试检验					
2.1	保护装置试验	能按要求正确进行接地距离Ⅱ段保护测试，试验仪故障设置正确，接线及压板等设置正确，测试正确并说明结果	30	试验接线错误扣 5 分； 压板等设置错误扣 5 分； 试验仪故障设置不正确扣 5 分； 试验项目不全，每缺少一项扣 5 分（0.95 倍、1.05 倍、反方向）		
3	二次回路故障排查					
3.1	故障查找	能正确进行故障查找。 故障 1：接地距离Ⅱ段定值整定小于接地距离Ⅰ段定值，定值整定错误，装置运行灯不亮； 故障 2：将端子排 4D106 与 4D001 短接，保护动作跳 C 相，断路器三相跳闸	10	未查找出故障每个扣 5 分		
3.2	故障排除	能正确进行故障排除	10	未正确排除故障每个扣 5 分		
4	填写试验报告					
4.1	试验记录	正确填写试验结果	10	每少填写一项扣 3 分，扣完为止		
4.2	故障排除	将故障现象和具体故障（故障点及排除的方法）填写清楚	10	故障点及排除方法未填写，每项扣 2.5 分； 故障现象填写不清楚，每项扣 2.5 分； 以上扣分，扣完为止		
5	事故分析及判断					
5.1	保护录波报告分析及判断	查看故障录波报告，进行动作行为分析及综合判断	10	录波图查看不正确或漏项，每项扣 2 分（不超过 5 分）； 结果分析不正确扣 5 分		
6	现场恢复	恢复现场	5	未进行现场恢复扣 5 分		
合计			100			

Jc0001162001-7　RCS-931 线路保护调试检验及排故。（100 分）

考核知识点：线路保护

难易度：中

技能等级评价专业技能考核操作工作任务书

一、任务名称

RCS-931 线路保护调试检验及排故。

二、适用工种

继电保护员高级技师。

三、具体任务

（1）工作状态为模拟 220kV 线路停电，工作内容为线路保护定检。

（2）工作任务：

1）模拟 A 相瞬时性接地故障，校验差动电流高定值，断路器跳合传动正确。

2）模拟现场工作，实施安全措施（按照保护定检完成），排除设置的故障，完成现场检验任务。

3）接线方式为双母接线。保护配置为光纤差动保护、三段距离保护、两段零序保护。

四、工作规范及要求

（1）工器具使用及安全措施。

（2）按要求进行保护校验。

（3）二次回路故障查找及排除。

（4）进行故障分析并填写试验报告。

五、考核及时间要求

（1）本考核操作时间为 60 分钟，时间到停止考评，包括试验接线、保护校验和报告整理时间。同一类现象故障不限一处故障点。

（2）故障查找和排除过程中，如确实不能查找出故障，可向考评员申请排除故障，该项故障项目不得分，但不影响其他项目。

（3）按照技能操作记录单的操作要求进行操作，正确记录操作结果，试验记录项目包括动作元件、相别、动作出口时间等。

技能等级评价专业技能考核操作评分标准

工种	继电保护员					评价等级	高级技师
项目模块	缺陷处理与事故分析—保护调试—线路保护装置				编号	Jc0001162001-7	
单位			准考证号			姓名	
考试时限	60 分钟		题型	综合操作		题分	100 分
成绩		考评员		考评组长		日期	
试题正文	RCS-931 线路保护调试检验及排故						
需要说明的问题和要求	（1）要求调试单人操作；故障查找及分析在调试过程中完成。 （2）操作应注意安全，按照标准化作业书的技术安全说明做好安全措施。 （3）装置调试检验在保护屏上完成操作。 （4）测试仪的选择可选考场提供的测试仪或自带测试仪						

序号	项目名称	质量要求	满分	扣分标准	扣分原因	得分
1	工具使用及安全措施					
1.1	各种工器具正确使用	熟练正确使用各种工器具	5	未正确使用一次扣 1 分，扣完为止		

续表

序号	项目名称	质量要求	满分	扣分标准	扣分原因	得分
1.2	相关安全措施的准备	试验仪器正确接地	2	试验仪器未正确接地扣 2 分		
		短接母线保护电流	3	未进行短接母线保护电流扣 3 分		
		断开交流电压	2	未断开交流电压扣 2 分		
		在母线保护屏拆除启动失灵二次线，并做好绝缘	3	未在母线保护屏拆除启动失灵二次线，未做好绝缘扣 3 分（可口述）		
2	保护调试检验					
2.1	保护装置试验	能按要求正确进行差动保护测试，试验仪故障设置正确，接线及压板等设置正确，测试正确并说明结果	30	试验接线错误扣 5 分； 压板等设置错误扣 5 分； 试验仪故障设置不正确扣 5 分； 试验项目不全，每缺少一项扣 7.5 分（0.95 倍、1.05 倍）		
3	二次回路故障排查					
3.1	故障查找	能正确进行故障查找。 故障 1：将端子排 1D1 上的 1n201 接线虚接，A 相无采样电流； 故障 2：将端子排 4D110 与 4D112 短接，保护动作跳 A 相，断路器跳开 A、B 两相	10	未查找出故障每个扣 5 分		
3.2	故障排除	能正确进行故障排除	10	未正确排除故障每个扣 5 分		
4	填写试验报告					
4.1	试验记录	正确填写试验结果	10	每少填写一项扣 5 分，扣完为止		
4.2	故障排除	将故障现象和具体故障（故障点及排除的方法）填写清楚	10	故障点及排除方法未填写，每项扣 2.5 分； 故障现象填写不清楚，每项扣 2.5 分； 以上扣分，扣完为止		
5	事故分析及判断					
5.1	保护录波报告分析及判断	查看故障录波报告，进行动作行为分析及综合判断	10	录波图查看不正确或漏项，每项扣 2 分（不超过 5 分）； 结果分析不正确扣 5 分		
6	现场恢复	恢复现场	5	未进行现场恢复扣 5 分		
合计			100			

Jc0001162001－8　RCS－931 线路保护调试检验及排故。（100 分）

考核知识点：线路保护

难易度：中

技能等级评价专业技能考核操作工作任务书

一、任务名称

RCS－931 线路保护调试检验及排故。

二、适用工种

继电保护员高级技师。

三、具体任务

（1）工作状态为模拟 220kV 线路停电，工作内容为线路保护定检。

（2）工作任务：

1）模拟 C 相永久性接地故障，校验零序Ⅱ段电流定值，断路器跳合传动正确。

2）模拟现场工作，实施安全措施（按照保护定检完成），排除设置的故障，完成现场检验任务。

3）接线方式为双母接线。保护配置为光纤差动保护、三段距离保护、两段零序保护。

四、工作规范及要求

（1）工器具使用及安全措施。

（2）按要求进行保护校验。

（3）二次回路故障查找及排除。

（4）进行故障分析并填写试验报告。

五、考核及时间要求

（1）本考核操作时间为 60 分钟，时间到停止考评，包括试验接线、保护校验和报告整理时间。同一类现象故障不限一处故障点。

（2）故障查找和排除过程中，如确实不能查找出故障，可向考评员申请排除故障，该项故障项目不得分，但不影响其他项目。

（3）按照技能操作记录单的操作要求进行操作，正确记录操作结果，试验记录项目包括动作元件、相别、动作出口时间等。

技能等级评价专业技能考核操作评分标准

工种	继电保护员					评价等级	高级技师
项目模块	缺陷处理与事故分析—保护调试—线路保护装置				编号	Jc0001162001－8	
单位			准考证号			姓名	
考试时限	60 分钟		题型	综合操作		题分	100 分
成绩		考评员		考评组长		日期	
试题正文	RCS－931 线路保护调试检验及排故						
需要说明的问题和要求	（1）要求调试单人操作；故障查找及分析在调试过程中完成。 （2）操作应注意安全，按照标准化作业书的技术安全说明做好安全措施。 （3）装置调试检验在保护屏上完成操作。 （4）测试仪的选择可选考场提供的测试仪或自带测试仪						

序号	项目名称	质量要求	满分	扣分标准	扣分原因	得分
1	工具使用及安全措施					
1.1	各种工器具正确使用	熟练正确使用各种工器具	5	未正确使用一次扣 1 分，扣完为止		
1.2	相关安全措施的准备	试验仪器正确接地	2	试验仪器未正确接地扣 2 分		
		短接母线保护电流	3	未进行短接母线保护电流扣 3 分		
		断开交流电压	2	未断开交流电压扣 2 分		
		在母线保护屏拆除启动失灵二次线，并做好绝缘	3	未在母线保护屏拆除启动失灵二次线，未做好绝缘扣 3 分（可口述）		
2	保护调试检验					
2.1	保护装置试验	能按要求正确进行零序Ⅱ段保护测试，试验仪故障设置正确，接线及压板等设置正确，测试正确并说明结果	30	试验接线错误扣 5 分； 压板等设置错误扣 5 分； 试验仪故障设置不正确扣 5 分； 试验项目不全，每缺少一项扣 5 分（0.95 倍、1.05 倍、反方向）		
3	二次回路故障排查					
3.1	故障查找	能正确进行故障查找。 故障 1：软压板“闭重三跳压板”整定为 1，重合闸“充电”灯不亮； 故障 2：将端子排 4D98 上的 1D74 接线虚接，重合闸动作，断路器无法合闸	10	未查找出故障每个扣 5 分		

续表

序号	项目名称	质量要求	满分	扣分标准	扣分原因	得分
3.2	故障排除	能正确进行故障排除	10	未正确排除故障每个扣 5 分		
4	填写试验报告					
4.1	试验记录	正确填写试验结果	10	每少填写一项扣 3 分，扣完为止		
4.2	故障排除	将故障现象和具体故障（故障点及排除的方法）填写清楚	10	故障点及排除方法未填写，每项扣 2.5 分； 故障现象填写不清楚，每项扣 2.5 分； 以上扣分，扣完为止		
5	事故分析及判断					
5.1	保护录波报告分析及判断	查看故障录波报告，进行动作行为分析及综合判断	10	录波图查看不正确或漏项，每项扣 2 分（不超过 5 分）； 结果分析不正确扣 5 分		
6	现场恢复	恢复现场	5	未进行现场恢复扣 5 分		
合计			100			

Jc0001162001－9　RCS－931 线路保护调试检验及排故。（100 分）

考核知识点：线路保护

难易度：中

技能等级评价专业技能考核操作工作任务书

一、任务名称

RCS－931 线路保护调试检验及排故。

二、适用工种

继电保护员高级技师。

三、具体任务

（1）工作状态为模拟 220kV 线路停电，工作内容为线路保护定检。

（2）工作任务：

1）模拟 C 相瞬时性接地故障，校验接地距离Ⅱ段定值，断路器跳合传动正确。

2）模拟现场工作，实施安全措施（按照保护定检完成），排除设置的故障，完成现场检验任务。

3）接线方式为双母接线。保护配置为光纤差动保护、三段距离保护、两段零序保护。

四、工作规范及要求

（1）工器具使用及安全措施。

（2）按要求进行保护校验。

（3）二次回路故障查找及排除。

（4）进行故障分析并填写试验报告。

五、考核及时间要求

（1）本考核操作时间为 60 分钟，时间到停止考评，包括试验接线、保护校验和报告整理时间。同一类现象故障不限一处故障点。

（2）故障查找和排除过程中，如确实不能查找出故障，可向考评员申请排除故障，该项故障项目不得分，但不影响其他项目。

（3）按照技能操作记录单的操作要求进行操作，正确记录操作结果，试验记录项目包括动作元件、相别、动作出口时间等。

技能等级评价专业技能考核操作评分标准

<table>
<tr><td>工种</td><td colspan="5">继电保护员</td><td>评价等级</td><td>高级技师</td></tr>
<tr><td>项目模块</td><td colspan="4">缺陷处理与事故分析—保护调试—线路保护装置</td><td>编号</td><td colspan="2">Jc0001162001－9</td></tr>
<tr><td>单位</td><td colspan="2"></td><td>准考证号</td><td colspan="2"></td><td>姓名</td><td></td></tr>
<tr><td>考试时限</td><td colspan="2">60 分钟</td><td>题型</td><td colspan="2">综合操作</td><td>题分</td><td>100 分</td></tr>
<tr><td>成绩</td><td></td><td>考评员</td><td></td><td>考评组长</td><td></td><td>日期</td><td></td></tr>
<tr><td>试题正文</td><td colspan="7">RCS－931 线路保护调试检验及排故</td></tr>
<tr><td>需要说明的问题和要求</td><td colspan="7">（1）要求调试单人操作；故障查找及分析在调试过程中完成。
（2）操作应注意安全，按照标准化作业书的技术安全说明做好安全措施。
（3）装置调试检验在保护屏上完成操作。
（4）测试仪的选择可选考场提供的测试仪或自带测试仪</td></tr>
</table>

序号	项目名称	质量要求	满分	扣分标准	扣分原因	得分
1	工具使用及安全措施					
1.1	各种工器具正确使用	熟练正确使用各种工器具	5	未正确使用一次扣 1 分，扣完为止		
1.2	相关安全措施的准备	试验仪器正确接地	2	试验仪器未正确接地扣 2 分		
		短接母线保护电流	3	未进行短接母线保护电流扣 3 分		
		断开交流电压	2	未断开交流电压扣 2 分		
		在母线保护屏拆除启动失灵二次线，并做好绝缘	3	未在母线保护屏拆除启动失灵二次线，未做好绝缘扣 3 分（可口述）		
2	保护调试检验					
2.1	保护装置试验	能按要求正确进行接地距离Ⅱ段保护测试，试验仪故障设置正确，接线及压板等设置正确，测试正确并说明结果	30	试验接线错误扣 5 分； 压板等设置错误扣 5 分； 试验仪故障设置不正确扣 5 分； 试验项目不全，每缺少一项扣 5 分（0.95 倍、1.05 倍、反方向）		
3	二次回路故障排查					
3.1	故障查找	能正确进行故障查找。 故障 1：将端子排 4D98 与 4D88 短接，重合闸出口时启动 TJQ，断路器三相跳闸； 故障 2：将端子排 4D114 上的 4n19 接线虚接，保护动作跳闸，C 相断路器无法跳闸	10	未查找出故障每个扣 5 分		
3.2	故障排除	能正确进行故障排除	10	未正确排除故障每个扣 5 分		
4	填写试验报告					
4.1	试验记录	正确填写试验结果	10	每少填写一项扣 3 分，扣完为止		
4.2	故障排除	将故障现象和具体故障（故障点及排除的方法）填写清楚	10	故障点及排除方法未填写，每项扣 2.5 分； 故障现象填写不清楚，每项扣 2.5 分； 以上扣分，扣完为止		
5	事故分析及判断					
5.1	保护录波报告分析及判断	查看故障录波报告，进行动作行为分析及综合判断	10	录波图查看不正确或漏项，每项扣 2 分（不超过 5 分）； 结果分析不正确扣 5 分		
6	现场恢复	恢复现场	5	未进行现场恢复扣 5 分		
	合计		100			

Jc0001162002－1　WXH－803B/G 线路保护调试检验及排故。(100 分)

考核知识点：线路保护

难易度：中

技能等级评价专业技能考核操作工作任务书

一、任务名称

WXH－803B/G 线路保护调试检验及排故。

二、适用工种

继电保护员高级技师。

三、具体任务

(1) 工作状态为模拟 330kV 线路停电，工作内容为线路保护定检。

(2) 工作任务：

1) 在检修状态下进行以下工作。① 用数字测试仪加量，要求中断路器的 TA、边断路器的 TA 同时加入数字量，检查线路保护装置电流、电压采样。② 边断路器直采口加量，模拟 AB 相瞬时性短路故障，校验距离Ⅲ段定值，断路器跳合传动正确。

2) 根据上述要求模拟现场工作，实施安全措施（按照保护定检完成），排除设置的故障，完成现场检验任务。

3) 保护装置设定为 330kV 线路保护装置，采用 3/2 接线，动作于 3321、3320 两台断路器，两台断路器的 TA 变比都为 800A/5A。

四、工作规范及要求

(1) 工器具使用及安全措施。

(2) 按要求进行保护校验。

(3) 二次回路故障查找及排除。

(4) 进行故障分析并填写试验报告。

五、考核及时间要求

(1) 本考核操作时间为 60 分钟，时间到停止考评，包括试验接线、保护校验和报告整理时间。同一类现象故障不限一处故障点。

(2) 故障查找和排除过程中，如确实不能查找出故障，可向考评员申请排除故障，该项故障项目不得分，但不影响其他项目。

(3) 按照技能操作记录单的操作要求进行操作，正确记录操作结果，试验记录项目包括动作元件、相别、动作出口时间等。

技能等级评价专业技能考核操作评分标准

<table>
<tr><td>工种</td><td colspan="5">继电保护员</td><td>评价等级</td><td>高级技师</td></tr>
<tr><td>项目模块</td><td colspan="4">缺陷处理与事故分析—保护调试—线路保护装置</td><td>编号</td><td colspan="2">Jc0001162002－1</td></tr>
<tr><td>单位</td><td colspan="2"></td><td>准考证号</td><td colspan="2"></td><td>姓名</td><td></td></tr>
<tr><td>考试时限</td><td colspan="2">60 分钟</td><td>题型</td><td colspan="2">综合操作</td><td>题分</td><td>100 分</td></tr>
<tr><td>成绩</td><td></td><td>考评员</td><td></td><td>考评组长</td><td></td><td>日期</td><td></td></tr>
<tr><td>试题正文</td><td colspan="7">WXH－803B/G 线路保护调试检验及排故</td></tr>
<tr><td>需要说明的问题和要求</td><td colspan="7">(1) 要求调试单人操作，故障查找及分析在调试过程中完成。
(2) 操作应注意安全，按照标准化作业书的技术安全说明做好安全措施。
(3) 装置调试检验在保护屏上完成操作。
(4) 测试仪的选择可选考场提供的测试仪或自带测试仪</td></tr>
</table>

续表

序号	项目名称	质量要求	满分	扣分标准	扣分原因	得分
1	工具使用及安全措施					
1.1	各种工器具正确使用	熟练正确使用各种工器具	5	未正确使用一次扣1分，扣完为止		
1.2	相关安全措施的准备	（1）试验仪器正确接地。 （2）退出线路保护动作启动边断路器失灵软压板。 （3）退出线路保护动作启动中断路器失灵软压板	10	对未做好安全措施可能造成事故的扣10分； 对未做好安全措施造成一定事故的终止考评，本考核考评不合格		
2	保护调试校验					
2.1	保护装置试验	保护装置采样正确，AB相短路距离Ⅲ段保护动作正确，断路器动作正确，试验仪故障设置正确，接线及压板等设置正确	30	试验接线错误扣5分； 压板等设置错误扣5分； 试验仪故障设置不正确扣5分； 试验项目不全，每缺少一项扣5分（0.95倍、1.05倍、反方向）		
3	二次回路故障排查					
3.1	故障查找	能正确进行故障查找。 故障1：将保护装置设备参数TV一次值改为110kV，致使保护装置采集的电压值出现偏差，采样不正确； 故障2：验证SV检修机制（退出合并单元、保护装置任一检修压板）	10	未查找出故障每个扣5分		
3.2	故障排除	能正确进行故障排除	10	未正确排除故障每个扣5分		
4	填写试验报告					
4.1	试验记录	正确填写试验结果	10	每少填写一项扣3分，扣完为止		
4.2	故障排除	将故障现象和具体故障（故障点及排除的方法）填写清楚	10	故障点及排除方法未填写，每项扣2.5分； 故障现象填写不清楚，每项扣2.5分； 以上扣分，扣完为止		
5	事故分析及判断					
5.1	保护录波报告分析及判断	查看故障录波报告，进行动作行为分析及综合判断	10	录波图查看不正确或漏项，每项扣2分（不超过5分）； 结果分析不正确扣5分		
6	现场恢复	恢复现场	5	未进行现场恢复扣5分		
合计			100			

Jc0001162002－2　WXH－803B/G线路保护调试检验及排故。（100分）

考核知识点：线路保护

难易度：中

技能等级评价专业技能考核操作工作任务书

一、任务名称

WXH－803B/G线路保护调试检验及排故。

二、适用工种

继电保护员高级技师。

三、具体任务

（1）工作状态为模拟 330kV 线路停电，工作内容为线路保护定检。

（2）工作任务：

1）在检修状态下进行以下工作。① 用数字测试仪加量，要求中断路器的 TA、边断路器的 TA 同时加入数字量，检查线路保护装置电流、电压采样。② 中断路器直采口加量，模拟 B 相瞬时性接地故障，校验差动电流定值，断路器跳合传动正确。

2）根据上述要求模拟现场工作，实施安全措施（按照保护定检完成），排除设置的故障，完成现场检验任务。

3）保护装置设定为 330kV 线路保护装置，采用 3/2 接线，动作于 3321、3320 两台断路器，两台断路器的 TA 变比都为 800A/5A。

四、工作规范及要求

（1）工器具使用及安全措施。

（2）按要求进行保护校验。

（3）二次回路故障查找及排除。

（4）进行故障分析并填写试验报告。

五、考核及时间要求

（1）本考核操作时间为 60 分钟，时间到停止考评，包括试验接线、保护校验和报告整理时间。同一类现象故障不限一处故障点。

（2）故障查找和排除过程中，如确实不能查找出故障，可向考评员申请排除故障，该项故障项目不得分，但不影响其他项目。

（3）按照技能操作记录单的操作要求进行操作，正确记录操作结果，试验记录项目包括动作元件、相别、动作出口时间等。

技能等级评价专业技能考核操作评分标准

工种	继电保护员					评价等级	高级技师
项目模块	缺陷处理与事故分析—保护调试—线路保护装置				编号	Jc0001162002-2	
单位			准考证号			姓名	
考试时限	60 分钟		题型	综合操作		题分	100 分
成绩		考评员		考评组长		日期	
试题正文	WXH-803B/G 线路保护调试检验及排故						
需要说明的问题和要求	（1）要求调试单人操作，故障查找及分析在调试过程中完成。 （2）操作应注意安全，按照标准化作业书的技术安全说明做好安全措施。 （3）装置调试检验在保护屏上完成操作。 （4）测试仪的选择可选考场提供的测试仪或自带测试仪						

序号	项目名称	质量要求	满分	扣分标准	扣分原因	得分
1	工具使用及安全措施					
1.1	各种工器具正确使用	熟练正确使用各种工器具	5	未正确使用一次扣 1 分，扣完为止		
1.2	相关安全措施的准备	（1）试验仪器正确接地。 （2）退出线路保护动作启动边断路器失灵软压板。 （3）退出线路保护动作启动中断路器失灵软压板	10	对未做好安全措施可能造成事故的扣 10 分； 对未做好安全措施造成一定事故的终止考评，本模块考评不合格		
2	保护调试校验					

续表

序号	项目名称	质量要求	满分	扣分标准	扣分原因	得分
2.1	保护装置试验	保护装置采样正确，B 相差动保护动作正确，断路器动作正确，试验仪故障设置正确，接线及压板等设置正确	30	试验接线错误扣 5 分； 压板等设置错误扣 5 分； 试验仪故障设置不正确扣 5 分； 试验项目不全，每缺少一项扣 7.5 分（0.95 倍、1.05 倍）		
3	二次回路故障排查					
3.1	故障查找	能正确进行故障查找。 故障 1：将端子排 1－1QD2 上 1－KLP1－1 接线虚接，投入检修压板后，保护装置“检修状态”灯不亮； 故障 2：验证 GOOSE 检修机制（退出智能终端、保护装置任一检修压板）	10	未查找出故障每个扣 5 分		
3.2	故障排除	能正确进行故障排除	10	未正确排除故障每个扣 5 分		
4	填写试验报告					
4.1	试验记录	正确填写试验结果	10	每少填写一项扣 5 分，扣完为止		
4.2	故障排除	将故障现象和具体故障（故障点及排除的方法）填写清楚	10	故障点及排除方法未填写，每项扣 2.5 分； 故障现象填写不清楚，每项扣 2.5 分； 以上扣分，扣完为止		
5	事故分析及判断					
5.1	保护录波报告分析及判断	查看故障录波报告，进行动作行为分析及综合判断	10	录波图查看不正确或漏项，每项扣 2 分（不超过 5 分）； 结果分析不正确扣 5 分		
6	现场恢复	恢复现场	5	未进行现场恢复扣 5 分		
合计			100			

Jc0001163002－3　WXH－803B/G 线路保护调试检验及排故。（100 分）

考核知识点：线路保护

难易度：难

技能等级评价专业技能考核操作工作任务书

一、任务名称

WXH－803B/G 线路保护调试检验及排故。

二、适用工种

继电保护员高级技师。

三、具体任务

（1）工作状态为模拟 330kV 线路停电，工作内容为线路保护定检。

（2）工作任务：

1）在检修状态下进行以下工作。① 用数字测试仪加量，要求中断路器的 TA、边断路器的 TA 同时加入数字量，检查线路保护装置电流、电压采样。② 边断路器直采口加量，模拟三相瞬时性短路故障，校验距离保护Ⅰ段定值，断路器跳合传动正确。

2）根据上述要求模拟现场工作，实施安全措施（按照保护定检完成），排除设置的故障，完成现场检验任务。

3）保护装置设定为 330kV 线路保护装置，采用 3/2 接线，动作于 3321、3320 两台断路器，两台断路器的 TA 变比都为 800A/5A。

四、工作规范及要求

（1）工器具使用及安全措施。

（2）按要求进行保护校验。

（3）二次回路故障查找及排除。

（4）进行故障分析并填写试验报告。

五、考核及时间要求

（1）本考核操作时间为 60 分钟，时间到停止考评，包括试验接线、保护校验和报告整理时间。同一类现象故障不限一处故障点。

（2）故障查找和排除过程中，如确实不能查找出故障，可向考评员申请排除故障，该项故障项目不得分，但不影响其他项目。

（3）按照技能操作记录单的操作要求进行操作，正确记录操作结果，试验记录项目包括动作元件、相别、动作出口时间等。

技能等级评价专业技能考核操作评分标准

工种	继电保护员					评价等级	高级技师
项目模块	缺陷处理与事故分析—保护调试—线路保护装置				编号	Jc0001163002－3	
单位			准考证号			姓名	
考试时限	60 分钟		题型	综合操作		题分	100 分
成绩		考评员		考评组长		日期	
试题正文	WXH－803B/G 线路保护调试检验及排故						
需要说明的问题和要求	（1）要求调试单人操作，故障查找及分析在调试过程中完成。 （2）操作应注意安全，按照标准化作业书的技术安全说明做好安全措施。 （3）装置调试检验在保护屏上完成操作。 （4）测试仪的选择可选考场提供的测试仪或自带测试仪						

序号	项目名称	质量要求	满分	扣分标准	扣分原因	得分
1	工具使用及安全措施					
1.1	各种工器具正确使用	熟练正确使用各种工器具	5	未正确使用一次扣 1 分，扣完为止		
1.2	相关安全措施的准备	（1）试验仪器正确接地。 （2）退出线路保护动作启动边断路器失灵软压板。 （3）退出线路保护动作启动中断路器失灵软压板	10	对未做好安全措施可能造成事故的扣 10 分； 对未做好安全措施造成一定事故的终止考评，本考核考评不合格		
2	保护调试校验					
2.1	保护装置试验	保护装置采样正确，三相短路距离Ⅰ段保护动作正确，断路器动作正确，试验仪故障设置正确，接线及压板等设置正确	30	试验接线错误扣 5 分； 压板等设置错误扣 5 分； 试验仪故障设置不正确扣 5 分； 试验项目不全，每缺少一项扣 5 分（0.95 倍、1.05 倍、反方向）		
3	二次回路故障排查					
3.1	故障查找	能正确进行故障查找。 故障 1：将保护装置背板 3 口的“保护直跳 3320－GS”两根尾纤上下交换位置，保护动作，但 3320 无法跳闸； 故障 2：验证 SV 检修机制（退出合并单元、保护装置任一检修压板）	10	未查找出故障每个扣 5 分		
3.2	故障排除	能正确进行故障排除	10	未正确排除故障每个扣 5 分		
4	填写试验报告					
4.1	试验记录	正确填写试验结果	10	每少填写一项扣 3 分，扣完为止		

续表

序号	项目名称	质量要求	满分	扣分标准	扣分原因	得分
4.2	故障排除	将故障现象和具体故障（故障点及排除的方法）填写清楚	10	故障点及排除方法未填写，每项扣2.5分； 故障现象填写不清楚，每项扣2.5分； 以上扣分，扣完为止		
5	事故分析及判断					
5.1	保护录波报告分析及判断	查看故障录波报告，进行动作行为分析及综合判断	10	录波图查看不正确或漏项，每项扣2分（不超过5分）； 结果分析不正确扣5分		
6	现场恢复	恢复现场	5	未进行现场恢复扣5分		
合计			100			

Jc0001162002－4　WXH－803B/G 线路保护调试检验及排故。（100 分）

考核知识点：线路保护

难易度：中

技能等级评价专业技能考核操作工作任务书

一、任务名称

WXH－803B/G 线路保护调试检验及排故。

二、适用工种

继电保护员高级技师。

三、具体任务

（1）工作状态为模拟 330kV 线路停电，工作内容为线路保护定检。

（2）工作任务：

1）在检修状态下进行以下工作。① 用数字测试仪加量，要求中断路器的 TA、边断路器的 TA 同时加入数字量，检查线路保护装置电流、电压采样。② 边断路器直采口加量，模拟 C 相永久性故障，校验零序Ⅱ段保护定值，断路器跳合传动正确。

2）根据上述要求模拟现场工作，实施安全措施（按照保护定检完成），排除设置的故障，完成现场检验任务。

3）保护装置设定为 330kV 线路保护装置，采用 3/2 接线，动作于 3321、3320 两台断路器，两台断路器的 TA 变比都为 800A/5A。

四、工作规范及要求

（1）工器具使用及安全措施。

（2）按要求进行保护校验。

（3）二次回路故障查找及排除。

（4）进行故障分析并填写试验报告。

五、考核及时间要求

（1）本考核操作时间为 60 分钟，时间到停止考评，包括试验接线、保护校验和报告整理时间。同一类现象故障不限一处故障点。

（2）故障查找和排除过程中，如确实不能查找出故障，可向考评员申请排除故障，该项故障项目不得分，但不影响其他项目。

（3）按照技能操作记录单的操作要求进行操作，正确记录操作结果，试验记录项目包括动作元件、相别、动作出口时间等。

技能等级评价专业技能考核操作评分标准

工种	继电保护员			评价等级	高级技师
项目模块	缺陷处理与事故分析—保护调试—线路保护装置		编号	Jc0001162002－4	
单位		准考证号		姓名	
考试时限	60 分钟	题型	综合操作	题分	100 分
成绩	考评员		考评组长	日期	
试题正文	WXH－803B/G 线路保护调试检验及排故				
需要说明的问题和要求	（1）要求调试单人操作，故障查找及分析在调试过程中完成。 （2）操作应注意安全，按照标准化作业书的技术安全说明做好安全措施。 （3）装置调试检验在保护屏上完成操作。 （4）测试仪的选择可选考场提供的测试仪或自带测试仪				

序号	项目名称	质量要求	满分	扣分标准	扣分原因	得分
1	工具使用及安全措施					
1.1	各种工器具正确使用	熟练正确使用各种工器具	5	未正确使用一次扣 1 分，扣完为止		
1.2	相关安全措施的准备	（1）试验仪器正确接地。 （2）退出线路保护动作启动边断路器失灵软压板。 （3）退出线路保护动作启动中断路器失灵软压板	10	对未做好安全措施可能造成事故的扣 10 分； 对未做好安全措施造成一定事故的终止考评，本模块考评不合格		
2	保护调试校验					
2.1	保护装置试验	保护装置采样正确，C 相零序Ⅱ段保护动作正确，断路器动作正确，试验仪故障设置正确，接线及压板等设置正确	30	试验接线错误扣 5 分； 压板等设置错误扣 5 分； 试验仪故障设置不正确扣 5 分； 试验项目不全，每缺少一项扣 5 分（0.95 倍、1.05 倍、反方向）		
3	二次回路故障排查					
3.1	故障查找	能正确进行故障查找。 故障 1：将边断路器直采光纤和中断路器直采光纤交换，保护装置报 SV 断链； 故障 2：验证 SV 检修机制（退出合并单元、保护装置任一检修压板）	10	未查找出故障每个扣 5 分		
3.2	故障排除	能正确进行故障排除	10	未正确排除故障每个扣 5 分		
4	填写试验报告					
4.1	试验记录	正确填写试验结果	10	每少填写一项扣 3 分，扣完为止		
4.2	故障排除	将故障现象和具体故障（故障点及排除的方法）填写清楚	10	故障点及排除方法未填写，每项扣 2.5 分； 故障现象填写不清楚，每项扣 2.5 分； 以上扣分，扣完为止		
5	事故分析及判断					
5.1	保护录波报告分析及判断	查看故障录波报告，进行动作行为分析及综合判断	10	录波图查看不正确或漏项，每项扣 2 分（不超过 5 分）； 结果分析不正确扣 5 分		
6	现场恢复	恢复现场	5	未进行现场恢复扣 5 分		
合计			100			

Jc0001162002－5 WXH－803B/G 线路保护调试检验及排故。（100 分）

考核知识点：线路保护

难易度：中

技能等级评价专业技能考核操作工作任务书

一、任务名称

WXH－803B/G 线路保护调试检验及排故。

二、适用工种

继电保护员高级技师。

三、具体任务

（1）工作状态为模拟330kV线路停电，工作内容为线路保护定检。

（2）工作任务：

1）在检修状态下进行以下工作。① 用数字测试仪加量，要求中断路器的TA、边断路器的TA同时加入数字量，检查线路保护装置电流、电压采样。② 边断路器直采口加量，模拟C相瞬时性接地故障，校验接地距离Ⅱ段定值，断路器跳合传动正确。

2）根据上述要求模拟现场工作，实施安全措施（按照保护定检完成），排除设置的故障，完成现场检验任务。

3）保护装置设定为330kV线路保护装置，采用3/2接线，动作于3321、3320两台断路器，两台断路器的TA变比都为800A/5A。

四、工作规范及要求

（1）工器具使用及安全措施。

（2）按要求进行保护校验。

（3）二次回路故障查找及排除。

（4）进行故障分析并填写试验报告。

五、考核及时间要求

（1）本考核操作时间为60分钟，时间到停止考评，包括试验接线、保护校验和报告整理时间。同一类现象故障不限一处故障点。

（2）故障查找和排除过程中，如确实不能查找出故障，可向考评员申请排除故障，该项故障项目不得分，但不影响其他项目。

（3）按照技能操作记录单的操作要求进行操作，正确记录操作结果，试验记录项目包括动作元件、相别、动作出口时间等。

技能等级评价专业技能考核操作评分标准

工种	继电保护员					评价等级	高级技师
项目模块	缺陷处理与事故分析—保护调试—线路保护装置				编号	Jc0001162002－5	
单位			准考证号			姓名	
考试时限	60分钟		题型	综合操作		题分	100分
成绩		考评员		考评组长		日期	
试题正文	WXH－803B/G线路保护调试检验及排故						
需要说明的问题和要求	（1）要求调试单人操作，故障查找及分析在调试过程中完成。 （2）操作应注意安全，按照标准化作业书的技术安全说明做好安全措施。 （3）装置调试检验在保护屏上完成操作。 （4）测试仪的选择可选考场提供的测试仪或自带测试仪						

序号	项目名称	质量要求	满分	扣分标准	扣分原因	得分
1	工具使用及安全措施					
1.1	各种工器具正确使用	熟练正确使用各种工器具	5	未正确使用一次扣1分，扣完为止		
1.2	相关安全措施的准备	（1）试验仪器正确接地。 （2）退出线路保护动作启动边断路器失灵软压板。 （3）退出线路保护动作启动中断路器失灵软压板	10	对未做好安全措施可能造成事故的扣10分； 对未做好安全措施造成一定事故的终止考评，本考核考评不合格		

续表

序号	项目名称	质量要求	满分	扣分标准	扣分原因	得分
2	保护调试校验					
2.1	保护装置试验	保护装置采样正确，C 相接地距离Ⅱ段保护动作正确，断路器动作正确，试验仪故障设置正确，接线及压板等设置正确	30	试验接线错误扣 5 分； 压板等设置错误扣 5 分； 试验仪故障设置不正确扣 5 分； 试验项目不全，每缺少一项扣 5 分（0.95 倍、1.05 倍、反方向）		
3	二次回路故障排查					
3.1	故障查找	能正确进行故障查找。 故障 1：将“电压 MU 投入”退出，保护装置逻辑无法校验； 故障 2：验证 SV 检修机制（退出合并单元、保护装置任一检修压板）	10	未查找出故障每个扣 5 分		
3.2	故障排除	能正确进行故障排除	10	未正确排除故障每个扣 5 分		
4	填写试验报告					
4.1	试验记录	正确填写试验结果	10	每少填写一项扣 3 分，扣完为止		
4.2	故障排除	将故障现象和具体故障（故障点及排除的方法）填写清楚	10	故障点及排除方法未填写，每项扣 2.5 分； 故障现象填写不清楚，每项扣 2.5 分； 以上扣分，扣完为止		
5	事故分析及判断					
5.1	保护录波报告分析及判断	查看故障录波报告，进行动作行为分析及综合判断	10	录波图查看不正确或漏项，每项扣 2 分（不超过 5 分）； 结果分析不正确扣 5 分		
6	现场恢复	恢复现场	5	未进行现场恢复扣 5 分		
合计			100			

Jc0001162002－6 WXH－803B/G 线路保护调试检验及排故。（100 分）

考核知识点：线路保护

难易度：中

技能等级评价专业技能考核操作工作任务书

一、任务名称

WXH－803B/G 线路保护调试检验及排故。

二、适用工种

继电保护员高级技师。

三、具体任务

（1）工作状态为模拟 330kV 线路停电，工作内容为线路保护定检。

（2）工作任务：

1）在检修状态下进行以下工作。① 用数字测试仪加量，要求中断路器的 TA、边断路器的 TA 同时加入数字量，检查线路保护装置电流、电压采样。② 边断路器直采口加量，模拟 BC 相永久性故障，校验相间距离 I 段定值，断路器跳合传动正确。

2）根据上述要求模拟现场工作，实施安全措施（按照保护定检完成），排除设置的故障，完成现场检验任务。

3）保护装置设定为 330kV 线路保护装置，采用 3/2 接线，动作于 3321、3320 两台断路器，两台断路器的 TA 变比都为 800A/5A。

四、工作规范及要求

（1）工器具使用及安全措施。

（2）按要求进行保护校验。

（3）二次回路故障查找及排除。

（4）进行故障分析并填写试验报告。

五、考核及时间要求

（1）本考核操作时间为 60 分钟，时间到停止考评，包括试验接线、保护校验和报告整理时间。同一类现象故障不限一处故障点。

（2）故障查找和排除过程中，如确实不能查找出故障，可向考评员申请排除故障，该项故障项目不得分，但不影响其他项目。

（3）按照技能操作记录单的操作要求进行操作，正确记录操作结果，试验记录项目包括动作元件、相别、动作出口时间等。

技能等级评价专业技能考核操作评分标准

工种	继电保护员				评价等级	高级技师
项目模块	缺陷处理与事故分析—保护调试—线路保护装置			编号	Jc0001162002－6	
单位		准考证号			姓名	
考试时限	60 分钟	题型	综合操作		题分	100 分
成绩		考评员		考评组长	日期	
试题正文	WXH－803B/G 线路保护调试检验及排故					
需要说明的问题和要求	（1）要求调试单人操作；故障查找及分析在调试过程中完成。 （2）操作应注意安全，按照标准化作业书的技术安全说明做好安全措施。 （3）装置调试检验在保护屏上完成操作。 （4）测试仪的选择可选考场提供的测试仪或自带测试仪					

序号	项目名称	质量要求	满分	扣分标准	扣分原因	得分
1	工具使用及安全措施					
1.1	各种工器具正确使用	熟练正确使用各种工器具	5	未正确使用一次扣 1 分，扣完为止		
1.2	相关安全措施的准备	（1）试验仪器正确接地。 （2）退出线路保护动作启动边断路器失灵软压板。 （3）退出线路保护动作启动中断路器失灵软压板	10	对未做好安全措施可能造成事故的扣 10 分； 对未做好安全措施造成一定事故的终止考评，本考核考评不合格		
2	保护调试检验					
2.1	保护装置试验	保护装置采样正确，BC 相相间距离Ⅰ段保护动作正确，断路器动作正确，试验仪故障设置正确，接线及压板等设置正确	30	试验接线错误扣 5 分； 压板等设置错误扣 5 分； 试验仪故障设置不正确扣 5 分； 试验项目不全，每缺少一项扣 5 分（0.95 倍、1.05 倍、反方向）		
3	二次回路故障排查					
3.1	故障查找	能正确进行故障查找。 故障 1：中断路器保护直跳－组网收发尾纤交换位置，保护动作，但模拟断路器无法跳闸； 故障 2：验证 SV 检修机制（退出合并单元、保护装置任一检修压板）	10	未查找出故障每个扣 5 分		
3.2	故障排除	能正确进行故障排除	10	未正确排除故障每个扣 5 分		

续表

序号	项目名称	质量要求	满分	扣分标准	扣分原因	得分
4	填写试验报告					
4.1	试验记录	正确填写试验结果	10	每少填写一项扣3分，扣完为止		
4.2	故障排除	将故障现象和具体故障（故障点及排除的方法）填写清楚	10	故障点及排除方法未填写，每项扣2.5分； 故障现象填写不清楚，每项扣2.5分； 以上扣分，扣完为止		
5	事故分析及判断					
5.1	保护录波报告分析及判断	查看故障录波报告，进行动作行为分析及综合判断	10	录波图查看不正确或漏项，每项扣2分（不超过5分）； 结果分析不正确扣5分		
6	现场恢复	恢复现场	5	未进行现场恢复扣5分		
合计			100			

Jc0001161002－7 WXH－803B/G 线路保护调试检验及排故。（100分）

考核知识点：线路保护

难易度：易

技能等级评价专业技能考核操作工作任务书

一、任务名称

WXH－803B/G 线路保护调试检验及排故

二、适用工种

继电保护员高级技师。

三、具体任务

（1）工作状态为模拟330kV线路停电，工作内容为线路保护定检。

（2）工作任务：

1）在检修状态下进行以下工作。① 用数字测试仪加量，要求中断路器TA、边断路器TA同时加入数字量，检查线路保护装置电流、电压采样。② 边断路器直采口加量，模拟B相永久性故障，校验距离Ⅱ段定值，断路器跳合传动正确。

2）根据上述要求模拟现场工作，实施安全措施（按照保护定检完成），排除设置的故障，完成现场检验任务。

3）保护装置设定为330kV线路保护装置，采用3/2接线，动作于3321、3320两台断路器，两台断路器的TA变比都为800A/5A。

四、工作规范及要求

（1）工器具使用及安全措施。

（2）按要求进行保护校验。

（3）二次回路故障查找及排除。

（4）进行故障分析并填写试验报告。

五、考核及时间要求

（1）本考核操作时间为60分钟，时间到停止考评，包括试验接线、保护校验和报告整理时间。同一类现象故障不限一处故障点。

（2）故障查找和排除过程中，如确实不能查找出故障，可向考评员申请排除故障，该项故障项目不得分，但不影响其他项目。

（3）按照技能操作记录单的操作要求进行操作，正确记录操作结果，试验记录项目包括动作元件、相别、动作出口时间等。

技能等级评价专业技能考核操作评分标准

工种	继电保护员					评价等级	高级技师
项目模块	缺陷处理与事故分析—保护调试—线路保护装置				编号		Jc0001161002－7
单位			准考证号			姓名	
考试时限	60 分钟		题型	综合操作		题分	100 分
成绩		考评员		考评组长		日期	
试题正文	WXH－803B/G 线路保护调试检验及排故						
需要说明的问题和要求	（1）要求调试单人操作，故障查找及分析在调试过程中完成。 （2）操作应注意安全，按照标准化作业书的技术安全说明做好安全措施。 （3）装置调试检验在保护屏上完成操作。 （4）测试仪的选择可选考场提供的测试仪或自带测试仪						

序号	项目名称	质量要求	满分	扣分标准	扣分原因	得分
1	工具使用及安全措施					
1.1	各种工器具正确使用	熟练正确使用各种工器具	5	未正确使用一次扣 1 分，扣完为止		
1.2	相关安全措施的准备	（1）试验仪器正确接地。 （2）退出线路保护动作启动边断路器失灵软压板。 （3）退出线路保护动作启动中断路器失灵软压板	10	对未做好安全措施可能造成事故的扣 10 分； 对未做好安全措施造成一定事故的终止考评，本考核考评不合格		
2	保护调试校验					
2.1	保护装置试验	保护装置采样正确，B 相距离Ⅱ段保护动作正确，断路器动作正确，试验仪故障设置正确，接线及压板等设置正确	30	试验接线错误扣 5 分； 压板等设置错误扣 5 分； 试验仪故障设置不正确扣 5 分； 试验项目不全，每缺少一项扣 5 分（0.95 倍、1.05 倍、反方向）		
3	二次回路故障排查					
3.1	故障查找	能正确进行故障查找。 故障 1：将“接地距离Ⅱ段”控制字退出，距离保护Ⅱ段不动作； 故障 2：验证 SV 检修机制（退出合并单元、保护装置任一检修压板）	10	未查找出故障每个扣 5 分		
3.2	故障排除	能正确进行故障排除	10	未正确排除故障每个扣 5 分		
4	填写试验报告					
4.1	试验记录	正确填写试验结果	10	每少填写一项扣 3 分，扣完为止		
4.2	故障排除	将故障现象和具体故障（故障点及排除的方法）填写清楚	10	故障点及排除方法未填写，每项扣 2.5 分； 故障现象填写不清楚，每项扣 2.5 分； 以上扣分，扣完为止		
5	事故分析及判断					
5.1	保护录波报告分析及判断	查看故障录波报告，进行动作行为分析及综合判断	10	录波图查看不正确或漏项，每项扣 2 分（不超过 5 分）； 结果分析不正确扣 5 分		
6	现场恢复	恢复现场	5	未进行现场恢复扣 5 分		
合计			100			

Jc0001162002－8　WXH－803B/G 线路保护调试检验及排故。（100 分）

考核知识点：线路保护

难易度：中

技能等级评价专业技能考核操作工作任务书

一、任务名称

WXH－803B/G 线路保护调试检验及排故。

二、适用工种

继电保护员高级技师。

三、具体任务

（1）工作状态为模拟 330kV 线路停电，工作内容为线路保护定检。

（2）工作任务：

1）在检修状态下进行以下工作。① 用数字测试仪加量，要求中断路器 TA、边断路器 TA 同时加入数字量，检查线路保护装置电流、电压采样。② 边断路器直采口加量，模拟 A 相永久性故障，校验零序Ⅱ段保护定值，断路器跳合传动正确。

2）根据上述要求模拟现场工作，实施安全措施（按照保护定检完成），排除设置的故障，完成现场检验任务。

3）保护装置设定为 330kV 线路保护装置，采用 3/2 接线，动作于 3321、3320 两台断路器，两台断路器的 TA 变比都为 800A/5A。

四、工作规范及要求

（1）工器具使用及安全措施。

（2）按要求进行保护校验。

（3）二次回路故障查找及排除。

（4）进行故障分析并填写试验报告。

五、考核及时间要求

（1）本考核 1～6 项操作时间为 60 分钟，时间到停止考评，包括试验接线、保护校验和报告整理时间。同一类现象故障不限一处故障点。

（2）故障查找和排除过程中，如确实不能查找出故障，可向考评员申请排除故障，该项故障项目不得分，但不影响其他项目。

（3）按照技能操作记录单的操作要求进行操作，正确记录操作结果，试验记录项目包括动作元件、相别、动作出口时间等。

技能等级评价专业技能考核操作评分标准

<table>
<tr><td>工种</td><td colspan="5">继电保护员</td><td>评价等级</td><td>高级技师</td></tr>
<tr><td>项目模块</td><td colspan="4">缺陷处理与事故分析—保护调试—线路保护装置</td><td>编号</td><td colspan="2">Jc0001162002－8</td></tr>
<tr><td>单位</td><td colspan="2"></td><td>准考证号</td><td colspan="2"></td><td>姓名</td><td></td></tr>
<tr><td>考试时限</td><td colspan="2">60 分钟</td><td>题型</td><td colspan="2">综合操作</td><td>题分</td><td>100 分</td></tr>
<tr><td>成绩</td><td></td><td>考评员</td><td></td><td>考评组长</td><td></td><td>日期</td><td></td></tr>
<tr><td>试题正文</td><td colspan="7">WXH－803B/G 线路保护调试检验及排故</td></tr>
<tr><td>需要说明的问题和要求</td><td colspan="7">（1）要求调试单人操作，故障查找及分析在调试过程中完成。
（2）操作应注意安全，按照标准化作业书的技术安全说明做好安全措施。
（3）装置调试检验在保护屏上完成操作。
（4）测试仪的选择可选考场提供的测试仪或自带测试仪</td></tr>
</table>

续表

序号	项目名称	质量要求	满分	扣分标准	扣分原因	得分
1	工具使用及安全措施					
1.1	各种工器具正确使用	熟练正确使用各种工器具	5	未正确使用一次扣1分，扣完为止		
1.2	相关安全措施的准备	（1）试验仪器正确接地。 （2）退出线路保护动作启动边断路器失灵软压板。 （3）退出线路保护动作启动中断路器失灵软压板	10	对未做好安全措施可能造成事故的扣10分； 对未做好安全措施造成一定事故的终止考评，本考核考评不合格		
2	保护调试校验					
2.1	保护装置试验	保护装置采样正确，A相零序Ⅱ段保护动作正确，断路器动作正确，试验仪故障设置正确，接线及压板等设置正确	30	试验接线错误扣5分； 压板等设置错误扣5分； 试验仪故障设置不正确扣5分； 试验项目不全，每缺少一项扣5分（0.95倍、1.05倍、反方向）		
3	二次回路故障排查					
3.1	故障查找	能正确进行故障查找。 故障1：将边断路器直采光纤和中断路器直采光纤交换，保护装置报SV断链； 故障2：验证SV检修机制（退出合并单元、保护装置任一检修压板）	10	未查找出故障每个扣5分		
3.2	故障排除	能正确进行故障排除	10	未正确排除故障每个扣5分		
4	填写试验报告					
4.1	试验记录	正确填写试验结果	10	每少填写一项扣3分，扣完为止		
4.2	故障排除	将故障现象和具体故障（故障点及排除的方法）填写清楚	10	故障点及排除方法未填写，每项扣2.5分； 故障现象填写不清楚，每项扣2.5分； 以上扣分，扣完为止		
5	事故分析及判断					
5.1	保护录波报告分析及判断	查看故障录波报告，进行动作行为分析及综合判断	10	录波图查看不正确或漏项，每项扣2分（不超过5分）； 结果分析不正确扣5分		
6	现场恢复	恢复现场	5	未进行现场恢复扣5分		
合计			100			

Jc0001162002-9　WXH-803B/G 线路保护调试检验及排故。（100分）

考核知识点：线路保护

难易度：中

技能等级评价专业技能考核操作工作任务书

一、任务名称

WXH-803B/G线路保护调试检验及排故。

二、适用工种

继电保护员高级技师。

三、具体任务

（1）工作状态为模拟330kV线路停电，工作内容为线路保护定检。

（2）工作任务：

1）在检修状态下进行以下工作。① 用数字测试仪加量，要求中断路器的 TA、边断路器的 TA 同时加入数字量，检查线路保护装置电流、电压采样。② 边断路器直采口加量，模拟 C 相永久性故障，校验距离Ⅱ段定值，断路器跳合传动正确。

2）根据上述要求模拟现场工作，实施安全措施（按照保护定检完成），排除设置的故障，完成现场检验任务。

3）保护装置设定为 330kV 线路保护装置，采用 3/2 接线，动作于 3321、3320 两台断路器，两台断路器的 TA 变比都为 800A/5A。

四、工作规范及要求

（1）工器具使用及安全措施。

（2）按要求进行保护校验。

（3）二次回路故障查找及排除。

（4）进行故障分析并填写试验报告。

五、考核及时间要求

（1）本考核操作时间为 60 分钟，时间到停止考评，包括试验接线、保护校验和报告整理时间。同一类现象故障不限一处故障点。

（2）故障查找和排除过程中，如确实不能查找出故障，可向考评员申请排除故障，该项故障项目不得分，但不影响其他项目。

（3）按照技能操作记录单的操作要求进行操作，正确记录操作结果，试验记录项目包括动作元件、相别、动作出口时间等。

技能等级评价专业技能考核操作评分标准

工种	继电保护员					评价等级	高级技师
项目模块	缺陷处理与事故分析—保护调试—线路保护装置				编号	Jc0001162002－9	
单位			准考证号			姓名	
考试时限	60 分钟	题型		综合操作		题分	100 分
成绩		考评员		考评组长		日期	
试题正文	WXH－803B/G 线路保护调试检验及排故						
需要说明的问题和要求	（1）要求调试单人操作，故障查找及分析在调试过程中完成。 （2）操作应注意安全，按照标准化作业书的技术安全说明做好安全措施。 （3）装置调试检验在保护屏上完成操作。 （4）测试仪的选择可选考场提供的测试仪或自带测试仪						

序号	项目名称	质量要求	满分	扣分标准	扣分原因	得分
1	工具使用及安全措施					
1.1	各种工器具正确使用	熟练正确使用各种工器具	5	未正确使用一次扣 1 分，扣完为止		
1.2	相关安全措施的准备	（1）试验仪器正确接地。 （2）退出线路保护动作启动边断路器失灵软压板。 （3）退出线路保护动作启动中断路器失灵软压板	10	对未做好安全措施可能造成事故的扣 10 分 对未做好安全措施造成一定事故的终止考评，本考核考评不合格		
2	保护调试校验					
2.1	保护装置试验	保护装置采样正确，C 相距离Ⅱ段保护动作正确，断路器动作正确，试验仪故障设置正确，接线及压板等设置正确	30	试验接线错误扣 5 分 压板等设置错误扣 5 分 试验仪故障设置不正确扣 5 分 试验项目不全，每缺少一项扣 5 分（0.95 倍、1.05 倍、反方向）		

续表

序号	项目名称	质量要求	满分	扣分标准	扣分原因	得分
3	二次回路故障排查					
3.1	故障查找	能正确进行故障查找。 故障1：将“接地距离Ⅱ段”控制字退出，距离保护Ⅱ段不动作； 故障2：验证SV检修机制（退出合并单元、保护装置任一检修压板）	10	未查找出故障每个扣5分		
3.2	故障排除	能正确进行故障排除	10	未正确排除故障每个扣5分		
4	填写试验报告					
4.1	试验记录	正确填写试验结果	10	每少填写一项扣3分，扣完为止		
4.2	故障排除	将故障现象和具体故障（故障点及排除的方法）填写清楚	10	故障点及排除方法未填写，每项扣2.5分； 故障现象填写不清楚，每项扣2.5分； 以上扣分，扣完为止		
5	事故分析及判断					
5.1	保护录波报告分析及判断	查看故障录波报告，进行动作行为分析及综合判断	10	录波图查看不正确或漏项，每项扣2分（不超过5分）； 结果分析不正确扣5分		
6	现场恢复	恢复现场	5	未进行现场恢复扣5分		
合计			100			

Jc0002163001－1　PST－1200主变压器保护调试检验及排故。（100分）

考核知识点：变压器保护

难易度：难

技能等级评价专业技能考核操作工作任务书

一、任务名称

PST－1200主变压器保护调试检验及排故。

二、适用工种

继电保护员高级技师。

三、具体任务

（1）工作状态为主变压器停电，工作内容为主变压器保护定检。

（2）工作任务：

1）差动保护比率制动整组试验，跳变压器各侧断路器。要求：① 制动电流分别为$2I_e$和$3.5I_e$，断路器跳合传动正确；② 电流加在高压侧和低压侧（A相）。

2）根据上述要求模拟现场工作，实施安全措施（按照保护定检完成），排除保护屏设置的故障，完成现场检验任务。

四、工作规范及要求

（1）工器具使用及安全措施。

（2）按要求进行保护检验。

（3）二次回路故障查找及排除。

（4）进行故障分析并填写试验报告。

五、考核及时间要求

（1）本考核操作时间为 60 分钟，时间到停止考评，包括试验接线、保护校验和报告整理时间。同一类现象故障不限一处故障点。

（2）故障查找和排除过程中，如确实不能查找出故障，可向考评员申请排除故障，该项故障项目不得分，但不影响其他项目。

（3）按照技能操作记录单的操作要求进行操作，正确记录操作结果，试验记录项目包括动作元件、相别、动作出口时间等。

技能等级评价专业技能考核操作评分标准

工种	继电保护员					评价等级	高级技师
项目模块	缺陷处理与事故分析—保护调试—变压器保护装置				编号	Jc0002163001－1	
单位			准考证号			姓名	
考试时限	60 分钟		题型	综合操作		题分	100 分
成绩		考评员		考评组长		日期	
试题正文	PST－1200 主变压器保护调试检验及排故						
需要说明的问题和要求	（1）要求调试单人操作，故障查找及分析在调试过程中完成。 （2）操作应注意安全，按照标准化作业书的技术安全说明做好安全措施。 （3）装置调试检验在保护屏上完成操作。 （4）测试仪的选择可选考场提供的测试仪或自带测试仪						

序号	项目名称	质量要求	满分	扣分标准	扣分原因	得分
1	工具使用及安全措施					
1.1	各种工器具正确使用	熟练正确使用各种工器具	5	未正确使用一次扣 1 分，扣完为止		
1.2	相关安全措施的准备	试验仪器正确接地	2	试验仪器未正确接地扣 2 分		
		断开交流电压试验端子	2	未断开交流电压扣 2 分		
		在主变压器保护屏拆除中、低压侧母联断路器跳闸二次线，并做好绝缘	2	未拆除中、低压侧母联断路器跳闸二次线扣 2 分		
		短接母线保护电流	2	未进行短接母线保护电流扣 2 分		
		在母线保护屏拆除启动失灵二次线，并做好绝缘	2	未在母线保护屏拆除启动失灵二次线，未做好绝缘扣 2 分（可口述）		
2	保护调试检验					
2.1	保护装置试验	能按要求正确进行差动保护比率制动保护测试，试验仪故障设置正确，接线及压板等设置正确，测试正确并说明结果	30	试验接线错误扣 5 分； 压板等设置错误扣 5 分； 试验仪故障设置不正确扣 5 分； 试验项目不全，每缺少一项扣 5 分（0.95 倍、1.05 倍、反方向）		
3	二次回路故障排查					
3.1	故障查找	能正确进行故障查找。 故障 1：将端子排 2X：1 上的 101：A1 接线虚接，高压侧 A 相无采样电流； 故障 2：将端子排 5X：18 上的 10X：3 接线虚接，保护动作，低压侧断路器无法跳闸； 故障 3：将端子排 9X：12 上的 203：29 接线虚接，中压侧断路器无法跳闸	10	未查找出故障每个扣 4 分，扣完为止		
3.2	故障排除	能正确进行故障排除	10	未正确排除故障每个扣 3 分，扣完为止		
4	填写试验报告					
4.1	试验记录	正确填写试验结果	10	每少填写一项扣 3 分，扣完为止		

续表

序号	项目名称	质量要求	满分	扣分标准	扣分原因	得分
4.2	故障排除	将故障现象和具体故障（故障点及排除的方法）填写清楚	10	故障点及排除方法未填写，每项扣2.5分； 故障现象填写不清楚，每项扣2.5分； 以上扣分，扣完为止		
5	事故分析及判断					
5.1	保护录波报告分析及判断	查看故障录波报告，进行动作行为分析及综合判断	10	录波图查看不正确或漏项，每项扣2分（不超过5分）； 结果分析不正确扣5分		
6	现场恢复	恢复现场	5	未进行现场恢复扣5分		
合计			100			

Jc0002161001－2　PST－1200主变压器保护调试检验及排故。（100分）

考核知识点：变压器保护

难易度：易

技能等级评价专业技能考核操作工作任务书

一、任务名称

PST－1200主变压器保护调试检验及排故。

二、适用工种

继电保护员高级技师。

三、具体任务

（1）工作状态为主变压器停电，工作内容为主变压器保护定检。

（2）工作任务：

1）中压侧零序方向过电流Ⅰ段（模拟中压侧A相区内、区外故障），断路器跳合传动正确。

2）根据上述要求模拟现场工作，实施安全措施（按照保护定检完成），排除保护屏设置的故障，完成现场检验任务。

四、工作规范及要求

（1）工器具使用及安全措施。

（2）按要求进行保护检验。

（3）二次回路故障查找及排除。

（4）进行故障分析并填写试验报告。

五、考核及时间要求

（1）本考核操作时间为60分钟，时间到停止考评，包括试验接线、保护校验和报告整理时间。同一类现象故障不限一处故障点。

（2）故障查找和排除过程中，如确实不能查找出故障，可向考评员申请排除故障，该项故障项目不得分，但不影响其他项目。

（3）按照技能操作记录单的操作要求进行操作，正确记录操作结果，试验记录项目包括动作元件、相别、动作出口时间等。

技能等级评价专业技能考核操作评分标准

工种	继电保护员					评价等级	高级技师
项目模块	缺陷处理与事故分析—保护调试—变压器保护装置				编号	Jc0002161001－2	
单位		准考证号				姓名	
考试时限	60 分钟	题型	综合操作			题分	100 分
成绩		考评员		考评组长		日期	
试题正文	PST－1200 主变压器保护调试检验及排故						
需要说明的问题和要求	（1）要求调试单人操作，故障查找及分析在调试过程中完成。 （2）操作应注意安全，按照标准化作业书的技术安全说明做好安全措施。 （3）装置调试检验在保护屏上完成操作。 （4）测试仪的选择可选考场提供的测试仪或自带测试仪						

序号	项目名称	质量要求	满分	扣分标准	扣分原因	得分
1	工具使用及安全措施					
1.1	各种工器具正确使用	熟练正确使用各种工器具	5	未正确使用一次扣 1 分，扣完为止		
1.2	相关安全措施的准备	试验仪器正确接地	2	试验仪器未正确接地扣 2 分		
		断开交流电压试验端子	2	未断开交流电压扣 2 分		
		在主变压器保护屏拆除中、低压侧母联断路器跳闸二次线，并做好绝缘	2	未拆除中、低压侧母联断路器跳闸二次线扣 2 分		
		短接母线保护电流	2	未进行短接母线保护电流扣 2 分		
		在母线保护屏拆除启动失灵二次线，并做好绝缘	2	未在母线保护屏拆除启动失灵二次线，未做好绝缘扣 2 分（可口述）		
2	保护调试检验					
2.1	保护装置试验	能按要求正确进行中压侧零序方向过电流Ⅰ段（模拟中压侧 A 相区内、区外故障）保护测试，试验仪故障设置正确，接线及压板等设置正确，测试正确并说明结果	30	试验接线错误扣 5 分； 压板等设置错误扣 5 分； 试验仪故障设置不正确扣 5 分； 试验项目不全，每缺少一项扣 5 分（0.95 倍、1.05 倍、反方向）		
3	二次回路故障排查					
3.1	故障查找	能正确进行故障查找。 故障 1：将端子排 2X：6 与 2X：7 接线短接，中压侧 A、B 相电流分流； 故障 2：将端子排 5X：9 上的 9X：3 接线虚接，保护动作，中压侧断路器无法跳闸	10	未查找出故障每个扣 5 分		
3.2	故障排除	能正确进行故障排除	10	未正确排除故障每个扣 5 分		
4	填写试验报告					
4.1	试验记录	正确填写试验结果	10	每少填写一项扣 3 分，扣完为止		
4.2	故障排除	将故障现象和具体故障（故障点及排除的方法）填写清楚	10	故障点及排除方法未填写，每项扣 2.5 分； 故障现象填写不清楚，每项扣 2.5 分； 以上扣分，扣完为止		
5	事故分析及判断					
5.1	保护录波报告分析及判断	查看故障录波报告，进行动作行为分析及综合判断	10	录波图查看不正确或漏项，每项扣 2 分（不超过 5 分）； 结果分析不正确扣 5 分		
6	现场恢复	恢复现场	5	未进行现场恢复扣 5 分		
合计			100			

Jc0002161001－3　PST－1200 主变压器保护调试检验及排故。（100 分）

考核知识点：变压器保护

难易度：易

技能等级评价专业技能考核操作工作任务书

一、任务名称

PST－1200 主变压器保护调试检验及排故。

二、适用工种

继电保护员高级技师。

三、具体任务

（1）工作状态为主变压器停电，工作内容为主变压器保护定检。

（2）工作任务：

1）高压侧零序方向过电流Ⅰ段（模拟高压侧 C 相区内、区外故障），断路器跳合传动正确。

2）根据上述要求模拟现场工作，实施安全措施（按照保护定检完成），排除保护屏设置的故障，完成现场检验任务。

四、工作规范及要求

（1）工器具使用及安全措施。

（2）按要求进行保护检验。

（3）二次回路故障查找及排除。

（4）进行故障分析并填写试验报告。

五、考核及时间要求

（1）本考核操作时间为 60 分钟，时间到停止考评，包括试验接线、保护校验和报告整理时间。同一类现象故障不限一处故障点。

（2）故障查找和排除过程中，如确实不能查找出故障，可向考评员申请排除故障，该项故障项目不得分，但不影响其他项目。

（3）按照技能操作记录单的操作要求进行操作，正确记录操作结果，试验记录项目包括动作元件、相别、动作出口时间等。

技能等级评价专业技能考核操作评分标准

<table>
<tr><td>工种</td><td colspan="5">继电保护员</td><td>评价等级</td><td colspan="2">高级技师</td></tr>
<tr><td>项目模块</td><td colspan="4">缺陷处理与事故分析—保护调试—变压器保护装置</td><td>编号</td><td colspan="3">Jc0002161001－3</td></tr>
<tr><td>单位</td><td colspan="2"></td><td>准考证号</td><td colspan="2"></td><td>姓名</td><td colspan="2"></td></tr>
<tr><td>考试时限</td><td colspan="2">60 分钟</td><td>题型</td><td colspan="2">综合操作</td><td>题分</td><td colspan="2">100 分</td></tr>
<tr><td>成绩</td><td></td><td>考评员</td><td></td><td>考评组长</td><td></td><td>日期</td><td colspan="2"></td></tr>
<tr><td>试题正文</td><td colspan="8">PST－1200 主变压器保护调试检验及排故</td></tr>
<tr><td>需要说明的问题和要求</td><td colspan="8">（1）要求调试单人操作，故障查找及分析在调试过程中完成。
（2）操作应注意安全，按照标准化作业书的技术安全说明做好安全措施。
（3）装置调试检验在保护屏上完成操作。
（4）测试仪的选择可选考场提供的测试仪或自带测试仪</td></tr>
<tr><td>序号</td><td>项目名称</td><td colspan="2">质量要求</td><td>满分</td><td colspan="2">扣分标准</td><td>扣分原因</td><td>得分</td></tr>
<tr><td>1</td><td>工具使用及安全措施</td><td colspan="2"></td><td></td><td colspan="2"></td><td></td><td></td></tr>
<tr><td>1.1</td><td>各种工器具正确使用</td><td colspan="2">熟练正确使用各种工器具</td><td>5</td><td colspan="2">未正确使用一次扣 1 分，扣完为止</td><td></td><td></td></tr>
</table>

续表

序号	项目名称	质量要求	满分	扣分标准	扣分原因	得分
1.2	相关安全措施的准备	试验仪器正确接地	2	试验仪器未正确接地扣 2 分		
		断开交流电压试验端子	2	未断开交流电压扣 2 分		
		在主变压器保护屏拆除中、低压侧母联断路器跳闸二次线，并做好绝缘	2	未拆除中、低压侧母联断路器跳闸二次线扣 2 分		
		短接母线保护电流	2	未进行短接母线保护电流扣 2 分		
		在母线保护屏拆除启动失灵二次线，并做好绝缘	2	未在母线保护屏拆除启动失灵二次线，未做好绝缘扣 2 分（可口述）		
2	保护调试检验					
2.1	保护装置试验	能按要求正确进行高压侧零序方向过电流Ⅰ段（模拟高压侧 C 相区内、区外故障）保护测试，试验仪故障设置正确，接线及压板等设置正确，测试正确并说明结果	30	试验接线错误扣 5 分； 压板等设置错误扣 5 分； 试验仪故障设置不正确扣 5 分； 试验项目不全，每缺少一项扣 5 分（0.95 倍、1.05 倍、反方向）		
3	二次回路故障排查					
3.1	故障查找	能正确进行故障查找。 故障 1：将端子排 2X：3 上的 101：A5 接线与 2X：8 上的 102：A5 接线交换，高、中压侧 C 相电流接反； 故障 2：将端子排 8X：12 上的 202：29 接线虚接，高压侧断路器无法跳闸	10	未查找出故障每个扣 5 分		
3.2	故障排除	能正确进行故障排除	10	未正确排除故障每个扣 5 分		
4	填写试验报告					
4.1	试验记录	正确填写试验结果	10	每少填写一项扣 3 分，扣完为止		
4.2	故障排除	将故障现象和具体故障（故障点及排除的方法）填写清楚	10	故障点及排除方法未填写，每项扣 2.5 分； 故障现象填写不清楚，每项扣 2.5 分； 以上扣分，扣完为止		
5	事故分析及判断					
5.1	保护录波报告分析及判断	查看故障录波报告，进行动作行为分析及综合判断	10	录波图查看不正确或漏项，每项扣 2 分（不超过 5 分）； 结果分析不正确扣 5 分		
6	现场恢复	恢复现场	5	未进行现场恢复扣 5 分		
合计			100			

Jc0002163001－4 PST－1200 主变压器保护调试检验及排故。（100 分）

考核知识点：变压器保护

难易度：难

技能等级评价专业技能考核操作工作任务书

一、任务名称

PST－1200 主变压器保护调试检验及排故。

二、适用工种

继电保护员高级技师。

三、具体任务

（1）工作状态为主变压器停电，工作内容为主变压器保护定检。

（2）工作任务：

1）差动保护比率制动整组试验，跳变压器各侧断路器。

要求：① 差动保护二次谐波制动试验，断路器跳合传动正确；② 电流加在高压侧C相。

2）根据上述要求模拟现场工作，实施安全措施（按照保护定检完成），排除保护屏设置的故障，完成现场检验任务。

四、工作规范及要求

（1）工器具使用及安全措施。

（2）按要求进行保护检验。

（3）二次回路故障查找及排除。

（4）进行故障分析并填写试验报告。

五、考核及时间要求

（1）本考核操作时间为60分钟，时间到停止考评，包括试验接线、保护校验和报告整理时间。同一类现象故障不限一处故障点。

（2）故障查找和排除过程中，如确实不能查找出故障，可向考评员申请排除故障，该项故障项目不得分，但不影响其他项目。

（3）按照技能操作记录单的操作要求进行操作，正确记录操作结果，试验记录项目包括动作元件、相别、动作出口时间等。

技能等级评价专业技能考核操作评分标准

工种	继电保护员					评价等级	高级技师
项目模块	缺陷处理与事故分析—保护调试—变压器保护装置				编号	Jc0002163001－4	
单位			准考证号			姓名	
考试时限	60分钟		题型	综合操作		题分	100分
成绩		考评员		考评组长		日期	
试题正文	PST－1200主变压器保护调试检验及排故						
需要说明的问题和要求	（1）要求调试单人操作，故障查找及分析在调试过程中完成。 （2）操作应注意安全，按照标准化作业书的技术安全说明做好安全措施。 （3）装置调试检验在保护屏上完成操作。 （4）测试仪的选择可选考场提供的测试仪或自带测试仪						

序号	项目名称	质量要求	满分	扣分标准	扣分原因	得分
1	工具使用及安全措施					
1.1	各种工器具正确使用	熟练正确使用各种工器具	5	未正确使用一次扣1分，扣完为止		
1.2	相关安全措施的准备	试验仪器正确接地	2	试验仪器未正确接地扣2分		
		断开交流电压试验端子	2	未断开交流电压扣2分		
		在主变压器保护屏拆除中、低压侧母联断路器跳闸二次线，并做好绝缘	2	未拆除中、低压侧母联断路器跳闸二次线扣2分		
		短接母线保护电流	2	未进行短接母线保护电流扣2分		
		在母线保护屏拆除启动失灵二次线，并做好绝缘	2	未在母线保护屏拆除启动失灵二次线，未做好绝缘扣2分（可口述）		
2	保护调试检验					
2.1	保护装置试验	能按要求正确进行差动保护比率制动保护测试，试验仪故障设置正确，接线及压板等设置正确，测试正确并说明结果	30	试验接线错误扣5分； 压板等设置错误扣5分； 试验仪故障设置不正确扣5分； 试验项目不全，每缺少一项扣5分（0.95倍、1.05倍、反方向）		

续表

序号	项目名称	质量要求	满分	扣分标准	扣分原因	得分
3	二次回路故障排查					
3.1	故障查找	能正确进行故障查找。 故障1：将端子排2X：13上的103：A5接线虚接，低压侧C相无采样电流； 故障2：将端子排9X：12上的4MD2：1接线虚接，中压侧断路器无法跳闸	10	未查找出故障每个扣5分		
3.2	故障排除	能正确进行故障排除	10	未正确排除故障每个扣5分		
4	填写试验报告					
4.1	试验记录	正确填写试验结果	10	每少填写一项扣3分，扣完为止		
4.2	故障排除	将故障现象和具体故障（故障点及排除的方法）填写清楚	10	故障点及排除方法未填写，每项扣2.5分； 故障现象填写不清楚，每项扣2.5分； 以上扣分，扣完为止		
5	事故分析及判断					
5.1	保护录波报告分析及判断	查看故障录波报告，进行动作行为分析及综合判断	10	录波图查看不正确或漏项，每项扣2分（不超过5分）； 结果分析不正确扣5分		
6	现场恢复	恢复现场	5	未进行现场恢复扣5分		
合计			100			

Jc0002161001－5 PST－1200主变压器保护调试检验及排故。（100分）

考核知识点：变压器保护

难易度：易

技能等级评价专业技能考核操作工作任务书

一、任务名称

PST－1200主变压器保护调试检验及排故。

二、适用工种

继电保护员高级技师。

三、具体任务

（1）工作状态为主变压器停电，工作内容为主变压器保护定检。

（2）工作任务：

1）中压侧零序方向过电流Ⅱ段（模拟中压侧C相区内、区外故障），断路器跳合传动正确。

2）根据上述要求模拟现场工作，实施安全措施（按照保护定检完成），排除保护屏设置的故障，完成现场检验任务。

四、工作规范及要求

（1）工器具使用及安全措施。

（2）按要求进行保护检验。

（3）二次回路故障查找及排除。

（4）进行故障分析并填写试验报告。

五、考核及时间要求

（1）本考核操作时间为60分钟，时间到停止考评，包括试验接线、保护校验和报告整理时间。

同一类现象故障不限一处故障点。

（2）故障查找和排除过程中，如确实不能查找出故障，可向考评员申请排除故障，该项故障项目不得分，但不影响其他项目。

（3）按照技能操作记录单的操作要求进行操作，正确记录操作结果，试验记录项目包括动作元件、相别、动作出口时间。

技能等级评价专业技能考核操作评分标准

工种	继电保护员				评价等级	高级技师
项目模块	缺陷处理与事故分析—保护调试—变压器保护装置			编号	Jc0002161001－5	
单位		准考证号			姓名	
考试时限	60 分钟	题型	综合操作		题分	100 分
成绩		考评员		考评组长	日期	
试题正文	PST－1200 主变压器保护调试检验及排故					
需要说明的问题和要求	（1）要求调试单人操作，故障查找及分析在调试过程中完成。 （2）操作应注意安全，按照标准化作业书的技术安全说明做好安全措施。 （3）装置调试检验在保护屏上完成操作。 （4）测试仪的选择可选考场提供的测试仪或自带测试仪					

序号	项目名称	质量要求	满分	扣分标准	扣分原因	得分
1	工具使用及安全措施					
1.1	各种工器具正确使用	熟练正确使用各种工器具	5	未正确使用一次扣 1 分，扣完为止		
1.2	相关安全措施的准备	试验仪器正确接地	2	试验仪器未正确接地扣 2 分		
		断开交流电压试验端子	2	未断开交流电压扣 2 分		
		在主变压器保护屏拆除中、低压侧母联断路器跳闸二次线，并做好绝缘	2	未拆除中、低压侧母联断路器跳闸二次线扣 2 分		
		短接母线保护电流	2	未进行短接母线保护电流扣 2 分		
		在母线保护屏拆除启动失灵二次线，并做好绝缘	2	未在母线保护屏拆除启动失灵二次线，未做好绝缘扣 2 分（可口述）		
2	保护调试检验					
2.1	保护装置试验	能按要求正确进行中压侧零序方向过电流Ⅱ段（模拟中压侧 C 相区内、区外故障）保护测试，试验仪故障设置正确，接线及压板等设置正确，测试正确并说明结果	30	试验接线错误扣 5 分； 压板等设置错误扣 5 分； 试验仪故障设置不正确扣 5 分； 试验项目不全，每缺少一项扣 5 分（0.95 倍、1.05 倍、反方向）		
3	二次回路故障排查					
3.1	故障查找	能正确进行故障查找。 故障 1：将端子排 2X：7 上的 102：A3 接线与 2X：8 上的 102：A5 接线交换，中压侧 B、C 相电流相序接反； 故障 2：将端子排 5X：31 上的 30XB：1 接线虚接，保护动作，中压侧母联断路器无法跳闸	10	未查找出故障每个扣 5 分		
3.2	故障排除	能正确进行故障排除	10	未正确排除故障每个扣 5 分		
4	填写试验报告					
4.1	试验记录	正确填写试验结果	10	每少填写一项扣 3 分，扣完为止		
4.2	故障排除	将故障现象和具体故障（故障点及排除的方法）填写清楚	10	故障点及排除方法未填写，每项扣 2.5 分； 故障现象填写不清楚，每项扣 2.5 分； 以上扣分，扣完为止		

续表

序号	项目名称	质量要求	满分	扣分标准	扣分原因	得分
5	事故分析及判断					
5.1	保护录波报告分析及判断	查看故障录波报告，进行动作行为分析及综合判断	10	录波图查看不正确或漏项，每项扣2分（不超过5分）； 结果分析不正确扣5分		
6	现场恢复	恢复现场	5	未进行现场恢复扣5分		
合计			100			

Jc0002163001－6　PST－1200主变压器保护调试检验及排故。（100分）

考核知识点：变压器保护

难易度：难

技能等级评价专业技能考核操作工作任务书

一、任务名称

PST－1200主变压器保护调试检验及排故。

二、适用工种

继电保护员高级技师。

三、具体任务

（1）工作状态为主变压器停电，工作内容为主变压器保护定检。

（2）工作任务：

1）差动保护比率制动整组试验，跳变压器各侧断路器。

要求：① 制动电流分别为$2I_e$和$3.5I_e$，断路器跳合传动正确；② 电流加在高压侧和低压侧（B相）。

2）根据上述要求模拟现场工作，实施安全措施（按照保护定检完成），排除保护屏设置的故障，完成现场检验任务。

四、工作规范及要求

（1）工器具使用及安全措施。

（2）按要求进行保护检验。

（3）二次回路故障查找及排除。

（4）进行故障分析并填写试验报告。

五、考核及时间要求

（1）本考核操作时间为60分钟，时间到停止考评，包括试验接线、保护校验和报告整理时间。同一类现象故障不限一处故障点。

（2）故障查找和排除过程中，如确实不能查找出故障，可向考评员申请排除故障，该项故障项目不得分，但不影响其他项目。

（3）按照技能操作记录单的操作要求进行操作，正确记录操作结果，试验记录项目包括动作元件、相别、动作出口时间等。

技能等级评价专业技能考核操作评分标准

工种	继电保护员			评价等级	高级技师
项目模块	缺陷处理与事故分析—保护调试—变压器保护装置		编号	Jc0002163001－6	
单位		准考证号		姓名	

续表

考试时限	60分钟		题型	综合操作	题分	100分
成绩		考评员		考评组长	日期	
试题正文	PST－1200主变压器保护调试检验及排故					
需要说明的问题和要求	（1）要求调试单人操作，故障查找及分析在调试过程中完成。 （2）操作应注意安全，按照标准化作业书的技术安全说明做好安全措施。 （3）装置调试检验在保护屏上完成操作。 （4）测试仪的选择可选考场提供的测试仪或自带测试仪					

序号	项目名称	质量要求	满分	扣分标准	扣分原因	得分
1	工具使用及安全措施					
1.1	各种工器具正确使用	熟练正确使用各种工器具	5	未正确使用一次扣1分，扣完为止		
1.2	相关安全措施的准备	试验仪器正确接地	2	试验仪器未正确接地扣2分		
		断开交流电压试验端子	2	未断开交流电压扣2分		
		在主变压器保护屏拆除中、低压侧母联断路器跳闸二次线，并做好绝缘	2	未拆除中、低压侧母联断路器跳闸二次线扣2分		
		短接母线保护电流	2	未进行短接母线保护电流扣2分		
		在母线保护屏拆除启动失灵二次线，并做好绝缘	2	未在母线保护屏拆除启动失灵二次线，未做好绝缘扣2分（可口述）		
2	保护调试检验					
2.1	保护装置试验	能按要求正确进行差动保护比率制动保护测试，试验仪故障设置正确，接线及压板等设置正确，测试正确并说明结果	30	试验接线错误扣5分； 压板等设置错误扣5分； 试验仪故障设置不正确扣5分； 试验项目不全，每缺少一项扣5分（0.95倍、1.05倍、反方向）		
3	二次回路故障排查					
3.1	故障查找	能正确进行故障查找。 故障1：保护定值区由“0区”改为“1区”，保护定值区错误； 故障2：将端子排2X：2与2X：7短接，高、中压侧B相电流分流； 故障3：将端子排8X：10上的5X：3接线虚接，保护动作，高压侧断路器无法跳闸	10	未查找出故障每个扣4分，扣完为止		
3.2	故障排除	能正确进行故障排除	10	未正确排除故障每个扣4分，扣完为止		
4	填写试验报告					
4.1	试验记录	正确填写试验结果	10	每少填写一项扣3分，扣完为止		
4.2	故障排除	将故障现象和具体故障（故障点及排除的方法）填写清楚	10	故障点及排除方法未填写，每项扣2.5分； 故障现象填写不清楚，每项扣2.5分； 以上扣分，扣完为止		
5	事故分析及判断					
5.1	保护录波报告分析及判断	查看故障录波报告，进行动作行为分析及综合判断	10	录波图查看不正确或漏项，每项扣2分（不超过5分）； 结果分析不正确扣5分		
6	现场恢复	恢复现场	5	未进行现场恢复扣5分		
合计			100			

Jc0002161001－7　PST－1200 主变压器保护调试检验及排故。（100 分）

考核知识点：变压器保护

难易度：易

技能等级评价专业技能考核操作工作任务书

一、任务名称

PST－1200 主变压器保护调试检验及排故。

二、适用工种

继电保护员高级技师。

三、具体任务

（1）工作状态为主变压器停电，工作内容为主变压器保护定检。

（2）工作任务：

1）中压侧零序方向过电流Ⅰ段（模拟中压侧 C 相区内、区外故障），断路器跳合传动正确。

2）根据上述要求模拟现场工作，实施安全措施（按照保护定检完成），排除保护屏设置的故障，完成现场检验任务。

四、工作规范及要求

（1）工器具使用及安全措施。

（2）按要求进行保护检验。

（3）二次回路故障查找及排除。

（4）进行故障分析并填写试验报告。

五、考核及时间要求

（1）本考核操作时间为 60 分钟，时间到停止考评，包括试验接线、保护校验和报告整理时间。同一类现象故障不限一处故障点。

（2）故障查找和排除过程中，如确实不能查找出故障，可向考评员申请排除故障，该项故障项目不得分，但不影响其他项目。

（3）按照技能操作记录单的操作要求进行操作，正确记录操作结果，试验记录项目包括动作元件、相别、动作出口时间等。

技能等级评价专业技能考核操作评分标准

工种	继电保护员					评价等级	高级技师
项目模块	缺陷处理与事故分析—保护调试—变压器保护装置				编号	Jc0002161001－7	
单位			准考证号			姓名	
考试时限	60 分钟		题型	综合操作		题分	100 分
成绩		考评员		考评组长		日期	
试题正文	PST－1200 主变压器保护调试检验及排故						
需要说明的问题和要求	（1）要求调试单人操作，故障查找及分析在调试过程中完成。 （2）操作应注意安全，按照标准化作业书的技术安全说明做好安全措施。 （3）装置调试检验在保护屏上完成操作。 （4）测试仪的选择可选考场提供的测试仪或自带测试仪						

序号	项目名称	质量要求	满分	扣分标准	扣分原因	得分
1	工具使用及安全措施					
1.1	各种工器具正确使用	熟练正确使用各种工器具	5	未正确使用一次扣 1 分，扣完为止		

续表

序号	项目名称	质量要求	满分	扣分标准	扣分原因	得分
1.2	相关安全措施的准备	试验仪器正确接地	2	试验仪器未正确接地扣2分		
		断开交流电压试验端子	2	未断开交流电压扣2分		
		在主变压器保护屏拆除中、低压侧母联断路器跳闸二次线，并做好绝缘	2	未拆除中、低压侧母联断跳器跳闸二次线扣2分		
		封母线保护电流	2	未进行短接母线保护电流扣2分		
		在母线保护屏拆除启动失灵二次线，并做好绝缘	2	未在母线保护屏拆除启动失灵二次线，未做好绝缘扣2分（可口述）		
2	保护调试检验					
2.1	保护装置试验	能按要求正确进行中压侧零序方向过电流Ⅰ段（模拟中压侧C相区内、区外故障）保护测试，试验仪故障设置正确，接线及压板等设置正确，测试正确并说明结果	30	试验接线错误扣5分； 压板等设置错误扣5分； 试验仪故障设置不正确扣5分； 试验项目不全，每缺少一项扣5分（0.95倍、1.05倍、反方向）		
3	二次回路故障排查					
3.1	故障查找	能正确进行故障查找。 故障1：将端子排2X：7上的102：A3接线虚接，中压侧B相无采样电流； 故障2：将端子排9X：11上的5X：11接线虚接，保护动作，中压侧断路器无法跳闸	10	未查找出故障每个扣5分		
3.2	故障排除	能正确进行故障排除	10	未正确排除故障每个扣5分		
4	填写试验报告					
4.1	试验记录	正确填写试验结果	10	每少填写一项扣3分，扣完为止		
4.2	故障排除	将故障现象和具体故障（故障点及排除的方法）填写清楚	10	故障点及排除方法未填写，每项扣2.5分； 故障现象填写不清楚，每项扣2.5分； 以上扣分，扣完为止		
5	事故分析及判断					
5.1	保护录波报告分析及判断	查看故障录波报告，进行动作行为分析及综合判断	10	录波图查看不正确或漏项，每项扣2分（不超过5分）； 结果分析不正确扣5分		
6	现场恢复	恢复现场	5	未进行现场恢复扣5分		
合计			100			

Jc0002162001－8　PST－1200主变压器保护调试检验及排故。（100分）

考核知识点：变压器保护

难易度：中

技能等级评价专业技能考核操作工作任务书

一、任务名称

PST－1200主变压器保护调试检验及排故。

二、适用工种

继电保护员高级技师。

三、具体任务

（1）工作状态为主变压器停电，工作内容为主变压器保护定检。

（2）工作任务：

1）差动保护比率制动整组试验，跳变压器各侧断路器。

要求：① 差动保护二次谐波制动试验，断路器跳合传动正确；② 电流加在高压侧B相。

2）根据上述要求模拟现场工作，实施安全措施（按照保护定检完成），排除保护屏设置的故障，完成现场检验任务。

四、工作规范及要求

（1）工器具使用及安全措施。

（2）按要求进行保护检验。

（3）二次回路故障查找及排除。

（4）进行故障分析并填写试验报告。

五、考核及时间要求

（1）本考核操作时间为60分钟，时间到停止考评，包括试验接线、保护校验和报告整理时间。同一类现象故障不限一处故障点。

（2）故障查找和排除过程中，如确实不能查找出故障，可向考评员申请排除故障，该项故障项目不得分，但不影响其他项目。

（3）按照技能操作记录单的操作要求进行操作，正确记录操作结果，试验记录项目包括动作元件、相别、动作出口时间等。

技能等级评价专业技能考核操作评分标准

工种	继电保护员					评价等级	高级技师
项目模块	缺陷处理与事故分析—保护调试—变压器保护装置				编号		Jc0002162001－8
单位			准考证号			姓名	
考试时限	60分钟		题型	综合操作		题分	100分
成绩		考评员		考评组长		日期	
试题正文	PST－1200主变压器保护调试检验及排故						
需要说明的问题和要求	（1）要求调试单人操作，故障查找及分析在调试过程中完成。 （2）操作应注意安全，按照标准化作业书的技术安全说明做好安全措施。 （3）装置调试检验在保护屏上完成操作。 （4）测试仪的选择可选考场提供的测试仪或自带测试仪						

序号	项目名称	质量要求	满分	扣分标准	扣分原因	得分
1	工具使用及安全措施					
1.1	各种工器具正确使用	熟练正确使用各种工器具	5	未正确使用一次扣1分，扣完为止		
1.2	相关安全措施的准备	试验仪器正确接地	2	试验仪器未正确接地扣2分		
		断开交流电压试验端子	2	未断开交流电压扣2分		
		在主变压器保护屏拆除中、低压侧母联断路器跳闸二次线，并做好绝缘	2	未拆除中、低压侧母联断路器跳闸二次线扣2分		
		短接母线保护电流	2	未进行短接母线保护电流扣2分		
		在母线保护屏拆除启动失灵二次线，并做好绝缘	2	未在母线保护屏拆除启动失灵二次线，未做好绝缘扣2分（可口述）		
2	保护调试检验					
2.1	保护装置试验	能按要求正确进行差动保护比率制动保护测试，试验仪故障设置正确，接线及压板等设置正确，测试正确并说明结果	30	试验接线错误扣5分； 压板等设置错误扣5分； 试验仪故障设置不正确扣5分； 试验项目不全，每缺少一项扣5分（0.95倍、1.05倍、反方向）		

续表

序号	项目名称	质量要求	满分	扣分标准	扣分原因	得分
3	二次回路故障排查					
3.1	故障查找	能正确进行故障查找。 故障1：将端子排2X：13上的103：A5接线虚接，低压侧C相无采样电流； 故障2：将端子排10X：10上的5X：19接线虚接，保护动作，低压侧断路器无法跳闸	10	未查找出故障每个扣5分		
3.2	故障排除	能正确进行故障排除	10	未正确排除故障每个扣5分		
4	填写试验报告					
4.1	试验记录	正确填写试验结果	10	每少填写一项扣3分，扣完为止		
4.2	故障排除	将故障现象和具体故障（故障点及排除的方法）填写清楚	10	故障点及排除方法未填写，每项扣2.5分； 故障现象填写不清楚，每项扣2.5分； 以上扣分，扣完为止		
5	事故分析及判断					
5.1	保护录波报告分析及判断	查看故障录波报告，进行动作行为分析及综合判断	10	录波图查看不正确或漏项，每项扣2分（不超过5分）； 结果分析不正确扣5分		
6	现场恢复	恢复现场	5	未进行现场恢复扣5分		
	合计		100			

Jc0002162002－1　WBH－801B主变压器保护调试检验及排故。（100分）

考核知识点：变压器保护

难易度：中

技能等级评价专业技能考核操作工作任务书

一、任务名称

WBH－801B主变压器保护调试检验及排故。

二、适用工种

继电保护员高级技师。

三、具体任务

（1）工作状态为模拟330kV主变压器停电，工作内容为主变压器保护定检。

（2）工作任务：

1）在检修状态下进行以下工作。采用第一组通道作为高压侧3310采样输出，模拟变压器内部A相接地故障，校验差动保护定值，断路器跳合传动正确。

2）根据上述要求模拟现场工作，实施安全措施（按照保护定检完成），排除设置的故障，完成现场检验任务。

3）保护装置设定为330kV电压等级主变压器保护装置，高压侧采用3/2接线，动作于3311、3310两台断路器；中压侧动作于101断路器；低压侧动作于301断路器。

四、工作规范及要求

（1）工器具使用及安全措施。

（2）按要求进行保护检验。

（3）二次回路故障查找及排除。

（4）进行故障分析并填写试验报告。

五、考核及时间要求

（1）本考核操作时间为 60 分钟，时间到停止考评，包括试验接线、保护校验和报告整理时间。同一类现象故障不限一处故障点。

（2）故障查找和排除过程中，如确实不能查找出故障，可向考评员申请排除故障，该项故障项目不得分，但不影响其他项目。

（3）按照技能操作记录单的操作要求进行操作，正确记录操作结果，试验记录项目包括动作元件、相别、动作出口时间等。

技能等级评价专业技能考核操作评分标准

工种	继电保护员				评价等级	高级技师
项目模块	缺陷处理与事故分析—保护调试—变压器保护装置			编号	Jc0002162002－1	
单位		准考证号			姓名	
考试时限	60 分钟	题型	综合操作		题分	100 分
成绩		考评员		考评组长	日期	
试题正文	WBH－801B 主变压器保护调试检验及排故					
需要说明的问题和要求	（1）要求调试单人操作，故障查找及分析在调试过程中完成。 （2）操作应注意安全，按照标准化作业书的技术安全说明做好安全措施。 （3）装置调试检验在保护屏上完成操作。 （4）测试仪的选择可选考场提供的测试仪或自带测试仪					

序号	项目名称	质量要求	满分	扣分标准	扣分原因	得分
1	工具使用及安全措施					
1.1	各种工器具正确使用	熟练正确使用各种工器具	5	未正确使用一次扣 1 分，扣完为止		
1.2	相关安全措施的准备	（1）试验仪器正确接地。 （2）退出主变压器保护动作启各侧断路器失灵软压板。 （3）退出主变压器保护动作跳中压侧母联软压板。 （4）退出主变压器保护动作跳低压侧母联软压板	10	对未做好安全措施可能造成事故的扣 10 分； 对未做好安全措施一定造成事故的终止考评，本考核考评不合格		
2	保护调试检验					
2.1	保护装置试验	保护装置采样正确，A 相差动保护动作正确，断路器动作正确，试验仪故障设置正确，接线及压板等设置正确	30	试验接线错误扣 5 分； 压板等设置错误扣 5 分； 试验仪故障设置不正确扣 5 分； 试验项目不全，每缺少一项扣 5 分（0.95 倍、1.05 倍、反方向）		
3	二次回路故障排查					
3.1	故障查找	能正确进行故障查找。 故障 1：将装置背板 SV 采样光口 3311 与 3310 的输入尾纤交换，此时测试仪输出后装置采样无显示，报相关 SV 断链； 故障 2：验证 GOOSE 检修机制（退出智能终端、保护装置任一检修压板）	10	未查找出故障每个扣 5 分		
3.2	故障排除	能正确进行故障排除	10	未正确排除故障每个扣 5 分		
4	填写试验报告					
4.1	试验记录	正确填写试验结果	10	每少填写一项扣 3 分，扣完为止		

续表

序号	项目名称	质量要求	满分	扣分标准	扣分原因	得分
4.2	故障排除	将故障现象和具体故障（故障点及排除的方法）填写清楚	10	故障点及排除方法未填写，每项扣2.5分； 故障现象填写不清楚，每项扣2.5分； 以上扣分，扣完为止		
5	事故分析及判断					
5.1	保护录波报告分析及判断	查看故障录波报告，进行动作行为分析及综合判断	10	录波图查看不正确或漏项，每项扣2分（不超过5分）； 结果分析不正确扣5分		
6	现场恢复	恢复现场	5	未进行现场恢复扣5分		
合计			100			

Jc0002162002－2　WBH－801B主变压器保护调试检验及排故。（100分）

考核知识点：变压器保护

难易度：中

技能等级评价专业技能考核操作工作任务书

一、任务名称

WBH－801B主变压器保护调试检验及排故。

二、适用工种

继电保护员高级技师。

三、具体任务

（1）工作状态为模拟330kV主变压器停电，工作内容为主变压器保护定检。

（2）工作任务：

1）在检修状态下进行以下工作。采用第三组通道作为高压侧3311采样输出，模拟变压器中性点接地运行时发生C相接地故障，校验高压侧零序方向过电流Ⅰ段保护定值（正向灵敏角可靠动作，反向灵敏角可靠不动作），断路器跳合传动正确。

2）根据上述要求模拟现场工作，实施安全措施（按照保护定检完成），排除设置的故障，完成现场检验任务。

3）保护装置设定为330kV电压等级主变压器保护装置，高压侧采用3/2接线，动作于3311、3310两台断路器；中压侧动作于101断路器；低压侧动作于301断路器。

四、工作规范及要求

（1）工器具使用及安全措施。

（2）按要求进行保护检验。

（3）二次回路故障查找及排除。

（4）进行故障分析并填写试验报告。

五、考核及时间要求

（1）本考核操作时间为60分钟，时间到停止考评，包括试验接线、保护校验和报告整理时间。同一类现象故障不限一处故障点。

（2）故障查找和排除过程中，如确实不能查找出故障，可向考评员申请排除故障，该项故障项目不得分，但不影响其他项目。

（3）按照技能操作记录单的操作要求进行操作，正确记录操作结果，试验记录项目包括动作元件、相别、动作出口时间等。

技能等级评价专业技能考核操作评分标准

工种	继电保护员					评价等级	高级技师
项目模块	缺陷处理与事故分析—保护调试—变压器保护装置				编号	Jc0002162002－2	
单位			准考证号			姓名	
考试时限	60 分钟		题型	综合操作		题分	100 分
成绩		考评员		考评组长		日期	
试题正文	WBH－801B 主变压器保护调试检验及排故						
需要说明的问题和要求	（1）要求调试单人操作，故障查找及分析在调试过程中完成。 （2）操作应注意安全，按照标准化作业书的技术安全说明做好安全措施。 （3）装置调试检验在保护屏上完成操作。 （4）测试仪的选择可选考场提供的测试仪或自带测试仪						

序号	项目名称	质量要求	满分	扣分标准	扣分原因	得分
1	工具使用及安全措施					
1.1	各种工器具正确使用	熟练正确使用各种工器具	5	未正确使用一次扣 1 分，扣完为止		
1.2	相关安全措施的准备	（1）试验仪器正确接地。 （2）退出主变压器保护动作启各侧断路器失灵软压板。 （3）退出主变压器保护动作跳中压侧母联软压板。 （4）退出主变压器保护动作跳低压侧母联软压板	10	对未做好安全措施可能造成事故的扣 10 分； 对未做好安全措施一定造成事故的终止考评，本考核考评不合格		
2	保护调试检验					
2.1	保护装置试验	保护装置采样正确，C 相高压侧零序方向过电流Ⅰ段保护动作正确，断路器动作正确，试验仪故障设置正确，接线及压板等设置正确	30	试验接线错误扣 5 分； 压板等设置错误扣 5 分； 试验仪故障设置不正确扣 5 分； 试验项目不全，每缺少一项扣 5 分（0.95 倍、1.05 倍、反方向）		
3	二次回路故障排查					
3.1	故障查找	能正确进行故障查找。 故障 1：将高压侧电压投入和 3311TA 投入软压板改为退出状态，装置高压侧采样不显示； 故障 2：将保护装置背板 1KLP1－1 接线下移 2 个端子，使保护装置检修状态压板失效	10	未查找出故障每个扣 5 分		
3.2	故障排除	能正确进行故障排除	10	未正确排除故障每个扣 5 分		
4	填写试验报告					
4.1	试验记录	正确填写试验结果	10	每少填写一项扣 3 分，扣完为止		
4.2	故障排除	将故障现象和具体故障（故障点及排除的方法）填写清楚	10	故障点及排除方法未填写，每项扣 2.5 分； 故障现象填写不清楚，每项扣 2.5 分； 以上扣分，扣完为止		
5	事故分析及判断					
5.1	保护录波报告分析及判断	查看故障录波报告，进行动作行为分析及综合判断	10	录波图查看不正确或漏项，每项扣 2 分（不超过 5 分）； 结果分析不正确扣 5 分		
6	现场恢复	恢复现场	5	未进行现场恢复扣 5 分		
合计			100			

Jc0002162002－3　WBH－801B 主变压器保护调试检验及排故。（100 分）

考核知识点：变压器保护

难易度：中

技能等级评价专业技能考核操作工作任务书

一、任务名称

WBH－801B 主变压器保护调试检验及排故。

二、适用工种

继电保护员高级技师。

三、具体任务

（1）工作状态为模拟 330kV 主变压器停电，工作内容为主变压器保护定检。

（2）工作任务：

1）在检修状态下进行以下工作。① 主变压器保护装置 3310 采样检查，试验仪接口 2 作为主变压器保护装置直采 3310 断路器电流输入接口。② 主变压器保护装置 101 采样检查，试验仪接口 3 作为主变压器保护装置直采 101 断路器电流输入接口。③ 模拟幅值为 I_e 的电流从主变压器保护装置高压侧流入、中压侧流出，装置无纵差差流。

2）在上述平衡基础上，模拟 A 相接地故障使差动保护动作，断路器跳合传动正确。

3）根据上述要求模拟现场工作，实施安全措施（按照保护定检完成），排除设置的故障，完成现场检验任务。

4）保护装置设定为 330kV 电压等级主变压器保护装置，高压侧采用 3/2 接线，动作于 3311、3310 两台断路器；中压侧动作于 101 断路器；低压侧动作于 301 断路器。

四、工作规范及要求

（1）工器具使用及安全措施。

（2）按要求进行保护检验。

（3）二次回路故障查找及排除。

（4）进行故障分析并填写试验报告。

五、考核及时间要求

（1）本考核操作时间为 60 分钟，时间到停止考评，包括试验接线、保护校验和报告整理时间。同一类现象故障不限一处故障点。

（2）故障查找和排除过程中，如确实不能查找出故障，可向考评员申请排除故障，该项故障项目不得分，但不影响其他项目。

（3）按照技能操作记录单的操作要求进行操作，正确记录操作结果，试验记录项目包括动作元件、相别、动作出口时间等。

技能等级评价专业技能考核操作评分标准

工种	继电保护员					评价等级	高级技师
项目模块	缺陷处理与事故分析—保护调试—变压器保护装置				编号	Jc0002162002－3	
单位			准考证号			姓名	
考试时限	60 分钟		题型	综合操作		题分	100 分
成绩		考评员		考评组长		日期	
试题正文	WBH－801B 主变压器保护调试检验及排故						

续表

需要说明的问题和要求	（1）要求调试单人操作，故障查找及分析在调试过程中完成。 （2）操作应注意安全，按照标准化作业书的技术安全说明做好安全措施。 （3）装置调试检验在保护屏上完成操作。 （4）测试仪的选择可选考场提供的测试仪或自带测试仪					
序号	项目名称	质量要求	满分	扣分标准	扣分原因	得分
1	工具使用及安全措施					
1.1	各种工器具正确使用	熟练正确使用各种工器具	5	未正确使用一次扣1分，扣完为止		
1.2	相关安全措施的准备	（1）试验仪器正确接地。 （2）退出主变压器保护动作启各侧断路器失灵软压板。 （3）退出主变压器保护动作跳中压侧母联软压板。 （4）退出主变压器保护动作跳低压侧母联软压板	10	对未做好安全措施可能造成事故的扣10分； 对未做好安全措施一定造成事故的终止考评，本考核考评不合格）		
2	保护调试检验					
2.1	保护装置试验	保护装置采样正确，纵差平衡状态各侧电流幅值相角正确，A相故障差动保护动作正确，断路器动作正确，试验仪故障设置正确，接线及压板等设置正确	30	试验接线错误扣5分； 压板等设置错误扣5分； 试验仪故障设置不正确扣5分； 试验项目不全，每缺少一项扣5分（0.95倍、1.05倍、反方向）		
3	二次回路故障排查					
3.1	故障查找	能正确进行故障查找。 故障1：将保护装置“主保护”软压板退出； 故障2：将低压侧SV直采光纤移位，装置报“低压侧TA品质异常”，闭锁差动保护	10	未查找出故障每个扣5分		
3.2	故障排除	能正确进行故障排除	10	未正确排除故障每个扣5分		
4	填写试验报告					
4.1	试验记录	正确填写试验结果	10	每少填写一项扣3分，扣完为止		
4.2	故障排除	将故障现象和具体故障（故障点及排除的方法）填写清楚	10	故障点及排除方法未填写，每项扣2.5分； 故障现象填写不清楚，每项扣2.5分； 以上扣分，扣完为止		
5	事故分析及判断					
5.1	保护录波报告分析及判断	查看故障录波报告，进行动作行为分析及综合判断	10	录波图查看不正确或漏项，每项扣2分（不超过5分）； 结果分析不正确扣5分		
6	现场恢复	恢复现场	5	未进行现场恢复扣5分		
合计			100			

Jc0002162002－4　WBH－801B主变压器保护调试检验及排故。（100分）

考核知识点：变压器保护

难易度：中

技能等级评价专业技能考核操作工作任务书

一、任务名称

WBH－801B主变压器保护调试检验及排故。

二、适用工种

继电保护员高级技师。

三、具体任务

（1）工作状态为模拟330kV主变压器停电，工作内容为主变压器保护定检。

（2）工作任务：

1）在检修状态下进行以下工作。① 试验仪接口 2 作为输出接口，进行主变压器保护装置直采3311断路器采样检查。② 模拟高压侧C相接地故障，校验接地阻抗1时限保护定值，断路器跳合传动正确。

2）根据上述要求模拟现场工作，实施安全措施（按照保护定检完成），排除设置的故障，完成现场检验任务。

3）保护装置设定为330kV电压等级主变压器保护装置，高压侧采用3/2接线，动作于3311、3310两台断路器；中压侧动作于101断路器；低压侧动作于301断路器。

四、工作规范及要求

（1）工器具使用及安全措施。

（2）按要求进行保护检验。

（3）二次回路故障查找及排除。

（4）进行故障分析并填写试验报告。

五、考核及时间要求

（1）本考核操作时间为 60 分钟，时间到停止考评，包括试验接线、保护校验和报告整理时间。同一类现象故障不限一处故障点。

（2）故障查找和排除过程中，如确实不能查找出故障，可向考评员申请排除故障，该项故障项目不得分，但不影响其他项目。

（3）按照技能操作记录单的操作要求进行操作，正确记录操作结果，试验记录项目包括动作元件、相别、动作出口时间等。

技能等级评价专业技能考核操作评分标准

<table>
<tr><td>工种</td><td colspan="5">继电保护员</td><td>评价等级</td><td>高级技师</td></tr>
<tr><td>项目模块</td><td colspan="4">缺陷处理与事故分析—保护调试—变压器保护装置</td><td>编号</td><td colspan="2">Jc0002162002－4</td></tr>
<tr><td>单位</td><td colspan="2"></td><td>准考证号</td><td colspan="2"></td><td>姓名</td><td></td></tr>
<tr><td>考试时限</td><td colspan="2">60 分钟</td><td>题型</td><td colspan="2">综合操作</td><td>题分</td><td>100 分</td></tr>
<tr><td>成绩</td><td></td><td>考评员</td><td></td><td>考评组长</td><td></td><td>日期</td><td></td></tr>
<tr><td>试题正文</td><td colspan="7">WBH－801B 主变压器保护调试检验及排故</td></tr>
<tr><td>需要说明的问题和要求</td><td colspan="7">（1）要求调试单人操作，故障查找及分析在调试过程中完成。
（2）操作应注意安全，按照标准化作业书的技术安全说明做好安全措施。
（3）装置调试检验在保护屏上完成操作。
（4）测试仪的选择可选考场提供的测试仪或自带测试仪</td></tr>
</table>

序号	项目名称	质量要求	满分	扣分标准	扣分原因	得分
1	工具使用及安全措施					
1.1	各种工器具正确使用	熟练正确使用各种工器具	5	未正确使用一次扣 1 分，扣完为止		
1.2	相关安全措施的准备	（1）试验仪器正确接地。 （2）退出主变压器保护动作启各侧断路器失灵软压板。 （3）退出主变压器保护动作跳中压侧母联软压板。 （4）退出主变压器保护动作跳低压侧母联软压板	10	对未做好安全措施可能造成事故的扣 10 分； 对未做好安全措施一定造成事故的终止考评，本考核考评不合格		

续表

序号	项目名称	质量要求	满分	扣分标准	扣分原因	得分
2	保护调试检验					
2.1	保护装置试验	保护装置采样正确，高压侧 C 相接地阻抗 1 时限保护动作正确，断路器动作正确，试验仪故障设置正确，接线及压板等设置正确	30	试验接线错误扣 5 分； 压板等设置错误扣 5 分； 试验仪故障设置不正确扣 5 分； 试验项目不全，每缺少一项扣 5 分（0.95 倍、1.05 倍、反方向）		
3	二次回路故障排查					
3.1	故障查找	能正确进行故障查找。 故障 1：在接地阻抗 1 时限出口矩阵中将“跳高压侧中断路器”退出； 故障 2：验证 SV 检修机制（退出合并单元、保护装置任一检修压板）	10	未查找出故障每个扣 5 分		
3.2	故障排除	能正确进行故障排除	10	未正确排除故障每个扣 5 分		
4	填写试验报告					
4.1	试验记录	正确填写试验结果	10	每少填写一项扣 3 分，扣完为止		
4.2	故障排除	将故障现象和具体故障（故障点及排除的方法）填写清楚	10	故障点及排除方法未填写，每项扣 2.5 分； 故障现象填写不清楚，每项扣 2.5 分； 以上扣分，扣完为止		
5	事故分析及判断					
5.1	保护录波报告分析及判断	查看故障录波报告，进行动作行为分析及综合判断	10	录波图查看不正确或漏项，每项扣 2 分（不超过 5 分）； 结果分析不正确扣 5 分		
6	现场恢复	恢复现场	5	未进行现场恢复扣 5 分		
合计			100			

Jc0002162002－5 WBH－801B 主变压器保护调试检验及排故。（100 分）

考核知识点：变压器保护

难易度：中

技能等级评价专业技能考核操作工作任务书

一、任务名称

WBH－801B 主变压器保护调试检验及排故。

二、适用工种

继电保护员高级技师。

三、具体任务

（1）工作状态为模拟 330kV 主变压器停电，工作内容为主变压器保护定检。

（2）工作任务：

1）在检修状态下进行以下工作。① 主变压器保护装置 3311 采样检查，试验仪接口 3 作为主变压器保护装置直采 3311 断路器电流输入接口。② 主变压器保护装置 301 采样检查，试验仪接口 4 作为主变压器保护装置直采 301 断路器电流输入接口。③ 幅值为 $1.5I_e$ 的 A 相电流从主变压器保护装置高压侧流入、低压侧流出，模拟 A 相区内故障，校验比率制动差动保护（K=0.5），断路器跳合传动正确。

2）根据上述要求模拟现场工作，实施安全措施（按照保护定检完成），排除设置的故障，完成现场检验任务。

3）保护装置设定为 330kV 电压等级主变压器保护装置，高压侧采用 3/2 接线，动作于 3311、3310 两台断路器；中压侧动作于 101 断路器；低压侧动作于 301 断路器。

四、工作规范及要求

（1）工器具使用及安全措施。

（2）按要求进行保护检验。

（3）二次回路故障查找及排除。

（4）进行故障分析并填写试验报告。

五、考核及时间要求

（1）本考核操作时间为 60 分钟，时间到停止考评，包括试验接线、保护校验和报告整理时间。同一类现象故障不限一处故障点。

（2）故障查找和排除过程中，如确实不能查找出故障，可向考评员申请排除故障，该项故障项目不得分，但不影响其他项目。

（3）按照技能操作记录单的操作要求进行操作，正确记录操作结果，试验记录项目包括动作元件、相别、动作出口时间等。

技能等级评价专业技能考核操作评分标准

工种	继电保护员					评价等级	高级技师
项目模块	缺陷处理与事故分析—保护调试—变压器保护装置				编号	Jc0002162002－5	
单位			准考证号			姓名	
考试时限	60 分钟		题型	综合操作		题分	100 分
成绩		考评员		考评组长		日期	
试题正文	WBH－801B 主变压器保护调试检验及排故						
需要说明的问题和要求	（1）要求调试单人操作，故障查找及分析在调试过程中完成。 （2）操作应注意安全，按照标准化作业书的技术安全说明做好安全措施。 （3）装置调试检验在保护屏上完成操作。 （4）测试仪的选择可选考场提供的测试仪或自带测试仪						

序号	项目名称	质量要求	满分	扣分标准	扣分原因	得分
1	工具使用及安全措施					
1.1	各种工器具正确使用	熟练正确使用各种工器具	5	未正确使用一次扣 1 分，扣完为止		
1.2	相关安全措施的准备	（1）试验仪器正确接地。 （2）退出主变压器保护动作启各侧断路器失灵软压板。 （3）退出主变压器保护动作跳中压侧母联软压板。 （4）退出主变压器保护动作跳低压侧母联软压板	10	对未做好安全措施可能造成事故的扣 10 分； 对未做好安全措施一定造成事故的终止考评，本考核考评不合格		
2	保护调试检验					
2.1	保护装置试验	保护装置采样正确，A 相比率制动差动保护动作正确，断路器动作正确，试验仪故障设置正确，接线及压板等设置正确	30	试验接线错误扣 5 分； 压板等设置错误扣 5 分； 试验仪故障设置不正确扣 5 分； 试验项目不全，每缺少一项扣 5 分（0.95 倍、1.05 倍、反方向）		

续表

序号	项目名称	质量要求	满分	扣分标准	扣分原因	得分
3	二次回路故障排查					
3.1	故障查找	能正确进行故障查找。 故障1：将1QD7上的1n822虚接，使开入插件无公共端，检修压板及复归按钮失效； 故障2：验证GOOSE检修机制（退出智能终端、保护装置任一检修压板）	10	未查找出故障每个扣5分		
3.2	故障排除	能正确进行故障排除	10	未正确排除故障每个扣5分		
4	填写试验报告					
4.1	试验记录	正确填写试验结果	10	每少填写一项扣3分，扣完为止		
4.2	故障排除	将故障现象和具体故障（故障点及排除的方法）填写清楚	10	故障点及排除方法未填写，每项扣2.5分； 故障现象填写不清楚，每项扣2.5分； 以上扣分，扣完为止		
5	事故分析及判断					
5.1	保护录波报告分析及判断	查看故障录波报告，进行动作行为分析及综合判断	10	录波图查看不正确或漏项，每项扣2分（不超过5分）； 结果分析不正确扣5分		
6	现场恢复	恢复现场	5	未进行现场恢复扣5分		
合计			100			

Jc0002163002－6　WBH－801B主变压器保护调试检验及排故。（100分）

考核知识点：变压器保护

难易度：难

技能等级评价专业技能考核操作工作任务书

一、任务名称

WBH－801B主变压器保护调试检验及排故。

二、适用工种

继电保护员高级技师。

三、具体任务

（1）工作状态为模拟330kV主变压器停电，工作内容为主变压器保护定检。

（2）工作任务：

1）在检修状态下进行以下工作。① 主变压器保护装置3311采样检查，试验仪接口3作为主变压器保护装置直采3311断路器电流输入接口。② 主变压器保护装置101采样检查，试验仪接口4作为主变压器保护装置直采101断路器电流输入接口。③ 幅值为$1.5I_e$的电流从主变压器保护装置高压侧流入、低压侧流出，模拟C相区内故障，校验比率制动差动保护（k=0.5），断路器跳合传动正确。

2）根据上述要求模拟现场工作，实施安全措施（按照保护定检完成），排除设置的故障，完成现场检验任务。

3）保护装置设定为330kV电压等级主变压器保护装置，高压侧采用3/2接线，动作于3311、3310两台断路器；中压侧动作于101断路器；低压侧动作于301断路器。

四、工作规范及要求

（1）工器具使用及安全措施。

（2）按要求进行保护检验。

（3）二次回路故障查找及排除。

（4）进行故障分析并填写试验报告。

五、考核及时间要求

（1）本考核操作时间为60分钟，时间到停止考评，包括试验接线、保护校验和报告整理时间。同一类现象故障不限一处故障点。

（2）故障查找和排除过程中，如确实不能查找出故障，可向考评员申请排除故障，该项故障项目不得分，但不影响其他项目。

（3）按照技能操作记录单的操作要求进行操作，正确记录操作结果，试验记录项目包括动作元件、相别、动作出口时间等。

技能等级评价专业技能考核操作评分标准

工种	继电保护员					评价等级	高级技师
项目模块	缺陷处理与事故分析—保护调试—变压器保护装置				编号	Jc0002163002－6	
单位			准考证号			姓名	
考试时限	60分钟		题型	综合操作		题分	100分
成绩		考评员		考评组长		日期	
试题正文	WBH－801B主变压器保护调试检验及排故						
需要说明的问题和要求	（1）要求调试单人操作，故障查找及分析在调试过程中完成。 （2）操作应注意安全，按照标准化作业书的技术安全说明做好安全措施。 （3）装置调试检验在保护屏上完成操作。 （4）测试仪的选择可选考场提供的测试仪或自带测试仪						

序号	项目名称	质量要求	满分	扣分标准	扣分原因	得分
1	工具使用及安全措施					
1.1	各种工器具正确使用	熟练正确使用各种工器具	5	未正确使用一次扣1分，扣完为止		
1.2	相关安全措施的准备	（1）试验仪器正确接地。 （2）退出主变压器保护动作启各侧断路器失灵软压板。 （3）退出主变压器保护动作跳中压侧母联软压板。 （4）退出主变压器保护动作跳低压侧母联软压板	10	对未做好安全措施可能造成事故的扣10分； 对未做好安全措施一定造成事故的终止考评，本考核考评不合格		
2	保护调试检验					
2.1	保护装置试验	保护装置采样正确，C相比率制动差动保护动作正确，断路器动作正确，试验仪故障设置正确，接线及压板等设置正确	30	试验接线错误扣5分； 压板等设置错误扣5分； 试验仪故障设置不正确扣5分； 试验项目不全，每缺少一项扣5分（0.95倍、1.05倍、反方向）		
3	二次回路故障排查					
3.1	故障查找	能正确进行故障查找。 故障1：将保护装置定值中“差动保护”控制字退出； 故障2：将装置背板上的直跳低压侧收发光纤位置上下倒反，低压侧智能单元报“网络异常”，低压侧无法跳闸； 故障3：验证SV检修机制（退出合并单元、保护装置任一检修压板）	10	未查找出故障每个扣4分，扣完为止		

续表

序号	项目名称	质量要求	满分	扣分标准	扣分原因	得分
3.2	故障排除	能正确进行故障排除	10	未正确排除故障每个扣4分，扣完为止		
4	填写试验报告					
4.1	试验记录	正确填写试验结果	10	每少填写一项扣3分，扣完为止		
4.2	故障排除	将故障现象和具体故障（故障点及排除的方法）填写清楚	10	故障点及排除方法未填写，每项扣2.5分； 故障现象填写不清楚，每项扣2.5分； 以上扣分，扣完为止		
5	事故分析及判断					
5.1	保护录波报告分析及判断	查看故障录波报告，进行动作行为分析及综合判断	10	录波图查看不正确或漏项，每项扣2分（不超过5分）； 结果分析不正确扣5分		
6	现场恢复	恢复现场	5	未进行现场恢复扣5分		
合计			100			

Jc0002163002－7　WBH－801B主变压器保护调试检验及排故。（100分）

考核知识点：变压器保护

难易度：难

技能等级评价专业技能考核操作工作任务书

一、任务名称

WBH－801B主变压器保护调试检验及排故。

二、适用工种

继电保护员高级技师。

三、具体任务

（1）工作状态为模拟330kV主变压器停电，工作内容为主变压器保护定检。

（2）工作任务：

1）在检修状态下进行以下工作。① 主变压器保护装置3310采样检查，试验仪接口3作为主变压器保护装置直采3311断路器电流输入接口。② 模拟B相区内故障，校验差动速断保护定值，断路器跳合传动正确。

2）根据上述要求模拟现场工作，实施安全措施（按照保护定检完成），排除设置的故障，完成现场检验任务。

3）保护装置设定为330kV电压等级主变压器保护装置，高压侧采用3/2接线，动作于3311、3310两台断路器；中压侧动作于101断路器；低压侧动作于301断路器。

四、工作规范及要求

（1）工器具使用及安全措施。

（2）按要求进行保护检验。

（3）二次回路故障查找及排除。

（4）进行故障分析并填写试验报告。

五、考核及时间要求

（1）本考核操作时间为60分钟，时间到停止考评，包括试验接线、保护校验和报告整理时间。

同一类现象故障不限一处故障点。

（2）故障查找和排除过程中，如确实不能查找出故障，可向考评员申请排除故障，该项故障项目不得分，但不影响其他项目。

（3）按照技能操作记录单的操作要求进行操作，正确记录操作结果，试验记录项目包括动作元件、相别、动作出口时间等。

技能等级评价专业技能考核操作评分标准

工种	继电保护员					评价等级	高级技师
项目模块	缺陷处理与事故分析—保护调试—变压器保护装置				编号	Jc0002163002－7	
单位			准考证号			姓名	
考试时限	60 分钟		题型	综合操作		题分	100 分
成绩		考评员		考评组长		日期	
试题正文	WBH－801B 主变压器保护调试检验及排故						
需要说明的问题和要求	（1）要求调试单人操作，故障查找及分析在调试过程中完成。 （2）操作应注意安全，按照标准化作业书的技术安全说明做好安全措施。 （3）装置调试检验在保护屏上完成操作。 （4）测试仪的选择可选考场提供的测试仪或自带测试仪						

序号	项目名称	质量要求	满分	扣分标准	扣分原因	得分
1	工具使用及安全措施					
1.1	各种工器具正确使用	熟练正确使用各种工器具	5	未正确使用一次扣 1 分，扣完为止		
1.2	相关安全措施的准备	（1）试验仪器正确接地。 （2）退出主变压器保护动作启各侧断路器失灵软压板。 （3）退出主变压器保护动作跳中压侧母联软压板。 （4）退出主变压器保护动作跳低压侧母联软压板	10	对未做好安全措施可能造成事故的扣 10 分； 对未做好安全措施一定造成事故的终止考评，本考核考评不合格		
2	保护调试检验					
2.1	保护装置试验	保护装置采样正确，B 相差动速断保护动作正确，断路器动作正确，试验仪故障设置正确，接线及压板等设置正确	30	试验接线错误扣 5 分； 压板等设置错误扣 5 分； 试验仪故障设置不正确扣 5 分； 试验项目不全，每缺少一项扣 5 分（0.95 倍、1.05 倍、反方向）		
3	二次回路故障排查					
3.1	故障查找	能正确进行故障查找。 故障 1：将保护装置设备参数中将高压侧 TA 二次侧额定电流改为 5A，造成高压侧电流采样不正确； 故障 2：将 1QD7 上的 1n822 虚接，使开入插件无公共端，检修压板及复归按钮失效； 故障 3：验证 GOOSE 检修机制（退出智能终端、保护装置任一检修压板）	10	未查找出故障每个扣 4 分，扣完为止		
3.2	故障排除	能正确进行故障排除	10	未正确排除故障每个扣 4 分，扣完为止		
4	填写试验报告					
4.1	试验记录	正确填写试验结果	10	每少填写一项扣 3 分，扣完为止		

续表

序号	项目名称	质量要求	满分	扣分标准	扣分原因	得分
4.2	故障排除	将故障现象和具体故障（故障点及排除的方法）填写清楚	10	故障点及排除方法未填写，每项扣2.5分； 故障现象填写不清楚，每项扣2.5分； 以上扣分，扣完为止		
5	事故分析及判断					
5.1	保护录波报告分析及判断	查看故障录波报告，进行动作行为分析及综合判断	10	录波图查看不正确或漏项，每项扣2分（不超过5分）； 结果分析不正确扣5分		
6	现场恢复	恢复现场	5	未进行现场恢复扣5分		
合计			100			

Jc0003161001－1　BP－2B 母线保护调试检验及排故。（100 分）

考核知识点：母线保护

难易度：易

技能等级评价专业技能考核操作工作任务书

一、任务名称

BP－2B 母线保护调试检验及排故。

二、适用工种

继电保护员高级技师。

三、具体任务

（1）母线运行方式：支路 L3 合于Ⅰ母，支路 L2、支路 L4 合于Ⅱ母，母联断路器合环运行。L2 支路的 TA 变比为 1200A/5A，其余支路的变比为 600A/5A。

注：运行方式的设置，不允许采用装置内部菜单对隔离开关的强制设置。

（2）工作任务：

1）检验装置正常运行工况下，保护装置不平衡电流大小。各支路 A 相二次电流：L2 电流流进母线 3A，L3 电流流出母线 2A，L4 电流流出母线 4A。Ⅰ、Ⅱ母电压正常，各相电压为 57.7V。要求保护装置大小差电流平衡，屏上无任何告警、动作信号。

2）模拟现场工作，实施安全措施（仅对运行方式中提到的回路做安全措施），排除保护屏设置的故障，完成现场检验任务。

四、工作规范及要求

（1）工器具使用及安全措施。

（2）按要求进行保护检验。

（3）二次回路故障查找及排除。

（4）进行故障分析并填写试验报告。

五、考核及时间要求

（1）本考核操作时间为 60 分钟，时间到停止考评，包括试验接线、保护校验和报告整理时间。同一类现象故障不限一处故障点。

（2）故障查找和排除过程中，如确实不能查找出故障，可向考评员申请排除故障，该项故障项目不得分，但不影响其他项目。

（3）按照技能操作记录单的操作要求进行操作，正确记录操作结果，试验记录项目包括动作元件、相别、动作出口时间等。

技能等级评价专业技能考核操作评分标准

工种	继电保护员					评价等级	高级技师
项目模块	缺陷处理与事故分析—保护调试—母线保护装置				编号	Jc0003161001－1	
单位			准考证号			姓名	
考试时限	60 分钟		题型		综合操作	题分	100 分
成绩		考评员		考评组长		日期	
试题正文	BP－2B 母线保护调试检验及排故						
需要说明的问题和要求	（1）要求调试单人操作，故障查找及分析在调试过程中完成。 （2）操作应注意安全，按照标准化作业书的技术安全说明做好安全措施。 （3）装置调试检验在保护屏上完成操作。 （4）测试仪的选择可选考场提供的测试仪或自带测试仪						

序号	项目名称	质量要求	满分	扣分标准	扣分原因	得分
1	工具使用及安全措施					
1.1	各种工器具正确使用	熟练正确使用各种工器具	5	未正确使用一次扣 1 分，扣完为止		
1.2	相关安全措施的准备	试验仪器正确接地	2	试验仪器未正确接地扣 2 分		
		短接母线保护电流	3	未进行短接母线保护电流扣 3 分		
		断开交流电压	2	未断开交流电压扣 2 分		
		母线保护屏拆除跳闸二次线，并做好绝缘	3	未在母线保护屏拆除跳闸二次线，未做好绝缘扣 3 分（可口述）		
2	保护调试校验					
2.1	保护装置试验	母线保护处于正常运行状态，差动、失灵保护投入，大小差电流平衡，屏上无告警、动作信号。能按要求正确进行试验，试验仪故障设置正确，接线及压板等设置正确，测试正确并说明结果	30	试验接线错误扣 5 分； 压板等设置错误扣 5 分； 试验仪故障设置不正确扣 5 分； 试验项目未做出扣 15 分		
3	二次回路故障排查					
3.1	故障查找	能正确进行故障查找。 故障 1：L2 支路变比整定为 800A/5A，整定错误； 故障 2：将端子排 X12－14 上的 3N1－8 接线和 X12－17 上的 3N1－20 接线交换，L3 支路 B 相电流极性接反； 故障 3：将端子排 X14－19 上的 3N7－6 接线虚接，Ⅱ母 C 相电压无采样	10	未查找出故障每个扣 4 分，扣完为止		
3.2	故障排除	能正确进行故障排除	10	未正确排除故障每个扣 4 分，扣完为止		
4	填写试验报告					
4.1	试验记录	正确填写试验结果	5	每少填写一项扣 2.5 分，扣完为止		
4.2	故障排除	将故障现象和具体故障（故障点及排除方法）填写清楚	15	故障点及排除方法未填写，每项扣 2.5 分； 故障现象填写不清楚，每项扣 2.5 分； 以上扣分，扣完为止		
5	事故分析及判断					
5.1	保护录波报告分析及判断	查看故障录波报告，进行动作行为分析及综合判断	10	录波图查看不正确或漏项，每项扣 2 分（不超过 5 分）； 结果分析不正确扣 5 分		
6	现场恢复	恢复现场	5	未进行现场恢复扣 5 分		
合计			100			

Jc0003161001－2 BP－2B 母线保护调试检验及排故。(100 分)

考核知识点：母线保护

难易度：易

技能等级评价专业技能考核操作工作任务书

一、任务名称

BP－2B 母线保护调试检验及排故。

二、适用工种

继电保护员高级技师。

三、具体任务

（1）母线运行方式：支路 L3 合于Ⅰ母，支路 L2、支路 L4 合于Ⅱ母，母联断路器合环运行。L2 支路的 TA 变比为 1200A/5A，其余支路的变比为 600A/5A。

注：运行方式的设置，不允许采用装置内部菜单对隔离开关的强制设置。

（2）工作任务：

1）检验装置正常运行工况下，保护装置不平衡电流大小。各支路 A 相二次电流：L2 电流流进母线 3A，L3 电流流出母线 2A，L4 电流流出母线 4A。Ⅰ、Ⅱ母电压正常，各相电压为 57.7V。要求保护装置大小差电流平衡，屏上无任何告警、动作信号。

2）模拟现场工作，实施安全措施（仅对运行方式中提到的回路做安措），排除保护屏设置的故障，完成现场检验任务。

四、工作规范及要求

（1）工器具使用及安全措施。

（2）按要求进行保护检验。

（3）二次回路故障查找及排除。

（4）进行故障分析并填写试验报告。

五、考核及时间要求

（1）本考核操作时间为 60 分钟，时间到停止考评，包括试验接线、保护校验和报告整理时间。同一类现象故障不限一处故障点。

（2）故障查找和排除过程中，如确实不能查找出故障，可向考评员申请排除故障，该项故障项目不得分，但不影响其他项目。

（3）按照技能操作记录单的操作要求进行操作，正确记录操作结果，试验记录项目包括动作元件、相别、动作出口时间等。

技能等级评价专业技能考核操作评分标准

<table>
<tr><td>工种</td><td colspan="5">继电保护员</td><td>评价等级</td><td>高级技师</td></tr>
<tr><td>项目模块</td><td colspan="4">缺陷处理与事故分析—保护调试—母线保护装置</td><td>编号</td><td colspan="2">Jc0003161001－2</td></tr>
<tr><td>单位</td><td colspan="3"></td><td>准考证号</td><td></td><td>姓名</td><td></td></tr>
<tr><td>考试时限</td><td colspan="2">60 分钟</td><td>题型</td><td colspan="2">综合操作</td><td>题分</td><td>100 分</td></tr>
<tr><td>成绩</td><td></td><td>考评员</td><td></td><td>考评组长</td><td></td><td>日期</td><td></td></tr>
<tr><td>试题正文</td><td colspan="7">BP－2B 母线保护调试检验及排故</td></tr>
<tr><td>需要说明的问题和要求</td><td colspan="7">（1）要求调试单人操作，故障查找及分析在调试过程中完成。
（2）操作应注意安全，按照标准化作业书的技术安全说明做好安全措施。
（3）装置调试检验在保护屏上完成操作。
（4）测试仪的选择可选考场提供的测试仪或自带测试仪</td></tr>
</table>

续表

序号	项目名称	质量要求	满分	扣分标准	扣分原因	得分
1	工具使用及安全措施					
1.1	各种工器具正确使用	熟练正确使用各种工器具	5	未正确使用一次扣1分，扣完为止		
1.2	相关安全措施的准备	试验仪器正确接地	2	试验仪器未正确接地扣2分		
		短接母线保护电流	3	未进行短接母线保护电流扣3分		
		断开交流电压	2	未断开交流电压扣2分		
		母线保护屏拆除跳闸二次线，并做好绝缘	3	未在母线保护屏拆除跳闸二次线，未做好绝缘扣3分（可口述）		
2	保护调试校验					
2.1	保护装置试验	母线保护处于正常运行状态，差动、失灵保护投入，大小差电流平衡，屏上无告警、动作信号。能按要求正确进行试验，试验仪故障设置正确，接线及压板等设置正确，测试正确并说明结果	30	试验接线错误扣5分； 压板等设置错误扣5分； 试验仪故障设置不正确扣5分； 试验项目未做出扣15分		
3	二次回路故障排查					
3.1	故障查找	能正确进行故障查找。 故障1：将端子排X12－13和X12－14短接，L3支路A、B相电流分流； 故障2：短接LP46“双母分列运行”压板，母线分列运行； 故障3：将端子排X9－1上的2N1－220接线虚接，母联断路器无合位开入	10	未查找出故障每个扣4分，扣完为止		
3.2	故障排除	能正确进行故障排除	10	未正确排除故障每个扣4分，扣完为止		
4	填写试验报告					
4.1	试验记录	正确填写试验结果	5	每少填写一项扣2.5分，扣完为止		
4.2	故障排除	将故障现象和具体故障（故障点及排除方法）填写清楚	15	故障点及排除方法未填写，每项扣2.5分； 故障现象填写不清楚，每项扣2.5分； 以上扣分，扣完为止		
5	事故分析及判断					
5.1	保护录波报告分析及判断	查看故障录波报告，进行动作行为分析及综合判断	10	录波图查看不正确或漏项，每项扣2分（不超过5分）； 结果分析不正确扣5分		
6	现场恢复	恢复现场	5	未进行现场恢复扣5分		
合计			100			

Jc0003161001－3　BP－2B母线保护调试检验及排故。（100分）

考核知识点：母线保护

难易度：易

技能等级评价专业技能考核操作工作任务书

一、任务名称

BP－2B母线保护调试检验及排故。

二、适用工种

继电保护员高级技师。

三、具体任务

（1）母线运行方式：支路 L3 合于Ⅰ母，支路 L2、支路 L4 合于Ⅱ母，母联断路器分列运行。L2 支路的 TA 变比为 1200A/5A，其余支路的变比为 600A/5A。

注：运行方式的设置，不允许采用装置内部菜单对隔离开关的强制设置。

（2）工作任务：

1）模拟母联充电时 A 相故障，断路器跳合传动正确。

2）模拟现场工作，实施安全措施（仅对运行方式中提到的回路做安全措施），排除保护屏设置的故障，完成现场检验任务。

四、工作规范及要求

（1）工器具使用及安全措施。

（2）按要求进行保护检验。

（3）二次回路故障查找及排除。

（4）进行故障分析并填写试验报告。

五、考核及时间要求

（1）本考核操作时间为 60 分钟，时间到停止考评，包括试验接线、保护校验和报告整理时间。同一类现象故障不限一处故障点。

（2）故障查找和排除过程中，如确实不能查找出故障，可向考评员申请排除故障，该项故障项目不得分，但不影响其他项目。

（3）按照技能操作记录单的操作要求进行操作，正确记录操作结果，试验记录项目包括动作元件、相别、动作出口时间等。

技能等级评价专业技能考核操作评分标准

工种	继电保护员					评价等级	高级技师
项目模块	缺陷处理与事故分析—保护调试—母线保护装置				编号	Jc0003161001－3	
单位			准考证号			姓名	
考试时限	60 分钟		题型	综合操作		题分	100 分
成绩		考评员		考评组长		日期	
试题正文	BP－2B 母线保护调试检验及排故						
需要说明的问题和要求	（1）要求调试单人操作，故障查找及分析在调试过程中完成。 （2）操作应注意安全，按照标准化作业书的技术安全说明做好安全措施。 （3）装置调试检验在保护屏上完成操作。 （4）测试仪的选择可选考场提供的测试仪或自带测试仪						

序号	项目名称	质量要求	满分	扣分标准	扣分原因	得分
1	工具使用及安全措施					
1.1	各种工器具正确使用	熟练正确使用各种工器具	5	未正确使用一次扣 1 分，扣完为止		
1.2	相关安全措施的准备	试验仪器正确接地	2	试验仪器未正确接地扣 2 分		
		短接母线保护电流	3	未进行短接母线保护电流扣 3 分		
		断开交流电压	2	未断开交流电压扣 2 分		
		母线保护屏拆除跳闸二次线，并做好绝缘	3	未在母线保护屏拆除跳闸二次线，未做好绝缘扣 3 分（可口述）		
2	保护调试校验					
2.1	保护装置试验	母线保护动作正确，断路器动作正确。能按要求正确进行试验，试验仪故障设置正确，接线及压板等设置正确，测试正确并说明结果	30	试验接线错误扣 5 分； 压板等设置错误扣 5 分； 试验仪故障设置不正确扣 5 分； 试验项目未做出扣 15 分		

续表

序号	项目名称	质量要求	满分	扣分标准	扣分原因	得分
3	二次回路故障排查					
3.1	故障查找	能正确进行故障查找。 故障 1:"强制母线互联"控制字整定为 1,母线互联开入; 故障 2:将端子排 X12-4 上 3N1-13 接线虚接,L1 支路(母联)A 相无采样电流; 故障 3:将端子排 X9-1 上的 1ZJ-3 接线和 X9-2 上的 1ZJ-9 接线交换,母联断路器位置接反	10	未查找出故障每个扣 4 分,扣完为止		
3.2	故障排除	正确进行故障排除	10	未正确排除故障每个扣 4 分,扣完为止		
4	填写试验报告					
4.1	试验记录	正确填写试验结果	5	每少填写一项扣 2.5 分,扣完为止		
4.2	故障排除	将故障现象和具体故障(故障点及排除方法)填写清楚	15	故障点及排除方法未填写,每项扣 2.5 分; 故障现象填写不清楚,每项扣 2.5 分; 以上扣分,扣完为止		
5	事故分析及判断					
5.1	保护录波报告分析及判断	查看故障录波报告,进行动作行为分析及综合判断	10	录波图查看不正确或漏项,每项扣 2 分(不超过 5 分); 结果分析不正确扣 5 分		
6	现场恢复	恢复现场	5	未进行现场恢复扣 5 分		
合计			100			

Jc0003162001-4 BP-2B 母线保护调试检验及排故。(100 分)

考核知识点:母线保护

难易度:中

技能等级评价专业技能考核操作工作任务书

一、任务名称

BP-2B 母线保护调试检验及排故。

二、适用工种

继电保护员高级技师。

三、具体任务

(1)母线运行方式:支路 L3 合于Ⅰ母,支路 L2、支路 L4 合于Ⅱ母,母联断路器分列运行。L2 支路的 TA 变比为 1200A/5A,其余支路的变比为 600A/5A。

注:运行方式的设置,不允许采用装置内部菜单对隔离开关的强制设置。

(2)工作任务:

1)验证Ⅰ母 A 相故障时母线保护大差比率制动系数的低值 K_r(3 个支路必须同时通流试验,做 2 点),断路器跳合传动正确。

2)模拟现场工作,实施安全措施(仅对运行方式中提到的回路做安全措施),排除保护屏设置的故障,完成现场检验任务。

四、工作规范及要求

(1)工器具使用及安全措施。

(2)按要求进行保护检验。

（3）二次回路故障查找及排除。

（4）进行故障分析并填写试验报告。

五、考核及时间要求

（1）本考核操作时间为 60 分钟，时间到停止考评，包括试验接线、保护校验和报告整理时间。同一类现象故障不限一处故障点。

（2）故障查找和排除过程中，如确实不能查找出故障，可向考评员申请排除故障，该项故障项目不得分，但不影响其他项目。

（3）按照技能操作记录单的操作要求进行操作，正确记录操作结果，试验记录项目包括动作元件、相别、动作出口时间等。

技能等级评价专业技能考核操作评分标准

工种	继电保护员					评价等级	高级技师
项目模块	缺陷处理与事故分析—保护调试—母线保护装置				编号	Jc0003162001－4	
单位			准考证号			姓名	
考试时限	60 分钟		题型	综合操作		题分	100 分
成绩		考评员		考评组长		日期	
试题正文	BP－2B 母线保护调试检验及排故						
需要说明的问题和要求	（1）要求调试单人操作，故障查找及分析在调试过程中完成。 （2）操作应注意安全，按照标准化作业书的技术安全说明做好安全措施。 （3）装置调试检验在保护屏上完成操作。 （4）测试仪的选择可选考场提供的测试仪或自带测试仪						

序号	项目名称	质量要求	满分	扣分标准	扣分原因	得分
1	工具使用及安全措施					
1.1	各种工器具正确使用	熟练正确使用各种工器具	5	未正确使用一次扣 1 分，扣完为止		
1.2	相关安全措施的准备	试验仪器正确接地	2	试验仪器未正确接地扣 2 分		
		短接母线保护电流	3	未进行短接母线保护电流扣 3 分		
		断开交流电压	2	未断开交流电压扣 2 分		
		母线保护屏拆除跳闸二次线，并做好绝缘	3	未在母线保护屏拆除跳闸二次线，未做好绝缘扣 3 分（可口述）		
2	保护调试校验					
2.1	保护装置试验	母线保护动作正确，断路器动作正确。能按要求正确进行试验，试验仪故障设置正确，接线及压板等设置正确，测试正确并说明结果	30	试验接线错误扣 5 分； 压板等设置错误扣 5 分； 试验仪故障设置不正确扣 5 分； 试验项目未做出扣 15 分		
3	二次回路故障排查					
3.1	故障查找	能正确进行故障查找。 故障 1：将端子排 X9－1 上的 2N1－220 接线虚接，母联断路器无合位开入； 故障 2：将端子排 X12－13 上的 3N1－7 接线虚接，L3 支路 A 相无采样电流； 故障 3：将端子排 X8－5 与 X8－6 短接并引入正电，L3 支路隔离开关双跨	10	未查找出故障每个扣 4 分，扣完为止		
3.2	故障排除	能正确进行故障排除	10	未正确排除故障每个扣 4 分，扣完为止		
4	填写试验报告					
4.1	试验记录	正确填写试验结果	5	每少填写一项扣 2.5 分，扣完为止		

续表

序号	项目名称	质量要求	满分	扣分标准	扣分原因	得分
4.2	故障排除	将故障现象和具体故障（故障点及排除方法）填写清楚	15	故障点及排除方法未填写，每项扣2.5分； 故障现象填写不清楚，每项扣2.5分； 以上扣分，扣完为止		
5	事故分析及判断					
5.1	保护录波报告分析及判断	查看故障录波报告，进行动作行为分析及综合判断	10	录波图查看不正确或漏项，每项扣2分（不超过5分）； 结果分析不正确扣5分		
6	现场恢复	恢复现场	5	未进行现场恢复扣5分		
合计			100			

Jc0003162001－5　BP－2B 母线保护调试检验及排故。（100 分）

考核知识点：母线保护

难易度：中

技能等级评价专业技能考核操作工作任务书

一、任务名称

BP－2B 母线保护调试检验及排故。

二、适用工种

继电保护员高级技师。

三、具体任务

（1）母线运行方式：支路 L3 合于Ⅰ母，支路 L2、支路 L4 合于Ⅱ母，母联断路器合环运行。L2 支路的 TA 变比为 1200A/5A，其余支路的变比为 600A/5A。

注：运行方式的设置，不允许采用装置内部菜单对隔离开关的强制设置。

（2）工作任务：

1）验证Ⅱ母 C 相故障时母线保护大差比率制动系数的高值 K_r（3 个支路必须同时通流试验，做 2 点），断路器跳合传动正确。

2）模拟现场工作，实施安全措施（仅对运行方式中提到的回路做安全措施），排除保护屏设置的故障，完成现场检验任务。

四、工作规范及要求

（1）工器具使用及安全措施。

（2）按要求进行保护检验。

（3）二次回路故障查找及排除。

（4）进行故障分析并填写试验报告。

五、考核及时间要求

（1）本考核操作时间为 60 分钟，时间到停止考评，包括试验接线、保护校验和报告整理时间。同一类现象故障不限一处故障点。

（2）故障查找和排除过程中，如确实不能查找出故障，可向考评员申请排除故障，该项故障项目不得分，但不影响其他项目。

（3）按照技能操作记录单的操作要求进行操作，正确记录操作结果，试验记录项目包括动作元件、相别、动作出口时间等。

技能等级评价专业技能考核操作评分标准

工种	继电保护员					评价等级	高级技师
项目模块	缺陷处理与事故分析—保护调试—母线保护装置				编号	Jc0003162001－5	
单位			准考证号			姓名	
考试时限	60 分钟		题型	综合操作		题分	100 分
成绩		考评员		考评组长		日期	
试题正文	BP－2B 母线保护调试检验及排故						
需要说明的问题和要求	（1）要求调试单人操作，故障查找及分析在调试过程中完成。 （2）操作应注意安全，按照标准化作业书的技术安全说明做好安全措施。 （3）装置调试检验在保护屏上完成操作。 （4）测试仪的选择可选考场提供的测试仪或自带测试仪						

序号	项目名称	质量要求	满分	扣分标准	扣分原因	得分
1	工具使用及安全措施					
1.1	各种工器具正确使用	熟练正确使用各种工器具	5	未正确使用一次扣 1 分，扣完为止		
1.2	相关安全措施的准备	试验仪器正确接地	2	试验仪器未正确接地扣 2 分		
		短接母线保护电流	3	未进行短接母线保护电流扣 3 分		
		断开交流电压	2	未断开交流电压扣 2 分		
		母线保护屏拆除跳闸二次线，并做好绝缘	3	未在母线保护屏拆除跳闸二次线，未做好绝缘扣 3 分（可口述）		
2	保护调试校验					
2.1	保护装置试验	母线保护动作正确，断路器动作正确。能按要求正确进行试验，试验仪故障设置正确，接线及压板等设置正确，测试正确并说明结果	30	试验接线错误扣 5 分； 压板等设置错误扣 5 分； 试验仪故障设置不正确扣 5 分； 试验项目未做出扣 15 分		
3	二次回路故障排查					
3.1	故障查找	能正确进行故障查找。 故障 1：将端子排 X12－9 上的 3N1－6 接线与 X12－12 上的 3N1－18 接线交换，L2 支路 C 相电流极性接反； 故障 2：将端子排 X4－1 上 2N3－002 接线虚接，保护动作，母联断路器无法跳闸； 故障 3：将继电器 2ZJ－11 上的 2KK－R 接线虚接，L2 支路断路器红灯不亮	10	未查找出故障每个扣 4 分，扣完为止		
3.2	故障排除	能正确进行故障排除	10	未正确排除故障每个扣 4 分，扣完为止		
4	填写试验报告					
4.1	试验记录	正确填写试验结果	5	每少填写一项扣 2.5 分，扣完为止		
4.2	故障排除	将故障现象和具体故障（故障点及排除方法）填写清楚	15	故障点及排除方法未填写，每项扣 2.5 分； 故障现象填写不清楚，每项扣 2.5 分； 以上扣分，扣完为止		
5	事故分析及判断					
5.1	保护录波报告分析及判断	查看故障录波报告，进行动作行为分析及综合判断	10	录波图查看不正确或漏项，每项扣 2 分（不超过 5 分）； 结果分析不正确扣 5 分		
6	现场恢复	恢复现场	5	未进行现场恢复扣 5 分		
合计			100			

Jc0003163001－6　BP－2B 母线保护调试检验及排故。（100 分）

考核知识点：母线保护

难易度：难

技能等级评价专业技能考核操作工作任务书

一、任务名称

BP－2B 母线保护调试检验及排故。

二、适用工种

继电保护员高级技师。

三、具体任务

（1）母线运行方式：支路 L3 合于Ⅰ母，支路 L2、支路 L4 合于Ⅱ母，母联断路器分列运行。L2 支路的 TA 变比为 1200A/5A，其余支路的变比为 600A/5A。

注：运行方式的设置，不允许采用装置内部菜单对隔离开关的强制设置。

（2）工作任务：

1）模拟母联充电时 C 相故障，断路器跳合传动正确。

2）模拟现场工作，实施安全措施（仅对运行方式中提到的回路做安全措施），排除保护屏设置的故障，完成现场检验任务。

四、工作规范及要求

（1）工器具使用及安全措施。

（2）按要求进行保护检验。

（3）二次回路故障查找及排除。

（4）进行故障分析并填写试验报告。

五、考核及时间要求

（1）本考核操作时间为 60 分钟，时间到停止考评，包括试验接线、保护校验和报告整理时间。同一类现象故障不限一处故障点。

（2）故障查找和排除过程中，如确实不能查找出故障，可向考评员申请排除故障，该项故障项目不得分，但不影响其他项目。

（3）按照技能操作记录单的操作要求进行操作，正确记录操作结果，试验记录项目包括动作元件、相别、动作出口时间等。

技能等级评价专业技能考核操作评分标准

工种	继电保护员					评价等级	高级技师
项目模块	缺陷处理与事故分析—保护调试—母线保护装置				编号	Jc0003163001－6	
单位			准考证号			姓名	
考试时限	60 分钟	题型		综合操作		题分	100 分
成绩		考评员		考评组长		日期	
试题正文	BP－2B 母线保护调试检验及排故						
需要说明的问题和要求	（1）要求调试单人操作，故障查找及分析在调试过程中完成。 （2）操作应注意安全，按照标准化作业书的技术安全说明做好安全措施。 （3）装置调试检验在保护屏上完成操作。 （4）测试仪的选择可选考场提供的测试仪或自带测试仪						

续表

序号	项目名称	质量要求	满分	扣分标准	扣分原因	得分
1	工具使用及安全措施					
1.1	各种工器具正确使用	熟练正确使用各种工器具	5	未正确使用一次扣1分，扣完为止		
1.2	相关安全措施的准备	试验仪器正确接地	2	试验仪器未正确接地扣2分		
		短接母线保护电流	3	未进行短接母线保护电流扣3分		
		断开交流电压	2	未断开交流电压扣2分		
		母线保护屏拆除跳闸二次线，并做好绝缘	3	未在母线保护屏拆除跳闸二次线，未做好绝缘扣3分（可口述）		
2	保护调试校验					
2.1	保护装置试验	母联充电保护动作正确，断路器动作正确。能按要求正确进行试验，试验仪故障设置正确，接线及压板等设置正确，测试正确并说明结果	30	试验接线错误扣5分； 压板等设置错误扣5分； 试验仪故障设置不正确扣5分； 试验项目未做出扣15分		
3	二次回路故障排查					
3.1	故障查找	能正确进行故障查找。 故障1：将端子排X12－3上3N1－3接线与X12－9上的3N1－6接线虚接，L1支路（母联）与L2支路C相电流接反； 故障2：将端子排X11－7上的LP49－1接线虚接，母联充电保护无法投入； 故障3：将端子排X9－2上的1ZJ－9接线虚接，母联无跳位开入	10	未查找出故障每个扣4分，扣完为止		
3.2	故障排除	能正确进行故障排除	10	未正确排除故障每个扣4分，扣完为止		
4	填写试验报告					
4.1	试验记录	正确填写试验结果	5	每少填写一项扣2.5分，扣完为止		
4.2	故障排除	将故障现象和具体故障（故障点及排除方法）填写清楚	15	故障点及排除方法未填写，每项扣2.5分； 故障现象填写不清楚，每项扣2.5分； 以上扣分，扣完为止		
5	事故分析及判断					
5.1	保护录波报告分析及判断	查看故障录波报告，进行动作行为分析及综合判断	10	录波图查看不正确或漏项，每项扣2分（不超过5分）； 结果分析不正确扣5分		
6	现场恢复	恢复现场	5	未进行现场恢复扣5分		
合计			100			

Jc0003163001－7　BP－2B母线保护调试检验及排故。（100分）

考核知识点：母线保护

难易度：难

技能等级评价专业技能考核操作工作任务书

一、任务名称

BP－2B母线保护调试检验及排故。

二、适用工种

继电保护员高级技师。

三、具体任务

（1）母线运行方式：支路 L3 合于Ⅰ母，支路 L2、支路 L4 合于Ⅱ母，母联断路器合环运行。L2 支路的 TA 变比为 1200A/5A，其余支路的变比为 600A/5A。

注：运行方式的设置，不允许采用装置内部菜单对隔离开关的强制设置。

（2）工作任务：

1）验证Ⅱ母 B 相故障时母线保护大差比率制动系数的高值 K_r（3 个支路必须同时通流试验，做 2 点），断路器跳合传动正确。

2）模拟现场工作，实施安全措施（仅对运行方式中提到的回路做安全措施），排除保护屏设置的故障，完成现场检验任务。

四、工作规范及要求

（1）工器具使用及安全措施。

（2）按要求进行保护检验。

（3）二次回路故障查找及排除。

（4）进行故障分析并填写试验报告。

五、考核及时间要求

（1）本考核操作时间为 60 分钟，时间到停止考评，包括试验接线、保护校验和报告整理时间。同一类现象故障不限一处故障点。

（2）故障查找和排除过程中，如确实不能查找出故障，可向考评员申请排除故障，该项故障项目不得分，但不影响其他项目。

（3）按照技能操作记录单的操作要求进行操作，正确记录操作结果，试验记录项目包括动作元件、相别、动作出口时间等。

技能等级评价专业技能考核操作评分标准

工种	继电保护员				评价等级	高级技师
项目模块	缺陷处理与事故分析—保护调试—母线保护装置			编号	Jc0003163001－7	
单位		准考证号			姓名	
考试时限	60 分钟	题型	综合操作		题分	100 分
成绩		考评员		考评组长	日期	
试题正文	BP－2B 母线保护调试检验及排故					
需要说明的问题和要求	（1）要求调试单人操作，故障查找及分析在调试过程中完成。 （2）操作应注意安全，按照标准化作业书的技术安全说明做好安全措施。 （3）装置调试检验在保护屏上完成操作。 （4）测试仪的选择可选考场提供的测试仪或自带测试仪					

序号	项目名称	质量要求	满分	扣分标准	扣分原因	得分
1	工具使用及安全措施					
1.1	各种工器具正确使用	熟练正确使用各种工器具	5	未正确使用一次扣 1 分，扣完为止		
1.2	相关安全措施的准备	试验仪器正确接地	2	试验仪器未正确接地扣 2 分		
		短接母线保护电流	3	未进行短接母线保护电流扣 3 分		
		断开交流电压	2	未断开交流电压扣 2 分		
		母线保护屏拆除跳闸二次线，并做好绝缘	3	未在母线保护屏拆除跳闸二次线，未做好绝缘扣 3 分（可口述）		

续表

序号	项目名称	质量要求	满分	扣分标准	扣分原因	得分
2	保护调试校验					
2.1	保护装置试验	母线保护动作正确，断路器动作正确。能按要求正确进行试验，试验仪故障设置正确，接线及压板等设置正确，测试正确并说明结果	30	试验接线错误扣5分； 压板等设置错误扣5分； 试验仪故障设置不正确扣5分； 试验项目未做出扣15分		
3	二次回路故障排查					
3.1	故障查找	能正确进行故障查找。 故障1：将端子排X12－19上的3N1－10接线与X12－20上的3N1－11接线交换，L4支路上A、B相电流相序接反； 故障2：将端子排X1－20上的5n702接线虚接，隔离开关开入无正电； 故障3：将端子排X5－2上的LP12－1接线与X5－3上的LP13－1接线交换，保护动作跳L2支路，L3支路断路器跳闸	10	未查找出故障每个扣4分，扣完为止		
3.2	故障排除	能正确进行故障排除	10	未正确排除故障每个扣4分，扣完为止		
4	填写试验报告					
4.1	试验记录	正确填写试验结果	5	每少填写一项扣2.5分，扣完为止		
4.2	故障排除	将故障现象和具体故障（故障点及排除方法）填写清楚	15	故障点及排除方法未填写，每项扣2.5分； 故障现象填写不清楚，每项扣2.5分； 以上扣分，扣完为止		
5	事故分析及判断					
5.1	保护录波报告分析及判断	查看故障录波报告，进行动作行为分析及综合判断	10	录波图查看不正确或漏项，每项扣2分（不超过5分）； 结果分析不正确扣5分		
6	现场恢复	恢复现场	5	未进行现场恢复扣5分		
合计			100			

Jc0003161002－1　WMH－800B母线保护调试检验及排故。（100分）

考核知识点：母线保护

难易度：易

技能等级评价专业技能考核操作工作任务书

一、任务名称

WMH－800B母线保护调试检验及排故。

二、适用工种

继电保护员高级技师。

三、具体任务

（1）工作状态为模拟330kV Ⅰ母母线停电，工作内容为母线保护定检。

（2）工作任务：

1）在检修状态下进行以下工作。① 母线保护装置3311、3321支路采样检查，要求试验仪接口1作为母线保护装置直采3311断路器电流输入接口，输出正向序电流，幅值为1A；试验仪接口2作为母线保护装置直采3321断路器电流输入接口，输出反相序电流，幅值为1A；母线保护装置差流为0。② 母线保护装置主保护功能检查，要求在两条支路加入A相电流，差流幅值为3倍差动保护启动电流定值，模拟母线区内故障，断路器跳合传动正确。

2）根据上述要求模拟现场工作，实施安全措施（按照保护定检完成），排除设置的故障，完成现场检验任务。

3）保护装置设定为330kV Ⅰ母母线保护装置，采用3/2接线，动作于3311（第六支路）、3321（第七支路）两台断路器，两台断路器的TA变比都为800A/5A。

四、工作规范及要求

（1）工器具使用及安全措施。

（2）按要求进行保护检验。

（3）二次回路故障查找及排除。

（4）进行故障分析并填写试验报告。

五、考核及时间要求

（1）本考核操作时间为60分钟，时间到停止考评，包括试验接线、保护校验和报告整理时间。同一类现象故障不限一处故障点。

（2）故障查找和排除过程中，如确实不能查找出故障，可向考评员申请排除故障，该项故障项目不得分，但不影响其他项目。

（3）按照技能操作记录单的操作要求进行操作，正确记录操作结果，试验记录项目包括动作元件、相别、动作出口时间等。

技能等级评价专业技能考核操作评分标准

工种	继电保护员					评价等级	高级技师
项目模块	缺陷处理与事故分析—保护调试—母线保护装置				编号	Jc0003161002－1	
单位			准考证号			姓名	
考试时限	60分钟		题型	综合操作		题分	100分
成绩		考评员		考评组长		日期	
试题正文	WMH－800B母线保护调试检验及排故						
需要说明的问题和要求	（1）要求调试单人操作，故障查找及分析在调试过程中完成。 （2）操作应注意安全，按照标准化作业书的技术安全说明做好安全措施。 （3）装置调试检验在保护屏上完成操作。 （4）测试仪的选择可选考场提供的测试仪或自带测试仪						

序号	项目名称	质量要求	满分	扣分标准	扣分原因	得分
1	工具使用及安全措施					
1.1	各种工器具正确使用	熟练正确使用各种工器具	5	未正确使用一次扣1分，扣完为止		
1.2	相关安全措施的准备	试验仪器正确接地	2	试验仪器未正确接地扣2分		
		退出相关边断路器失灵启动线路远传软压板	4	未退出相关边断路器失灵启动线路远传软压板扣4分		
		退出不相关支路投入的软压板	4	未退出不相关支路投入的软压板扣4分		
2	保护调试校验					
2.1	保护装置试验	保护装置采样正确，A相差动保护动作正确，断路器动作正确，试验仪故障设置正确，接线及压板等设置正确	30	试验接线错误扣5分； 压板等设置错误扣5分； 试验仪故障设置不正确扣5分； 试验项目未做出扣15分		

续表

序号	项目名称	质量要求	满分	扣分标准	扣分原因	得分
3	二次回路故障排查					
3.1	故障查找	能正确进行故障查找。 故障 1："0001 元件投入"软压板投入。0001 元件未配置，投入元件后，告警链路异常，闭锁差动保护； 故障 2：将端子排 1－1QD：3 上的 1KLP－1 接线虚接，装置无法置于检修状态； 故障 3：验证 GOOSE 检修机制（退出智能终端、保护装置任一检修压板）	10	未查找出故障每个扣 4 分，扣完为止		
3.2	故障排除	能正确进行故障排除	10	未正确排除故障每个扣 4 分，扣完为止		
4	填写试验报告					
4.1	试验记录	正确填写试验结果	5	每少填写一项扣 2.5 分，扣完为止		
4.2	故障排除	将故障现象和具体故障（故障点及排除方法）填写清楚	15	故障点及排除方法未填写，每项扣 2.5 分； 故障现象填写不清楚，每项扣 2.5 分； 以上扣分，扣完为止		
5	事故分析及判断					
5.1	保护录波报告分析及判断	查看故障录波报告，进行动作行为分析及综合判断	10	录波图查看不正确或漏项，每项扣 2 分（不超过 5 分）； 结果分析不正确扣 5 分		
6	现场恢复	恢复现场	5	未进行现场恢复扣 5 分		
合计			100			

Jc0003161002－2　WMH－800B 母线保护调试检验及排故。（100 分）

考核知识点：母线保护

难易度：易

技能等级评价专业技能考核操作工作任务书

一、任务名称

WMH－800B 母线保护调试检验及排故。

二、适用工种

继电保护员高级技师。

三、具体任务

（1）工作状态为模拟 330kV Ⅰ母母线停电，工作内容为母线保护定检。

（2）工作任务：

1）在检修状态下进行以下工作。① 母线保护装置 3311、3321 支路采样检查，要求试验仪接口 1 作为母线保护装置直采 3311 断路器电流输入接口，输出正向序电流，幅值为 1A；试验仪接口 3 作为母线保护装置直采 3321 断路器电流输入接口，输出反向序电流，幅值为 1A；母线保护装置差流为 0。② 母线保护装置主保护功能检查，要求在两条支路加入 B 相电流，验证差动比率制动系数 K；断路器跳合传动正确。

2）根据上述要求模拟现场工作，实施安全措施（按照保护定检完成），排除设置的故障，完成现场检验任务。

3）保护装置设定为 330kV Ⅰ母母线保护装置，采用 3/2 接线，动作于 3311（第六支路）、3321（第七支路）两台断路器，两台断路器的 TA 变比都为 800A/5A。

四、工作规范及要求

（1）工器具使用及安全措施。

（2）按要求进行保护检验。

（3）二次回路故障查找及排除。

（4）进行故障分析并填写试验报告。

五、考核及时间要求

（1）本考核操作时间为 60 分钟，时间到停止考评，包括试验接线、保护校验和报告整理时间。同一类现象故障不限一处故障点。

（2）故障查找和排除过程中，如确实不能查找出故障，可向考评员申请排除故障，该项故障项目不得分，但不影响其他项目。

（3）按照技能操作记录单的操作要求进行操作，正确记录操作结果，试验记录项目包括动作元件、相别、动作出口时间等。

技能等级评价专业技能考核操作评分标准

工种	继电保护员				评价等级	高级技师
项目模块	缺陷处理与事故分析—保护调试—母线保护装置			编号	Jc0003161002－2	
单位		准考证号			姓名	
考试时限	60 分钟	题型	综合操作		题分	100 分
成绩		考评员	考评组长		日期	
试题正文	WMH－800B 母线保护调试检验及排故					
需要说明的问题和要求	（1）要求调试单人操作，故障查找及分析在调试过程中完成。 （2）操作应注意安全，按照标准化作业书的技术安全说明做好安全措施。 （3）装置调试检验在保护屏上完成操作。 （4）测试仪的选择可选考场提供的测试仪或自带测试仪					

序号	项目名称	质量要求	满分	扣分标准	扣分原因	得分
1	工具使用及安全措施					
1.1	各种工器具正确使用	熟练正确使用各种工器具	5	未正确使用一次扣 1 分，扣完为止		
1.2	相关安全措施的准备	试验仪器正确接地	2	试验仪器未正确接地扣 2 分		
		退出相关边断路器失灵启动线路远传软压板	4	未退出相关边断路器失灵启动线路远传软压板扣 4 分		
		退出不相关支路投入的软压板	4	未退出不相关支路投入的软压板扣 4 分		
2	保护调试校验					
2.1	保护装置试验	保护装置采样正确，B 相差动保护动作正确，比率制动系数正确，断路器动作正确，试验仪故障设置正确，接线及压板等设置正确	30	试验接线错误扣 5 分； 压板等设置错误扣 5 分； 试验仪故障设置不正确扣 5 分； 试验项目未做出扣 15 分		
3	二次回路故障排查					
3.1	故障查找	能正确进行故障查找。 故障 1：将定值区切换至 01 区，使得保护装置的定值区与规定的定值区不相符； 故障 2：将保护装置背板主 NPI 插件上 3321 的直跳尾纤收发口反接，3321 断路器无法跳闸； 故障 3：验证 SV 检修机制（退出合并单元、保护装置任一检修压板）	10	未查找出故障每个扣 4 分，扣完为止		

续表

序号	项目名称	质量要求	满分	扣分标准	扣分原因	得分
3.2	故障排除	能正确进行故障排除	10	未正确排除故障每个扣 4 分，扣完为止		
4	填写试验报告					
4.1	试验记录	正确填写试验结果	5	每少填写一项扣 2.5 分，扣完为止		
4.2	故障排除	将故障现象和具体故障（故障点及排除方法）填写清楚	15	故障点及排除方法未填写，每项扣 2.5 分； 故障现象填写不清楚，每项扣 2.5 分；以上扣分，扣完为止		
5	事故分析及判断					
5.1	保护录波报告分析及判断	查看故障录波报告，进行动作行为分析及综合判断	10	录波图查看不正确或漏项，每项扣 2 分（不超过 5 分）； 结果分析不正确扣 5 分		
6	现场恢复	恢复现场	5	未进行现场恢复扣 5 分		
合计			100			

Jc0003162002－3　WMH－800B 母线保护调试检验及排故。（100 分）

考核知识点：母线保护

难易度：中

技能等级评价专业技能考核操作工作任务书

一、任务名称

WMH－800B 母线保护调试检验及排故。

二、适用工种

继电保护员高级技师。

三、具体任务

（1）工作状态为模拟 330kV Ⅰ母母线停电，工作内容为母线保护定检。

（2）工作任务：

1）在检修状态下进行以下工作。① 母线保护装置 3311、3321 支路采样检查，要求试验仪接口 3 作为母线保护装置直采 3311 断路器电流输入接口，输出正向序电流，幅值为 0.8A；试验仪接口 2 作为母线保护装置直采 3321 断路器电流输入接口，输出反向序电流，幅值为 0.8A；母线保护装置差流为 0。② 母线保护装置主保护功能检查，在 3311 支路上加 A 相故障电流使差动保护动作，并验证 A 相电流双 AD 不一致闭锁差动保护；断路器跳合传动正确。

2）根据上述要求模拟现场工作，实施安全措施（按照保护定检完成），排除设置的故障，完成现场检验任务。

3）保护装置设定为 330kV Ⅰ母母线保护装置，采用 3/2 接线，动作于 3311（第六支路）、3321（第七支路）两台断路器，两台断路器的 TA 变比都为 800A/5A。

四、工作规范及要求

（1）工器具使用及安全措施。

（2）按要求进行保护检验。

（3）二次回路故障查找及排除。

（4）进行故障分析并填写试验报告。

五、考核及时间要求

（1）本考核操作时间为 60 分钟，时间到停止考评，包括试验接线、保护校验和报告整理时间。同一类现象故障不限一处故障点。

（2）故障查找和排除过程中，如确实不能查找出故障，可向考评员申请排除故障，该项故障项目不得分，但不影响其他项目。

（3）按照技能操作记录单的操作要求进行操作，正确记录操作结果，试验记录项目包括动作元件、相别、动作出口时间等。

技能等级评价专业技能考核操作评分标准

工种	继电保护员			评价等级	高级技师
项目模块	缺陷处理与事故分析—保护调试—母线保护装置		编号	Jc0003162002－3	
单位		准考证号		姓名	
考试时限	60 分钟	题型	综合操作	题分	100 分
成绩	考评员		考评组长		日期
试题正文	WMH－800B 母线保护调试检验及排故				
需要说明的问题和要求	（1）要求调试单人操作，故障查找及分析在调试过程中完成。 （2）操作应注意安全，按照标准化作业书的技术安全说明做好安全措施。 （3）装置调试检验在保护屏上完成操作。 （4）测试仪的选择可选考场提供的测试仪或自带测试仪				

序号	项目名称	质量要求	满分	扣分标准	扣分原因	得分
1	工具使用及安全措施					
1.1	各种工器具正确使用	熟练正确使用各种工器具	5	未正确使用一次扣 1 分，扣完为止		
1.2	相关安全措施的准备	试验仪器正确接地	2	试验仪器未正确接地扣 2 分		
		退出相关边断路器失灵启动线路远传软压板	4	未退出相关边断路器失灵启动线路远传软压板扣 4 分		
		退出不相关支路投入的软压板	4	未退出不相关支路投入的软压板扣 4 分		
2	保护调试校验					
2.1	保护装置试验	保护装置采样正确，A 相差动保护动作正确，断路器动作正确，试验仪故障设置正确，接线及压板等设置正确	30	试验接线错误扣 5 分； 压板等设置错误扣 5 分； 试验仪故障设置不正确扣 5 分； 试验项目未做出扣 15 分		
3	二次回路故障排查					
3.1	故障查找	能正确进行故障查找。 故障 1：“0003 元件投入”软压板投入。0003 元件未配置，投入元件后，告警链路异常，闭锁差动保护； 故障 2：将保护装置背板主 NPI 插件上 3311 的直跳尾纤收发口反接，3311 断路器无法跳闸； 故障 3：验证 SV 检修机制（退出合并单元、保护装置任一检修压板）	10	未查找出故障每个扣 4 分，扣完为止		
3.2	故障排除	能正确进行故障排除	10	未正确排除故障每个扣 4 分，扣完为止		
4	填写试验报告					
4.1	试验记录	正确填写试验结果	5	每少填写一项扣 2.5 分，扣完为止		

续表

序号	项目名称	质量要求	满分	扣分标准	扣分原因	得分
4.2	故障排除	将故障现象和具体故障（故障点及排除方法）填写清楚	15	故障点及排除方法未填写，每项扣2.5分； 故障现象填写不清楚，每项扣2.5分； 以上扣分，扣完为止		
5	事故分析及判断					
5.1	保护录波报告分析及判断	查看故障录波报告，进行动作行为分析及综合判断	10	录波图查看不正确或漏项，每项扣2分（不超过5分）； 结果分析不正确扣5分		
6	现场恢复	恢复现场	5	未进行现场恢复扣5分		
合计			100			

Jc0003162002－4　WMH－800B 母线保护调试检验及排故。（100分）

考核知识点：母线保护

难易度：中

技能等级评价专业技能考核操作工作任务书

一、任务名称

WMH－800B 母线保护调试检验及排故。

二、适用工种

继电保护员高级技师。

三、具体任务

（1）工作状态为模拟 330kV Ⅰ母母线停电，工作内容为母线保护定检。

（2）工作任务：

1）在检修状态下进行以下工作。① 母线保护装置 3311、3321 支路采样检查，要求试验仪接口 1 作为母线保护装置直采 3311 断路器电流输入接口，输出正向序电流，幅值为 0.5A；试验仪接口 2 作为母线保护装置直采 3321 断路器电流输入接口，输出反向序电流，幅值为 0.5A；母线保护装置差流为 0。② 母线保护装置主保护功能检查，要求在两条支路加入 C 相电流，验证差动比率制动系数 K；断路器跳合传动正确。

2）根据上述要求模拟现场工作，实施安全措施（按照保护定检完成），排除设置的故障，完成现场检验任务。

3）保护装置设定为 330kV Ⅰ母母线保护装置，采用 3/2 接线，动作于 3311（第六支路）、3321（第七支路）两台断路器，两台断路器的 TA 变比都为 800A/5A。

四、工作规范及要求

（1）工器具使用及安全措施。

（2）按要求进行保护检验。

（3）二次回路故障查找及排除。

（4）进行故障分析并填写试验报告。

五、考核及时间要求

（1）本考核操作时间为 60 分钟，时间到停止考评，包括试验接线、保护校验和报告整理时间。同一类现象故障不限一处故障点。

（2）故障查找和排除过程中，如确实不能查找出故障，可向考评员申请排除故障，该项故障项目不得分，但不影响其他项目。

（3）按照技能操作记录单的操作要求进行操作，正确记录操作结果，试验记录项目包括动作元件、相别、动作出口时间等。

技能等级评价专业技能考核操作评分标准

工种	继电保护员					评价等级	高级技师
项目模块	缺陷处理与事故分析—保护调试—母线保护装置				编号	Jc0003162002－4	
单位			准考证号			姓名	
考试时限	60分钟		题型	综合操作		题分	100分
成绩		考评员		考评组长		日期	
试题正文	WMH－800B母线保护调试检验及排故						
需要说明的问题和要求	（1）要求调试单人操作，故障查找及分析在调试过程中完成。 （2）操作应注意安全，按照标准化作业书的技术安全说明做好安全措施。 （3）装置调试检验在保护屏上完成操作。 （4）测试仪的选择可选考场提供的测试仪或自带测试仪						

序号	项目名称	质量要求	满分	扣分标准	扣分原因	得分
1	工具使用及安全措施					
1.1	各种工器具正确使用	熟练正确使用各种工器具	5	未正确使用一次扣1分，扣完为止		
1.2	相关安全措施的准备	试验仪器正确接地	2	试验仪器未正确接地扣2分		
		退出相关边断路器失灵启动线路远传软压板	4	未退出相关边断路器失灵启动线路远传软压板扣4分		
		退出不相关支路投入的软压板	4	未退出不相关支路投入的软压板扣4分		
2	保护调试校验					
2.1	保护装置试验	保护装置采样正确，C相差动保护动作正确，比率制动系数正确，断路器动作正确，试验仪故障设置正确，接线及压板等设置正确	30	试验接线错误扣5分； 压板等设置错误扣5分； 试验仪故障设置不正确扣5分； 试验项目未做出扣15分		
3	二次回路故障排查					
3.1	故障查找	能正确进行故障查找。 故障1：出口软压板中“3321出口软压板”退出，3321不出口跳闸； 故障2：保护装置主NPI插件上3311直跳与直采的尾纤交换，智能终端无法接收跳令，3311断路器无法跳闸； 故障3：验证GOOSE检修机制（退出智能终端、保护装置任一检修压板）	10	未查找出故障每个扣4分，扣完为止		
3.2	故障排除	能正确进行故障排除	10	未正确排除故障每个扣4分，扣完为止		
4	填写试验报告					
4.1	试验记录	正确填写试验结果	5	每少填写一项扣2.5分，扣完为止		
4.2	故障排除	将故障现象和具体故障（故障点及排除方法）填写清楚	15	故障点及排除方法未填写，每项扣2.5分； 故障现象填写不清楚，每项扣2.5分； 以上扣分，扣完为止		
5	事故分析及判断					
5.1	保护录波报告分析及判断	查看故障录波报告，进行动作行为分析及综合判断	10	录波图查看不正确或漏项，每项扣2分（不超过5分）； 结果分析不正确扣5分		
6	现场恢复	恢复现场	5	未进行现场恢复扣5分		
合计			100			

Jc0003163002-5 WMH-800B 母线保护调试检验及排故。(100分)

考核知识点：母线保护

难易度：难

技能等级评价专业技能考核操作工作任务书

一、任务名称

WMH-800B 母线保护调试检验及排故。

二、适用工种

继电保护员高级技师。

三、具体任务

(1) 工作状态为模拟 330kV Ⅰ 母母线停电，工作内容为母线保护定检。

(2) 工作任务：

1) 在检修状态下进行以下工作。① 母线保护装置 3311、3321 支路采样检查，要求试验仪接口 3 作为母线保护装置直采 3311 断路器电流输入接口，输出正向序电流，幅值为 0.5A；试验仪接口 2 作为母线保护装置直采 3321 断路器电流输入接口，输出反向序电流，幅值为 0.5A；母线保护装置差流为 0。② 母线保护装置主保护功能检查，要求在两条支路加入 B 相电流，差流幅值为 3.5 倍差动保护启动电流定值，模拟母线区内故障，断路器跳合传动正确。

2) 根据上述要求模拟现场工作，实施安全措施（按照保护定检完成），排除设置的故障，完成现场检验任务。

3) 保护装置设定为 330kV Ⅰ 母母线保护装置，采用 3/2 接线，动作于 3311（第六支路）、3321（第七支路）两台断路器，两台断路器的 TA 变比都为 800A/5A。

四、工作规范及要求

(1) 工器具使用及安全措施。

(2) 按要求进行保护检验。

(3) 二次回路故障查找及排除。

(4) 进行故障分析并填写试验报告。

五、考核及时间要求

(1) 本考核操作时间为 60 分钟，时间到停止考评，包括试验接线、保护校验和报告整理时间。同一类现象故障不限一处故障点。

(2) 故障查找和排除过程中，如确实不能查找出故障，可向考评员申请排除故障，该项故障项目不得分，但不影响其他项目。

(3) 按照技能操作记录单的操作要求进行操作，正确记录操作结果，试验记录项目包括动作元件、相别、动作出口时间等。

技能等级评价专业技能考核操作评分标准

工种	继电保护员						评价等级	高级技师
项目模块	缺陷处理与事故分析—保护调试—母线保护装置					编号	Jc0003163002-5	
单位				准考证号			姓名	
考试时限	60分钟		题型	综合操作			题分	100分
成绩		考评员		考评组长			日期	
试题正文	WMH-800B 母线保护调试检验及排故							

续表

需要说明的问题和要求	（1）要求调试单人操作，故障查找及分析在调试过程中完成。 （2）操作应注意安全，按照标准化作业书的技术安全说明做好安全措施。 （3）装置调试检验在保护屏上完成操作。 （4）测试仪的选择可选考场提供的测试仪或自带测试仪

序号	项目名称	质量要求	满分	扣分标准	扣分原因	得分
1	工具使用及安全措施					
1.1	各种工器具正确使用	熟练正确使用各种工器具	5	未正确使用一次扣1分，扣完为止		
1.2	相关安全措施的准备	试验仪器正确接地	2	试验仪器未正确接地扣2分		
		退出相关边断路器失灵启动线路远传软压板	4	未退出相关边断路器失灵启动线路远传软压板扣4分		
		退出不相关支路投入的软压板	4	未退出不相关支路投入的软压板扣4分		
2	保护调试校验					
2.1	保护装置试验	保护装置采样正确，B相差动保护动作正确，断路器动作正确，试验仪故障设置正确，接线及压板等设置正确	30	试验接线错误扣5分； 压板等设置错误扣5分； 试验仪故障设置不正确扣5分； 试验项目未做出扣15分		
3	二次回路故障排查					
3.1	故障查找	能正确进行故障查找。 故障1："3311元件投入"软压板退出，3311不参与差流计算，不出口跳闸； 故障2：保护装置背板主NPI插件3311直跳尾纤收发接反，3311断路器无法跳闸； 故障3：验证SV检修机制（退出合并单元、保护装置任一检修压板）	10	未查找出故障每个扣4分，扣完为止		
3.2	故障排除	能正确进行故障排除	10	未正确排除故障每个扣4分，扣完为止		
4	填写试验报告					
4.1	试验记录	正确填写试验结果	5	每少填写一项扣2.5分，扣完为止		
4.2	故障排除	将故障现象和具体故障（故障点及排除方法）填写清楚	15	故障点及排除方法未填写，每项扣2.5分； 故障现象填写不清楚，每项扣2.5分； 以上扣分，扣完为止		
5	事故分析及判断					
5.1	保护录波报告分析及判断	查看故障录波报告，进行动作行为分析及综合判断	10	录波图查看不正确或漏项，每项扣2分（不超过5分）； 结果分析不正确扣5分		
6	现场恢复	恢复现场	5	未进行现场恢复扣5分		
合计			100			

Jc0003163002-6　WMH-800B母线保护调试检验及排故。（100分）

考核知识点：母线保护

难易度：难

技能等级评价专业技能考核操作工作任务书

一、任务名称

WMH-800B母线保护调试检验及排故。

二、适用工种

继电保护员高级技师。

三、具体任务

（1）工作状态为模拟 330kV Ⅰ母母线停电，工作内容为母线保护定检。

（2）工作任务：

1）在检修状态下进行以下工作。① 母线保护装置 3311、3321 支路采样检查，要求试验仪接口 1 作为母线保护装置直采 3311 断路器电流输入接口，输出正向序电流，幅值为 0.5A；试验仪接口 2 作为母线保护装置直采 3321 断路器电流输入接口，输出反向序电流，幅值为 0.5A；母线保护装置差流为 0。② 母线保护装置主保护功能检查，在 3311 支路上加故障电流使差动保护动作，要求在 3311 断路器保护装置（置检修）上看到母线失灵开入相关信号、同时装置保护启动；断路器跳合传动正确。

2）根据上述要求模拟现场工作，实施安全措施（按照保护定检完成），排除设置的故障，完成现场检验任务。

3）保护装置设定为 330kV Ⅰ母母线保护装置，采用 3/2 接线，动作于 3311（第六支路）、3321（第七支路）两台断路器，两台断路器的 TA 变比都为 800A/5A。

四、工作规范及要求

（1）工器具使用及安全措施。

（2）按要求进行保护检验。

（3）二次回路故障查找及排除。

（4）进行故障分析并填写试验报告。

五、考核及时间要求

（1）本考核操作时间为 60 分钟，时间到停止考评，包括试验接线、保护校验和报告整理时间。同一类现象故障不限一处故障点。

（2）故障查找和排除过程中，如确实不能查找出故障，可向考评员申请排除故障，该项故障项目不得分，但不影响其他项目。

（3）按照技能操作记录单的操作要求进行操作，正确记录操作结果，试验记录项目包括动作元件、相别、动作出口时间等。

技能等级评价专业技能考核操作评分标准

工种	继电保护员					评价等级	高级技师
项目模块	缺陷处理与事故分析—保护调试—母线保护装置				编号	Jc0003163002－6	
单位			准考证号			姓名	
考试时限	60 分钟		题型	综合操作		题分	100 分
成绩		考评员		考评组长		日期	
试题正文	WMH－800B 母线保护调试检验及排故						
需要说明的问题和要求	（1）要求调试单人操作，故障查找及分析在调试过程中完成。 （2）操作应注意安全，按照标准化作业书的技术安全说明做好安全措施。 （3）装置调试检验在保护屏上完成操作。 （4）测试仪的选择可选考场提供的测试仪或自带测试仪						

序号	项目名称	质量要求	满分	扣分标准	扣分原因	得分
1	工具使用及安全措施					
1.1	各种工器具正确使用	熟练正确使用各种工器具	5	未正确使用一次扣 1 分，扣完为止		

续表

序号	项目名称	质量要求	满分	扣分标准	扣分原因	得分
1.2	相关安全措施的准备	试验仪器正确接地	2	试验仪器未正确接地扣2分		
		退出相关边断路器失灵启动线路远传软压板	4	未退出相关边断路器失灵启动线路远传软压板扣4分		
		退出不相关支路投入的软压板	4	未退出不相关支路投入的软压板扣4分		
2	保护调试校验					
2.1	保护装置试验	保护装置采样正确，差动保护动作正确，失灵开入正确，断路器动作正确，试验仪故障设置正确，接线及压板等设置正确	30	试验接线错误扣5分； 压板等设置错误扣5分； 试验仪故障设置不正确扣5分； 试验项目未做出扣15分		
3	二次回路故障排查					
3.1	故障查找	能正确进行故障查找。 故障1：出口软压板中“3311出口软压板”退出，3311不出口跳闸。 故障2：保护装置主NPI插件上组网口光纤收发接反，装置告警链路异常。断路器保护装置无法收到母线保护闭重以及失灵信号。 故障3：验证GOOSE检修机制（退出智能终端、保护装置任一检修压板）	10	未查找出故障每个扣4分，扣完为止		
3.2	故障排除	能正确进行故障排除	10	未正确排除故障每个扣4分，扣完为止		
4	填写试验报告					
4.1	试验记录	正确填写试验结果	5	每少填写一项扣2.5分，扣完为止		
4.2	故障排除	将故障现象和具体故障（故障点及排除方法）填写清楚	15	故障点及排除方法未填写，每项扣2.5分； 故障现象填写不清楚，每项扣2.5分； 以上扣分，扣完为止		
5	事故分析及判断					
5.1	保护录波报告分析及判断	查看故障录波报告，进行动作行为分析及综合判断	10	录波图查看不正确或漏项，每项扣2分（不超过5分）； 结果分析不正确扣5分		
6	现场恢复	恢复现场	5	未进行现场恢复扣5分		
合计			100			

Jc0003163002－7　WMH－800B 母线保护调试检验及排故。（100 分）

考核知识点：母线保护

难易度：难

技能等级评价专业技能考核操作工作任务书

一、任务名称

WMH－800B 母线保护调试检验及排故。

二、适用工种

继电保护员高级技师。

三、具体任务

（1）工作状态为模拟330kV Ⅰ母母线停电，工作内容为母线保护定检。

（2）工作任务：

1）在检修状态下进行以下工作。① 母线保护装置3311、3321支路采样检查，要求试验仪接口2作为母线保护装置直采3311断路器电流输入接口，输出正向序电流，幅值为1.2A；试验仪接口3作为母线保护装置直采3321断路器电流输入接口，输出反向序电流，幅值为1.2A；母线保护装置差流为0。② 母线保护装置主保护功能检查，要求在两条支路加入A相电流，验证差动比率制动系数K；断路器跳合传动正确。

2）根据上述要求模拟现场工作，实施安全措施（按照保护定检完成），排除设置的故障，完成现场检验任务。

3）保护装置设定为330kV Ⅰ母母线保护装置，采用3/2接线，动作于3311（第六支路）、3321（第七支路）两台断路器，两台断路器的TA变比都为800A/5A。

四、工作规范及要求

（1）工器具使用及安全措施。

（2）按要求进行保护检验。

（3）二次回路故障查找及排除。

（4）进行故障分析并填写试验报告。

五、考核及时间要求

（1）本考核操作时间为60分钟，时间到停止考评，包括试验接线、保护校验和报告整理时间。同一类现象故障不限一处故障点。

（2）故障查找和排除过程中，如确实不能查找出故障，可向考评员申请排除故障，该项故障项目不得分，但不影响其他项目。

（3）按照技能操作记录单的操作要求进行操作，正确记录操作结果，试验记录项目包括动作元件、相别、动作出口时间等。

技能等级评价专业技能考核操作评分标准

工种	继电保护员				评价等级	高级技师
项目模块	缺陷处理与事故分析—保护调试—母线保护装置			编号	Jc0003163002－7	
单位		准考证号			姓名	
考试时限	60分钟	题型	综合操作		题分	100分
成绩		考评员		考评组长	日期	
试题正文	WMH－800B母线保护调试检验及排故					
需要说明的问题和要求	（1）要求调试单人操作，故障查找及分析在调试过程中完成。 （2）操作应注意安全，按照标准化作业书的技术安全说明做好安全措施。 （3）装置调试检验在保护屏上完成操作。 （4）测试仪的选择可选考场提供的测试仪或自带测试仪					

序号	项目名称	质量要求	满分	扣分标准	扣分原因	得分
1	工具使用及安全措施					
1.1	各种工器具正确使用	熟练正确使用各种工器具	5	未正确使用一次扣1分，扣完为止		
1.2	相关安全措施的准备	试验仪器正确接地	2	试验仪器未正确接地扣2分		
		退出相关边断路器失灵启动线路远传软压板	4	未退出相关边断路器失灵启动线路远传软压板扣4分		
		退出不相关支路投入的软压板	4	未退出不相关支路投入的软压板扣4分		

续表

序号	项目名称	质量要求	满分	扣分标准	扣分原因	得分
2	保护调试校验					
2.1	保护装置试验	保护装置采样正确，A 相差动保护动作正确，比率制动系数正确，断路器动作正确，试验仪故障设置正确，接线及压板等设置正确	30	试验接线错误扣 5 分； 压板等设置错误扣 5 分； 试验仪故障设置不正确扣 5 分； 试验项目未做出扣 15 分		
3	二次回路故障排查					
3.1	故障查找	能正确进行故障查找。 故障 1：将 3321（第七支路）TA 变比由 800A/5A 修改为 800A/1A； 故障 2：将保护装置背板主 NPI 插件上 3311 的直跳尾纤收发口反接，3311 断路器无法跳闸； 故障 3：验证 SV 检修机制（退出合并单元、保护装置任一检修压板）	10	未查找出故障每个扣 4 分，扣完为止		
3.2	故障排除	能正确进行故障排除	10	未正确排除故障每个扣 4 分，扣完为止		
4	填写试验报告					
4.1	试验记录	正确填写试验结果	5	每少填写一项扣 2.5 分，扣完为止		
4.2	故障排除	将故障现象和具体故障（故障点及排除方法）填写清楚	15	故障点及排除方法未填写，每项扣 2.5 分； 故障现象填写不清楚，每项扣 2.5 分； 以上扣分，扣完为止		
5	事故分析及判断					
5.1	保护录波报告分析及判断	查看故障录波报告，进行动作行为分析及综合判断	10	录波图查看不正确或漏项，每项扣 2 分（不超过 5 分）； 结果分析不正确扣 5 分		
6	现场恢复	恢复现场	5	未进行现场恢复扣 5 分		
合计			100			

Jc0003163002-8　WMH-800B 母线保护调试检验及排故。（100 分）

考核知识点：母线保护

难易度：难

技能等级评价专业技能考核操作工作任务书

一、任务名称

WMH-800B 母线保护调试检验及排故。

二、适用工种

继电保护员高级技师。

三、具体任务

（1）工作状态为模拟 330kV Ⅰ母母线停电，工作内容为母线保护定检。

（2）工作任务：

1）在检修状态下进行以下工作。① 母线保护装置 3311、3321 支路采样检查，要求试验仪接口 3 作为母线保护装置直采 3321 断路器电流输入接口，输出正向序电流，幅值为 1.2A；试验仪接口 2 作为母线保护装置直采 3311 断路器电流输入接口，输出反相序电流，幅值为 1.2A；母线保护装置差流为 0。② 母线保护装置主保护功能检查，要求在两条支路加入 C 相电流，差流幅值为 2 倍差动保护启动电流定值，模拟母线区内故障，断路器跳合传动正确。

2）根据上述要求模拟现场工作，实施安全措施（按照保护定检完成），排除设置的故障，完成现场检验任务。

3）保护装置设定为330kV Ⅰ母母线保护装置，采用3/2接线，动作于3311（第六支路）、3321（第七支路）两台断路器，两台断路器的TA变比都为800A/5A。

四、工作规范及要求

（1）工器具使用及安全措施。

（2）按要求进行保护检验。

（3）二次回路故障查找及排除。

（4）进行故障分析并填写试验报告。

五、考核及时间要求

（1）本考核操作时间为60分钟，时间到停止考评，包括试验接线、保护校验和报告整理时间。同一类现象故障不限一处故障点。

（2）故障查找和排除过程中，如确实不能查找出故障，可向考评员申请排除故障，该项故障项目不得分，但不影响其他项目。

（3）按照技能操作记录单的操作要求进行操作，正确记录操作结果，试验记录项目包括动作元件、相别、动作出口时间等。

技能等级评价专业技能考核操作评分标准

工种	继电保护员			评价等级	高级技师
项目模块	缺陷处理与事故分析—保护调试—母线保护装置		编号	Jc0003163002－8	
单位		准考证号		姓名	
考试时限	60分钟	题型	综合操作	题分	100分
成绩		考评员		考评组长		日期	
试题正文	WMH－800B母线保护调试检验及排故				
需要说明的问题和要求	（1）要求调试单人操作，故障查找及分析在调试过程中完成。 （2）操作应注意安全，按照标准化作业书的技术安全说明做好安全措施。 （3）装置调试检验在保护屏上完成操作。 （4）测试仪的选择可选考场提供的测试仪或自带测试仪				

序号	项目名称	质量要求	满分	扣分标准	扣分原因	得分
1	工具使用及安全措施					
1.1	各种工器具正确使用	熟练正确使用各种工器具	5	未正确使用一次扣1分，扣完为止		
1.2	相关安全措施的准备	试验仪器正确接地	2	试验仪器未正确接地扣2分		
		退出相关边断路器失灵启动线路远传软压板	4	未退出相关边断路器失灵启动线路远传软压板扣4分		
		退出不相关支路投入的软压板	4	未退出不相关支路投入的软压板扣4分		
2	保护调试校验					
2.1	保护装置试验	保护装置采样正确，C相差动保护动作正确，断路器动作正确，试验仪故障设置正确，接线及压板等设置正确	30	试验接线错误扣5分； 压板等设置错误扣5分； 试验仪故障设置不正确扣5分； 试验项目未做出扣15分		

续表

序号	项目名称	质量要求	满分	扣分标准	扣分原因	得分
3	二次回路故障排查					
3.1	故障查找	能正确进行故障查找。 故障 1："0001 元件投入"软压板投入。0001 元件未配置，投入元件后，告警链路异常，闭锁差动保护； 故障 2：将端子排 1－1QD：3 上的 1KLP－1 接线虚接，装置无法置于检修状态； 故障 3：保护装置主 NPI 插件上组网口光纤收发接反，装置告警链路异常。断路器保护装置无法收到母线保护闭重以及失灵信号	10	未查找出故障每个扣 4 分，扣完为止		
3.2	故障排除	能正确进行故障排除	10	未正确排除故障每个扣 4 分，扣完为止		
4	填写试验报告					
4.1	试验记录	正确填写试验结果	5	每少填写一项扣 2.5 分，扣完为止		
4.2	故障排除	将故障现象和具体故障（故障点及排除方法）填写清楚	15	故障点及排除方法未填写，每项扣 2.5 分； 故障现象填写不清楚，每项扣 2.5 分； 以上扣分，扣完为止		
5	事故分析及判断					
5.1	保护录波报告分析及判断	查看故障录波报告，进行动作行为分析及综合判断	10	录波图查看不正确或漏项，每项扣 2 分（不超过 5 分）； 结果分析不正确扣 5 分		
6	现场恢复	恢复现场	5	未进行现场恢复扣 5 分		
合计			100			